KB042355

Statistical Methods For Social Science Research

사회과학 통계방법

이종성 · 강상진 · 김양분 · 이규민

박영사

머리말

　이 책은 사회과학연구에서 보편적으로 동원되는 다양한 통계방법을 다룬 것이다. 책의 내용은 기초통계방법과 추리통계방법으로 대별되며, 학부와 대학원 과정에서 통계를 처음 배우는 학습자와 통계방법을 학습하여 논문을 쓰려는 대학원생들을 독자층으로 배려하였다. 통계학의 이론과 방법은 내용이 체계화되어 있으므로, 체계적인 교육과정에 따라 학습할 필요가 있다. 따라서 여기서 다룬 내용들은 이후의 고급통계모형을 학습하는데 토대가 된다.

　이 책에서는 통계방법에 대한 이론적 기초를 제공하고, 실제 문제해결과정에서 통계방법이 응용되는 과정을 강조하였다. 이 책의 저술과정에서 저자들이 공통적으로 유념한 내용은 다음과 같다.

　첫째로, 이 책에서는 통계학 이론 부분은 개념적 차원에서 다루고, 실제연구에서 연구자들이 활용하는 구체적인 통계방법을 주요 내용으로 하였다. 따라서 최소자승법과 같은 기초적인 추정이론 이외의 이론부분은 수리적 유도과정과 증명을 생략하고 논리적 이해에 중점을 두었다. 아울러 미적분과 선형대수식은 최소화하였다.

　둘째로, 통계적 추리와 방법을 논리적으로 서술하기 위하여 모든 가설검정과정을 5단계 또는 7단계의 논리적 절차로 소개하였다.

　셋째로, 실제 연구에서 통계방법의 응용수준을 높이기 위하여, *SPSS* 통계패키지의 응용방법을 강조하였다. 특히 2장의 자료 분석 준비에서 부터, 마지막 16장에 이르기까지 최신 *SPSS* 프로그램(version, 24)으로 적절한 통계방법을 사용하여 자료를 분석할 수 있도록 안내하였다.

　넷째로, 용어의 통일과 기호 체계에 유의하였다. 통계학 용어는 「교육측정·평가·연구·통계 용어사전」(한국 교육학회 교육평가연구회 편, 1995)과 한국통계학회에서 발행한 「통계학 용어대조표」 프로그램의 용어를 준용하였다.

　　이 책을 출판하는 과정에서 *SPSS* 프로그램을 실습하기 위한 모든 예시자료의 분석은 연세대학교 교육학과에서 석사를 마친 이민호 군이 수고하였다. 아울러 연세대학교 교육학과 박사과정의 양희원 선생이 책의 집필과정에서 전체적인 검토작업을 수행하였으며, 참고문헌 및 표의 작성과정에서 연구실 조교로 수고하는 정주영 군의 수고가 컸다.

　　이 책의 집필과정에서 가장 큰 도움이 된 것은 이전에 연세대학교 교육학과에서 집필된 통계방법 문헌들이었다. 특히 「교육·심리·사회 통계방법」(이종성, 1997, 박영사)와 「사회과학 연구를 위한 통계방법」(이종성 외, 2007)의 내용들은 전체적으로 이 책에 포함될 내용을 선별하고 판단하는데 안내서가 되었다. 이 책의 출판과정에서 저자들을 배려하고 적극적인 지원을 해주신 박영사의 안상준 상무, 박세기 팀장, 우석진 선생, 그리고 편집부 임직원께 감사한다.

2018년 2월
저자 일동

차 례

제2부 추리통계의 기초

제 3 부 추리 통계

부 록

제1부 기초통계

제 1 장

통계학과 변수

1.1 통계학과 통계방법

개념세계를 다루는 수학이 경험과학에 언어를 제공하는 것과 같이, 하나의 학문분야로서 통계학은 여러 다른 학문 분야, 즉 사회과학과 자연과학, 공학 및 의학 등의 도구가 된다. 통계학은 그것을 이용하는 분야에 따라서 조금씩 다른 통계방법을 사용하는 경우도 있으나, 이들 모든 방법은 통계학에서 발전시킨 일반 이론을 응용하는 것이다. 통계방법은 그 이용 목적에 따라 다음과 같이 세 가지로 분류할 수 있다.

$$
통계학의\ 이용목적
\begin{cases}
자료요약 \\
특성추론 \\
의사결정
\end{cases}
통계방법
\begin{cases}
기술\ 통계방법 \\
추리\ 통계방법 \\
통계적\ 의사결정
\end{cases}
$$

즉, 통계방법은 수집된 자료의 특성을 요약하는 기술통계(descriptive statistics), 수집된 자료의 요약이나 특징을 설명하는 데 그치는 것이 아니라 한 걸음 더 나아가 요약된 자료를 근거로 모집단의 특성을 추론하는 추리통계(inferential statistics), 불확실한 상황에서 제한된 자료의 분석 결과를 근거로 의사결정을 하는 통계적 의사결정론(statistical decision theory)으로 분류될 수 있다.

기술통계

기술통계(descriptive statistics)는 실험이나 조사절차를 통해서 수집된 자료를 조직·요약·분석·해석 및 제시하는 과정을 포함한다. 예를 들어, 연구자가 어떤 사회문제에 대하여 어느 집단을 대상으로 질문지를 통해 의견조사를 실시하였다고 가정하자. 이때 변수와 측정수준에 수집된 원자료(raw data)는 단순히 모아진 자료에 불과하기 때문에 그것이 주는 의미를 정확히 해석하기는 어렵다. 따라서 이들 자료는 백분율, 평균, 표준편차, 혹은 상관계수와 같은 통계값을 산출함으로써 조사된 집단의 의견을 의미 있는 정보로 요약하여 제시할 수 있는 것이다. 또한 도수분포와 같은 그래프를 이용하여 그 집단의 의견분포를 효과적으로 제시할 수도 있다. 그러나 원자료를 요약하는 과정에서 세부적인 정보가 손실되므로, 산출된 통계치를 해석하는 데에는 주의를 하여야 한다.

추리통계

추리통계(inferential statistics)는 모집단의 일부분인 표본에서 구한 통계치와 분포로부터 모집단의 통계치와 분포를 추론하는 과정이다. 이때, 모집단의 통계치를 모수(parameter)라고 하며 표본의 통계치를 통계량(statistic)이라고 한다. 또한 통계량에서 모수를 추정(estimation)하기 때문에 통계량을 추정값(estimate)이라고도 한다. 결국 추리통계에서 연구자가 알려고 하는 것은 모집단의 모수이다. 그러나 모수를 직접 알 수 없기 때문에 통계량으로부터 이를 추정하는 것이다. 모집단의 모수에 대하여 추리를 하는 구체적인 통계방법을 추리통계방법이라고 한다.

의사결정론

통계적 의사결정론은 모집단에 관한 추리에서 한 걸음 더 나아가 의사결정의 여러 대립안들 중에서 최선의 것을 선택하기 위하여, 가능한 정보를 다 사용하는 것이다. 예를 들어, 학교장은 새로운 수업방법을 채택하기 위하여 통계적 의사결정의 절차를 이용할 수 있다. 즉 서로 다른 여러 수업방법들의 모든 가능한 결과의 확률과 효용치(가치)를 고려하여 이 중에서 기대효용치가 가장 높은 방법을 채택하게 된다.

그러나 이 책에서는 통계적 의사결정론은 다루지 않았다.

1.2 변수와 변량

경험과학에서 연구자가 이해하고 설명하려는 집단의 특성은 일정하지가 않고 다양하게 나타난다. 예를 들면, 학생들의 학업성취도를 측정하기 위하여 학기말 시험을 실시하여 학생들의 시험점수를 구하였다고 가정하자. 이 경우에 학업성취도는 연구대상인 학생들의 특성으로서 개인학생에 따라 다를 것이다. 이처럼 일정하지 않은 특성을 변량(variate)이라고 하며, 일정하지 않은 변량에 실수 값을 부여하는 규칙을 변수(variable)라고 한다. 즉 학생들의 학기말 시험점수는 변수이다. 또 다른 예로 학생들의 성을 남녀로 구분할 수 있다. 즉 학생의 특성인 성은 일정하지 않으며 남자와 여자로 구분되는 것이다. 이때에 남자 및 여자에게 값을 부여한 것을(예, 남자 =0, 여자=1) 변수라고 한다. 수학적인 의미에서 변수란 일정하지 않은 특성에 값을 부여하는 함수라고 할 수 있다. 또는 모집단을 구성하는 모든 개체에 일정한 규칙에 따라 값을 부여하는 함수이다. 따라서 변수의 값은 다양하며, 어느 현상, 집단, 또는 개인의 특성이 일정하여 단 한가지의 숫자로 표기가 된다면 이는 변수가 아니라 상수(constant)라고 한다. 예를 들어, 여자 중학교의 학생들은 모두 여자이므로 이 학교에서 학생들의 성을 변수로 표기하는 것은 불가능 하다.

변수의 값이 다양하게 변하는 정도를 변산(variation)이라고 한다. 변수의 변산이 크다는 것은 연구자로 하여금 왜 연구대상의 특성이 그렇게 다양한지 의문을 갖게 하는 불확실성(uncertainty)이 크다는 것이므로 연구자가 발견할 만한 정보가 많다는 것을 의미한다.

변수란 매우 광범위한 의미로 사용되며, 일상생활에서도 정해지지 않은 불특정한 상황이 오면 그 상황과 관련 있는 요인들을 변수로 표현한다. 대통령 선거에서 영향을 미치는 변수가 무엇인가? 특정 정치인의 향후 발언내용이 변수일 수도 있다. 그러나 일반인들이 사용하는 변수 표현이 모두 통계학에서의 변수로 받아들여지는 것은 아니다. 과학의 영역에서도 변수의 의미는 목적에 따라 다르게 분류되고 해석된다.

우선 통계학에서는 변수가 실수화 함수로 정의되므로, 모든 변수는 실수의 속성에 따라 연속변수(continuous variable)와 이산변수(discrete variable)로 구분된다. 연속변수는 실수선(real number line)에 있는 모든 값을 가질 수 있는 변수이다. 따라서 절대값이 없으며, 측정의 정밀성만 있다. 달리기 선수가 9초 78에 100m를 달렸다면, 절대 주파시간은 알 수가 없으나, 그의 실세 100m 주파시간은 9초 775와 9초 785 사이의 어느 시간이라고 할 수 있다. 즉, 연속변수는 절대값이 없고, 특정 구간에서의 값으로 표현한다. 특정 변수의 값이 몇 개인지 세는 것이 불가능하며, 따라서 도수도 구할 수 없다. 다만 특정 점수대에서의 밀도(density)로 도수를 대신한다. 밀도가 높은 점수대는 확률이 높은 점수대이다. 이와는 달리, 이산변수는 불연속 변수이며, 이산변수의 값은 절대값이 가능하다. 어느 학교의 학생 수는 이산변수이다. 남녀를 구분하는 변수도 이산변수이다. 이산변수는 변수값을 셀 수 있다. 남녀 변수에서 여성($X = 1$)이 몇 명이며, 남성($X = 2$)이 몇 명인지 셀 수 있다. 즉, 이산변수는 도수 또는 빈도를 갖는다.

통계학과 인접학문인 측정학(Measurement) 또는 심리측정학(Psychometrics)에서는 측정대상을 재는 것이 중요한 목적이므로, 변수를 척도(scale)로서 이해한다. 측정학에서 정의하는 척도와 통계학에서 정의하는 변수는 본질적으로 동일하다. 척도란 일정한 규칙에 의하여 값을 부여하는 절차, 규칙을 의미한다. 측정학에서 척도란 명명척도(nominal scale), 서열척도(ordinal scale), 등간척도(interval scale), 비율척도(ratio scale)의 네 가지로 분류한다(Stevens, 1951). 명명척도는 구분의 기능을 갖는 변수이다. 남녀, 국적을 구분하는 변수가 그 예이다. 명명척도는 양의 개념이 없다. 남녀의 값이 각각 1, 2로 배정되면, 여성은 숫자 2로 지칭되었다는 의미만 있으며, 여성이 남성(=1)의 두 배라는 의미는 없다. 서열척도는 서열의 정보를 제공하는 변수이다. 등수는 서열변수이다. 조사설문지에서 흔히 사용하는 Likert 문항의 "매우 그렇다, … 전혀 아니다"에 부여한 값은 서열변수이다. 등간척도는 변수의 값 사이의 간격이 동일한 변수이다. 등간척도는 사연산이 가능하므로 매우 유용한 변수이다. 온도, 달력의 연월일은 모두 등간척도이다. 등간척도는 사연산이 가능하기 때문에, 측정학자들은 검사를 제작할 때 검사점수의 값이 등간성을 갖도록 척도화 작업을 한다. 등간척도는 절대 영이 없다. 비율척도는 변수값 사이의 등간성도 유지되고 동시에 절대영의 값도 갖는 변수이다. 따라서 변수값에 대한 직접해석이 가능하다. 무게, 속도, 면적 등의 물리적 특성들은 비율척도에 속한 변수이다. 다음에 제시한 표 1.3.1은 지금까지 설명한 척도 수준의 내용을 요약한 것이다.

〈표 1.3.1〉 측정수준과 통계방법

척도	속성	예	산출통계량	통계방법
명명	범주 분류	남, 녀	최빈치, 비율	비모수적 방법
서열	범주 분류, 순위	상, 중, 하	중앙치, 사분편차	비모수적 방법
등간	분류, 순위, 동간격	20℃ 30℃	평균, 표준편차	모수·비모수적 방법
비율	분류, 순위, 동간격, 절대영	1m, 2m	모든 통계량	모수·비모수적 방법

　　연구자들이 기술통계와 추리통계방법으로 구체적인 연구문제에 응답을 하려는 경우, 연구자들은 연구방법론을 학습한다. 연구방법론이란 연구하는 방법을 체계화한 것으로서 소위 학술논문이나 보고서, 연구계획서를 작성하는 방법을 모두 포괄한다. 연구방법분야에서는 변수를 구분할 때, 흔히 연속변수와 범주형 변수(categorical variable)로 구분한다. 연구방법에서 연속변수란 변수의 값을 연속선으로 표현이 가능하면 연속변수이다. 학교의 학생 수는 통계학에서는 이산변수이지만, 연구방법에서는 연속변수로 다룬다. 범주형 변수는 변수의 값이 두 개인 경우, 소수의 여러 개인

경우이다. 남녀 성, 합격과 불합격, 정답과 오답의 문항점수는 두 개의 값만 존재하는 이항변수로서 범주형 변수의 범위에 속한다. 학년, 종교 등은 다항변수로서 범주형 변수이다.

1.4 변수의 분포와 특성

변수는 실수화 함수이며 다양한 값을 갖는다. 또한 변수는 연구자들이 관심을 갖는 자연현상이나 사회현상, 그리고 인간행동 등에 대한 특성을 계량화 한 것이다. 변수의 값은 다양하므로, 각 변수마다 고유의 분포를 갖는다. 연구자에게는 특정한 변수에서 각각의 값들이 어느 정도 빈번하게 관찰되는지를 탐구하는 것도 중요하며, 변수의 분포가 어떠한 모양을 갖는지를 밝히는 것도 중요하다. 예를 들어, 연간 소득은 개인마다 다르므로, 소득변수는 분포를 갖는다. 소득변수 분포를 통해 평균소득수준을 파악할 수 있고, 소득분포의 개인차 범위도 알 수 있으며, 소득 상위 20%와, 하위 20%의 소득편차 정보도 알 수 있다. 소득과 학력이 어느 정도 상관이 있는지 알고 싶으면, 두 변수분포의 산포도를 관찰하거나, 상관계수를 구하여 계량화된 지수로 요약할 수도 있다. 즉, 변수를 만드는 이유는 그 분포를 이해하기 위한 것이다. 한 걸음 나아가 연구자들이 관심 있는 현상을 변수로 표현하면, 그 현상은 과학의 영역에서 탐구되는 현상이 된다. 즉, 객관적인 양적분석에 의한 탐구가 가능하게 되는 것이다.

연구자들이 어느 집단에서 나타나는 특정한 현상을 탐구하고 싶으면, 그 현상을 변수로 표현해야 한다. 교장이 학생들의 학업성취도 저하를 염려하고 그 이유를 파악하고 싶다면, 학업성취도 변수를 구하고 그 분포를 점검하며, 그 분포와 상관을 갖는 변수들을 찾아야 한다. 변수란 연구자들이 어느 집단의 특정현상에 관심을 갖기 때문에 만들어지는 것이다. 연구자들이 관심을 갖는 집단을 모집단(population)이라고 한다. 어느 연구자가 전국 고등학교 3학년의 학력격차에 관심을 갖는다면, 모집단은 전국 고등학교 3학년 학생들이다. 연구자가 전국에 거주하는 모든 고3 학생들부터 학업성취도 정보를 확보하는 것은 시간과 노동, 그리고 비용 면에서 비합리적이며, 때로는 자료수집이 끝나기도 전에 학생들이 졸업을 할 수도 있다. 합리적인 방법으로 17개 시·도별로 1%의 고3 학생을 무작위로 뽑은 후, 고3 학생들의 학업성취도 자료를 확보하고, 이를 바탕으로 전국의 고등학교 3학년생의 학력분포를 추리하는 것을 생각할 수 있다. 이때 17개 시·도 별로 연구자가 뽑은 1%의 학생들을 통계학 용어로 표본(sample)이라고 하며, 1%의 학생을 뽑는 행위를 표집(sampling)이라고 한다.

연구자들이 관심을 갖는 것은 모집단에서의 변수의 분포이다. 이 분포를 변수의 모집단 분포(population distribution)라고 한다. 그러나 모집단 분포를 구하는 것은 많은 경우에 비현실적이므로, 연구자들은 표본에서의 변수분포를 구하고 이를 바탕으로 모집단 분포를 추리한다. 표본에서의 변수분포를 표본분포(sample distribution)이라고 한다. 모든 변수는 분포의 특징을 반영하는 요인들이 있으며, 모집단 분포에서도 변수분포의 특징을 나타내는 요인들이 있다. 이 요인들을 모수(parameter)라고 한다. 모수는 연구자들이 궁극적으로 모집단의 특성을 요약, 기술, 설명하는데 활용된다. 흔히 모집단에서의 모수는 직접관찰이 불가능하다. 따라서 모수는 추리의 대상이다. 모수를 추리하는 방법은 표본분포에서 모수에 대응하는 특성을 구한 후에, 이를 바탕으로 모수를 추리하는 것이다. 모수에 대응하는 표본분포의 특성을 통계량(statistic)이라고 한다. 통계량은 표본자료에서 구체적으로 산출된 값이다. 통계량은 표본자료를 요약, 기술, 서술하는데 유용하다. 만약 표본이 모든 면에서 모집단과 같고, 다만 그 규모만 작다면, 통계량은 모수값과 유사할 것이다. 통계학에서는 통계량으로 모수값을 추리하며, 그 과정에서 발생하는 오차의 범위도 함께 제공한다. 이 오차를 표집오차(sampling error)라고 한다. 즉, 표본이기 때문에 모수값과 정확하게 같지는 않을 것인데, 표본을 구하는 행위가 표집이므로, 그 오차를 표집오차라고 한다.

통계학은 이용 목적에 따라 기술통계, 추리통계, 의사결정론으로 분류될 수 있다. 기술통계는 실험이나 조사 절차를 통해서 수없한 자료를 조직, 요약, 분석, 해석 및 제시하는 과정을 포함한다. 추리통계는 모집단의 일부인 표본에서 구한 통계량과 분포로부터 모집단의 모수와 분포를 추론하는 과정이다. 통계적 의사결정론은 모집단에 관한 추리에서 한 걸음 더 나아가 의사결정의 여러 대립안들 중에서 최선의 것을 선택하기 위하여, 가능한 정보를 사용하는 것을 말한다. 그러나 본 책에서는 기술통계와 추리통계에 한정하여 다루었다.

어느 현상, 집단 또는 개인의 일정하지 않은 특성을 변량이라고 한다. 일정하지 않은 변량에 값을 부여하는 것을 변수라고 하며, 특성이 한 가지 숫자로 표기되는 경우 상수라고 한다. 변수의 유형은 통계학의 정의에 기초할 때 연속변수와 이산변수로 구분된다. 그러나 인접학문인 측정학에서는 측정치의 성질에 따라 명명척도, 서열척도, 등간척도, 비율척도로 구분된다. 구체적인 학술연구방법을 안내하는 연구방법론에서는 변수를 연속변수와 범주형 변수로 구분한다.

연구자가 관심을 갖는 집단을 모집단이라고 하며, 모집단에서 변수의 분포를 모집단 분포라고 한다. 모집단의 일부를 구성하며, 연구자가 확보한 집단이 표본이다. 모든 변수는 분포를 가지므로, 연구자가 관심을 갖는 변수도 모집단 분포를 갖는다. 모집단 분포의 특성이 모수이다. 연구자는 표본분포에서 확보한 통계량으로 모수를 추리한다.

1.1 다음의 용어를 설명하고 예를 드시오.

(1) 변수와 상수

(2) 명명척도

(3) 서열척도

(4) 등간척도

(5) 비율척도

(6) 기술통계

(7) 추리통계

1.2 다음의 자료가 어느 측정 수준에 속하는지 구분하시오.

(1) 온도

(2) 시험점수

(3) 학력

(4) 몸무게

(5) 키

(6) 성

제 2 장 SPSS를 활용한 자료 분석 준비

연구자가 수집한 자료를 분석하기 위해서는 통계 분석을 수행하기 위한 데이터 파일을 생성하고, 통계 패키지를 활용하여 분석을 수행하여야 한다. 이러한 활동을 위해서 본 장에서는 사회과학에서 가장 많이 이용되고 있는 SPSS(Statistical Package for Social Sciences)를 중심으로 실행하는 방법과 데이터의 생성 및 저장, 그리고 기초분석 절차 등 자료 분석을 준비하는 내용에 대해서 소개하고자 한다.

2.1 SPSS의 실행

SPSS를 시작하는 방법은 일반적으로 세 가지가 있다. 가장 흔히 사용하는 방법은 SPSS의 설치에 따라 자동적으로 바탕 화면에 생성되는 SPSS 아이콘을 더블클릭하는 것이다. 두 번째 방법은 시작 메뉴에 등록된 'SPSS 24.0 for Windows'를 클릭하는 것이다. 또 다른 방법은 데이터 파일을 더블클릭하는 것이다. 이러한 방법들을 통해서 SPSS를 시작하면 다음과 같은 초기화면으로 데이터 편집기 창이 활성화된다.

SPSS의 초기 화면에서 가장 하단의 상태 표시줄에 'IBM SPSS Statistics 프로세서 준비 완료'라는 표시가 있으면 정상적으로 SPSS를 사용할 수 있는 상태임을 의미한다.

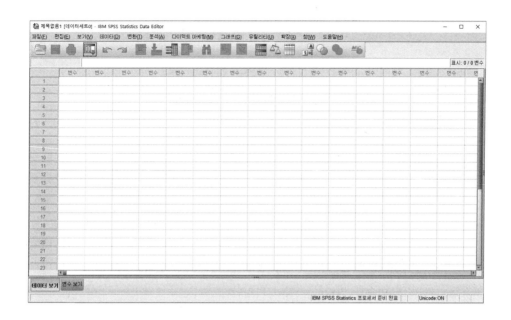

2.2 데이터 파일의 생성 및 저장

SPSS의 데이터 편집기에서는 SPSS 창에 직접 새로운 데이터 파일을 만들어서 작업을 수행하거나, 혹은 다른 프로그램에서 데이터를 입력한 파일을 불러와 작업을 수행할 수도 있다. 일반적으로 Excel과 같은 스프레드시트 자료를 불러들여 분석용 데이터 파일을 생성하는 방법과 DOS의 EDIT 프로그램이나 흔글 등의 워드프로세서, 메모장 등에 입력한 text 자료를 불러들여 분석용 데이터 파일을 생성하는 방법이 있다. 여기서는 ① SPSS 창에 직접 데이터 파일을 생성하는 방법, ② Excel에 자료를 입력·저장하고 그 파일을 불러들여 SPSS 분석용 데이터 파일을 생성하는 방법, ③ text 자료를 불러들여 분석용 데이터 파일을 생성하는 방법을 설명하고자 한다.

2.2.1 spss를 이용한 데이터 파일 생성 및 저장

SPSS 창에 데이터 파일을 생성하는 방법은 다음과 같다.

① SPSS 초기 창

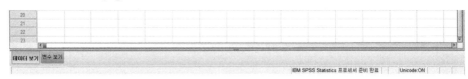

SPSS의 데이터 편집기 창(초기 화면)의 하단에는 데이터를 입력하는 창인 '데이터 보기'와 변수를 입력하는 창인 '변수 보기'로 구분되어 있다. 창의 맨 아래 '변수 보기'를 클릭하면 변수를 입력하는 창이 나타난다.

② 변수 입력 창

입력하려는 변수가 '변수1'과 '변수2'라면, 나타난 창 위에 '이름' 아래의 네모 칸에 '변수1'을 입력하고 Enter 키를 치고 '변수2'를 입력한다.

③ 변수를 입력한 창

데이터가 정수이면 '소수점 이하 자리'의 기본 설정값인 '2'를 클릭하여 '0'으로 바꾼다.

	이름	유형	너비	소수점이...	레이블	값	결측값	열	맞춤	척도	역할
1	변수1	숫자	8	0		없음	없음	8	오른쪽	척도	입력
2	변수2	숫자	8	0		없음	없음	8	오른쪽	척도	입력

④ 데이터 입력창

창의 아래 '데이터 보기'를 클릭하면 데이터를 입력하는 창이 나타난다.

⑤ 데이터를 입력한 창

'변수1'의 데이터 22, 35, 36과 '변수2'의 데이터 10, 15, 20을 입력한다.

2.2.2 excel 데이터 파일 입력 저장과 불러오기

Excel 프로그램에 자료를 입력·저장하고 그 자료를 SPSS의 분석용 데이터 파일로 생성하는 방법은 다음과 같다.

① 데이터를 입력한 Excel 창

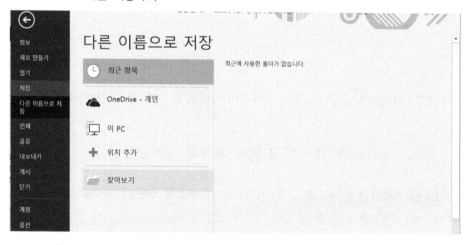

Excel 워크시트의 첫 행에는 변수이름을 입력하고, 두 번째 행부터 데이터를 입력한다. 데이터 입력이 끝나면 메뉴 바의 '파일' → '저장' 순으로 클릭하여 데이터 파일을 저장한다.

② Excel 파일 저장하기

'찾아보기'를 누른 후 저장하려는 폴더의 위치를 설정하여 파일 이름을 부여하고 *.xlsx의 확장자를 갖는 파일형식으로 저장한다. 본 예에서는 '예시2.2dat'라는 파일 이름으로 'work'라는 폴더에 데이터를 저장하였다.

③ Excel 파일 저장 대화상자

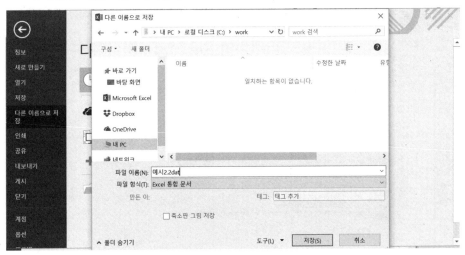

④ SPSS 초기 창에서 Excel 파일 불러오기

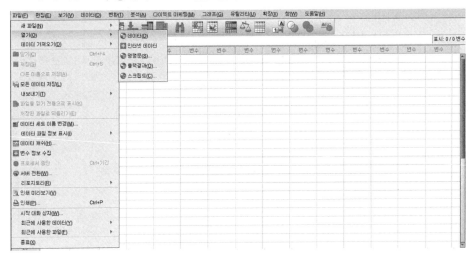

'예시2.2dat.xlsx' 파일을 SPSS 분석용 데이터 파일로 생성하기 위해서 SPSS 프로그램을 연다. SPSS 초기 화면의 메뉴 바에서 '파일(F)' → '열기(O)' → '데이터(D)' 순으로 클릭한다.

⑤ '예시2.2dat.xlsx' 파일 불러오기

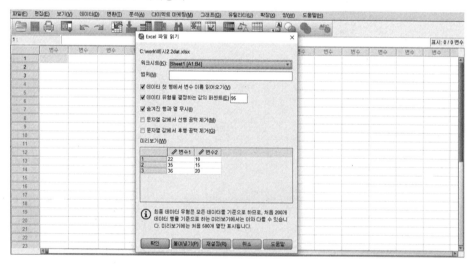

파일 형식을 Excel(*.xlsx)로 선택하면, Excel 프로그램에 입력한 '예시2.2dat.xlsx' 데이터를 확인할 수 있다. 이 파일을 선택하고 '열기'를 클릭한다.

⑥ Excel 소스 열기 대화상자

Excel 소스 열기 대화상자에서, 불러올 Excel 데이터의 첫 행이 변수 이름이면

'데이터 첫 행에서 변수 이름 읽어오기(V)'(기본설정)를 선택하고, 불러올 Excel 파일에서 해당 워크시트(K)를 선택한 후 '확인'을 클릭한다. 일부 데이터만을 불러들고자 할 때에는 범위(N)를 지정한다. 범위는 콜론(:)을 사용하여 지정하는데, 예를 들어 A2:B4라고 범위를 지정하면 A2 셀과 B4 셀을 대각선으로 하는 사각형 범위의 데이터 영역을 불러올 수 있다.

⑦ Excel 데이터 파일을 불러들인 SPSS 창

2.2.3 text 데이터 파일 입력 저장과 불러오기

워드프로세서에 입력한 text 데이터를 SPSS의 분석용 데이터 파일로 생성하는 방법은 다음과 같다.

① 데이터를 입력한 한글 프로그램 창

② text 파일 저장하기

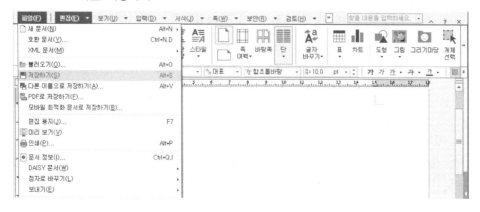

데이터를 입력한 후 메뉴 바의 '파일'→'저장하기' 순으로 클릭하여 데이터 파일을 저장한다.

③ text 파일 저장 대화상자

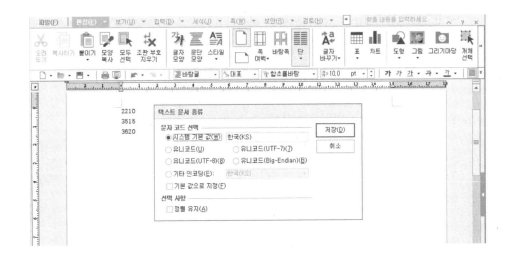

저장하려는 폴더의 위치를 설정한 후 파일 이름을 부여하고 *.txt의 확장자를 갖는 파일형식으로 저장한다. 텍스트 문서 종류 창이 열리면 문자코드를 '한국(KS)'(시스템 기본값)로 설정하고 '저장'을 클릭한다. 본 예에서는 '예시2.2dat'라는 파일 이름으로 데이터를 저장하였다.

④ SPSS 창으로 text 파일 불러오기

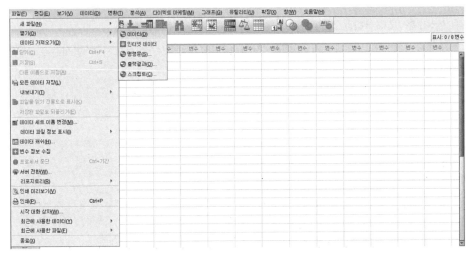

'예시2.2dat.txt' 자료를 SPSS 분석용 데이터 파일로 생성하기 위해서 SPSS 프로그램을 연다. SPSS의 초기 화면의 메뉴 바에서 '파일(F)' → '열기(O)' → '데이터(D)' 순으로 클릭한다.

⑤ SPSS 창으로 text 파일 불러오기

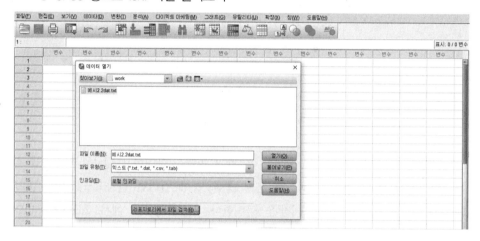

파일 형식을 Text(*.txt)로 선택하면, 한글 프로그램에 입력한 '예시2.2dat.txt' 데이터를 확인할 수 있다. 이 파일을 선택하고 '인코딩(E)'을 로컬 인코딩으로 선택한 후 '열기'를 클릭한다.

그러면 텍스트 가져오기 마법사 창이 열린다. 텍스트 가져오기 마법사는 총 6단계로 구성되어 있다.

⑥ 텍스트 가져오기 마법사 1단계

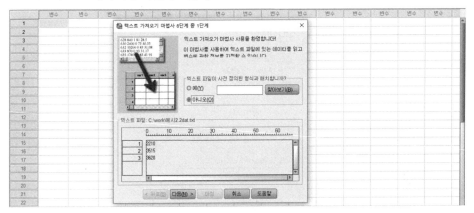

1단계 창에서 '다음(N)'을 클릭하면 2단계 창이 나타난다.

⑦ 텍스트 가져오기 마법사 2단계

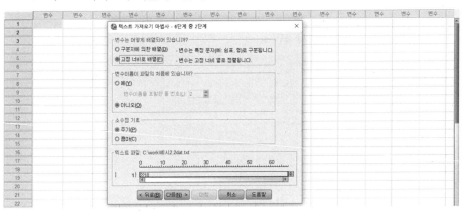

변수의 배열이 고정된 너비의 열로 배열되어 있는 경우에는 '고정 너비로 배열 (F)'(기본설정)을 선택하고, 흔글에서 데이터 입력 시 응답값들 사이를 콤마나 탭 등 으로 구분한 경우에는 '구분자에 의한 배열(D)'을 선택한다. 변수이름이 text 파일의 첫 줄에 있는 경우에는 '예(Y)'를, 그렇지 않은 경우에는 '아니오(O)'를 선택한다. 대 부분의 text 파일은 '아니오(O)'(기본설정)에 해당한다.

'다음(N)'을 클릭하면 3단계 창이 나타난다. 본 예에서는 기본설정을 유지한다.

⑧ 텍스트 가져오기 마법사 3단계

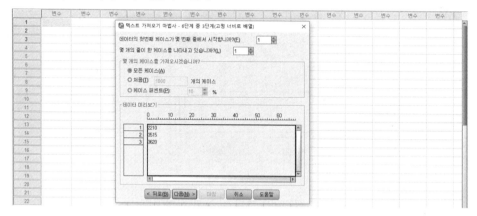

'다음(N)'을 클릭하면 4단계 창이 나타난다.

⑨ 텍스트 가져오기 마법사 4단계

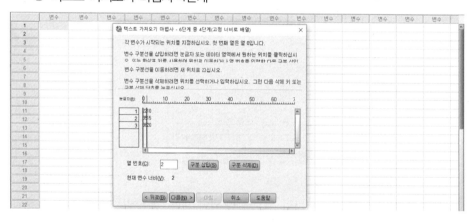

보이는 데이터를 마우스로 클릭하면 수직선이 생긴다. 수직선을 이용하여 변수를 구분해 준다. 본 예에서 앞의 두 자리는 '변수1'을, 그 다음 두 자리는 '변수2'를 의미하므로 두 개의 수직선을 이용하여 변수를 구분한다.

'다음(N)'을 클릭하면 5단계 창이 나타난다.

⑩ 텍스트 가져오기 마법사 5단계

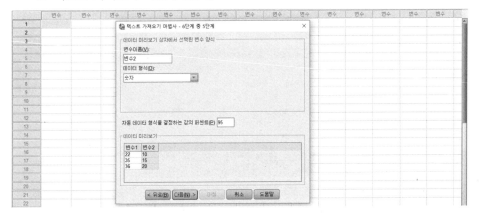

'변수이름(V)'에 각각의 변수이름(변수1, 변수2)을 입력하고, 각 변수의 데이터 형식(D)을 결정한다. 본 예에서는 숫자(Numeric) 데이터 형식을 설정한다.

'다음(N)'을 클릭하면 6단계 창이 나타난다.

⑪ 텍스트 가져오기 마법사 6단계

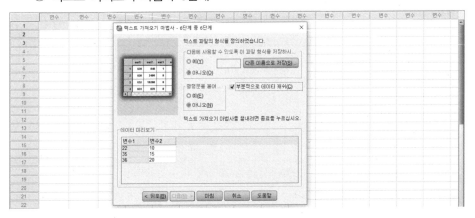

데이터 편집기에 text 파일 데이터가 정확히 입력되었는지를 확인하고 '마침'을 클릭한다.

⑫ text 파일을 불러들인 SPSS 창

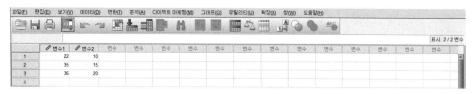

⑬ 데이터의 저장

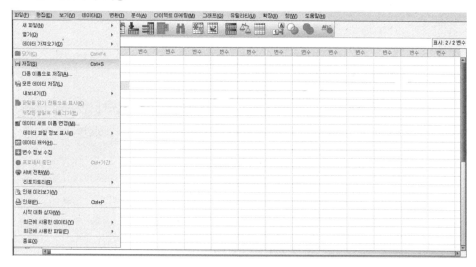

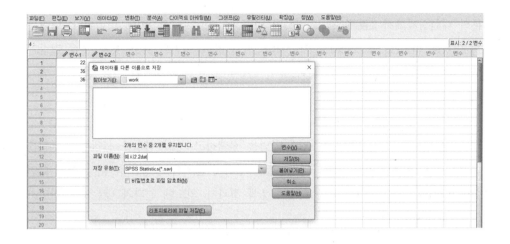

    SPSS 창에 데이터 입력이 끝나면 메뉴 바의 '파일(F)' → '저장(S)' 순으로 클릭하여 데이터 파일을 저장한다. 저장 위치의 기본설정은 SPSS 폴더로 되어 있어 그 곳에 저장할 수도 있고, 연구자가 원하는 저장 폴더의 위치를 설정한 후 파일이름을 부여하고 '저장(S)'을 클릭한다. 여기서는 'work'라는 폴더에 '예시2.2dat'라는 파일이름으로 저장하였다. 파일 형식은 SPSS(*.sav)이다.

2.3 기초 분석 절차

    SPSS를 이용한 통계 분석은 SPSS로 데이터를 작성하거나 가져오는 1단계와 SPSS 메뉴에서 분석 방법을 선택하거나 명령문 편집기에서 명령문을 작성하여 통계량을 계산하거나 도표를 작성하는 2단계, 출력 결과를 확인하는 3단계로 이루어진다. 각 단계별로 화면이 나타나는데, SPSS의 화면은 데이터 편집기, 명령문 편집기, 결과 뷰어로 이루어진다. 데이터 편집기는 데이터의 내용이 표시되며, 데이터를 새로 생성하거나 기존의 데이터를 활용할 수 있는 화면이다. 데이터는 데이터 파일(확장: *.sav)로 저장된다. 명령문 편집기는 SPSS 프로그램의 명령문을 작성하고, 편집하고 수행하기 위한 화면이다. 명령문은 명령문 편집기에서 직접 입력하거나 통계

분석 대화상자에서 붙여넣기(P) 를 클릭하면 명령문이 명령문 편집기에 입력된다. 명령문은 명령문 파일(확장: *.spa)로 저장된다. 결과 뷰어 화면은 SPSS 통계 분석 결과와 도표를 볼 수 있는 화면이다. 결과 뷰어 화면은 피벗표 편집기와 도표 편집기, 텍스트 출력물 편집기가 있다. 결과는 결과 파일(확장: *.spv)로 저장된다.

데이터 입력 및 저장이 끝나면 SPSS에서 데이터를 가져와서 메뉴 바에 있는 '분석(A)'을 클릭하고 동원하려는 통계 방법을 선택하고 분석 변수를 선택하여 분석을 수행하거나 명령문 편집기에서 명령문을 작성하여 분석을 수행한다. 분석 결과 화면상에 나타난 분석 결과물을 검토하여 분석 결과가 의도한 결과와 맞는지를 확인하고, 결과물을 저장한다.

2.4 요 약

연구자가 수집한 자료를 분석하기 위해서는 통계 분석을 수행하기 위한 데이터 파일을 생성하고, 통계 패키지를 활용하여 분석을 수행하여야 한다. 사회과학에서 가장 많이 활용되는 SPSS를 시작하기 위해서는 SPSS 아이콘을 더블클릭하거나, 시작 메뉴의 'SPSS 24.0 for Windows'를 클릭하거나, 데이터 파일을 더블클릭하면 데이터 편집기 창이 활성화된다. 수집한 자료를 점수화하여 분석용 데이터 파일을 생성하는 방법은 세 가지로, SPSS 창에 직접 데이터 파일을 생성하는 방법, Excel 자료를 불러들여 분석용 데이터 파일을 생성하는 방법, 흔글에 입력한 text 자료를 불러들여 분석용 데이터 파일을 생성하는 방법이다. 데이터가 생성이 되면 SPSS 메뉴에서 분석 방법을 선택하거나 명령문 편집기에서 분석 명령문을 작성하여 통계량을 계산하거나 도표를 작성하고, 결과 뷰어 화면에 나타난 출력 결과를 확인하는 단계를 거치게 된다.

연·습·문·제

2.1 다음의 질문지를 작성하여 20부를 실시하였다고 가정한 후 코딩 양식 설계
     를 작성해 보자.

     * 다음의 질문을 읽고 해당란에 ✓표 해 주십시오.

     (1) 여러분의 학교의 소재지는?
     ___ ① 대도시   ___ ② 중·소도시   ___ ③ 읍·면지역
     (2) 여러분의 학교급은?
     ___ ① 초등학교   ___ ② 중학교   ___ ③ 고등학교
     (3) 고등학교의 경우 여러분 학교의 계열은?
     ___ ① 일반계   ___ ② 실업계
     (4) 여러분의 성별은?
     ___ ① 남   ___ ② 여

* 다음의 질문을 읽고 여러분 학교의 선생님들이 '매우 그렇다'라고 생각되면 5번에, '대체로 그렇다'라고 생각되면 4번에, '보통이다'라고 생각되면 3번에, '대체로 그렇지 않다'라고 생각되면 2번에, '전혀 그렇지 않다'라고 생각되면 1번에 ✓표해 주십시오.

선생님들은	전혀 그렇지 않다	대체로 그렇지 않다	보통 이다	대체로 그렇다	매우 그렇다
(1) 수업 중에 칭찬을 자주 하신다.	1	2	3	4	5
(2) 학생들의 개인적인 차이(능력, 흥미)를 충분히 고려하여 수업을 하신다.	1	2	3	4	5
(3) 수업 시작 시간과 끝내는 시간을 철저히 지키신다.	1	2	3	4	5
(4) 숙제나 과제물을 항상 철저하게 조사하신다.	1	2	3	4	5
(5) 수업 중 발표의 기회를 골고루 나누어 주신다.	1	2	3	4	5
(6) 학생들의 의견을 충분히 반아들여 수업을 하신다.	1	2	3	4	5
(7) 수업 중에 학생들이 언제라도 자유롭게 질문할 수 있도록 허용해 주신다.	1	2	3	4	5
(8) 수업의 과정에서 협조적 수업방법(토론, 소그룹 분단활동)이나 협동적 분위기를 강조하신다.	1	2	3	4	5
(9) 수업 중에 발생한 선생님들 자신의 실수나 잘못을 학생들 앞에서 솔직하게 인정하신다.	1	2	3	4	5
(10) 수업 중 용의는 언제나 단정하시다.	1	2	3	4	5

 **SPSS 실습 2.1** 연습문제 2.1의 자료(변수와 데이터)를 입력한 SPSS 창

1. '변수 보기'를 클릭하고 변수를 입력한 창

파일(F) 편집(E) 보기(V) 데이터(D) 변환(T) 분석(A) 다이렉트 마케팅(M) 그래프(G) 유틸리티(U) 확장(X) 창(W) 도움말(H)

	이름	유형	너비	소수점이...	레이블	값	결측값	열	맞춤	측도	역할
1	학교소재지	숫자	8	0		없음	없음	8	오른쪽	척도	입력
2	학교급	숫자	8	0		없음	없음	8	오른쪽	척도	입력
3	계열	숫자	8	0		없음	없음	8	오른쪽	척도	입력
4	성별	숫자	8	0		없음	없음	8	오른쪽	척도	입력
5	문항1	숫자	8	0		없음	없음	8	오른쪽	척도	입력
6	문항2	숫자	8	0		없음	없음	8	오른쪽	척도	입력
7	문항3	숫자	8	0		없음	없음	8	오른쪽	척도	입력
8	문항4	숫자	8	0		없음	없음	8	오른쪽	척도	입력
9	문항5	숫자	8	0		없음	없음	8	오른쪽	척도	입력
10	문항6	숫자	8	0		없음	없음	8	오른쪽	척도	입력
11	문항7	숫자	8	0		없음	없음	8	오른쪽	척도	입력
12	문항8	숫자	8	0		없음	없음	8	오른쪽	척도	입력
13	문항9	숫자	8	0		없음	없음	8	오른쪽	척도	입력
14	문항10	숫자	8	0		없음	없음	8	오른쪽	척도	입력
15											

2. '데이터 보기'를 클릭하고 데이터를 입력한 창

파일(F) 편집(E) 보기(V) 데이터(D) 변환(T) 분석(S) 다이렉트 마케팅(M) 그래프(G) 유틸리티(U) 확장(X) 창(W) 도움말(H)

15 : 문항1   표시: 14 / 14변수

	학교소재지	학교급	계열	성별	문항1	문항2	문항3	문항4	문항5	문항6	문항7	문항8
1	1	1	0	1	3	3	5	4	2	3	3	
2	1	1	0	1	3	3	5	4	2	3	3	
3	1	1	0	1	3	4	4	5	2	3	3	
4	1	2	0	1	4	4	4	5	3	2	2	
5	1	2	0	1	4	3	2	5	4	2	2	
6	2	2	0	2	5	2	3	3	4	4	2	
7	2	2	0	2	2	2	3	4	2	4	4	
8	2	2	0	2	2	4	1	4	1	4	4	
9	2	3	1	2	3	5	1	5	1	1	1	
10	2	3	1	2	4	2	2	5	2	1	1	
11	3	3	1	1	4	2	2	4	2	2	2	
12	3	2	2	2	1	2	3	4	1	2	2	
13	3	2	2	2	5	2	4	3	1	1	2	
14												
15												

무응답이나 응답 해당사항이 아닌 경우는 '0'을 입력하였음. 화면의 우측 부분은 보여지지 않고 있음. 이 자료를 통계 분석하려면 메뉴 바의 '분석(A)'을 클릭하고 동원하려는 통계 방법을 선택함.

제 3 장 자료의 조직과 제시 방법

조사 및 측정을 통해서 수집된 원자료는 그 자료를 조직하고 요약함으로써 해석이 가능하다. 자료를 조직하고 요약하는 방법으로는 도수분포라고 하는 표로 그 자료들을 정리하거나 백분위로 나타내거나, 여러 가지 형태의 그래프로 나타내는 방법이 있다. 본 장에서는 도수분포의 종류, 작성 지침 및 방법, 백분위수와 백분위의 계산 방법, 도수분포 그래프의 종류, 각 그래프 작성의 절차와 단계 그리고 그래프 형태에 영향을 미치는 요인 등에 대해서 다루고자 한다.

3.1 도수분포

다음의 자료는 어느 학교 학생 50명의 역사시험 점수를 출석부에 기재된 번호순으로 기록한 것이다.

〈표 3.1.1〉 50명 학생의 역사과목 중간시험 점수

84	82	72	70	72
80	62	96	86	68
68	87	89	85	82
87	85	84	88	89
86	86	78	70	81
70	86	88	79	69
79	61	78	75	77
90	86	78	89	81
67	91	82	73	77
80	78	76	86	83

이 표를 보면 점수가 순서 없이 나열되어 있기 때문에 시험 결과를 해석하기 어렵다. 점수를 높은 점수부터 낮은 점수까지 그리고 중간에 없는 점수까지 모두 기록하고, 각 점수를 받은 사람의 수, 즉 도수를 기록하면 표 3.1.2와 같다. 표 3.1.2와 같이 점수(Y)와 도수(f)를 표로 나타낸 것을 도수분포(frequency distribution)라고 한다.

〈표 3.1.2〉 표 3.1.1의 도수분포

점 수 (Y)	도 수 (f)	점 수 (Y)	도 수 (f)
96	1	78	4
95	0	77	2
94	0	76	1
93	0	75	1
92	0	74	0
91	1	73	1
90	1	72	2
89	3	71	0
88	2	70	3
87	2	69	1
86	6	68	2
85	2	67	1
84	2	66	0
83	1	65	0
82	3	64	0
81	2	63	0
80	2	62	1
79	2	61	1

이렇게 자료가 정리되면 다양한 관심사에 답을 할 수 있다. 예를 들어, 84점을 받은 학생은 자기 반에서 중간보다 다소 높은 점수를 받았다는 것을 알 수 있다. 점수의 범위는 61에서 96이지만, 대부분의 학생은 67과 91 사이에 분포되어 있으며, 한 학생은 아주 높은 점수를 받았고 두 학생은 아주 낮은 점수를 받았음을 알 수 있다. 또한 86점을 받은 학생은 이 반에서 꽤 높은 점수를 받은 학생이라는 것을 알 수 있다.

범주형 자료의 조직

수집한 관찰 자료는 여러 가지 형태이다. 무게, 온도, 시험점수 같이 양적 자료일 수도 있고, 피부 색깔, 승용차의 종류, 종교와 같이 범주형 자료일 수도 있다. 양적 자료에서와 같이 범주형 자료들에 대해서도 도수분포표를 만들 수 있다. 표 3.1.3은 어느 이과대학에 지원한 학생들의 전공 분야의 도수를 기록한 것이다.

〈표 3.1.3〉 이과대학에 지원한 학생들의 전공별 분포

전 공 (Y)	도 수 (f)
생화학	529
화학	221
물리학	106
기상학	58
지질학	41
전체	955

이 표는 점수가 아닌 범주(category)로 되어 있다. 표 3.1.3에서 전공은 범주로 된 명명척도이기 때문에 그 순서는 별 문제가 되지 않으며 원하는 어떤 순서로든 정리할 수 있다. 때로는 도수의 크기로 정리하면 의미를 갖게 되는 경우도 있다. 그러나 서열척도로 된 자료는 그 범주를 순위 순으로 정리하는 것이 좋다.

묶음 도수분포표

점수의 범위가 넓을 때는 점수를 묶어서 도수분포를 작성하면 점수 분포의 의미가 명확해질 수 있다. 그러나 묶음 도수분포표는 자료의 해석을 쉽게 해 주기는 하지만 자세한 정보는 상실하게 된다. 이것을 묶음오차(grouping error)라고 명명하며, 묶음점수 구간이 크면 클수록 묶음오차는 더 커지게 된다. 표 3.1.1의 원점수를 묶음 도수분포표로 바꾸는 절차는 다음과 같다.

1 단계: 가장 낮은 점수와 가장 높은 점수를 확인한다.
2 단계: 가장 높은 점수에서 가장 낮은 점수를 빼어 점수 범위를 구한다.
3 단계: 범위를 10과 20으로 나누어, 가장 큰 구간 크기와 가장 작은 구간 크기를 알아낸다.
4 단계: 가장 낮은 구간의 출발 점수를 결정한다. 일반적으로 그 출발 점수는 구간의 크기의 배수가 되어야 한다.
5 단계: 맨 위에 가장 높은 점수를 포함하고 있는 구간을 위치시키고 모든 구간의 점수한계를 기록한다. 이 때 구간은 연속적이어야 하고 같은 크기로 이루어져야 한다.
6 단계: 막대기표를 사용하여 원점수의 도수를 해당 구간에 표시한다.
7 단계: 표시된 막대기표를 도수(f)로 전환한다.

〈표 3.1.4〉 표 3.1.1의 도수를 결정하기 위한 막대기표

점 수 (Y)	막대기표	도 수 (f)
96 – 98	/	1
93 – 95		0
90 – 92	//	2
87 – 89	州 //	7
84 – 86	州 州	10
81 – 83	州 /	6
78 – 80	州 ///	8
75 – 77	////	4
72 – 74	///	3
69 – 71	////	4
66 – 68	///	3
63 – 65		0
60 – 62	//	2
		$N=50$

점수한계와 정확한계

어떤 점수의 정확한계(real limit)는 그 점수 아래의 가장 작은 측정 단위의 1/2 부터 그 점수 위의 1/2까지로 정한다(나이는 예외 항목 중의 하나이다). 예를 들어, 85라는 점수의 정확한계는 84.5−85.5가 된다. 그림 3.1.1은 이러한 내용을 설명하는 그림이다.

[그림 3.1.1]   역사교과 중간시험 점수의 정확한계

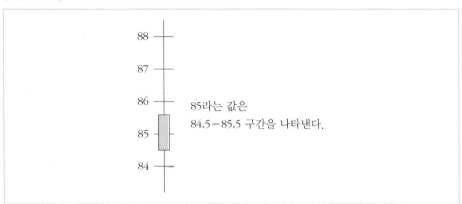

만일 0.1인치까지 기록한다면 2.3인치라는 측정값은 실제로는 2.25−2.35를 나타 내는 것이다. 또한 측정의 최소 단위가 10 lb. 인 경우 780 lb. 는 780±5 lb. 즉, 775−785 lb.를 나타낸다. 묶음 도수분포표에서의 정확한계는 다음의 표 3.1.5와 같다.

점수한계	정확한계	도 수 (f)
96 – 98	95.5 – 98.5	1
93 – 95	92.5 – 95.5	0
90 – 92	89.5 – 92.5	2
87 – 89	86.5 – 89.5	7
84 – 86	83.5 – 86.5	10
81 – 83	80.5 – 83.5	6
78 – 80	77.5 – 80.5	8
75 – 77	74.5 – 77.5	4
72 – 74	71.5 – 74.5	3
69 – 71	68.5 – 71.5	4
66 – 68	65.5 – 68.5	3
63 – 65	62.5 – 65.5	0
60 – 62	59.5 – 62.5	2
		N = 50

상대도수분포

각 구간의 도수를 전체 경우의 수에 대한 비율로 나타냄으로써 상대적인 도수를 쉽게 구해낼 수 있다. 이것을 상대도수(relative frequency)라고 한다. 상대도수분포표(relative frequency distribution)는 범주 또는 점수(또는 점수 구간)의 도수를 전체 사례수에 대한 비율 또는 퍼센트의 상대도수로 나타낸 표를 의미한다.

상대도수분포는 전체 사례수가 서로 다른 여러 도수분포를 비교하고자 할 때 유용하다. 다음의 표 3.1.6은 두 반 성적의 상대도수분포를 나타낸 것이다. 도수분포표로는 두 반을 비교하기가 쉽지 않으나 상대도수로 전환하면 비교하기가 쉽다. 상대도수는 전체 사례수가 아주 적을 때는 부적절하다.

<表 3.1.6> 상대도수분포

점수한계	도 수	A반		도 수	B반	
		상대도수 (비율)	상대도수 (퍼센트)		상대도수 (비율)	상대도수 (퍼센트)
96−98	1	.02	2	1	.01	1
93−95	0	.00	0	1	.01	1
90−92	2	.04	4	3	.04	4
87−89	7	.14	14	3	.04	4
84−86	10	.20	20	4	.05	5
81−83	6	.12	12	7	.09	9
78−80	8	.16	16	8	.10	10
75−77	4	.08	8	9	.11	11
72−74	3	.06	6	12	.15	15
69−71	4	.08	8	6	.08	8
66−68	3	.06	6	11	.14	14
63−65	0	.00	0	7	.09	9
60−62	2	.04	4	2	.02	2
57−59				3	.04	4
54−56				3	.04	4
전 체	50	1.00		80	1.01	101%

＊실제 자료를 보고할 때는 상대도수를 비율이나 퍼센트 중 하나를 제시하지 둘 다 제시하지 않는다.
＊B반의 경우는 반올림 오차(rounding error)로 인해 전체가 101%이다.

줄기잎 그림

줄기잎 그림(stem−and−leaf display)은 도표와 그래프 형태의 혼합된 방법으로, Tukey(1977)가 개발하였다. 탐색적 자료 분석(exploratory data analysis)의 일환으로 이루어지는 방법 중 하나이다. 표 3.1.7은 표 3.1.1의 50명의 역사시험 점수를 각 구간의 크기를 5로 하여 줄기잎 그림으로 나타낸 것이다. 왼쪽 열에는 십 단위수(공통되는 부분)를 줄기라 하여 적고, 그 줄기의 오른쪽 즉, 잎에는 일 단위수(나머지 부분)를 적는다. 각 줄기에 해낭하는 잎에는 낮은 것에서 높은 것으로 그 순서를 배열하였다. 이 절차는 단순해 보이지만, 각 점수들이 크기순으로 정리되어 있지 않으면 작성하기가 쉽지 않다. 이 그림의 장점은 분포의 형태를 직접 묘사하고 있다는 점이다. 즉 점수가 어느 부분에 집중되어 있는지를 시각적으로 보여주고 있다. 따라서 줄기잎 그림은 자료 분석의 탐색 단계에서 유용하다.

〈표 3.1.7〉 표 3.1.1의 자료를 이용한 줄기잎 그림

줄 기	잎
6	1 2
6	7 8 8 9
7	0 0 0 2 2 3
7	5 6 7 7 8 8 8 8 9 9
8	0 0 1 1 2 2 2 3 4 4
8	5 5 6 6 6 6 6 6 7 7 8 8 9 9 9
9	0 1
9	6

누적도수분포

누적도수분포(cumulative frequency distribution)는 각 구간의 상한계 이하 점수
를 받은 사례가 얼마나 많은지를 보여준다. 누적도수분포표를 작성하기 위해서는,
표 3.1.8의 세 번째 열의 도수를 이용한다. 맨 아래에서부터 시작하며, 각 구간의 상
한계 아래에 있는 전체 도수를 기록한다. 이 결과가 네 번째 열의 누적도수이다. 이
는 각 구간의 도수를 그 아래 구간에 기록된 누적도수에 더하여 얻는다. 만일 상대
누적도수분포(relative cumulative frequency distribution)를 원한다면, 각 구간의 누
적도수를 전체 사례수 N으로 나누면 된다. 이것을 상대누적백분율로 나타내려면 이
값에 100을 곱하면 되며, 마지막 열에 나타나 있다. 백분율을 사용한 상대누적도수
분포인 누적백분율분포(cumulative percentage distribution)는 해당하는 구간의 정확
상한계 아래 놓여 있는 도수의 백분율이다. 표 3.1.8의 점수분포를 보면 50명 중 40
명이 86.5점 이하의 점수를 받았으며, 47명(전체 사례수의 94%)이 89.5점 이하의 점
수를 받았음을 알 수 있다.

점수한계	정확한계	도 수 (f)	누적도수 (cf)	상대누적도수 (rcf)	누적백분율
96 – 98	95.5 – 98.5	1	50	1.00	100.0
93 – 95	92.5 – 95.5	0	49	.98	98.0
90 – 92	89.5 – 92.5	2	49	.98	98.0
87 – 89	86.5 – 89.5	7	47	.94	94.0
84 – 86	83.5 – 86.5	10	40	.80	80.0
81 – 83	80.5 – 83.5	6	30	.60	60.0
78 – 80	77.5 – 80.5	8	24	.48	48.0
75 – 77	74.5 – 77.5	4	16	.32	32.0
72 – 74	71.5 – 74.5	3	12	.24	24.0
69 – 71	68.5 – 71.5	4	9	.18	18.0
66 – 68	65.5 – 68.5	3	5	.10	10.0
63 – 65	62.5 – 65.5	0	2	.04	4.0
60 – 62	59.5 – 62.5	2	2	.04	4.0
		N=50			

3.2 백분위수와 백분위

백분위 체계는 교육측정에서 개인의 상대적 위치를 알려주는 데 널리 사용되어
왔으며 누적백분율 분포에 기초하고 있다. 백분위수(percentiles 또는 percentile score)
는 상대누적도수분포에서 누적백분율에 대응하는 점수를 말한다. 백분위수는 C로 나
타내며, 측정 척도에 따라 어떤 값이든지 가질 수 있다. 즉 50 백분위수는 C_{50}으로
표기한다. 예를 들어 대학수학능력시험에서 343점을 받았는데, 343점 이하에 75%의
지원자가 있었다면 75 백분위수는 343점($C_{75} = 343$)이 된다. 백분위(percentile 또는
percentile rank: PR)는 주어진 점수 아래에 대응하는 누적백분율이며 0에서 100 사
이의 값만을 취할 수 있다. 대학수학능력시험 점수 343점의 백분위는 75가 된다. 즉
343점의 PR은 75이다.

묶음 자료에서의 백분위수 계산

표 3.2.1은 표 3.1.6의 B 반에 대한 자료를 누적도수 형태로 나타낸 것이다. 이 표는 백분위수를 산출할 수 있는 출발점이다. C_{25}, C_{50}, C_{75}를 산출하려고 한다고 하자. C_{25}는 낮은 점수부터 시작해서 25%에 있는 점수이다. 전체 사례수가 80인 경우, 80의 25%는 20이며, C_{25}는 아래에서부터 사례수가 20번째인 점수이다. 아래에서부터 20번째 사례수는 구간 65.5~68.5에 해당한다. 찾고 있는 점수는 이 구간에 포함되어 있음을 알 수 있다.

11개의 사례수가 이 구간에 골고루 분포되어 있다고 가정한다. 이 가정은 선형 내삽법(linear interpolation)이라고 하는 절차에서 강조되고 있다. 그림 3.2.1에 표시된 바와 같이 25 백분위수는 분포의 아래에서부터 위로 20번째 사례에 위치해 있으며, 그 구간의 하한계 아래의 사례수가 15이므로, 이 지점으로부터 위로 5번째 사례에 해당하는 점수이다. 구간의 크기 3에 사례 11이 고르게 분포되어 있다고 가정하므로 5 사례가 차지한 점수는 $\frac{5}{11} \times 3 = 1.4$이다. 20번째 사례에 해당하는 점수, 즉

〈표 3.2.1〉 누적백분율 분포와 백분위수 계산

점수 한계	정확 한계	도 수 (f)	누적도수 (cf)	누적 백분율	백분위수 계산
96-98	95.5-98.5	1	80	100.0	
96-95	92.5-95.5	1	79	98.8	
90-92	89.5-92.5	3	78	97.5	
87-89	86.5-89.5	3	75	93.8	
84-86	83.5-86.5	4	72	90.0	$C_{82} = 80.5 + \{4.6/7 \times 3\}$
81-83	80.5-83.5	7	68	85.0	$= 82.5$
78-80	77.5-80.5	8	61	76.2	②
75-77	74.5-77.5	9	53	66.2	$C_{50} = 71.5 + \{8/12 \times 3\}$
72-74 ①	71.5-74.5	12	44	55.0	$= 73.5$ ③
69-71	68.5-71.5	6	32	40.0	$C_{25} = 65.5 + \{5/11 \times 3\}$
66-68	65.5-68.5	11	26	32.5	$= 66.9$
63-65	62.5-65.5	7	15	18.8	
60-62	59.5-62.5	2	8	10.0	
57-59	56.5-59.5	3	6	7.5	
54-56	53.5-56.5	3	3	3.8	
		N=80			

[그림 3.2.1] 표 3.2.1 자료에서 25 백분위수의 위치

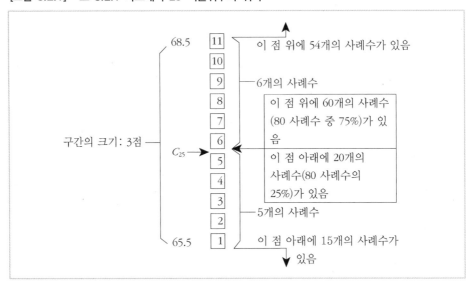

25 백분위수는 그 구간 점수의 하한계에 5 사례가 차지한 점수를 합한 값이 된다.

$$C_{25} = 65.5 + 1.4 = 66.9$$

백분위수를 계산하는 절차는 공식을 기억하기보다 절차의 논리를 이해하는 것이 편하다.

C_{50}의 계산 절차를 요약 정리하면 다음과 같다.

예　제: C_{50}을 구하라.

단계 1: 먼저 C_{50}에 해당하는 구간을 찾는다.

(1) C_{50}은 전체 사례수의 50%가 그 아래에 해당하는 점수이다.

(2) 50%의 사례수 $N = 0.5 \times 80 = 40$이다.

(3) 아래에서부터 40번째에 해당하는 점수는 구간 72−74에 포함되어 있다. (표 3.2.1의 ① 참조).

단계 2: 구간 72−74의 하한계까지 누적도수를 찾는다. 그 수는 32이다.

단계 3: 단계 1의 (2)에서 찾은 사례수가 되기 위해 더해야 할 사례수를 결정한다.

그 수는 $8(32+8=40)$이다.

단계 4: 구간 72−74에 포함된 12 사례가 그 구간에 골고루 분포되어 있다고 가정한다.

단계 5: 단계 2에서 결정한 사례가 차지한 점수를 구한다.

즉 $3 \times \dfrac{8}{12} = 2.0$이다(이것은 표 3.2.1의 ② 참조).

단계 6: 백분위수를 구하기 위해 단계 5에서 구한 점수를 그 구간의 하한계에 더한다.

$C_{50} = 71.5 + 2.0 = 73.5$ (표 3.2.1의 ③ 참조)

C_{82}를 계산하는 과정은 표 3.2.1에 제시되어 있다.

점수 구간에 도수가 없을 때 백분위수를 구하는 특별한 경우가 있을 수 있다. 표 3.1.8에서 C_4와 같은 경우이다. 4 백분위수는 4 백분위수에 해당되는 점수 이하에 4%의 사례수가 있는 점수를 의미한다. 먼저 표 3.1.8 자료의 총 사례수는 50이므로 50의 4%는 $2(50 \times 0.04 = 2)$가 된다. 표 3.1.8을 보면 구간 60−62의 사례수는 2이고, 구간 63−65의 사례수는 0이므로 구간 63−65의 누적 사례수는 구간 60−62의 누적 사례수와 동일한 2가 된다. 이러한 자료에서의 4 백분위수는 사례수가 0인 구간(63−65)의 중간점인 $64.0(C_4 = 64.0)$이 된다.

묶음 자료에서의 백분위 계산

대부분의 연구에서 백분위수보다 백분위가 더 많이 활용된다. 백분위수를 계산할 때와 같은 가정을 하면, 백분위의 계산 절차는 백분위수의 계산 절차와 유사하다. 86점의 백분위를 구하기 위해서는 일단 86.0점 아래 점수를 받은 사례수의 백분율을 구한다. 표 3.2.1에서 86.0점은 구간 83.5−86.5에 포함되어 있다. 구간의 크기는 3이며 그 구간의 하한계 83.5에서 86.0에 도달하기 위해서는 2.5점 올라가야 한다 $(83.5 + 2.5 = 86.0)$. 그 구간의 사례수는 4이고 구간의 크기 3에 사례수 4가 골고루 분포되어 있다고 가정하면 2.5점에 해당하는 사례수는 3.3이다($\frac{2.5}{3} \times 4 = 3.3$). 즉 86점에 해당하는 사례는 그 구간의 아래에서 3.3번째가 된다. 이 구간의 하한계 83.5 아래에는 68개의 사례가 있고, 86점까지의 사례수는 68+3.3=71.3이 된다. 사례수 71.3은 전체 사례수 80의 89($\frac{71.3}{80} \times 100$)이므로 86점은 그 아래에 전체 사례수의 89%가 있는 셈이다. 결국 86점의 백분위는 89이다. 이 계산 과정을 요약하면 다음과 같다.

$$86점의\ 백분위 = \left[\frac{68 + \left(\frac{2.5}{3} \times 4\right)}{80}\right] \times 100 = 89$$

묶지 않은 자료에서의 백분위수 계산

표 3.1.1 자료의 누적도수분포를 나타내는 표 3.2.2와 같은 묶지 않은 도수분포에서의 백분위수는 다음의 절차를 이용하여 구할 수 있다.

단계 1. 구하려는 백분위수에 해당하는 백분위를 이용하여 NP(Number of Percentiles)를 구한다.

$$NP = \frac{백분위}{100} \times 총사례수$$

단계 2. 어느 구간의 누적도수가 NP와 같으면 그 구간 점수의 정확 상한계가 구하려는 백분위수이다.

예를 들어 표 3.2.2의 자료에서 40 백분위수를 구하려면 먼저 $NP = \frac{40}{100} \times 50 = 20$을 계산한다. 표 3.2.2를 살펴보면 누적도수가 20이 되는 구간의 점수는 78이다. 따라서 40 백분위수는 그 구간의 정확 상한계인 78.5이다.

NP와 동일한 누적도수가 없는 경우에는 NP보다 높은 누적도수 가운데서 가장 낮은 누적도수의 구간 점수를 찾는다. 그 구간의 정확 상한계를 X_u라고 하면, 구하려는 백분위수는 다음 공식으로 계산된다.

$$백분위수 = X_u - \frac{그\,구간의\,누적도수 - NP}{그\,구간의\,도수}$$

역시 같은 자료에서 50 백분위수를 구해보자. 이 때의 $NP = \frac{50}{100} \times 50 = 25$이고 이와 동일한 누적도수가 없으므로 공식에 의해 계산하면 50 백분위수$= 81.5 - \frac{26-25}{2} = 81$이 된다.

〈표 3.2.2〉 **표 3.1.1 자료의 누적도수분포**

점 수 (Y)	도 수 (f)	누적도수 (cf)	점 수 (Y)	도 수 (f)	누적도수 (cf)
96	1	50	79	2	22
91	1	49	78	4	20
90	1	48	77	2	16
89	3	47	76	1	14
88	2	44	75	1	13
87	2	42	73	1	12
86	6	40	72	2	11
85	2	34	70	3	9
84	2	32	69	1	6
83	1	30	68	2	5
82	3	29	67	1	3
81	2	26	62	1	2
80	2	24	61	1	1

묶지 않은 자료에서의 백분위 계산

묶지 않은 자료에서 어느 점수의 백분위는 다음 공식으로 구할 수 있다.

$$백분위 = \frac{100}{N}(그\,점수의\,누적도수 - \frac{그\,점수의\,도수}{2})$$

예를 들어 표 3.2.2 자료에서 78점의 백분위는 다음과 같이 계산할 수 있다.

$$78점의\,백분위 = \frac{100}{50}(20 - \frac{4}{2}) = 2 \times 18 = 36$$

도수분포는 여러 가지 그래프로 나타낼 수 있으나 여기서는 세 가지 형태의 그래프, 즉 히스토그램(histogram), 막대그래프(bar chart), 도수다각형(frequency polygon), 누적백분율곡선(cumulative percentage curve)을 소개한다.

〈표 3.3.1〉 도수와 상대도수분포

점수한계	정확한계	도 수	상대도수(%)	누적도수	누적백분율
96-98	95.5-98.5	1	2	50	100.0
93-95	92.5-95.5	0	0	49	98.0
90-92	89.5-92.5	2	4	49	98.0
87-89	86.5-89.5	7	14	47	94.0
84-86	83.5-86.5	10	20	40	80.0
81-83	80.5-83.5	6	12	30	60.0
78-80	77.5-80.5	8	16	24	48.0
75-77	74.5-77.5	4	8	16	32.0
72-74	71.5-74.5	3	6	12	24.0
69-71	68.5-71.5	4	8	9	18.0
66-68	65.5-68.5	3	6	5	10.0
63-65	62.5-65.5	0	0	2	4.0
60-62	59.5-62.5	2	4	2	4.0
		N=50	100%		

[그림 3.3.1] 표 3.3.1의 히스토그램

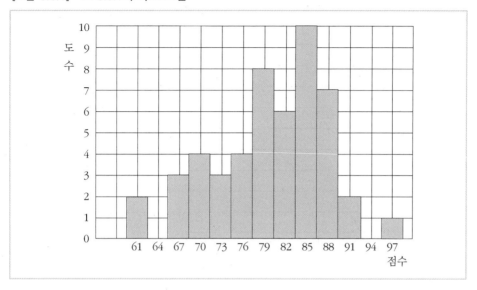

히스토그램

히스토그램(histogram)은 일련의 직사각형으로 구성된다. 각 직사각형의 수평축은 도수분포표의 구간 점수를 나타낸다. 직사각형의 두 수직 경계는 정확한계를 나타내며, 수직축의 높이는 수평축의 $\frac{3}{4}$ 정도를 유지하며, 각 구간의 도수를 나타낸다. 상대도수(비율이나 퍼센트)를 히스토그램으로 나타낼 수도 있다. 도수를 상대도수로 전환하기 위해서는 수직축을 상대도수로 표시하고 이름을 다시 붙이면 된다. 수평축에는 정확한계 또는 중간점으로 기록한다.

도수다각형

도수분포는 도수다각형(frequency polygon)으로 나타낼 수 있다. 그림 3.3.2는 표 3.3.1의 도수분포를 도수다각형으로 나타낸 것이다. 도수다각형이란 각 구간의 중간점에 대응하는 도수를 연결한 것이다. 그림 3.3.2의 다각형에서 구간 63－65의 중간점 64와 93－95의 중간점 94는 수평축에 닿아 있는데, 이것은 그 구간의 도수가 '0'임을 의미한다. 도수다각형은 보통 양끝점에서 수평축과 닿도록 그린다. 그렇게

[그림 3.3.2]   표 3.3.1의 도수다각형

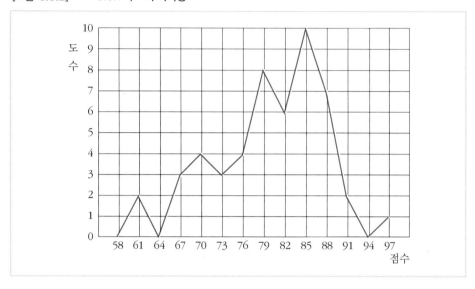

하기 위해서는 도수가 존재하는 처음 구간 바로 전 구간의 중간점과 마지막 구간 바로 다음 구간의 중간점의 도수가 '0'이 되도록 그래프를 그린다. 그러나 바로 이웃한 구간에 점수가 존재할 가능성이 없을 때는 그 점을 그대로 둔다. 그림 3.3.2의 구간 96−98 바로 다음 구간은 99−101로, 역사시험에서 100보다 더 높은 점수는 불가능하기 때문에 96−98 구간의 점을 그대로 두었다.

히스토그램과 도수다각형의 선택

히스토그램이나 도수다각형은 등간척도나 비율척도인 양적 자료를 그래프로 나타내는 데 이용한다. 두 그래프를 겹쳐 보면 그 둘 사이에는 비슷한 점이 있다. 히스토그램은 묶지 않은 도수분포를 그래프로 나타낼 때 사용한다. 도수다각형보다는 히스토그램이 이해하기 쉽다.

히스토그램은 상대도수를 표시할 때 몇 가지 장점을 가지고 있다. 히스토그램의 전체 영역은 100%를 표시하며, 히스토그램의 막대는 상대도수를 나타낸다. 즉 히스토그램의 전체 넓이에 대한 직사각형의 넓이는 전체 도수에 대한 그 구간의 도수의

[그림 3.3.3] 표 3.3.1 자료의 히스토그램에 도수다각형을 겹친 그래프

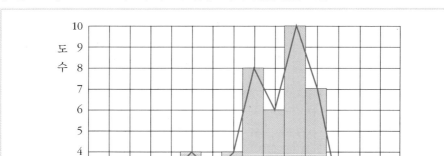

비율과 같다. 만일 어떤 구간의 상한계 아래에 25%의 점수가 놓여 있다면, 히스토그램 넓이의 25%는 이 상한계 왼쪽에 놓이게 될 것이다. 이러한 관계는 대략 도수다각형에서도 성립된다.

도수다각형은 묶음도수분포를 나타낼 때 선호된다. 도수다각형은 도수가 증가하거나 감소하는 경향성을 좀 더 직접적으로 보여준다. 도수다각형에서 직선의 방향은 이웃한 두 구간의 도수에 의해서 결정되기 때문에 이러한 경향성이 나타난다. 도수다각형은 점수 전 범위에 걸친 점진적 변화를 잘 보여준다. 이 때문에 도수다각형은 연속변수의 분포를 나타내는 데 더 많이 이용되고 있다.

도수다각형은 두 개 또는 그 이상의 분포를 서로 비교할 때 특히 도움이 된다. 그림 3.3.4는 표 3.1.6의 두 자료를 사용하여 분포를 비교하고 있다. 전체 사례수가 다른 경우에는 원도수(raw frequency)보다는 상대도수(relative frequency)를 사용하면 그 차이를 동등화할 수 있다. 그림 3.3.4에서 A 분포는 높은 점수에서 도수를 나타내는 면적이 더 크다는 것과 점수의 범위가 B 분포보다 약간 좁다는 것을 알 수 있다.

[그림 3.3.4] 표 3.1.6의 두 자료를 사용한 상대도수다각형

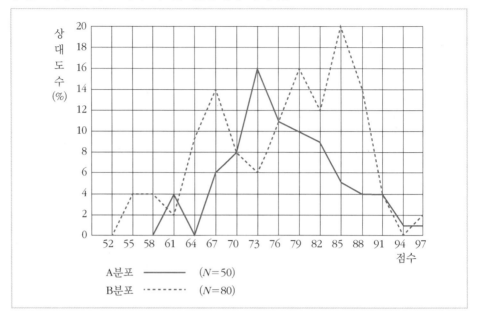

A분포 ———— (N=50)
B분포 ········ (N=80)

막대그래프와 파이형 도표

범주형 자료의 분포를 도표화하려 할 때에는 두 가지의 방법이 주로 이용되고 있다. 그 중 하나는 그림 3.3.5에서 보이는 바와 같이 미국 심리학자들의 주요 고용 분야의 분포를 막대 그래프(bar chart)로 나타낸 것이다.

막대그래프는 직사각형 사이에 빈 공간이 생겨서 여러 범주들 사이에 비연속성을 가정하고 있다는 것 이외에는 히스토그램과 매우 비슷하며, 히스토그램과 같은 방법으로 작성될 수 있다. 그러나, 범주 안에 하위 범주를 막대로 나타낼 수 있다. 예를 들면 그림 3.3.6에서 보는 바와 같이 1968년과 1988년에 25-26세 성인의 교육 정도를 남자와 여자의 하위 범주로 나누어 나타낼 수 있다. 명명척도와 같은 질적 범주들은 그 순서가 필요 없으므로, 어떤 순서로든(그림 3.3.5에서와 같이 도수 순서대로) 정리할 수 있다. 그러나 서열척도의 경우는 그 범주가 순서대로(예를 들면 1학년, 2학년, 3학년, 4학년 순) 정리되어야 한다.

범주형 자료에서 자주 사용되고 있는 그래프는 파이형 도표(pie chart)이다. 그

[그림 3.3.5] 막대그래프로 나타낸 미국의 심리학자들의 주요 고용분야의 분포

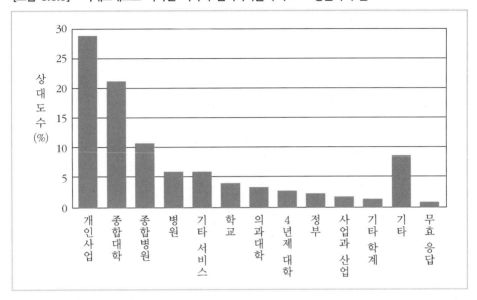

[그림 3.3.6] 하위 범주가 있는 범주형 자료 막대 그래프 예

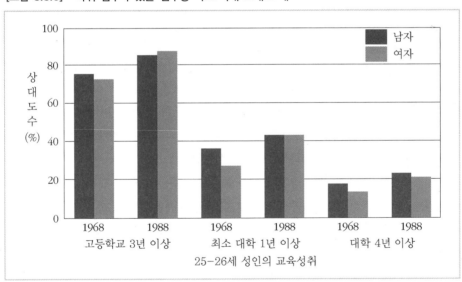

[그림 3.3.7] 그림 3.3.5의 자료에 대한 파이형 도표

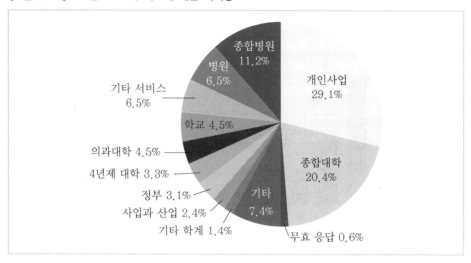

림 3.3.7은 그림 3.3.5에서와 같은 자료를 파이형 도표로 나타낸 것이다. 원도수나 상대도수로 표현될 수 있는 막대그래프와는 달리, 파이형 도표는 항상 상대도수를 사용한다. 파이 한 조각의 넓이는 그 범주의 도수가 전체 사례수에서 차지하는 비율과 같다.

누적백분율곡선

누적도수분포와 누적백분율분포는 둘 다 그래프의 형태로 나타낼 수 있다. 이 둘은 매우 비슷하고 누적백분율분포를 교육측정과 심리측정 분야에서 널리 사용하고 있기 때문에 여기서는 누적백분율분포만을 설명한다.

누적백분율은 그 구간의 상한계 이하에 놓여 있는 점수들의 도수의 백분율을 의미한다. 그러므로 누적백분율곡선을 그릴 때에는 누적백분율이 그 구간의 상한계와 대응되어야 한다. 이 절차는 구간의 중간점에 그 구간의 도수를 대응시켰던 도수다각형과는 다르다.

그림 3.3.8은 표 3.3.1의 누적백분율을 그래프로 나타낸 것이다. 누적백분율곡선 그래프의 수평축에는 각 구간의 상한계를 나타내고, 수직축에는 누적백분율을 나타

낸다. 누적백분율곡선을 그리기 위해서는 구간의 누적백분율과 상한계가 교차하는 곳에 점을 찍는다.

누적백분율곡선은 기울기가 결코 음이 될 수 없다. 왜냐하면 그 도수가 '0'인 구간의 경우(63-65 그리고 93-95)에도 누적백분율곡선은 수직선상에 그대로 남아 있기 때문이다. 누적백분율곡선은 상대적으로 도수가 적은 구간에서는 경사가 낮지만 도수가 많은 구간에서는 급경사를 보인다. 누적백분율곡선과 같이 S자 형태의 곡선을 오자이브곡선(ogive curve)이라고 부른다.

누적백분율곡선으로부터 백분위수와 백분위를 결정할 수 있다. 누적곡선을 직선으로 연결하는 것은 그 구간 안에 있는 모든 점수가 골고루 분포되어 있다는 앞의 계산 절차에서의 가정을 기초로 한 것이다. 예를 들면 그림 3.3.8에서 88점의 백분위를 알아낼 수 있다. 먼저 수평축의 88점에서 누적백분율 곡선과 만날 때까지 수직으로 위로 올라간다. 거기에서 수직축을 수평으로 읽으면 백분위가 87임을 알 수 있다. 그 과정을 거꾸로 하면 백분위수도 알아낼 수 있다. P_{50}을 알아내기 위해서는 수직축의 누적백분율이 50인 점에서 수평으로 점선을 따라서 누적백분율곡선까지 온

[그림 3.3.8] **표 3.3.1의 누적백분율곡선**

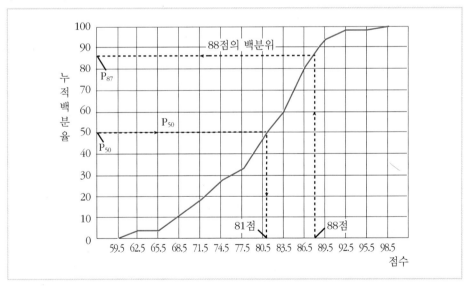

후 수평축으로 점선을 내리면 $P_{50} = 81$임을 알 수 있다.

도수분포의 특징

도수분포의 세 가지 특징 즉 형태(shape), 집중경향성(central tendency), 변산 (variability)은 점수의 분포를 결정한다. 각각에 대해서 간단히 언급하면 다음과 같다.

형태

범위(range) 이외에 분포의 형태에는 무엇이 있을까? 점수가 중간이나 한쪽에 밀집된 형태로 나타나는가? 혹은 양쪽으로 몰려 있는 형태로 나타나는가? 어떤 도수 분포는 분포의 이름을 가질 만큼 통계적인 절차에서 상당히 규칙성 있게 나타난다. 그 이름은 분포의 일반적인 특징을 효율적으로 요약하고 있다. 그림 3.3.9(a)에서 J-형태의 분포는 자동차가 멈춤 신호등이 켜졌을 때 교차로를 통과하는 속도를 나 타낸 것이다. 그림 3.3.9(b)와 그림 3.3.9(c)는 편포(비대칭 분포)을 이루며, 그림 3.3.9(b)는 정적편포(왼쪽으로 편포)를 이루고 있다. 그림 3.3.9(b)는 선택된 집단 구 성원의 대부분이 매우 어렵게 시험을 치른 결과이다. 그림 3.3.9(c)는 부적편포(오른 쪽으로 편포)되어 있는 것으로 너무 쉬운 시험을 치른 결과이다. 그림 3.3.9(d)는 사 각형분포의 한 예로 모든 구간의 사례수가 같은 경우이다. 그림 3.3.9(e)는 이봉분포 (bimodal distribution)로, 남자와 여자가 포함된 집단에서 쥐는 힘의 세기를 측정한 결과이다. 그림 3.3.9(f)는 종모양의 분포인데, 이러한 분포는 특별한 형태로서 '정규 곡선'(normal curve)이라고 부르며, 추리통계에서 매우 중요한 곡선이다.

집중경향의 통계량

척도에서 점수들의 전반적인 수준(상, 중, 하)을 가장 잘 표현하는 점은 어디일 까? 집중경향(central tendency)만 다른 두 분포가 그림 3.3.10(a)에 있다. 그 차는 얼마일까? 두 분포의 평균을 알아낼 수 있으며, 알아낸 평균으로 이를 비교할 수 있 다. 그러나 평균치 외에 비교할 수 있는 다른 집중경향치가 있다. 집중경향의 통계 량에 대해서는 다음 장에서 자세히 다루게 될 것이다.

[그림 3.3.9] 분포의 다양한 형태

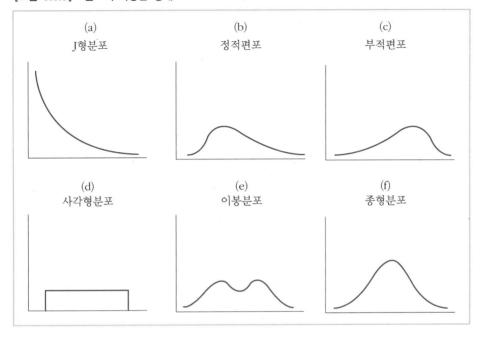

변산

점수가 중앙값에 밀집되어 있느냐 또는 그 주위에 퍼져 있느냐 하는 것은 변산의 문제이다. 변산만이 다른 두 분포가 그림 3.3.10(b)에 있다. 변산의 양적인 측정은 그래프의 비교에 도움이 되는데, 간단한 한 가지 방법은 범위이다. 이는 가장 높은 점수와 가장 낮은 점수와의 차이이다. 변산의 다른 측정 방법에 대해서는 5장에서 다루게 될 것이다.

[그림 3.3.10] 집중경향과 변산이 다른 두 도수분포

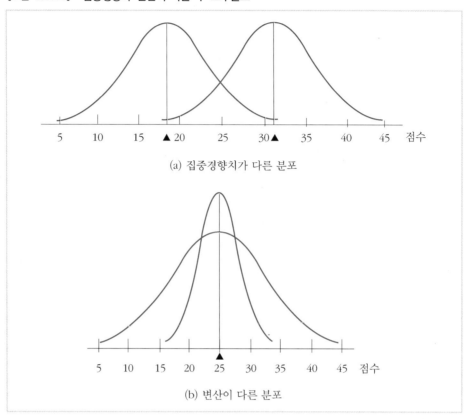

(a) 집중경향치가 다른 분포

(b) 변산이 다른 분포

3.4   표준점수

자료를 재척도화하기 위해서 가끔 사용하는 공통적인 선형 전환 중의 한 방법은 각각의 관찰치로부터 평균치를 빼는 것이다. 이런 방식으로 전환된 관찰치를 편차점 수라고 부른다. 전환 그 자체는 중심화(centering)라고 부른다. 왜냐하면 평균을 0에 중심시켰기 때문이다. 중심화는 가끔 회귀라고 부른다. 훨씬 더 공통적인 전환은 편 차점수를 표준편차로 나누는 것이다. 그리고 그 과정을 표준화라고 한다. 기본적으

로 표준점수는 단순히 표준편차 단위로 측정된 전환 관찰 점수이다. 그러므로 예를 들어서 .75의 표준점수는 평균 위의 .75 표준편차인 점수이다. −.43의 표준점수는 평균 아래로 .43 표준편차인 점수이다. 정상분포를 다룰 때 표준점수에 대해서 더 많이 다룰 것이다. 여기에서는 정상분포를 이루던 이루지 않던 표준점수를 계산할 수 있다는 것을 보여주려는 데 목적이 있다.

3.5 요 약

통계 절차는 매우 많은 측정치를 다루게 된다. 측정치가 많을 경우에는 이를 순서화하고 묶은 후에 좀더 쉽게 그 의미를 읽어낼 수가 있다. 도수분포표는 그 자료의 가능한 범주의 수와 점수의 도수를 보여준다. 점수를 구간으로 묶는 것이 사용하기에는 용이하지만, 어떤 점수가 특정 계급 구간 안의 어디에 위치하는지 정확하게 알 수가 없는 정보 손실이 있게 된다. 이러한 이유로 구간의 크기는 너무 크게 하지 않는 것이 좋다. 그러므로 대부분의 경우 구간의 수를 10에서 20 사이로 한다.

도수분포표는 도수 또는 상대도수를 알아보기 위하여 만든다. 어떤 도수분포표를 만들 것인지는 문제의 성질에 따라 다르나, 상대도수분포표는 전체 사례수가 다른 보통 둘 또는 여러 개의 분포를 비교할 때 좋다. 누적백분율분포는 특별히 그 점수 아래의 경우의 수의 백분율을 알아냄으로써 그 점수의 위치를 확인하는 데 유용하다. 이 분포는 백분위 체계에서 가장 널리 사용하고 있다.

백분위는 측정 척도에서 그 점수 아래에 존재하는 사례수의 백분율로, 전체 집단의 수행에서 한 개인의 수행 정도를 알아낼 수 있게 해준다. 백분위수는 측정 척도에 따른 점수로, 그 점수 미만에 전체 사례수의 특정 퍼센트를 포함한 점수를 말하는 것으로 보통 시험을 주관하는 기관에서는 표준화 검사의 결과를 이 체계를 이용하여 나타내고 있다. 묶음 자료를 이용하여 백분위수나 백분위를 계산하기 위해서는 그 구간 안에 모든 점수가 골고루 분포되어 있다는 가정이 필요하다.

어떤 자료를 그래프로 나타내면 그 자료의 특징과 경향을 더 쉽게 볼 수 있다.

히스토그램과 도수다각형은 양적인 자료를 도수분포로 나타내는 중요한 두 가지 방법이다. 히스토그램에서 도수는 구간의 정확한계에 그려진 막대의 높이로 표현한다. 도수다각형에서는 도수를 각 구간의 중간점에 대응된 점으로 표현하고, 이 점들을 직선으로 잇는다. 도수 또는 상대도수는 그래프로 그려질 수 있다. 히스토그램의 특별한 장점은 막대들의 너비와 도수간의 관계이며, 특별히 묶지 않은 불연속변수를 그래프로 나타내고자 할 때 더 선호되고 있다. 한편 도수다각형은 연속변수인 경우와 묶음 분포에서 선호되며 분포를 비교하는 데 이용되고 있다. 막대그래프와 파이형 도표는 질적인 자료에 이용된다. 막대그래프의 막대 사이는 범주형 자료의 불연속성을 강조하고 있다. 누적백분율은 각 구간의 상한계 위에 점을 찍음으로써 그래프화될 수 있다. 그 점들 사이의 직선을 이용하여 백분위와 백분위수를 쉽게 알아낼 수 있다.

그래프를 그리는 데 있어서의 규칙은 같은 자료를 가지고 연구하는 많은 사람들에게 비슷한 그래프를 그릴 수 있도록 해준다. 물론 점수를 다르게 묶거나 수직축과 수평축의 척도를 다르게 하면 다른 그래프가 그려진다. 따라서 어떤 자료에 대해 작성된 그래프와 똑같은 그래프는 존재하지 않는다. 그래프를 그리는데 있어서의 일반적인 규칙은 Tufte(1983)을 참조하기 바란다.

편차점수를 표준편차로 나누는 것을 표준화라고 하며 표준점수는 단순히 표준편차 단위로 측정된 전환 관찰 점수이다. 이 부분은 정상분포에서 자세히 다룰 것이다.

 SPSS 실습 3.1   도수분포와 도수분포 그래프(표 3.1.1 자료)

1. 자료 입력 창: 변수 score로 입력

	score	변수	변수	변수	변수	변수	변수	변수	변수	변수	변수	변수	변수	변수
1	84													
2	80													
3	68													
4	87													
5	86													
6	70													
7	79													
8	90													
9	67													
10	80													
11	82													
12	62													
13	87													
14	85													
15	86													
16	86													
17	61													
18	86													
19	91													
20	78													

2. 분석 창 ①

'분석(A)' → '기술통계량(E)' → '빈도분석(F)' 클릭

3. 분석 창 ②

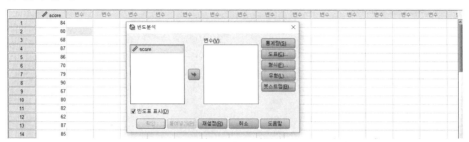

'score' → '변수(V)' 상자로 옮김.

4. 분석 창 ③

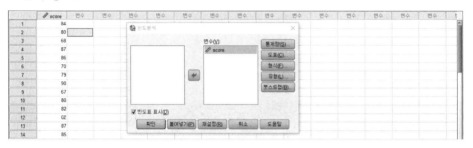

'도표(C)' 클릭

5. 분석 창 ④

'히스토그램(H)'에 ⊙, '계속(C)' 클릭

6. 분석 창 ⑤

	score	변수	변수	변수	변수	변수	변수	변수	변수	변수	변수	변수	변수	변수
1	84													
2	80													
3	68													
4	87													
5	86													
6	70													
7	79													
8	90													
9	67													
10	80													
11	82													
12	62													
13	87													
14	85													

빈도분석 × 창:
- 변수(V): score
- 통계량(S)
- 도표(C)
- 형식(F)
- 유형(L)
- 붓스트랩(B)
- ☑ 빈도표 표시(D)
- 확인 붙여넣기(P) 재설정(R) 취소 도움말

'확인' 클릭

7. 결과물

score

		빈도	퍼센트	유효 퍼센트	누적 퍼센트
유효	61	1	2.0	2.0	2.0
	62	1	2.0	2.0	4.0
	67	1	2.0	2.0	6.0
	68	2	4.0	4.0	10.0
	69	1	2.0	2.0	12.0
	70	3	6.0	6.0	18.0
	72	2	4.0	4.0	22.0
	73	1	2.0	2.0	24.0
	75	1	2.0	2.0	26.0
	76	1	2.0	2.0	28.0
	77	2	4.0	4.0	32.0
	78	4	8.0	8.0	40.0
	79	2	4.0	4.0	44.0
	80	2	4.0	4.0	48.0
	81	2	4.0	4.0	52.0
	82	3	6.0	6.0	58.0
	83	1	2.0	2.0	60.0
	84	2	4.0	4.0	64.0
	85	2	4.0	4.0	68.0
	86	6	12.0	12.0	80.0
	87	2	4.0	4.0	84.0
	88	2	4.0	4.0	88.0
	89	3	6.0	6.0	94.0
	90	1	2.0	2.0	96.0
	91	1	2.0	2.0	98.0
	96	1	2.0	2.0	100.0
	전체	50	100.0	100.0	

히스토그램

평균 = 79.92
표준편차 = 7.933
N = 50

빈도(Frequency), 퍼센트(백분율), 유효 퍼센트(유효한 백분율), 누적 퍼센트(누적 백분율)

1. 자료 입력 창: SPSS 실습 3.1의 데이터 이용하여 변수 이름을 Y로 하여 분석

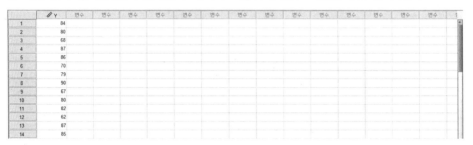

2. 자료 묶는 창 ①

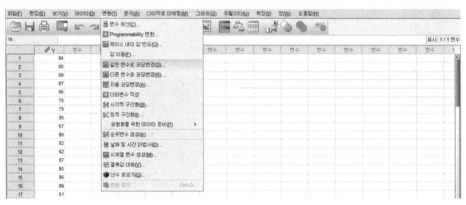

'변환(T)' → '같은 변수로 코딩변경(S)' 클릭

3. 자료 묶는 창 ②

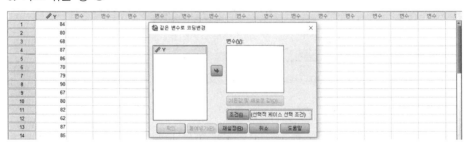

'Y' → '변수(V)' 상자로 옮김.

4. 자료 묶는 창 ③

'기존값 및 새로운 값(O)' 클릭

5. 자료 묶는 창 ④

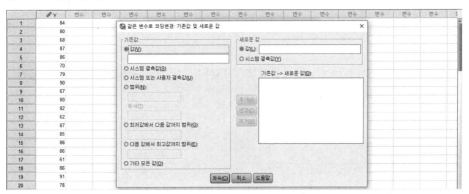

'기존값'의 '범위(N)'에 ⦿

6. 자료 묶는 창 ⑤

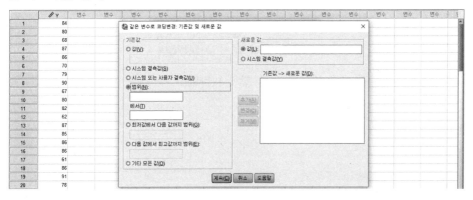

7. 자료 묶는 창 ⑥

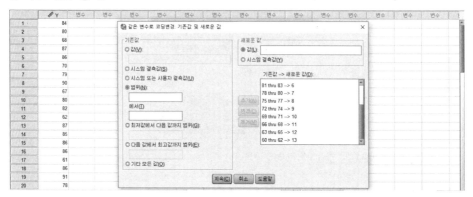

'범위(N)' 상자에 표 3.1.4 자료의 점수 96–98을 '96' '에서(T)' '98' 입력

'새로운 값'의 ⊙ 값(L) 상자에 '1'을 입력, '기존값→새로운 값(D)' 상자의 '추가(A)' 클릭

같은 방법으로 표 3.1.4 자료를 1부터 13까지 '기존값→새로운 값(D)'로 옮김. '계속(C)' 클릭

8. 자료 묶는 창 ⑦

'확인' 클릭하면 묶은 자료의 입력 창이 나타남.

9. 묶은 자료의 입력 창

	Y	변수	변수	변수	변수	변수	변수	변수	변수	변수	변수	변수	변수	변수
1	5													
2	7													
3	11													
4	4													
5	5													
6	10													
7	7													
8	3													
9	11													
10	7													
11	6													
12	13													
13	4													
14	5													
15	5													
16	5													
17	13													

10. 묶은 자료의 도수분포 산출 창 ①

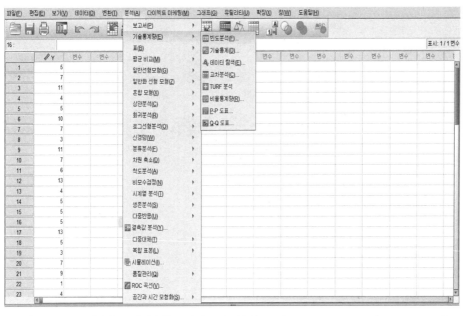

'분석(A)' → '기술통계량(E)' → '빈도분석(F)' 클릭

11. 묶은 자료의 도수분포 산출 창 ②

'Y' → '변수(V)'상자로 옮김.

12. 묶은 자료의 도수분포 산출 창 ③

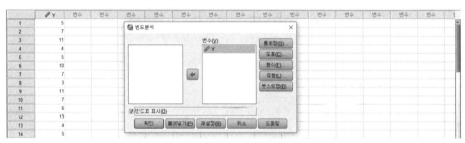

'확인' 클릭

13. 결과물(묶은 자료의 도수분포)

Y

		빈도	퍼센트	유효 퍼센트	누적 퍼센트
유효	1	1	2.0	2.0	2.0
	3	2	4.0	4.0	6.0
	4	7	14.0	14.0	20.0
	5	10	20.0	20.0	40.0
	6	6	12.0	12.0	52.0
	7	8	16.0	16.0	68.0
	8	4	8.0	8.0	76.0
	9	3	6.0	6.0	82.0
	10	4	8.0	8.0	90.0
	11	3	6.0	6.0	96.0
	13	2	4.0	4.0	100.0
	전체	50	100.0	100.0	

※ 결과물은 도표형식이 다를 뿐 표 3.1.8과 같다.

SPSS 실습 3.3 줄기잎 그림(표 3.1.1 자료)

1. 분석 창 ①; 변수: score

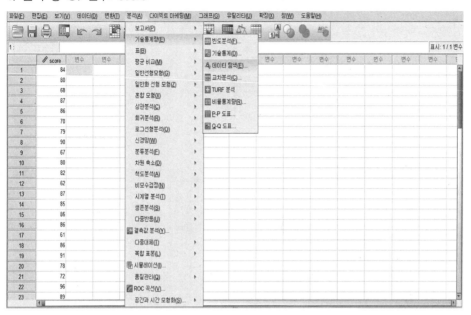

'분석(A)' → '기술통계량(E)' → '데이터 탐색(E)' 클릭

2. 분석 창 ②

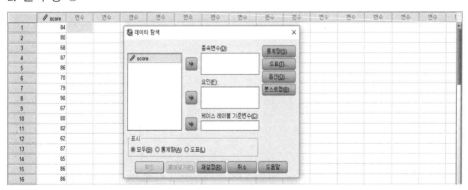

'score' → '종속변수(D)' 상자로 옮김.

3. 분석 창 ③

'도표(T)' 클릭

4. 분석 창 ④

'상자도표' 상자의 '지정않음(N)'에 ⦿, '기술통계' 상자의 기본설정은 '줄기와 잎 그림(S)'이므로 그대로 두고 '계속(C)' 클릭, '확인' 클릭

5. 결과물

score 줄기와 잎그림 도표

구매빈도 Stem & 잎

```
 2.00      6 .  12
 4.00      6 .  7889
 6.00      7 .  000223
10.00      7 .  5677888899
10.00      8 .  0011222344
15.00      8 .  556666667788999
 2.00      9 .  01
 1.00      9 .  6
```

줄기 너비: 10
각 잎: 1 케이스

※ 결과물은 표 3.1.7과 일치한다.

3.1 통계학 과목에 등록한 학생들의 학년은 다음과 같았다.

1학년	3학년	2학년	3학년
2학년	대학원생	2학년	3학년
2학년	3학년	2학년	4학년
4학년	4학년	3학년	2학년
2학년	4학년	4학년	1학년
3학년	대학원생	2학년	4학년

(1) 이 결과를 도수분포표로 만들어라.

(2) 이 관찰치들의 측정의 척도는 무엇인가?

(3) 범주(category)를 어떤 순서로 정리하는 것이 중요한가?

3.2 다음 점수들의 정확한계를 써라.

(1) 52점 (측정 단위; 소수 첫째 자리)

(2) 800yd (측정 단위; 100yd)

(3) 460lb (측정 단위; 10lb)

(4) .6in (측정 단위; .1in)

(5) .47sec (측정 단위; .01sec)

3.3 다음의 각 구간에 대해 구간의 크기, 정확한계, 각 구간 바로 위 구간의 점수한계와 정확한계를 구하라.

(1) 5 – 9;

(2) 40 – 49;

(3) 2.0 – 2.4;

(4) 60 – 70;

(5) 1.75 – 1.99;

3.4 도수분포를 만드는데, 가장 낮은 두 개 구간의 점수한계를 29.5 – 39.5와 39.5-49.5로 정했다. 이에 한 친구가 두 구간이 모두 39.5를 포함하고 있어 겹쳤다며 반대하였다.

(1) 친구의 반대에 대해 답하라.

(2) 두 구간의 점수한계와 구간의 크기를 구하라.

3.5 다음 각 계급 구간의 단점을 지적하라.

(1) 50 이상	(2) 20 – 25	(3) 5 – 9
44 – 49	14 – 19	10 – 14
38 – 43	8 – 13	14 – 19
26 – 31	0 – 7	20 – 24

3.6 여러 표집에 대해 가장 높은 점수와 가장 낮은 점수가 다음과 같이 주어져 있다. 각 표집은 계급 구간으로 묶여 있다. 각각에 대해 범위와 계급 구간의 크기 그리고 가장 낮은 구간의 점수한계와 가장 높은 구간의 점수한계를 써라.

(1) 75, 36   (2) 117, 54   (3) 171, 27

(4) +21, −22   (5) 3.47, 1.13   (6) 821, 287

3.7 다음은 대학생들의 인류학시험 점수이다. SPSS를 이용하여 도수분포표를 만들어라.

44	35	20	40	38	52	29	36	38	38
38	38	41	35	42	50	31	43	30	41
32	47	43	41	47	32	38	29	23	48
41	51	48	49	37	26	34	48	35	41
38	47	41	33	39	48	38	20	59	37
29	44	29	33	35	58	41	38	26	29
32	54	24	38	38	56	56	48	34	35
26	26	38	37	57	24	44	62	29	41

3.8 문제 3.7번 자료에 대해,

(1) 가장 낮은 계급 구간의 점수한계를 20 – 22로 하여 묶음 도수분포표를 만들어라.

(2) 같은 자료에 대해 구간의 크기를 3으로 하고, 가장 낮은 구간을 18 – 20 으로 하여 도수분포표를 만들어라. 또한 컴퓨터를 활용하여 히스토그램을 작성하라.

(3) 각 구간의 정확한계 목록을 만들어라.

(4) 두 분포를 비교하라. 원점수에서 받았던 인상과 전반적으로 비슷한가?

(5) 45점과 52점 사이의 구간에서 두 분포에 있어 차이가 있는 곳이 있다. 그 부분은 왜 다른가?

3.9 문제 3.7의 자료를 SPSS를 이용하여 줄기잎 그림을 만들어라.

3.10 (1) 문제 3.8의 (1)에서 작성한 도수분포표에서, 비율로 표현한 상대도수의 각 열의 합을 구하라.

(2) 문제 3.8의 (2)에서 작성한 도수분포표에서, 백분율로 표현한 상대도수의 각 열의 합을 구하라.

3.11 교양심리학 과정에 참여한 많은 학생들 중에 200명의 학생들이 학습의 분위기에 대한 효과를 검증하기 위한 실험에 자발적으로 참여하였다. 그 중 일부는 좋은 일들을 생각하는 데 10분을 소비하고 좋은 학습 분위기가 형성된 곳으로 들어갔고, 또 다른 일부는 나쁜 일들을 생각하는 데 10분을 소비하고 좋지 않은 분위기가 형성된 곳으로 들어갔다. 그 때, 모든 학생들은 30분 동안 친숙하지 않은 미국 문화에 관한 슬픈 전설을 학습하였다. 그 후 학생들에게 미국 문화의 전설 내용에 관한 시험을 치르게 하였다. 그 시험에 대한 점수의 도수분포표는 다음의 자료와 같았다(이 표에서 점수가 높을수록 전설에 관한 학습은 더 좋은 것이다).

점 수	좋은 분위기	나쁜 분위기
155 – 159		1
150 – 154	2	2
145 – 149	4	7
140 – 144	7	12
135 – 139	12	10
130 – 134	14	7
125 – 129	25	4
120 – 124	23	3
115 – 119	18	0
110 – 114	20	2
105 – 109	12	1
100 – 104	8	0
95 – 99	3	1
90 – 94	2	
	n = 150	n = 50

(1) 퍼센트를 사용하여 상대도수분포표를 작성하라.

(2) 130 – 139 사이의 결과에 대하여 두 조건에 의하여 실험한 것을 비교하라. 원도수와 상대도수의 비교는 어떤 정보를 제공하는가? 설명하라.

3.12 문제 3.8의 (1)과 문제 3.11의 (2)에서 여러분이 작성한 표를 가지고,

(1) 누적도수를 계산하라.

(2) 누적퍼센트를 계산하라.

3.13 표 3.1.8을 보고 다음에서 요구하는 것을 찾아내라(계산하지 마시오).

(1) 24번째 백분위수   (2) P_{60}

(3) 10번째 백분위수   (4) P_{94}

(5) 62.5의 백분위   (6) 77.5 점수 미만의 퍼센트

(7) 95.5의 백분위   (8) 59.5 점수 아래의 퍼센트

3.14 다음이 가능한지 응답하고, 그 이유를 설명하라.

(1) 백분위수로서 517이라는 값이 가능한가?

(2) 백분위수로서 −.58이라는 값이 가능한가?

(3) 백분위로서 517이라는 값이 가능한가?

(4) 백분위로서 −.58이라는 값이 가능한가?

3.15 문제 3.11의 좋은 분위기에 대한 누적분포에서 다음을 찾아내라.

(1) 139.5의 백분위

(2) 126의 백분위

(3) 25번째 백분위수

(4) 50번째 백분위수

3.16 교양통계학의 첫 시험은 도수분포에 관한 것이었다. 그 시험 결과는 아래와 같았으며, 100점 만점이었다.

52	84	93	78	75
71	99	81	86	81
65	70	72	71	91
87	82	77	66	63
90	58	89	60	79
77	72	83	87	87
83	79	55	97	74
71	86	75	83	63
82	70	90	95	92
75	85	83	71	88

(1) 묶음 도수분포표를 작성하라.

(2) 누적도수분포표를 작성하라.

(3) 누적백분율분포표를 작성하라.

(4) 88점의 백분위를 계산하라.

(5) 컴퓨터를 이용하여 도수분포표를 작성하고 88백분위수를 계산하라.

(6) 컴퓨터를 이용하여 히스토그램과 누적백분율곡선을 그려라.

3.17 표 3.1.6의 B반 자료를 히스토그램으로 만들 때, 일련의 막대를 그리게 된다. 다음의 각 계급 구간에 있어, 막대의 왼쪽에 위치하는 점과 막대의 오른쪽에

위치하는 점의 종좌표를 말하라.

(1) 57−59   (2) 66−68   (3) 75−77   (4) 84−86   (5) 93−95

3.18 (1) 표 3.1.6의 B반 자료에 대해 히스토그램을 그려라.
      (2) 같은 자료로 백분율로 제시된 상대도수히스토그램을 그려라.

3.19 표 3.1.6의 B반 자료로 도수다각형을 그릴 때, 종좌표의 여러 위치에 점을 찍게 된다. 다음의 각 계급 구간에서 점을 어디에 찍게 되는지 말하라.

(1) 60−62   (2) 69−71   (3) 78−80   (4) 87−89   (5) 96−98

3.20 (1) 표 3.1.6의 B 반 자료에 대한 도수다각형을 그려라.
      (2) 같은 자료로 백분율을 이용하여 상대도수다각형을 그려라.

3.21 30점 만점의 정치학 시험은 2에서 30까지의 범위를 가지고 있다. 계급 구간의 크기가 3인 도수다각형을 그릴 때, 구간 1−3과 28−30의 중간섬으로부터 다각형을 수평축에 닿도록 하는 문제에 대해 논의하라. 이와 같은 경우에 여러분은 어떻게 해야 하는가?

3.22 (1) 연습문제 3.11의 좋은 분위기에 대한 자료 중 도수에 대한 히스토그램을 작성하라.
      (2) 같은 자료로 도수다각형을 그려라.

3.23 한 대학의 심리학 전공자 중 남학생의 분포는 1학년 24명, 2학년 61명, 3학년 109명, 4학년 104명, 대학원생 92명이다. 여학생의 경우는 각각 74명, 58명, 99명, 53명, 67명이다. SPSS를 이용하여 성별을 비교할 수 있는 막대그래프를 그려라. 이 자료로 어떤 결론을 제안할 수 있는가?

3.24 연습문제 3.23의 자료로 SPSS를 이용하여 파이형 도표를 작성하라.

3.25 1992년 1월에 미국에서 AIDS에 감염된 경우로 보고된 누적도수는 209,693이었다. AIDS로 진단을 받은 사람들 중 58.3%는 동성 연애자이거나 양성 연애자인 남자였으며, 22.5%는 정맥주사약 사용자였으며, 6.5%는 동성 연애자이면서 정맥주사약 사용자였고, 3.0%는 수혈하는 중에 감염된 사람으로 나타났다. 그리고 5.9%는 이성과의 친밀한 접촉으로 인한 감염이었으며, 3.8%는 건강의 약화로 인한 감염이었다. 이 자료를 가지고 두 가지 다른 방법으로 상대도수다각형을 작성하라.

3.26 다음의 자료를 같은 그래프에 상대도수다각형을 그려라. 두 분포를 비교하고, 결론을 내려라.

<반응 시간, 단위 1/1000초>

시　간	단순한 자극(f)	복잡한 자극(f)
300－319	1	3
280－299	1	6
260－279	2	10
240－259	4	18
220－239	3	25
200－219	6	35
180－199	11	28
160－179	12	16
140－159	8	7
120－139	2	2
	n＝50	n＝150

3.27 연습문제 3.26 자료의 복잡한 자극에 의한 반응 시간에서,

(1) 누적도수에 대한 표를 작성하라.

(2) 누적도수를 누적백분율로 전환하여 표로 작성하라.

(3) 누적백분율 곡선을 그려라.

(4) 그래프 상에서 P_{20}과 P_{60}을 알아내고, P_{20}을 어떻게 발견했는지를 점선으로 나타내어라.

(5) 그래프상에서 195점과 245점의 백분위를 알아내고, 195점의 백분위를 어

떻게 알아 내었는지를 점선으로 나타내어라.

3.28 문제 3.11의 좋은 분위기에 대한 자료에 대해 3.27번에서 제시한 (1) — (4)까지의 모든 문제를 반복하여 구하라. 그리고 108점과 137점의 백분위를 구하라.

3.29 그림 3.3.4는 표 3.1.6에 주어진 두 분포의 도수다각형이다.
(1) 이 분포에 대한 누적백분율곡선을 같은 그래프 위에 그려라.
(2) A분포의 가장 높은 수행 수준은 이 곡선 위에 어떻게 보여지는가?
(3) B분포의 변산이 가장 큰 것은 이 곡선 위에 어떻게 보여지는가?
(4) 그림 3.3.4의 누적곡선이 아닌 경우와 비교하여라. 어떤 형태가 더 고른가?
(5) 각 곡선은 어떤 종류의 질문에 더 많은 정보를 제공하는가?

3.30 같은 자료의 도수분포를 근거로 하고, 그 그래프의 형태에 있어 높이와 넓이를 같게 하여 작성한 누적도수곡선과 누적백분율곡선은 어떤 차이점이 있는가? 설명하라.

3.31 중심 부분에 점수가 많이 몰려 있을 경우 누적곡선은 S자형인 경향이 있다. 만일 점수의 일반적 분포가 다음과 같은 경우일 때, 결과적으로 나타나는 누적곡선의 근사치를 그려라.
(1) 그림 3.3.9(b) (2) 그림 3.3.9(c)
(3) 그림 3.3.9(d) (4) 그림 3.3.9(e)

3.32 다음의 각 분포의 자료를 이용하여 작성한 도수다각형의 형태를 기술하라. 만일 그 분포가 편포되어 있거나, J자형을 이루는 것으로 추측된다면, 후미가 왼쪽인지 오른쪽인지를 언급하라.
(1) 모든 미국인의 올해 총 수입
(2) 6학년 수준 산술시험 50문항에 대한 523명의 대학교 4학년의 정답 수
(3) 대학교 4학년 수준 철자시험 50문항에 대한 523명의 6학년의 정답 수

⑷ 운전면허증을 가진 사람들이 처음으로 운전 면허증을 갖게 된 나이

⑸ 이번 학기 통계학 과정에 등록한 전 세계 여학생들의 몸무게

⑹ 이번 학기 통계학 과정에 등록한 전 세계 남학생들의 키

제4장 집중경향의 통계량

수집한 일련의 점수나 도수분포의 특성을 하나의 수치로 요약하기 위해서는 집중경향의 통계량(measures of central tendency)과 변산의 통계량(measures of dispersion)을 사용한다. 집중경향의 통계량은 점수 분포의 대표값으로서 측정의 수준과 점수의 산포도에 따라서 최빈값(mode), 중앙값(median) 그리고 평균(mean)을 사용한다.

학력에 따라 어느 집단을 분류한 결과, 대졸 25%, 고졸 55% 그리고 중졸이 20%였다고 하면 이 집단의 '평균' 학력은 고졸이라고 할 수 있다. 이러한 경우에 평균은 최빈값을 의미한다. 이와 같이 최빈값이란 도수가 가장 높은 유목이나 점수를 말한다. '평균' 교사의 급료라고 말할 때의 평균은 중앙값을 의미한다. 이러한 중앙값은 집단을 크기가 같은 두 집단으로 중앙값보다 높은 점수와 낮은 점수로 분류하는 측정값이다. 한편 어느 학생 집단의 '평균' 성적이 80이라고 말할 때의 평균은 산술평균[1]을 의미한다. 여기서 산술평균은 모든 점수를 다 더해서, 이를 점수의 수(총사례수)로 나눈 값이다.

---

1) 평균에는 산술평균 이외에도 기하평균과 조화평균이 있다(한국교육평가학회 편, 2004). 일반적으로 평균이라고 할 때는 산술평균을 의미하므로 본 장에서는 산술평균을 평균으로 쓰기로 한다.

4.1 최빈값

최빈값의 일반적인 의미는 '유행'이며, 통계학에서도 똑같은 의미를 함축하고 있다. 묶지 않은 분포에서 최빈값은 도수가 가장 많은 점수이다. 예를 들면, 표 3.1.2에서 최빈값은 86이다. 묶은 자료에서는 가장 도수가 많은 구간의 중간 점수가 최빈값이 된다. 표 3.1.4의 경우 85이다. 최빈값은 M_o로 표기한다.

최빈값은 구하기가 쉽다. 그러나 표집에 따라 그 값이 안정적이지 못하다. 더욱이 양적인 자료가 묶여 있을 때 최빈값은 그 구간의 크기와 위치에 큰 영향을 받는다. 어떤 점수 집단은 최빈값이 하나 이상일 경우가 있다. 특히 사각형분포에서는 모든 점수가 최빈값이 된다. 이러한 이유 때문에 평균이나 중앙값이 더 선호된다. 그러나 최빈값은 명명척도의 수준에서 구할 수 있는 유일한 통계량이다. 예를 들어 종교의 분포에서 구할 수 있는 집중경향의 통계량은 최빈값뿐이다.

4.2 중앙값

중앙값은 도수 분포에서 도수의 50%에 해당하는 점수, 즉 50 백분위수이다. 그러므로 중앙값의 또 다른 이름은 C_{50}이다. 중앙값은 그 분포의 넓이를 상하로 반분하는 지점의 값이다. 이는 Mdn으로 표시한다.

원점수에서 점수 도수에 근거하여 분포의 중간값을 중앙값으로 생각할 수도 있다. 중앙값을 알아내기 위해서 먼저 점수들을 가장 낮은 것부터 높은 것으로 차례대로 정리해야 한다(이 때 '0'도 포함해야 한다). 만일 $n(N)$이 홀수라면 중앙값은 그 위 아래에 같은 수의 점수들을 가지고 있는 그 점수일 것이다. 예를 들어 다음의 점수들 중에서;

0, 7, 8, 11, 15, 16, 20

중앙값은 11이다. 그 점수의 개수가 짝수일 경우에는 중간 점수가 없다. 그러므로 이 때에는 중간 위치에 걸쳐 있는 두 점수 사이의 반($\frac{1}{2}$)을 중앙값으로 취해야 한다. 예를 들면 다음의 점수들 중 ;

12, 14, 15, 18, 19, 20

중앙값은 $15 + \frac{(18-15)}{2} = 16.5$이다. 그러나 반복된 점수가 있을 때는 문제가 발생한다. 예를 들어, 다음의 점수들 중 중앙값은 얼마일까?

5, 7, 8, 8, 8, 8

중앙값은 처음의 8과 두 번째 8 사이의 반이다. 이러한 경우에 대부분의 사람들은 중앙값을 '8'이라고 하는 것을 선호하고 있으나, 중앙값을 정확하게 구해내기 위해서는 내삽법(interpolation)이 요구된다. 위의 예에서 '8'은 모든 점수를 대표한다. 즉 정확 하한계인 7.5와 정확 상한계인 8.5의 모든 점수들을 대표한다. 중앙값은 네 개의 8 중 첫번째 8 뒤에 오고 구간 1.0의 $\frac{1}{4}$이기 때문에 내삽법에 의해 중앙값은 $7.5 + (\frac{1}{4} \times 1.0) = 7.75$와 같이 계산될 수 있다.

3장에서는 묶음 자료에 대해서 C_{50}을 계산하는 절차를 다루었으나, 중앙값은 누적백분율분포로부터 도표를 이용하여 결정할 수도 있다. C_{50}을 알아내는 공식은 다음과 같다.

중앙값 계산 공식

$$Mdn = C_{50} = LL + (i)\frac{0.5n - cumf\,below}{f} \qquad (4.2.1)$$

$LL = C_{50}$을 포함하고 있는 구간의 정확 하한계

$i = $구간의 크기

$0.5n = $전체 사례수의 반(즉 중앙값 아래에 있는 점수의 사례수)

$cumf\,below = LL$ 아래에 있는 점수의 누적도수

$f = $중앙값을 포함하고 있는 구간의 점수 도수

그러므로 표 3.2.1에서 묶음 자료의 중앙값의 계산은 다음과 같을 것이다.

$$
\begin{aligned}
P_{50} &= 71.5 + (3)\frac{40-32}{12} \\
&= 71.5 + (3)\left(\frac{8}{12}\right) \\
&= 71.5 + 2 \\
&= 73.5
\end{aligned}
$$

중앙값은 점수들이 얼마나 멀리 떨어져 있느냐가 아니라 얼마나 많은 점수들이 그 아래에 또는 그 위에 존재하느냐이다. 중앙값 아래에 있는 점수의 수에 관계없이 양쪽에 같은 수의 점수를 가지고 있다. 그러므로 중앙값은 평균보다 극단의 점수에 덜 민감하다. 예를 들어, 한 야구팀의 선수들의 1989년 연봉을 생각해 보자.

표 4.2.1에서 27명 연봉의 중앙값은 $124,500.00이나, 평균은 $335,753.11로 중앙값의 거의 3배나 된다. 가장 많은 연봉을 받는 머피와 셔터 2명의 연봉은 3번째 순위의 선수 연봉의 거의 2배나 된다. 이 두 사람의 연봉은 전체의 합계에 매우 큰 영향을 미치고 평균도 이에 큰 영향을 받는다. 그러나 중앙값에는 영향을 미치지 않는다. 만일 두 선수들이 $1,500,000을 덜 받는다 해도 중앙값은 여전히 같다. 그러므로 지나치게 한쪽으로 편포된 또는 매우 큰 편차가 있는 점수를 포함하고 있는 분

〈표 4.2.1〉 애틀란타 브레이브스 야구팀 연봉

머피	$2,000,000	글래빈	$117,500
셔터	1,729,167	트레드 웨이	95,000
데이비스	886,667	스몰츠	86,000
페리	662,500	블로저	82,000
토마스	485,000	그레그	82,000
맥도웰	405,000	카스틸로	71,500
엘 스미스	400,000	베로아	70,500
베네딕트	370,000	클레리	68,000
에반스	322,500	릴리퀴스트	68,000
에이콘	272,500	스탄톤	68,000
러셀	145,000	발테즈	68,000
엘바레	125,000	웨더바이	68,000
피 스미스	125,000	화이테드	68,000
보에버	124,500		

포의 경우, 중앙값이 평균보다 더 좋은 집중경향의 통계량이다.

이제까지 알아본 세 가지 집중경향의 통계량 중에서, 중앙값은 평균 다음으로 표집 변이의 영향을 적게 받는다. 정규분포에서 표집된 큰 표본들의 경우, 중앙값은 표집에 따른 변이가 평균보다 $\frac{1}{4}$ 정도 더 크다. 그러나 규모가 적은 표집에서는 중앙값이 상대적으로 더 좋은 편이다. 그러나 여전히 평균보다는 그 변이가 크다. 평균은 고급통계 과정에서 자주 쓰여지고 있으나 중앙값은 그렇지 않다. 추리통계학에서도 다소 쓰여지지만 평균만큼 자주 쓰여지는 것은 아니다.

4.3 평 균

평균(mean)은 모든 점수의 합을 전체 사례수로 나눈 값이다.

수학적으로 평균을 표현하는 데는 어떤 기호가 필요하나. 득벌한 점수 집난을 규정하기 위해서 집단적인 개념으로 대문자 Y를 사용한다. 그 분포의 각 개인의 점수는 Y_1(첫 번째 점수)과 Y_8(여덟 번째 점수)로서 표시한다. N은 표본의 사례수이고, 모집단에 대해서는 N_P로 표시된다. 그러므로 표본의 마지막 점수는 Y_N으로 표시하며, 모집단의 마지막 점수는 Y_{N_P}로 표시한다. 표본 집단은 다음과 같이 표시된다.

$$Y;\, Y_1,\, Y_2,\, Y_3,\, \cdots,\, Y_N$$

그리이스 문자인 Σ는 위의 모든 점수들이 합해질 때, 합하는 과정이 수행되어짐을 의미한다. 그러나 이 경우 Σ를 '시그마'라고 읽기보다는 'summation'이라고 읽는 것이 더 정확한 의미를 나타낸다. ΣY는 다음과 같이 나타낼 수 있다.

$$\Sigma Y = Y_1 + Y_2 + Y_3 + \cdots + Y_N$$

두 집단이 있을 때는 두 번째 집단의 점수를 나타내기 위해 문자 X를 사용한다. 즉, $\Sigma(Y+X)$. 표본의 평균과 모집단의 평균 사이의 차이는 추리통계학에서는 중요하게 나타난다. 표본의 평균은 $\overline{Y}$로 표시하며, Y bar라고 읽고, 모집단의 평균은 μ로 표시한다.

표본평균 공식은 다음과 같이 정의된다.

원점수에 대한 평균 공식

$$\overline{Y} = \frac{\sum Y}{N} \, (표본의 평균) \tag{4.3.1}$$

예를 들어 세 개의 점수 31, 21 그리고 42에 대한 평균을 계산해 보자.

$$Y : 31, 21, 42$$
$$\sum Y : 31 + 21 + 42 = 94$$

그러므로, 이 분포의 평균은

$$\overline{Y} = \frac{\sum Y}{N} = \frac{94}{3} = 31.3$$

점수가 묶여 있을 때는 주어진 구간의 정확 하한계와 정확 상한계만을 알 수 있을 뿐이다. 구간의 중간점을 그 구간 안에 있는 점수들의 평균으로 가정하고, 그 구간 안의 점수들을 대표하는 것으로 간주한다. 점수들의 합($\sum Y$)을 계산하기 위해서 대응되는 구간의 사례수에 각 중간점을 곱한다. 그리고 나서 전 계급 구간에 걸쳐서 계산된 값을 더하면 된다.

다른 집중경향의 통계량과 달리 평균은 각 점수의 위치에 민감하다. 기본공식 $\frac{\sum Y}{N}$를 살펴보면 어떤 점수의 값이 증가하거나 또는 감소함에 따라 $\sum Y$가 변화하며 평균값도 변화한다는 것을 알 수 있다.

평균은 한 분포의 평형점(balance point)으로 볼 수 있다. 그림 4.3.1에서 볼 수 있는 바와 같이, 평균은 시소가 평형을 이룰 때 그 중심점(평형점)에 대응된다. 한 벽돌이 움직이면, 그 중심점(평형점)도 변화한다. 평균이 한 분포에서의 평형점이라는 것을 진술하는 대수적인 방법은 $\sum (Y - \overline{Y}) = 0$이다. 각 점수들이 평균으로부터 떨어져 있는 정도를 '+', '−'의 양적인 개념으로 표현한다면(평균 아래의 값은 '−') 그들의 합은 '0'이 된다. 다른 말로 표현하면, 평균으로부터 '−'로 떨어져 있는 값들

[그림 4.3.1] 한 분포의 평형점으로서의 평균

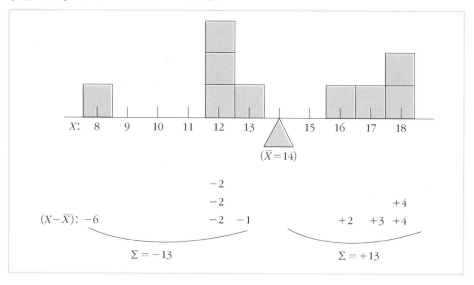

의 합은 '+' 떨어져 있는 값들의 합과 정확하게 같다. 그림 4.3.1은 주어진 자료에 대해 $\sum(Y-Y)=0$이라는 것을 보여준다.

평균은 중앙값과 최빈값보다 그 분포의 극단에 점수가 있느냐 없느냐에 더 민감하다. 그러나 전체 점수를 반영해야 할 때는 집중경향의 통계량 중 평균을 선택하는 것이 가장 좋다. 예를 들어, 한 트랙 코치가 '한 집단'으로서 네 명의 경주 선수들의 기록이 향상되었는지를 알고자 할 때는, 평균이 가장 적합하다. 왜냐하면 코치는 릴레이 경기의 한 팀으로서 선수들이 어떻게 하고 있는지에 대한 지표로 전체 선수에게 관심이 있기 때문이다. 이와 비슷하게 보험회사들은 평균 기대 수명(life expectation)을 평균으로 표현한다. 왜냐하면 평균 기대 수명은 보험 계약자들의 총수입과 생존자들의 총임금에 대해 밀접한 관련이 있기 때문이다.

통계적인 계산을 더 할 필요가 있을 때는 평균이 가장 유용한 집중경향의 통계량이다. 그 이유는 평균만이 산술적이고 대수적인 조작이 가능하기 때문이다. 평균의 가장 중요한 특징 중의 하나는 표집에 따른 안정성이다. 모집단으로부터 같은 크기의 여러 표본을 무선 선택(random selection)했다고 하자. 그 표본에 어떤 점수들이 뽑히느냐에 따라 표본의 평균은 다양할 것이다. 표본의 중앙값과 최빈값도 또한 그러할 것이다. 그러나 만일 한 분포가 그림 3.3.9(f)와 같은 종 모양을 하고 있다면, 계속적으로 표집한 표본들의 평균은 변이성이 가장 적을 것이다. 이러한 상황 하에서의 평균은 표집에 따라 변화할 가능성이 가장 적다. 이는 평균이 모집단의 집중경향성을 가장 사실적으로 보여주는 아주 유용한 지표라는 것을 의미한다.

4.4 대칭분포와 비대칭분포에서 집중경향의 통계량 측정

완전한 대칭분포에서, 평균과 중앙값 그리고 최빈값은 동일하다. 정규분포(그림 3.3.9(f))인 경우에는 분명히 그렇다. 그림 4.4.1은 정규분포와 비교해서 편포된 분포에서 평균, 중앙값, 최빈값 사이의 관계가 어떠한지를 보여주고 있다. 만일 한 분포의 평균과 중앙값이 다르다면, 그 분포는 대칭이라고 할 수 없다. 그 치우침의 정도가 큰 분포일수록 평균과 중앙값의 차이는 더 크다.

그림 4.4.1(a)의 분포는 왼쪽으로 치우친(부적편포: negatively skewed distribution) 분포이며, 그림 4.4.1(b)의 분포는 오른쪽으로 치우친(정적편포: positively skewed distribution) 분포이다. 그림 4.4.1(a)와 같은 부적편포에서 최빈값은 아주 높으며, 중앙값은 최빈값과 평균 사이 거리의 $\frac{2}{3}$ 정도 지점에 위치한다.
평균은 꼬리 부분의 극단적인 값에 영향을 받아 더 낮은 값을 가지고 있다. 그림 4.4.1(b)와 같은 정적편포에서는 앞의 상황과 반대 경향이 나타난다. 결과로 전체 분포를 볼 수 없는 상황에서도 중앙값과 평균의 상대적인 위치로 치우침의 방향을 결정할 수 있다. 또한 두 측정값 간의 차의 크기는 치우침의 정도에 대한 단서가 된다. 예를 들어 10,000명의 영아 출생 기록에서, 첫 아이를 가진 여자들의 노동 지속 시간의 최빈값이 4시간, 중앙값은 10.6시간, 평균은 13.9시간이었다면, 이 분포가 어떤 형태의 분포인지는 정확하게 알 수 없지만, 집중경향의 통계량의 순서를 고려하면 정적으로 편포되었다는 것을 알 수 있다. 아마도 소수의 여성들은 일을 재빨리 끝내고 휴식 시간을 오래 가지며, 대부분의 여성들은 몇 시간 동안만 일하고, 소수

[그림 4.4.1] 편포와 정규분포에서의 평균, 중앙값, 최빈값

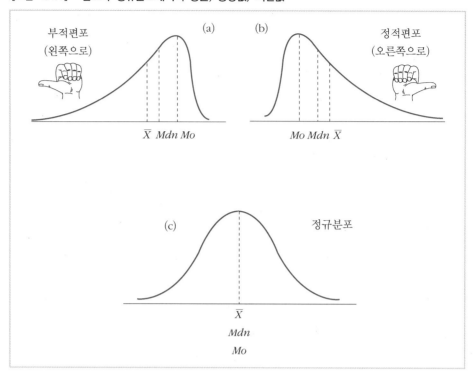

의 여성들만이 예외적으로 오랜 시간 일하고 있는 것이다.

또한 C_{25}, C_{50}(중앙값), C_{75}의 상대적인 위치를 비교해 보면, 어떤 시험에 대한 대칭의 정도를 알 수 있다. 이 세 백분위수는 분포를 네 개의 영역으로 분리한다. 부적편포에서 C_{25}, C_{50} 사이의 거리는 C_{50}과 C_{75} 사이의 거리보다 더 크다. 정적편포에서는 그 반대이다. 그림 4.4.2는 이러한 두 분포의 특징을 보여주고 있다. 한 분포에 대한 각각의 측정값은 각기 다른 정보를 제공해 주기 때문에, 하나 이상의 통계량을 아는 것이 유용하다. 예를 들어 1990년 미국에서 가장 많은 가정의 수입은 약 $20,000이었으며 $29,950보다 약간 적은 수입을 가진 가정이 반 정도였고 평균 수입은 대략 $37,400이었다. 이 세 가지 집중경향 통계량 중 하나의 통계량만 제공한다면, 사람들이 미국 가정의 수입에 대해서 잘못된 편견을 가지게 된다.

점수 변환(score transformation)은 어떤 분포 상에 있는 모든 점수를 다른 척도로 바꾸는 과정이다. 점수 4, 5, 9 의 평균은 6이다. 만일 각 점수에 10을 더하면 14, 15, 19가 되고 평균은 10점이 더 높은 16이 된다. 만일 일정한 양을 각 점수에 더하면 전체 분포는 그 일정한 양만큼 변하게 되며 평균도 똑같은 양만큼 변하게 된다. 비슷하게 각 점수로부터 일정한 양만큼을 덜어낸다면 평균도 그만큼 줄어들게 된다. 집중경향의 통계량들도 이와 같은 방법으로 영향을 받는다.

일정한 양으로 각 점수들을 곱하거나 나누면 그 값은 변하게 된다. 4, 5, 9에 2를 곱하면 각 점수는 8, 10, 18이 되며, 10을 곱하면 40, 50, 90이 된다. 반면에 원래 점수의 평균인 6은 2를 곱한 경우 12가 되며, 10을 곱한 경우 60이 된다. 그러므로 일정한 양으로 각 점수를 곱하는 것은 평균에 그 양을 곱하는 것과 같으며, 각 점수를 일정한 양으로 나누면 평균을 일정한 양으로 나누는 것과 같다. 만일 원래의 점수를 10으로 나누면 각 점수는 0.4, 0.5, 0.9가 될 것이며, 그들의 평균은 원래 평균의 $\frac{1}{10}$인 0.6이 된다. 일정한 양으로 곱하거나 나누었을 때의 영향은 최빈값과 중앙값에서도 마찬가지이다.

위에서 설명한 여러 전환은 선형전환(linear transformation)이라는 이름을 붙일 수 있다. 왜냐하면 이들은 원래 점수와 전환된 점수들 사이에 비례적이고 선형적인 관계를 가지고 있기 때문이다.

[그림 4.4.2] 정적편포와 부적편포에서의 C_{25}, C_{50}, C_{75}의 상대적인 위치

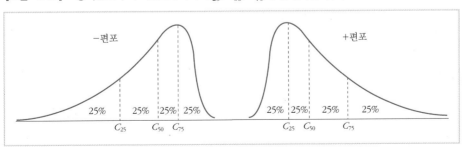

집중경향의 통계량의 측정은 한 분포에서 점수가 집중되어 있는 위치를 요약적으로 기술해 준다. 이러한 측정은 둘 또는 여러 집단 사이의 수행의 정도를 비교하려고 할 때 특별히 유용한 정보를 제공해 준다. 일반적으로 최빈값, 중앙값, 평균이 널리 사용된다.

최빈값은 질적 자료에서 사용할 수 있는 유일한 집중경향의 통계량으로, 어떤 점수 또는 범주가 가장 빈번하게 나타나는지를 기술해 준다. 그러나 최빈값은 어떤 분포에서는 하나 이상이 될 수 있으며 묶음 자료에서는 다른 어떤 측정치에서보다 계급의 선택에 많은 영향을 받는다. 또한 표집의 변화에 종속되어 있어 추리통계학에서는 거의 유용하지 못하다. 중앙값은 상하로 반을 가르는 지점을 말하는데, 점수의 크기가 아니라 점수의 수를 상하 반으로 나누는 것이다. 그러므로 평균보다 극단의 값들의 영향을 덜 받는다. 평균은 모든 점수의 합을 전체 경우의 수로 나눈 값으로, 그 분포의 평형점('−' 편차와 '+'편차의 합이 같은 지점)이다. 또한 그 분포의 점수의 크기를 대표하는 것으로 중앙값과 최빈값보다 극단의 값에 민감하다.

이 세 가지 집중경향의 통계량은 분포의 형태에 영향을 받고 있다. 종 모양의 분포에서는 평균과 중앙값 그리고 최빈값이 같은 값을 가지지만, 편포에서는 그 값들이 각기 다르다. 확률(무선)표집에 따른 안정성 때문에, 평균은 통계적 계산을 하는 대부분의 상황에서 유용하다. 이것이 대부분의 행동과학 연구에서 평균을 선택하는 이유이다. 물론 개방형 분포와 지나친 편포에서는 중앙값이 더 의미 있다.

마지막으로 각 점수들을 일정한 양으로 더하거나 빼거나 하여 각각의 점수를 변화시키는 것은 이 세 집중경향의 통계량을 똑같은 양으로 증가시키거나 감소시킨다. 각 점수들을 일정한 양으로 곱하거나 나누거나 하여 각각의 점수들을 변화시켜도 똑같은 양으로 이 세 집중경향의 통계량을 곱하거나 나눈 것과 같은 효과를 갖는다.

SPSS 실습 4.1 집중경향의 통계량

1. 분석 창 ①: (표 3.1.1 자료) 변수: score로 입력

'분석(A)' → '기술통계량(E)' → '빈도분석(F)' 클릭

2. 분석 창 ②

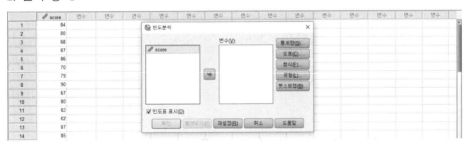

'score' → '변수(V)' 상자로 옮김.

3. 분석 창 ③

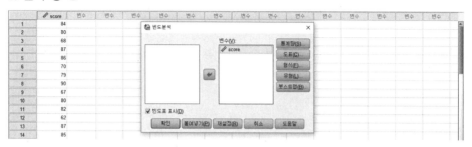

'통계량(S)' 클릭

4. 분석 창 ④

'평균(M)', '중위수(D)'(중앙값), '최빈값(O)'에 ☑하고, '계속(C)', '확인' 클릭

5. 결과물

통계량

score

N	유효	50
	결측	0
평균		79.92
중위수		81.00
최빈값		86

도수분포가 기본설정으로 자동 산출되었으나 수록하지 아니함.

연·습·문·제

4.1 다음 각 분포의 중앙값과 평균을 구하라.

(1) 15, 13, 12, 9

(2) 13, 13, 12, 11, 11

(3) 12, 11, 11, 10

(4) 11, 11, 10, 10, 9, 7

(5) 10, 9, 9, 7, 6, 2

(6) 9, 8, 7, 5, 5, 5

(7) 8, 8, 7, 7, 7, 2

(8) 7, 6, 4, 4, 4, 1, 1, 1

(9) 6, 5, 5, 3, 1, 1, 0, 0

4.2 다음의 두 자료에 대해 평균과 중앙값 그리고 최빈값을 구하라.

(1)

점 수	f
60−64	4
55−59	7
50−54	6
45−49	3

(2)

점 수	f
60−65	4
54−59	9
48−53	7

＊4.3번에서 4.7번까지의 문제는 다음 10개의 점수에 관한 것이다. 그 중 9개의 점수는 3, 5, 9, 1, 9, 2, 0, 3, 9이고 마지막 하나의 점수는 5보다는 크고 9보다는 작은 미지의 수이다.

4.3 위의 정보에 근거하여, 10개의 점수 분포에 대한 최빈값을 결정하는 것이 가능한가? 만일 그렇다면, 최빈값은 얼마인가? 설명하라.

4.4 위의 정보에 근거하여, 그 분포의 중앙값을 결정할 수 있는가? 그렇다면 중앙값은 얼마인가? 설명하라.

4.5 위의 정보에 근거하여, 그 분포의 평균을 결정할 수 있는가? 그렇다면 평균은 얼마인가? 설명하라.

4.6 위의 10개 점수에 대한 원래 분포의 평균이 4.8이라면, 그 미지의 10번째 점수는 얼마인가? 어떻게 계산되었는지 설명하라.

4.7 10개 점수에 대한 원래 분포의 평균이 4.8이라고 가정하자. 다음에 기술된 그 분포의 각 변화에 대해 평균이 증가하는지, 그대로인지 또는 감소하는지를 말하라.
(1) 일곱 번째 점수가 6이 될 때
(2) 일곱 번째 점수가 4.8이 될 때
(3) 일곱 번째 섬수가 −19가 될 때
(4) '2'를 없애고 아홉 개의 점수만 남길 때
(5) 아홉 개의 점수만 남긴 채 그 미지의 수를 제거할 때

4.8 어떤 분포가 완전히 대칭이나, 최빈값과 중앙값이 다를 수 있다.
(1) 이를 설명하라.
(2) 이러한 경우, 평균이 최빈값, 중앙값 그리고 그 밖의 다른 값들과 같을 수 있나?

4.9 한 연구자가 측정한 분포의 평균이 120이고 중앙값은 130이었다. 이 분포의 형태에 대해 어떻게 설명할 수 있겠는가?

4.10 만일 $P_{25}=15$, $P_{50}=20$ 그리고 $P_{75}=30$이라면, 그 분포의 형태에 대해 어떻게 이야기할 수 있겠는가?

4.11 한 심리학자가 쥐가 미로를 통해 음식
강화에 반응하는 데 걸리는 시간을 기록
함으로써 학습에 관한 실험을 하였다. 결
과로 몇 마리의 쥐는 4분 안에 그 미로
를 완주하지 못했다. 그 심리학자는 시간

시 간	도 수
241초와 그 이상	4
181 − 240초	5
121 − 180초	8
61 − 120초	5
1 − 60초	3

제한 내에 미로를 통과하지 못하는 쥐를 제거하였다. 그 미로를 통과하는 시
간의 분포가 다음과 같을 때 어떤 집중경향의 통계량을 사용해야 할까?

4.12 그림 4.3.1에서 '8'을 '2'로 바꾸고 다음에 답하라.

(1) 최빈값   (2) 중앙값   (3) 평균을 구하라.

(4) 그 변화에 가장 큰 영향을 받는 측정값은 무엇인가? 그 이유를 설명하라.

4.13 그림 4.3.1에서 '8'을 삭제하고 다음에 답하라.

(1) 최빈값   (2) 중앙값   (3) 평균을 구하라.

(4) 그 변화에 가장 큰 영향을 받는 측정값은 무엇인가? 그 이유를 설명하라.

4.14 몇 년 전에, 한 신문 편집자는 미국 가정의 반 이상이 평균 이하의 수입을 가
지고 있다고 주장하였다. 이러한 주장이 옳을 수 있다고 생각하는가? 설명하라.

4.15 10개의 점수에 대한 평균은 50.0이다. 20개의 점수에 대한 평균은 40.0이다.
만일, $n = 30$인 점수들로 결합한다면, 전체 분포의 평균은 어떻게 될 것인가?
이들 두 소집단으로부터 평균을 계산하기 위한 공식을 써라. 그 공식의 기호
에서 소집단 1의 경우 평균은 Y_1으로, 집단의 크기는 n_1으로 하고, 소집단
2는 평균은 Y_2, 집단의 크기는 n_2로 하라.

4.16 연습문제 3.16의 자료에 대해서 컴퓨터를 이용하여 최빈값, 중앙값, 평균을
구하고, 어떤 분포를 이룰 것인지 추정하라. 그리고 3장의 3.16(6)의 히스토
그램과 비교하라.

제 5 장

변산의 통계량

5.1 개 요

　　수학 선생님은 두 학생에 대해 관심을 가지고 있다. 열두 번의 20점 만점 시험에서 두 학생의 평균 점수는 10점이었다. 이 두 학생은 최종 종합시험에서 통과할 가능성이 있을까? 첫 번째 학생은 최저 7점에서 최고 12점까지의 점수를 받았고, 두 번째 학생은 0점을 두 번 받았고 7점보다 낮은 점수를 여러 번 받았다. 그러나 20점 만점을 세 번 받았을 뿐만 아니라 좋은 점수도 몇 번 받았다. 두 학생의 평균은 같지만 변산의 차가 있다. 변산의 차가 있다는 것은 두 학생의 평균 수행이 다르다는 것을 의미한다. 즉 첫 번째 학생은 최종 시험에서 통과할 수 있는 실력을 가지고 있지 못하나 두 번째 학생이 20점 만점을 받았다는 것은 그 학생이 최종 시험에서 통과할 수 있음을 설명해 주고 있다.

　　이러한 예는 우리가 중심경향의 통계량 외에 분포에 대해 더 많이 알아야 할 필요가 있음을 보여 주고 있다. 중심경향의 통계량은 수행의 수준을 요약하고 있는 반면에 변산의 통계량(measurement of variability)은 수행의 퍼진 정도를 요약하고 있다. 그러므로 변산에 대한 정보는 집중경향의 통계량만큼 중요하다.

　　변산은 한 분포에 점수가 흩어져 있는 정도 또는 몰려 있는 정도를 양적으로 표현하고 있다. 그러나 이것은 전체 점수가 분포된 정도를 기술하는 것이지 어떤 특정한 점수가 그 집단의 중심으로부터 얼마나 벗어나 있는지를 일일이 열거하는 것은 아니다. 또한 분포 형태에 대한 정보나 수행 수준을 제공하는 것도 아니다. 예를 들면 그림 5.1.1(b)와 그림 5.1.1(c)는 변산의 정도는 같으나 평균은 다른 경우와 평균은 같으나 변산은 다른 경우를 보여 주고 있다. 그러므로 어떤 분포를 적절하게 기술하기 위해서는 그 형태와 더불어 집중경향의 통계량과 변산의 정도를 같이 제공해야만 한다.

[그림 5.1.1] 집중경향의 통계량, 변산, 도수분포 형태의 차이

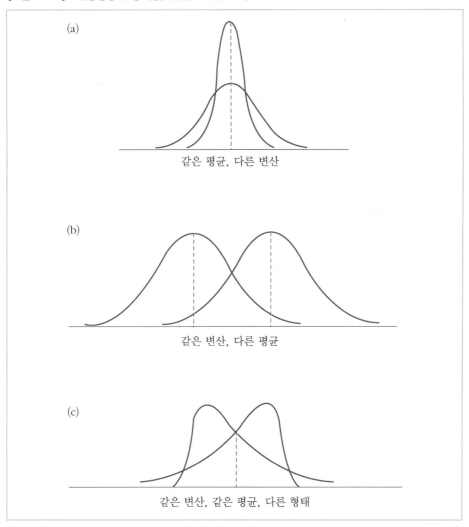

(a)

같은 평균, 다른 변산

(b)

같은 변산, 다른 평균

(c)

같은 변산, 같은 평균, 다른 형태

변산의 통계량은 특별히 추리 통계학에서 중요하다. 여론조사자는 어떤 특정 후보자를 선호하는 투표자의 퍼센트나 어떤 특정 문제(issue)를 선호하는 투표자의 퍼센트를 추정해야만 할 뿐 아니라 표집의 변동에 따른 변량 즉 그러한 추정에 잠재되어 있는 '오차의 한계'도 추정해야만 한다. 표집 변동이 얼마나 많이 있을 것인가? 이 문제는 추리통계에서 기본적인 문제이며 변산의 문제이다.

본 장에서는 네 가지 변산의 통계량 즉 범위(range), 준사분위범위(semi−interquartile range), 분산(variance)과 표준편차(standard deviation)에 대해 알아본다.

5.2 범 위

변산의 가장 간단한 통계량은 범위이다. 범위는 그 분포에서 가장 높은 점수와 가장 낮은 점수의 차이이다. 범위는 집중경향의 통계량들과 마찬가지로 위치(location)를 나타내는 깃이 아니라 거리(distance)를 나타내고 있다. 예를 들면, 다음의 세 점수 집단의 범위는 20점으로 모두 같은 범위의 값을 가지고 있다.

    3, 5, 5, 8, 13, 18, 23
    37, 42, 48, 53, 57
    131, 140, 144, 147, 150, 151

묶음 도수분포에서, 범위는 가장 낮은 계급에 포함되는 가장 낮은 원점수와 가장 높은 계급에 포함되는 가장 높은 원점수 사이의 차이로 계산된다. 즉 가장 높은 계급의 점수 상한계 − 가장 낮은 계급의 점수 하한계이다.[1]

범위는 변산의 어떤 다른 통계량보다 계산이 더 쉽다. 그리고 그 의미도 아주 명백하다. 그러므로 범위는 초보적인 연구나 정확함이 요구되지 않는 상황에서 이상적이라고 할 수 있다. 그러나 범위는 변산의 통계량으로서는 몇 가지 단점을 가지고

---

1) 어떤 통계책에서는 범위를 계산하는 데 있어서 정확 상한계와 정확 하한계를 사용하나 여기서는 원점수와 점수 한계를 사용한다.

있다. 가장 바깥 부분의 두 개의 점수만이 범위 값에 영향을 미치며, 나머지 다른 점수들은 그 둘 사이의 어딘가에 놓여 있을 수 있다. 정도에서 벗어난 하나의 점수가 범위에 중요한 영향을 미친다. 그리고 범위는 그 분포의 전체 상황에 민감하지 못하다.

또한 범위는 설명적인 수준 외에는 거의 사용되지 않고 있다. 범위는 다른 통계량보다 표집의 변이에 따라 더 많이 변화된다. 정규분포를 포함하여 여러 형태의 분포에서, 범위는 표본의 크기에 의존한다. 따라서 표본의 크기가 크면 클수록 범위가 더 크다. 이것은 전체 사례수가 다른 두 분포를 비교할 때 아주 중요한 단점이 된다.

5.3 준사분위범위

범위는 가장 높은 점수와 가장 낮은 점수에만 의존하기 때문에 분포의 극단값에 의해 지나치게 영향을 받는 변산값이라고 할 수 있다. 문자 Q로 표시되는 준사분위범위는 분포의 중앙 부분, 특히 중앙 50%에 포함된 점수에만 의존하기 때문에 상대적으로 안정되고 좀 더 정교한 측정값이다. 준사분위범위는 제1사분위와 제3사분위 사이의 거리의 $\frac{1}{2}$로 정의된다.

$$Q = \frac{Q_3 - Q_1}{2} \tag{5.3.1a}$$

사분위수는 분포를 4등분하는 세 지점의 점수로 각 부분은 같은 사례수를 포함한다. Q_1, Q_2, Q_3로 표기되는 세 지점은 C_{25}, C_{50}, C_{75}이다. 그러므로 식 5.3.1a를 백분위로 바꾸면 다음과 같다.

$$Q = \frac{Q_3 - Q_1}{2} = \frac{C_{75} - C_{25}}{2} \tag{5.3.1b}$$

그림 5.3.1의 자료에서 준사분위범위는 $\frac{(80 - 70)}{2} = 5$이다.

[그림 5.3.1] 사분위범위

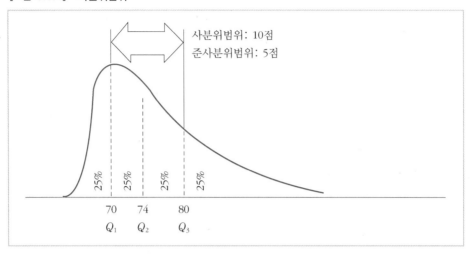

2Q는 중앙 50% 점수의 범위와 같다는 것을 알면, Q를 더 쉽게 이해할 수 있다. 물론 Q는 중앙치와는 다른 개념이다. 또한 준사분위범위는 중앙치와 두 바깥쪽 사분위수 사이의 평균 거리로 생각할 수도 있다. 예를 들어 그림 5.3.1에서 Q_1과 Q_2 사이의 거리는 4이고, Q_2와 Q_3의 사이의 거리는 6이다. 그러므로 이 두 거리의 평균은 5이고 이는 곧 Q이다.

준사분위범위는 한 분포에서의 백분위수 개념으로 정의되기 때문에 중앙값과 밀접하게 연관되어 있다. 준사분위범위는 표준편차보다 극단의 값에 덜 민감하다. 만일 어떤 분포가 매우 치우쳐 있거나 또는 매우 극단의 값을 가지고 있을 때, 준사분위범위는 그러한 점수의 존재에 반응은 하나 그 점수에 부적절한 가중치를 두지는 않는다. 만일 어떤 분포가 개방형이라면 또 다른 가정 없이는 표준편차나 범위를 계산해 낼 수 없다. 개방형 분포에서 준사분위범위는 유일한 측정값이 된다. 점수의 $\frac{1}{4}$ 이상이 막연한 끝 부분에 있지 않는 한 직접 준사분위 범위를 계산해 낼 수 있다.

준사분위범위의 표집 안정성은 표준편차의 안정성과 같은 정도는 아니지만 좋은 편이다. 그러나 준사분위범위는 기술통계학 영역에 제한되는 유용성을 가지고 있다.

편차점수(deviation score)는 한 점수의 위치를 그 분포의 평균으로부터 위 또는 아래로 얼마나 떨어져 있는가로 표현한다. 기호로는 $(Y-\overline{Y})$로 나타낸다. 다음의 원점수(Y)와 대응되는 편차점수 $(Y-\overline{Y})$를 생각해 보자. 각 원점수로부터 평균 $(\overline{Y}=4)$을 뺀 결과인 편차점수는 평균에 대한 그 점수의 상대적인 위치를 진술하고 있다. 예를 들면, 원점수 7은 $(7-4)=+3$이 되는데, 이것은 그 점수가 평균(4)으로부터 3만큼 위에 있다는 것이다. 비슷하게, 원점수 3은 $(3-4)=-1$로 이것은 그 원점수가 평균으로부터 1만큼 아래에 있다는 것을 의미한다. 종합적으로 말하자면, 편차점수는 변산을 기술하고 있다. 만일 그 점수가 아주 조밀하게 밀집되어 있다면, 그 때 평균으로부터의 편차값은 작을 것이다.

〈표 5.4.1〉 편차점수의 계산

Y	$(Y-\overline{Y})$	
1	$(1-4)=-3$	
5	$(5-4)=+1$	
7	$(7-4)=+3$	$\overline{Y}=\dfrac{16}{4}=4$
3	$(3-4)=-1$	
$\sum Y=16$	$\sum(Y-\overline{Y})=0$	

5.5 분 산

편차점수는 평균으로부터의 원점수의 거리를 가리키고 있기 때문에, 변산의 측정값은 편차점수의 평균을 구함으로써 얻어질 수 있다. 이 과정에서 편차점수의 합을 구해야 하는데, 평균으로부터의 편차점수의 합은 항상 '0'이므로, 평균을 구하기 전에 편차점수의 부호를 없애야 한다. 그러나 이 경우 평균편차(average deviation)

라고 하는 통계량을 산출하게 된다. 그러나 평균편차는 이상한 수학적 속성을 가지고 있어서 추리통계학에서 유용하지 않다. 그 부호를 없애기 위한 다른 방법은 편차점수의 제곱을 구하는 것이다. 이렇게 해서 구해진 편차의 통계량을 분산(variance)이라고 한다.

분산은 편차점수의 제곱의 평균으로 정의된다. 모집단의 분산은 기호로 σ^2로 표기하고, 표본분산은 s^2으로 표기한다. 그 공식은 다음과 같다.

$$s^2 = \frac{\sum (Y - \overline{Y})^2}{N-1} \text{ 또는 } \frac{SS_Y}{N-1} \tag{5.5.1}$$

($s^2 = \sum (Y - \overline{Y})/N$로 표기되는 분산은 기술통계에서만 사용되는 편포된 분산이라고 한다)

〈표 5.5.1〉 분산의 계산: 편차점수 방법

단계 1: 각 점수를 기록한다.
단계 2: $\overline{Y}$를 계산한다.
단계 3: 각각의 점수 Y로부터 $\overline{Y}$를 빼 편차점수를 구한다.
  ($\sum (Y - \overline{Y})$는 '0'임을 기억하라)
단계 4: 각 편차점수를 제곱한다.
단계 5: 제곱의 합(SS)을 구하기 위해 제곱한 편차점수를 합한다.
단계 6: (식 5.5.1)에서처럼 $N-1$로 제곱의 합을 나눈다.

① Y	③ $(Y - \overline{Y})$	④ $(Y - \overline{Y})^2$
32	$32 - 50.6 = -18.6$	345.96
71	$71 - 50.6 = +20.4$	416.16
64	$64 - 50.6 = +13.4$	179.56
50	$50 - 50.6 = -\ .6$	.36
48	$48 - 50.6 = -2.6$	6.76
63	$63 - 50.6 = +12.4$	153.76
38	$38 - 50.6 = -12.6$	158.76
41	$41 - 50.6 = -9.6$	92.16
47	$47 - 50.6 = -3.6$	12.96
52	$52 - 50.6 = +1.4$	1.96
$\sum Y = 506$	$\sum (Y - \overline{Y}) = 0$	⑤ $\sum (Y - \overline{Y})^2 = 1,368.40$
② $\overline{Y} = \frac{506}{10} = 50.6$		⑥ $s_Y^2 = \frac{\sum (Y - \overline{Y}^2)}{N-1} = \frac{1,368.40}{9} = 152.04$

분산의 분자인 $\sum(Y-\overline{Y})^2$는 제곱합(sum of squares: 평균으로부터의 편차 제곱합(sum of the squared deviations from the mean 의 약어)이라는 이름으로 다른 통계 공식에서도 자주 쓰인다. 종종 SS라는 기호로 쓰인다. 식 5.5.1에 의해 분산을 계산하는 단계를 표 5.5.1과 같이 요약한다.

5.6 표준편차

분산은 고급통계 특히 추리통계학에서 가장 많이 사용하는 가장 중요한 통계량이다. 그러나 분산은 계산된 값이 제곱의 단위로 표현된다는 결함을 가지고 있다. 이러한 이유 때문에 기술통계학에서 분산은 거의 사용하고 있지 않다. 그러나 그 결점은 분산에 제곱근을 취함으로써 쉽게 수정될 수 있다. 즉 측정의 원래 단위로 되돌릴 수 있다. 그리하여 표준편차(standard deviation)라고 불리우는 널리 이용되고 있는 측정값이 얻어진다. 이것은 편차점수의 집중경향의 통계량이다. 원점수의 퍼진 정도가 큰 것은 평균으로부터의 편차가 더 크게 나타나고, 표준편차는 증가하게 된다.

표준편차의 공식은 다음과 같이 정의된다.

$$\text{표본의 표준편차 정의: } s = \sqrt{\frac{\sum(Y-\overline{Y})^2}{N-1}} \text{ 또는 } \sqrt{\frac{SS_Y}{N-1}} \qquad (5.6.1)$$

모집단(σ)의 표준편차에 대한 기호와 표본(S)에 대한 기호는 제곱근 기호가 없다면 분산에서 사용한 기호와 같다. 표 5.5.1에서 표본에 대한 표준편차를 얻기 위해서, 분산에 제곱근 기호를 취할 수 있다.

$$S = \sqrt{\frac{\sum(Y-\overline{Y})^2}{N-1}} = \sqrt{\frac{1368.4}{9}} = \sqrt{152.04} = 12.33$$

변산의 통계량으로서 범위와 준사분위범위는 이해하기 쉬운 편이다. 그러나 표준편차가 통계학 연구에서는 더 중요하다. 평균과 마찬가지로 표준편차는 분포에서의 점수의 정확한 위치에 반응한다. 평균으로부터의 편차를 취함으로써 계산되기 때문에 한 점수가 평균으로부터 더 많이 벗어나 있는 위치로 변환되면 표준편차는 증가하게 된다. 만일 그 변화가 평균에 가까운 위치로 바뀌면 표준편차는 줄어든다. 이러한 이유로 표준편차는 범위나 준사분위범위보다 분포에서의 점수의 위치에 더 민감하다.

표준편차는 준사분위범위보다 그 분포의 극단에 놓여 있는 점수가 있을 경우 심각히 영향을 받는다. 그러나 준사분위범위는 중앙 50% 안에 있는 점수에만 의존한다. 이러한 특징적인 민감성 때문에, 표준편차는 그 분포가 극단의 값을 가지고 있거나 매우 치우친 분포를 가질 때는 좋은 변산의 통계량이 되지 못한다. 예를 들어 만일 두 분포를 비교하는 데 어느 한 분포에만 극단의 값이 있을 때, 그 극단의 값은 상대적으로 표준편차에 큰 영향을 미치게 된다. 물론 N이 상당히 크고 극단의 점수가 매우 작다면 그 때에는 큰 차이가 나지 않는다.

표준편차를 계산할 때 평균으로부터 점수의 제곱의 합은 다른 점수로부터의 제곱합보다 그 값이 작다. 이를 다른 방법으로 표현하면

$$\sum(Y-A)^2 \text{에서 } A = \overline{Y} \text{일 때 최소이다.}$$

(모집단의 경우에는 $A = \mu_Y$일 때)

이러한 성질은 중요한 법칙으로 통계학 연구에서 자주 보게 된다. 그리고 이 식은 평균을 다른 방법으로 정의할 수 있음을 알려준다. 즉 평균은 편차점수의 제곱합이 최소인 점이다.

표준편차를 선호하는 가장 중요한 이유는 표집의 변동에 따른 저항성 때문이다. 통계 연구에서 자주 접할 수 있는 모집단으로부터의 반복된 확률표집에서 표준편차는 같은 표집에서 계산된 다른 통계량보다 그 동요가 저은 편이다. 만일 표집의 변이로부터 모집단의 변이를 추측하는 데 관심이 있다면, 이러한 표준편차의 성질은 아주 중요한 가치가 있다.

표준편차는 기술통계학과 추리통계학의 여러 과정에 자주 나타난다. 표준편차의 성질은 평균의 성질과 여러 면에서 연관되어 있다. 표준편차는 표집의 변화에 따른

안정성, 각 점수의 위치에 대한 민감성, 극단값에 대한 민감성, 다른 통계량들과의 연관성 때문에 매우 중요하다. 표 5.6.1은 범위와 준사분위범위, 표준편차의 특징을 비교한 것이다.

〈표 5.6.1〉 범위와 준사분위범위, 표준편차의 특징 비교

특 징	통 계 량		
	범 위	준사분위범위	표준편차
행동연구에서의 사용 빈도	약간	거의 사용 안 됨	95% 이상
수학적인 취급 가능성 고등 통계에의 적용	거의 적용 안 됨	거의 적용 안 됨	상당히 많음
표집 안정성	아주 나쁨	꽤 좋음	가장 좋음
극단값과 심하게 편포된 경우에의 사용	나쁨	좋음	주의 깊게 해석해야 됨
관련된 집중경향의 통계량	없음	중앙값	평균
개방형 분포에서의 사용	사용되지 않음	일반적으로 좋음	추천되지 않음
표집 크기에 의한 영향	영향받음	영향받지 않음	영향받지 않음
계산의 용이성	가장 쉬움	서열 자료에서 쉬움	꽤 쉬움

5.7 원점수에서 분산과 표준편차의 계산

편차점수 공식에 의해 분산이나 표준편차를 계산할 때, 편차점수로부터 직접 제곱합(SS)을 계산하는 것은 귀찮은 일이다. 통계학의 최소 제 2 법칙에서는 "계산 방법으로 편차점수 방법과 다른 방법이 있다면 그 중 다른 방법을 택하라"는 진술이 있다. 그러므로 다음의 식에 의해 원점수를 편차점수로 변화시키는 과정 없이 SS를 알아낼 수 있다.

원점수를 이용한 SS의 계산

$$SS_Y = \sum (Y - \overline{Y})^2 = \sum Y^2 - \frac{(\sum Y^2)}{N}$$
(5.7.1)

식 5.7.1에 의해서 편차점수의 제곱합은 계산될 수 있다. 그리고 그 결과를 식 5.5.1 또는 식 5.6.1에 대입하면 된다. 표 5.7.1에서 원점수 방법에 의해 표준편차를 계산하는 단계를 요약하고, 10개의 점수로 그 계산 과정을 설명하였다. 점수가 소수이거나 큰 수일 때는 대부분의 경우 이 원점수 방법이 더 유용하다.

〈표 5.7.1〉 표준편차 계산: 원점수 방법

단계 1: 각각의 점수를 기록한다.
단계 2: 각각의 점수의 제곱을 기록한다.
단계 3: $\sum Y$와 $\sum Y^2$을 계산한다.
단계 4: 식 5.7.1에 의해 SS를 계산한다. 그 과정에 $\sum Y^2$와 $(\sum Y)^2$를 잘 구별하라.
  $\sum Y^2$은 각 점수를 제곱한 다음 그 합을 구하는 것이고, $(\sum Y)^2$는 먼저 점수의 합을 구하고 그런 다음 그 합을 제곱하는 것이다. 제곱의 합은 원점수가 어떤 값이든지 항상 양수가 된다는 것을 기억하라.
단계 5: s에 대한 공식에서 SS와 $N-1$에 숫자를 대입한다.
단계 6: s 계산을 완성한다.

① Y	② Y^2
32	1,024
71	5,041
64	4,096
50	2,500
48	2,304
63	3,969
38	1,444
41	1,681
47	2,209
52	2,704
③ $\sum Y = 506$	$\sum Y^2 = 26{,}972$

SS_Y의 계산:

$$④ \quad SS_Y = \sum (Y - \overline{Y})^2 = \sum Y^2 - \frac{(\sum Y)^2}{N}$$

$$= 26{,}972 - \frac{(506)^2}{10}$$

$$= 26{,}972 - 25{,}603.6$$

$$= 1368.4$$

s_Y의 계산:

$$s_Y = \sqrt{\frac{SS_Y}{N-1}}$$

$$⑤ = \sqrt{\frac{1368.4}{9}}$$

$$⑥ = \sqrt{152.04}$$

$$= 12.33$$

5.8 점수 변환과 변산의 측정

점수의 변환이 변산에 미치는 영향은 어떠할까? 12, 13, 15를 생각해 보자. 첫 번째 점수와 두 번째 점수와의 차이는 1점이고 두 번째 점수와 세 번째 점수와의 차는 2이다. 각 점수에 10을 더한다면, 22, 23, 25가 될 것이다. 그 점수들 간의 차는 여전히 그대로이다. 각 점수로부터 5씩 뺀다면 7, 8, 10이 될 것이고, 그래도 그 점수들 간의 차이는 같다. 변산의 측정은 점수들 간의 거리를 나타내는 것이기 때문에 이들은 점수 변환에 영향을 받지 않는다. 각 점수에 일정한 양을 더하거나 빼는 것은 어떤 변산의 통계량에도 영향을 미치지 않는다.

또한 각 점수를 일정한 점수로 곱하거나 나누어서 변환시킬 수도 있다. 예를 들어 12, 13, 15에 2를 곱하면 24, 26, 30이 되는데, 원래 점수의 차이는 1, 2인데 변환된 상태에서는 2, 4로 두 배가 되고 있다. 원래 점수에 10을 곱한다면 이때에는 120, 130, 150이 되어 그 거리는 10, 20이 되며, 만일 그 점수를 10으로 나눈다면, 1.2, 1.3, 1.5가 되어 그 거리는 0.1, 0.2가 되어 원래의 $\frac{1}{10}$이 된다. 그러므로 원래 점수에 일정한 점수를 곱하거나 나누는 것은 변산의 통계량을 똑같은 일정한 양으로 곱하거나 나누는 것과 같다. 여기에서 분산은 제외된다.

5.9 표준점수: Z점수

같은 시험을 보았을 경우 원점수를 이용하여 중간시험을 누가 더 잘 보았는지를 비교할 수 있다. 그러나 역사시험과 화학시험을 누가 더 잘 보았는지에 대해서는 어떻게 비교할 수 있을까? 이는 사과를 오렌지와 비교하는 것과 같다. 예를 들어 영희가 역사시험에서 80점을 받았는데, 수학시험에서는 65점을 받았다. 영희는 어떤 과목을 더 잘 했다고 볼 수 있는가? 먼저, 영희 반의 다른 학생들이 두 시험을 어떻게 보았는지를 알 필요가 있다. 역사시험의 평균은 65점이고 수학시험의 평균은 50점이라고 해보자. 그러면 영희는 두 시험에서 모두 평균보다 15점이나 높다. 그러면 영희는 두 시험에서 모두 동등하게 잘 했다고 할 수 있는가? 알 수 없다. 왜냐하면 역사시험의 15점과 수학시험의 15점이 같은 것인지를 알 수 없기 때문이다. 이러한 문제에 어떻게 대답할 수 있을 것인가? 한 가지 가능한 방법은 백분위를 이용하는 것이다. 또 다른 방법으로는 원점수를 표준점수로 변환하는 것이다.

표준점수인 Z점수(Z Score)는 측정의 단위로 표준편차를 사용하여 그 분포의 평균과 관련하여 한 점수의 위치를 말해 준다. 예를 들어, $\mu = 100$이고, $\sigma = 20$인 분포에서, 120이라는 점수는 그 분포의 평균보다 1 표준편차 위에 있다는 것을 말하며, +1이라는 Z점수로 표현될 수 있다. 비슷하게 60점은 같은 분포에서 Z점수 −2.0으로 표현될 수 있다. 평균보다 2 표준편차 아래에 있기 때문이다. Z점수의 공식은 다음과 같다.

표본에서의 Z점수 공식

$$Z = \frac{(Y - \overline{Y})}{S_Y} \qquad (5.9.1)$$

Z점수는 변환 후에는 측정의 공통단위를 가지기 때문에 어떤 상황에서도 측정의 단위를 다른 점수와 기본적으로 비교할 수 있게 한다. 예를 들어 영희의 역사시험에서 표준편차는 15였고, 수학시험의 표준편차는 단지 7.5라고 가정해 보자. 영희의 80점은 반 평균보다 1.0 표준편차 높기 때문에 Z점수는 $\left(\dfrac{80 - 65}{15}\right)$로 +1.0이다. 수학시험 점수는 평균보다 표준편차가 2.0 높기 때문에 Z점수$\left(\dfrac{65 - 50}{7.5}\right)$로 +2.0이다. 그러므로 영희는 수학시험을 역사시험보다 잘 보았다고 할 수 있다.

Z점수는 통계분석 연구에서 매우 중요하다. Z점수에 대한 언어적 정의는 "원점수가 그 분포의 평균으로부터 몇 표준편차 위 또는 아래에 놓여 있는가"라고 진술된다.

Z점수의 세 가지 중요한 성질은 다음과 같다.

1. Z점수로 변환한 점수 분포의 평균은 항상 '0'이다($\mu_Z = 0$).
   원점수의 평균은 평균으로부터의 표준편차가 없는 점수이므로, $\mu_z = 0$으로 표현된다.
2. Z점수로 표현된 점수분포의 표준편차는 항상 '1'이다($\sigma_Z = 1$).
   Z점수를 계산하는 데 있어 원점수의 표준편차는 측정의 단위이다. 그러므로 Z점수의 표준편차는 1이다.
3. 원점수를 Z점수로 변환하면 평균은 '0' 표준편차는'1'로 변하게 된다. 그러나 그 분포의 형태는 변하지 않는다.
   (그 이유는 각 원점수에서 평균을 빼고 다시 표준편차로 나누기 때문이다).

분포의 형태는 점수 간 거리 중에 존재하는 비율적인 관계를 의미한다. 예를 들어 다음의 점수를 생각해 보자.

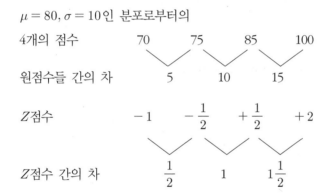

원점수와 Z점수에 나타난 상호점수 거리의 관계를 주목하라. 원점수 간의 차의 비율의 크기인 $5:10:15$는 Z점수 간의 차의 비율과 같다$\left(\frac{1}{2}:1:1\frac{1}{2}\right)$. 그러므로 원점수 분포가 오른쪽으로 편포되어 있고, 가장 높은 점수가 가장 낮은 점수보다 평균으로부터의 거리의 2배라면, Z점수도 여전히 오른쪽으로 치우쳐 있으며, 맨 위 Z점수의 절대값도 제일 아래 Z점수의 2배가 될 것이다.

한 점수가 평균으로부터 '1' 표준편차 떨어져 있다는 것과 평균으로부터의 거리가 2 표준편차 떨어져 있다는 것은 무엇을 의미하는 걸까? 분포는 형태와는 다르다. 어떤 정규분포에서든지 구간(interval)

$\mu \pm 1\sigma$는 점수의 68%를 포함한다.

$\mu \pm 2\sigma$는 점수의 95%를 포함한다.

$\mu \pm 3\sigma$는 점수의 99.7%를 포함한다.

이러한 관계를 그림 5.10.1에 나타내었다. 그림 5.10.1은 구간이 $\mu \pm 1Q$를 보여준다. 이것은 정규분포에서 점수의 50%를 포함하고 있다. Q의 값은 σ값보다 적다.

[그림 5.10.1] 정규분포의 일정한 한계 내에 포함된 사례의 상대도수

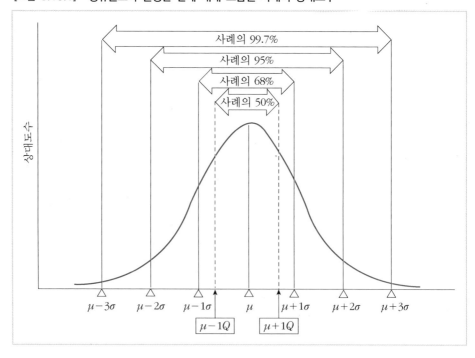

정규분포에서는 $Q = .6745\sigma$이다.

그림 5.10.1은 점수가 극단이면 극단일수록 정규분포에 존재할 가능성이 거의 없음을 보여주고 있다. 결과적으로 정규분포에서 무선으로 제한된 점수를 표집한다면, 극단값을 뽑을 확률은 낮을 것이다.

5.11 두 분포에서의 평균의 비교

신입생 여자와 남자의 평균 점수 차이가 10점이라고 하면, 이것은 큰 차이인가? 만일 200에서 800 사이의 점수라면, 그 차이는 매우 작은 것이나, 0과 4.0 사이의 평균 성적이라면, .5라 하더라도 큰 차이가 될 것이다. 그러므로 수의 차는 그것을 판단할 적절한 틀이 없이는 어떤 의미도 가질 수 없다. 차를 표준편차 차에 비교함으로써 틀을 제공할 수 있다. 예를 들어 SAT의 표준편차가 100이고, 대학 평량 평균의 표준편차가 .4일 때, 점수간의 차를 표준편차로 표현한다면, SAT 경우는 10/100 즉 1/10 표준편차이고, 대학 평량 평균 성적은 .5/.4 즉 1.25 표준편차가 된다. 따라서 두 분포의 평균을 비교하게 될 때에는 평균의 차이를 각 평균의 표준편차와 관련하여 생각하는 습관을 갖는 것이 좋다.

변산의 통계량과 집중경향의 통계량에 대한 모든 측정값은 공통적인 성질을 가지고 있다. 즉 항상 피트, 파운드, 인치, 점수와 같은 특별한 측정 단위로 표현된다는 것이다. 두 분포에서 같은 측정 단위를 사용하고 있지 않는 한, 두 분포는 비교할 수 없다. 한 분포의 측정 단위는 피트이고 다른 한 분포의 측정 단위는 인치인 경우, 이 둘을 직접 비교하려고 하면 안된다. 두 정신능력검사에 대한 평균 점수, 범위, 분산을 직접 비교할 수는 없다. 또한 두 검사의 이름이 같다고 해서 두 점수를 비교할 수 없다. 예를 들어, 언어적성점수와 공간적성점수를 비교할 수 없다.

분포를 적절히 기술하기 위해서는 집중경향의 통계량이나 분포의 모양뿐만 아니라 변산의 통계량도 제공해야 한다. 변산의 통계량은 한 분포에서 점수들이 어떻게 흩어져 있는지 또는 밀집해 있는지를 양적으로 표현한 요약 형태이다. 이 장에서는 범위, 준사분위범위, 분산, 표준편차를 살펴보았다.

범위는 분포에서 가장 높은 점수와 가장 낮은 점수와의 거리로, 초보적인 연구 단계에서 구하거나 이용하기가 쉽다. 그러나 기술적인 측정값으로서는 중간 점수의 위치에 민감하지 못하다는 단점을 가지고 있다. 추리 통계학에서는 표본의 크기와 변동에 내성이 낮다는 이유로 거의 사용되지 않는다.

준사분위범위는 제1사분위수(Q_{25})와 제3사분위수(Q_{75}) 사이의 거리의 $\frac{1}{2}$이다. 그래서 그 계산과 성질에 있어 중앙값(P_{50})과 관련이 있다. 이것은 바깥쪽의 사분위수 위 또는 아래에 놓여 있는 점수의 정확한 위치가 아니라 점수의 수(크기)에 반응한다. 그러므로 준사분위 범위는 특별히 개방형 분포에 유용하다. 그러나 표준편차만큼 표집의 변동에 안정적이지 못하며, 추리통계학에서는 거의 사용하지 않고 있다.

분산은 그 분포의 평균으로부터의 편차점수를 제곱한 평균이다. 그 분포에서 각 점수의 위치(position)에 반응하나, 제곱 단위로 표현된 수량이기 때문에 기술 통계학에서 거의 사용하고 있지 않다. 그러나 표집의 변이에 안정적이기 때문에 추리 통계학에서는 매우 중요하다.

표준편차는 분산의 제곱근이므로, 분산의 성질을 다 가지고 있다. 원점수의 단위로 표현되기 때문에 기술통계에서 변산의 통계량으로서 널리 사용되고 있다. 고급 통계과정에서 널리 이용되고 있으며, 추리통계학에서도 매우 유용하다. 표준편차를 이해하기 위해서는 정규곡선과의 관계를 살펴보아야 한다. 또한 두 분포의 평균의 비교는 표준편차의 개념으로 차이를 표현함으로써 매우 의미 있게 된다.

또한 점수를 표준점수로 변환함으로써 측정의 단위가 다른 여러 변수를 비교할 수 있다. 표준점수 또는 Z점수는 원점수가 그 분포의 평균으로부터 얼마나 멀리 떨어져 있는가를 측정의 단위로서 표준편차를 사용하여 진술하고 있다. 즉 $Z = \dfrac{(Y - \overline{Y})}{S_Y}$.

원점수를 Z점수로 변환한다고 해서 분포의 형태를 바꾸지는 못한다. 표준편차가 변산의 통계량으로서 널리 이용되고는 있지만, 다른 통계량이 더 유용한 상황이 있다. 각 통계량의 성질과 상황에 따라 하나를 선택하여야 한다. 또한 변산의 통계량이 요구되는 상황에서는 집중경향의 통계량과 관련하여 사용하도록 유도하고 있다. 표 5.6.1은 도수분포를 설명하는 데 널리 사용하고 있는 세 가지 변산의 특징을 요약하고 있다.

 SPSS 실습 5.1 변산의 통계량(표 3.1.1 자료)

1. 분석 창 ①: 변수 score 로 입력

	score	변수	변수
1	84		
2	80		
3	68		
4	87		
5	86		
6	70		
7	79		
8	90		
9	67		
10	80		
11	82		
12	62		
13	87		
14	85		
15	86		
16	86		
17	61		
18	86		
19	91		
20	78		
21	72		
22	96		
23	89		

'분석(A)' → '기술통계량(E)' → '빈도분석(F)' 클릭

2. 분석 창 ②

'score' → '변수(V)' 상자로 옮김.

3. 분석 창 ③

'통계량(S)' 클릭

4. 분석 창 ④

'사분위수(Q)', '표준화 편차'(표준편차), '분산(V)', '최소값(I)', '최대값(X)', '범위(N)' 등 필요한 변산의 통계량에 ☑

5. 분석 창 ⑤

'계속(C)', '확인' 클릭

6. 결과물

통계량

score

N	유효	50
	결측	0
표준편차		7.933
분산		62.932
범위		35
최소값		61
최대값		96
백분위수	25	74.50
	50	81.00
	75	86.00

사분위수: 25, 50, 75 백분위수임.

 SPSS 실습 5.2 　　Z점수 산출(표 3.2.1 자료)

1. 분석 창 ①

'분석(A)' → '기술통계량(E)' → '기술통계(D)' 클릭

2. 분석 창 ②

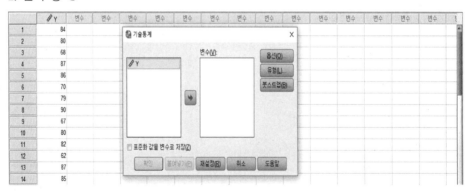

'Y' → '변수(V)' 상자로 옮김, '표준화 값을 변수로 저장(Z)' ☑에 체크

3. 분석 창 ③

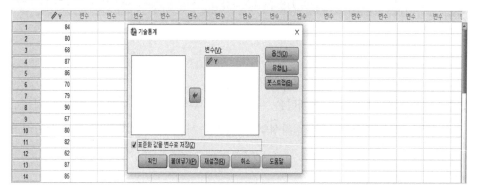

　　'확인' 클릭. 결과물이 산출되지만 3장에서 다룬 내용이므로 삭제하면, 원점수와 산출된 Z점수가 나타난다.

4. 결과물(원점수와 대응하는 표준화 Z점수)

	Y	ZY	변수	변수	변수	변수	변수	변수	변수	변수	변수	변수	변수	변수	변수
1	84	.51431													
2	80	.01008													
3	68	-1.50259													
4	87	.89248													
5	86	.76642													
6	70	-1.25048													
7	79	-.11597													
8	90	1.27064													
9	67	-1.62864													
10	80	.01008													

　　결과물의 일부임.

5.1 변산(variability)의 통계량은 운동선수의 수행 결과에 대한 일치성의 지표로서 또는 측정 장치의 정확성의 지표로서 사용될 수 있다고 한다. 이를 설명하라.

5.2 역사과목의 중간시험 점수인 표 3.1.2에서 다음을 구하라.
(1) 범위   (2) 준사분위범위

5.3 통계학 과정의 중간 시험에서 연수는 편차점수가 +5, 승실의 편차점수는 −1.2, 혜숙의 편차점수는 0이었다.
(1) 세 명의 학생 중 누가 사상 좋은 성적이며, 누가 가장 좋지 않은가?
(2) 평균과 관련하여 각각의 점수는 그 분포의 어디에 있게 되는가?

5.4 문제 5.3의 통계학 시험에서, 반의 평균은 80점이었다. 연우, 승실과 혜숙의 원점수는 각각 얼마인가?

5.5 어떤 분포가 5개의 점수로 구성되어 있다. 그 점수 중 4개는 평균으로부터 +5, +2, +1, −8의 편차점수를 가지고 있다. 5번째 점수의 편차는 얼마인가?

5.6 문제 5.5에서 인용한 분포의 평균은 '10'이다. 원점수는 얼마인가?

5.7 그림 4.3.1에 주어진 9개의 점수에 대해, (1) 분산과 (2) 표준편차를 구하라. 편차점수 방법을 이용하라.

5.8 원점수 방법을 이용하여, 문제 5.7에서 주어진 9개의 점수에 대해 분산과 표준편차를 계산하라.

5.9 분포 Y는 5.1, 8.7, 3.5, 5.4, 7.9로 구성되어 있다.
   (1) '범위'를 구하라. 원점수 방법을 이용하고 계산에서 항상 소수 첫째 자리까지 이용하라.
   (2) 분산을 구하라.   (3) 표준편차를 구하라.
   편차점수 방법을 사용하여,
   (4) 분산을 구하라.
   (5) 표준편차를 구하라.
   (6) 원점수 방법과 편차점수 방법 중 어떤 방법이 더 쉬운가?

5.10 그림 4.3.1의 각 점수가 만일 쥐의 꼬리에 대한 길이(inch)라면, (1) 분산과 (2) 표준편차의 측정 단위는 무엇인가?

5.11 중학교 3학년 과학선생님은 담임 반을 대상으로 전국학력평가를 실시하였다. 그 반의 평균은 90이고 표준편차가 8이다. 중학교 3학년의 전국 평균은 75이고 표준편차는 14이다.
   (1) 반 학생들을 전국의 학생들과 어떻게 비교할 수 있는가?
   (2) 이 자료는 반 학생들에게 과학을 가르치는 데 있어 어떤 제안을 하고 있는가?

5.12 분포 X는 15, 14, 11, 11, 9, 6으로 구성되어 있다. 편차점수의 방법을 이용하여, (1) 분산과 (2) 표준편차를 구하라. 분포 Y는 17, 16, 13, 13, 11, 8로 구성되어 있다. 이에 대해 편차점수 방법을 이용하여, (3) 분산과 (4) 표준편차를 구하라. X와 Y는 같은 변산을 가지고 있다. (5) 두 분포에서의 분산이 왜 같은가? (6) 두 분포에서 왜 표준편차가 같은가?

5.13 7개의 점수 2, 5, 7, 8, 9, 11, 14가 있다.

(1) s와   (2) Q를 구하라.

마지막에 24를 추가하고{$N=8$},

(3) s와   (4) Q를 구하라.

(5) s가 몇 퍼센트 증가하였는가?

(6) Q가 몇 퍼센트 증가하였는가?

(7) (5)와 (6)의 답을 비교하여, 어떤 결론을 내릴 수 있는지 설명하라.

5.14 4개의 점수 2, 3, 5, 10이 있다.

(1) 평균으로부터의 편차를 구하여, SS를 계산하라.

(2) 4로부터의 편차를 구하여, SS를 다시 계산하라.

(3) 6으로부터의 편차를 구하여, SS를 다시 계산하라.

(4) 여기에서 어떤 결론을 내릴 수 있는가?

5.15 소비자 단체는 7개의 타이어 브랜드를 평가하였다. 각 타이어 개별적으로 운전 습관과 도로 상태에 따른 타이어 표면의 상태에 대해 실험실에서 검증하였다. 지면에 닿는 타이어의 부분이 2/16인치 정도가 남을 때까지 경과한 마일수를 다음과 같이 기록하였다. 그 결과는 45,000; 80,000; 70,000; 65,000; 60,000; 60,000; 50,000과 같았다.

(1) 범위를 구하라.

(2) 표준편차를 구하라.

5.16 어떤 점수들의 표준편차는 20이다. 다음의 각 경우에 있어 표준편차는 어떻게 되겠는가?

(1) 각 점수에 15점씩을 더한 경우

(2) 각 점수를 5로 나눈 경우

(3) 각 점수에서 10점을 빼고, 그 결과를 2로 나눈 경우

(4) 각 점수에 5를 곱하고, 그 결과에 20을 더한 경우

5.17 웩슬러 지능 척도는 평균이 100이고 표준편차는 15이다. 다음의 지능점수에 대해 z점수를 구하라.

(1) 115　　(2) 130　　(3) 70　　(4) 100　　(5) 80

(6) 95　　(7) 108　　(8) 87　　(9) 122

5.18 웩슬러 지능검사에서, 다음의 z점수와 같은 실제 IQ를 구하라.

(1) −.60　　(2) +1.40　　(3) +2.20　　(4) −1.80　　(5) .00

(6) −2.40　　(7) +.20　　(8) +4.40

5.19 수지와 영수는 마지막 시험을 누가 더 잘 보았는지 이야기하고 있다. 수지는 심리학 마지막 시험(평균 74, 표준편차 12)에서 88점을 얻었고, 영수는 생물학 시험(평균 76, 표준편차 4)에서 82점을 얻었다. 모든 신입생은 두 과목을 모두 수강하도록 요구받고 있다. 누가 더 잘했는가? 설명하라.

5.20 최근에 GRE를 본 학생들의, 수리능력검사의 평균은 535점이고, 표준편차는 135점이었다. 그 분포의 형태는 대략 정규분포이었다.

(1) 그 분포에서 중간 $\frac{2}{3}$에 해당하는 부분은 대략 어떤 점수 사이에 있는가?

(2) 265점과 800점 사이의 점수를 받은 학생들은 최대 몇 퍼센트나 되는가?

5.21 연습문제 3.16의 자료에 대해서 컴퓨터를 이용하여 범위, 평균과 표준편차, 사분위수 그리고 각 점수에 대한 Z점수를 산출하는 컴퓨터 프로그램을 작성하고 그 결과를 제시하라.

제6장 상관의 통계량

6.1 개 요

지금까지는 하나의 변수에 대한 측정값만을 다루었다. 그러나 사회과학에서 대부분의 연구문제는 하나의 변수만을 다루기보다는 오히려 둘 이상의 변수 간의 관계를 다루게 된다. 즉 X와 Y는 관계가 있는가? 지능과 학업성취도는 어느 정도의 관계가 있는가? 가정환경과 인성과는 어떤 관계가 있는가? 하는 것들이다. 이와 같은 문제는 두 변수의 관계를 기술하고 설명하려는 것들이다. 따라서 여기에서 취급하는 자료는 한 쌍의 측정값으로 구성된 이변량 자료(bivariate data)이다.

상관(correlation)은 두 변수의 관계를 설명하기 위해서, 두 변수가 동시에 변하는 정도를 기술하는 것이다. 또한 상관과 밀접한 관련이 있는 예측(prediction)은 한 변수로부터 다른 변수를 추정하는 것이다. IQ와 학업성적의 관계에 관한 연구는 두 변수의 상관을 나타내는 통계량을 구하여 설명할 수도 있고, IQ로부터 학업성적을 예측하는 데 그 목적을 둘 수도 있다.

여러 가지 상관의 통계량이 있는데 그 중에서 가장 널리 사용되는 통계량은 Pearson의 적률상관계수(product-moment correlation coefficient)이다. 이 통계량은 두 변수가 등간척도 수준 이상인 경우에만 사용할 수 있다. 서열척도와 명명척도인 경우에는 상관의 정도를 나타내는 여러 가지 통계량이 사용된다.

두 변수, X와 Y의 짝을 구성하는 측정값은 X변수를 수평축, Y변수를 수직축으로 하는 직교좌표 위에 그 관계를 그래프로 나타낼 수 있다. 이 때 각 짝의 점수는 그래프 위에 하나의 점을 갖는다. 그림 6.2.1부터 그림 6.2.5까지는 X와 Y의 점수를 그래프로 나타낸 것이다.

그림 6.2.1은 여섯 짝의 점수가 완전한 양의 상관을 갖고 있음을 나타낸 그래프이다. 각 짝의 점수가 직선상에 위치할 때, X와 Y는 완전한 상관(perfect correlation)을 갖는다고 한다. 또한 X점수가 증가함에 따라 Y점수도 증가하고 X점수가 감소함에 따라 Y점수도 감소하는 경향을 나타낼 때 X와 Y는 양의 상관(positive correlation)을 갖는다. 그림 6.2.1에서와 같이 X와 Y가 완전한 양의 상관(perfect positive correlation)을 가질 때, 그 관계는 다음과 같은 직선방정식으로 나타낼 수 있다.

$$Y = a + bX, \ b > 0$$

[그림 6.2.1] 완전한 양의 상관

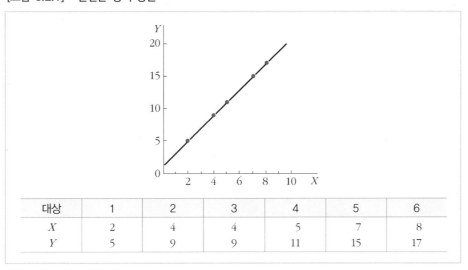

대상	1	2	3	4	5	6
X	2	4	4	5	7	8
Y	5	9	9	11	15	17

이 방정식에서 b는 직선의 기울기이며, a는 직선의 절편으로 $X=0$일 때 Y의 값에 해당한다.

그림 6.2.2는 여섯 짝의 점수가 완전한 음의 상관을 갖고 있음을 보여주는 그래프이다. X점수가 증가함에 따라 Y점수는 감소하고, X점수가 감소함에 따라 Y점수는 증가하는 경향을 나타낼 때 X와 Y는 음의 상관(negative correlation)을 갖는다. 그림 6.2.2는 앞의 그림 6.2.1과 같이, 각 짝의 점수는 직선 상에 위치하고 있으나 그 직선의 기울기가 반대로 기울어져 있다. X와 Y가 완전한 음의 상관(perfect negative correlation)을 가질 때 그 관계는 다음의 직선 방정식으로 나타낼 수 있다.

$$Y = a + bX,\ b < 0$$

그림 6.2.3은 열 짝의 점수가 직선 위에 위치하고 있지 않기 때문에 완전하다고 할 수 없으나, X점수가 증가하면 Y점수가 증가하고, X점수가 감소하면 Y점수가 감소하는 경향을 나타내므로 X와 Y는 양의 상관을 갖는다. 그림 6.2.4는 열 짝의 점수가 완전하지는 않으나 음의 상관을 나타냄을 보여 주고 있다. 즉 열 짝의 점수가 직선 위에 위치하고 있지 않으므로 X와 Y는 완전한 상관을 갖지는 않는다. 그

[그림 6.2.2] 완전한 음의 상관

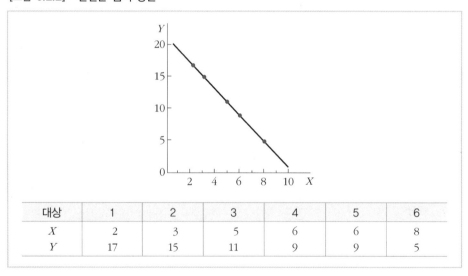

대상	1	2	3	4	5	6
X	2	3	5	6	6	8
Y	17	15	11	9	9	5

[그림 6.2.3] 양의 상관

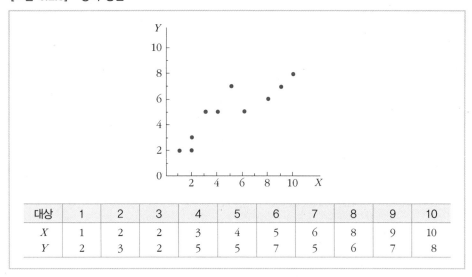

대상	1	2	3	4	5	6	7	8	9	10
X	1	2	2	3	4	5	6	8	9	10
Y	2	3	2	5	5	7	5	6	7	8

[그림 6.2.4] 음의 상관

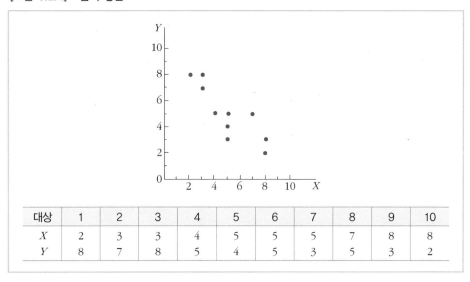

대상	1	2	3	4	5	6	7	8	9	10
X	2	3	3	4	5	5	5	7	8	8
Y	8	7	8	5	4	5	3	5	3	2

그림 6.2.5는 두 변수, X와 Y가 뚜렷한 상관을 갖고 있지 않은 경우를 보여주고 있다. Pearson의 적률상관의 기초가 되는 가정의 하나는, 두 변수가 직선관계를

갖는다는 것이다. 이 가정은 양의 상관이나 음의 상관에 관계없이, X와 Y가 완전한 상관을 갖게 되면, 그림 6.2.1과 그림 6.2.2에서와 같이 그래프 위의 점들은 모두 직선 위에 위치하게 됨을 의미한다. 한편 X와 Y의 상관이 완전하지 않을 때는 그림 6.2.3과 그림 6.2.4에서와 같이 그래프를 이루고 있는 점들은 직선으로부터 떨어져 있게 된다. 그래프 상의 점들이 이루고 있는 분포의 형태가 직선에 가까울수록 두 변수의 상관의 정도는 높아진다. 직교 좌표 위에 X와 Y의 관계를 나타내는 점들이 구성하는 그래프를 산점도(또는 산포도: scatter diagram, 또는 scatter plot)라고 한다. 히스토그램과 도수다각형이 하나의 변수가 변하는 모양을 그래프로 나타내는 것과 같이 산점도는 두 변수가 동시에 변하는 모양을 그래프로 나타낸 것이다.

[그림 6.2.5] 상관이 없는 두 변수

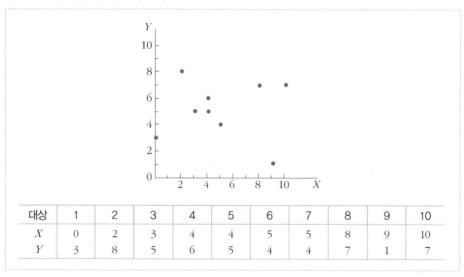

대상	1	2	3	4	5	6	7	8	9	10
X	0	2	3	4	4	5	5	8	9	10
Y	3	8	5	6	5	4	4	7	1	7

6.3 공분산과 Pearson 상관계수

표 6.3.1은 산점도로 나타낸 그림 6.2.3 자료로부터 Pearson의 상관계수를 구하

기 위한 자료이다. Pearson의 상관계수는 공분산(covariance, S_{XY}, $Cov(XY)$)이라는 통계량을 먼저 구한 후에 구하면 편리하다. 공분산은 두 변수가 동시에 변하는 정도를 나타내는 상관의 통계량이다. 공분산을 정의하는 공식은 식 6.3.1과 같다.

$$S_{XY} = \frac{\sum (X - \overline{X})(Y - \overline{Y})}{N - 1} \tag{6.3.1}$$

공분산은 정의하는 공식으로부터 알 수 있는 바와 같이 상관의 방향만을 나타내며 크기는 의미가 없다. X와 Y를 측정하는 단위에 따라 크기는 달라질 수 있으며 그 크기는 상관의 크기를 나타내지는 않는다. 공분산이 양의 값을 가지면 $(S_{XY} > 0)$, 그림 6.2.1과 그림 6.2.3과 같이 두 변수는 양의 상관을 갖는다. 반면에, 공분산이 음의 값을 가지면 $(S_{XY} < 0)$, 그림 6.2.2와 그림 6.2.4와 같이 두 변수는 음의 상관을 갖는다. 또는 공분산이 0이면 $(S_{XY} = 0)$, 그림 6.2.5와 같이 두 변수는 상관을 갖지 않는다.

〈표 6.3.1〉 공분산과 상관계수를 구하기 위한 자료

대상	X	Y
1	1	2
2	2	3
3	2	2
4	3	5
5	4	5
6	5	7
7	6	5
8	8	6
9	9	7
10	10	8
	$\sum X = 50$	$\sum Y = 50$
	$\sum X^2 = 340$	$\sum Y^2 = 290$
	$\overline{X} = 5$	$\overline{Y} = 5$
	$s_X = 3.162$	$s_Y = 2.108$
$N = 10$		$\sum XY = 303$

식 6.3.1로부터 공분산을 계산하기에 편리한 식 6.3.2를 유도할 수 있다.

$$S_{XY} = \frac{\sum XY - \dfrac{\sum X \sum Y}{N}}{N-1} \tag{6.3.2}$$

표 6.3.1 자료로부터 구한 공분산은,

$$S_{XY} = \frac{303 - \dfrac{(50)(50)}{10}}{9} = \frac{303 - 250}{9} = 5.889$$

Pearson의 상관계수는 식 6.3.3으로 정의된다. 상관계수는 공분산을 두 변수의 표준편차의 곱으로 나누어 준 값과 같다.

$$r = \frac{S_{XY}}{S_X S_Y} \tag{6.3.3}$$

표 6.3.1 자료로부터 X와 Y의 상관계수는

$$r = \frac{S_{XY}}{S_X S_Y} = \frac{5.889}{(3.162)(2.108)} = .884$$

S_{XY}의 최대값은 $\pm S_X S_Y$이다. 따라서 Pearson의 상관계수의 한계값은 ± 1.00 이다.

식 6.3.3으로부터 r을 계산하기 편리한 공식 6.3.4를 유도할 수 있다.

$$r = \frac{N\sum XY - (\sum X)(\sum Y)}{\sqrt{[N\sum X^2 - (\sum X)^2][N\sum Y^2 - (\sum Y)^2]}} \tag{6.3.4}$$

Pearson의 상관계수는 대수적으로 동일한 여러 가지 공식으로 나타낼 수 있다. 그 중의 하나는 식 6.3.5이다.

$$r = \frac{SP_{XY}}{\sqrt{SS_X SS_Y}}$$

(6.3.5)

이 식에서 SP_{XY}는 X의 편차와 Y의 편차의 곱의 합(sum of product)이다. 즉 $SP_{XY} = \sum (X - \overline{X})(Y - \overline{Y}) = \sum XY - \frac{(\sum X)(\sum Y)}{N}$ 이다.

지금까지 설명한 상관계수 r은 다음과 같은 수리적 연산규칙을 갖는다.

규칙 1 X나 Y의 모든 원점수에 상수 C를 더하거나 빼도 상관계수 r은 변하지 않는다.

$$r_{(X \pm C)Y} = r_{X(Y \pm C)} = r_{(X \pm C)(Y \pm C)} = r_{XY}$$

규칙 2 X나 Y의 모든 원점수에 상수 C를 곱하거나 나누어도 상관계수 r은 변하지 않는다.

$$r_{(CX)Y} = r_{X(CY)} = r_{(CX)(CY)} = r_{XY}$$

6.4 상관과 인과관계

두 변수 X와 Y 사이에 상관이 있다는 것은 반드시 그들 사이에 직접 인과관계(causal relation)가 있음을 의미하지는 않는다. 두 변수 X와 Y가 상관이 있고, 적어도 X가 부분적으로 Y의 원인이 되거나, 또는 적어도 Y가 부분적으로 X의 원인이 될 때, X와 Y는 인과관계가 있다고 한다. 일반적으로 변수 X가 변수 Y의 원인이 되고, 변수 Y가 변수 X의 결과가 되는 인과관계가 존재하기 위해서는 다음 세 가지 조건을 만족하여야 한다.

① 변수 X가 변수 Y보다 시간적으로 먼저 존재하여야 한다.
② 두 변수 X와 Y는 공변량(covariates)이어야 한다. 즉 상관이 있어야 한다.
③ 두 변수 X와 Y에 다 같이 원인이 되는 허구변수(spurious variable)가 없어야 한다. 즉 허구변수를 통제하여도, 변수 X와 Y 사이의 상관은 존재하여

야 한다.

따라서 변수 X와 Y 사이에 상관이 있다는 것은 인과관계의 필요조건이다. 변수 X와 Y가 인과관계를 갖기 위해서는 X와 Y 사이에는 상관이 있어야 한다. 그러나 변수 X가 변하면, 변수 Y도 변한다고 해서 변수 X와 Y가 반드시 인과관계를 갖는 것은 아니다. 상관은 인과관계의 충분조건은 아니다. 강우량과 농작물의 수확고 또는 동물실험에서 먹이의 섭취량과 몸무게 사이의 상관은 인과관계라고 볼 수 있다. 물론 이와 같은 인과관계를 확인하기 위해서는, 두 변수에 영향을 미칠 것이라고 가정하는 허구변수나 연구와 무관한 외재변수(또는 가외변수: extraneous variables)를 통제할 수 있는 실험연구에 의해서만 가능하다. 그러나 사회과학에서 두 변수 사이에 상관을 인과관계라고 해석할 수 있는 경우는 극히 드물다.

허구변수 Z가 변수 X와 Y에 다 같이 영향을 미치기 때문에 X와 Y 사이에 상관을 갖게 되는 경우가 대부분이다. 예를 들어 연령이 다양한 집단을 대상으로, 지능의 측정값과 운동기능의 측정값 사이의 상관계수는 높게 나타나지만, 연령을 통제하게 되면, 상관계수는 거의 영이 된다. 다른 예로서, 학업적성검사 점수와 대학에서의 성적 사이에는 상관이 높은 것으로 나타난다. 그러나 이와 같은 상관은, 두 변수가 직접 인과관계가 있기 때문이라기보다, 두 변수에 직접 인과관계가 되는 개인능력이라고 하는 허구변수에 기인한다고 볼 수 있다.

[그림 6.4.1] 인과관계의 도식적 제시

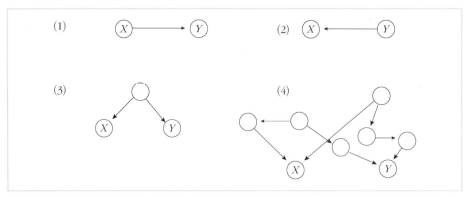

그림 6.4.1은 변수 X와 Y 사이에 상관이 있는 네 가지 경우를 도식으로 설명하고 있다. (1)과 (2)에서 두 변수, X와 Y 사이의 상관은 적어도 부분적으로 직접적인 인과관계가 된다. 그러나 (3)과 (4)에서 변수 X와 Y 사이의 상관은 인과관계가 아니라, 허구변수와 외재변수의 영향 때문에 존재하는 것이다. 상관계수를 올바르게 해석하기 위해서는 허구변수나 외재변수가 존재할 가능성에 주의를 기울여 통제할 수 있는 연구방법을 적용하여야 한다.

6.5 상관계수에 영향을 미치는 요인

표본으로부터 구한 Pearson의 상관계수를 모집단에 일반화시키려면 다음과 같은 가정을 만족하여야 한다.

① 두 변수, X와 Y의 산점도를 가장 적합하게 나타내는 회귀선은 직선이다 (linearity of regression).

② 각 X점수에 대응하는 Y점수의 변산이 동일할 뿐만 아니라, 각 Y점수에 대응하는 X점수의 변산은 동일한 등분산성(homoscedasticity)을 갖는다.

③ 변수 X와 Y는 모두 정규분포를 이룬다.

④ 짝으로 된 X와 Y점수는 무선독립표본이다.

⑤ 변수 X와 Y의 측정값은 적어도 등간척도 수준이다.

수집된 자료를 기술하는 목적으로 상관계수를 산출하였을 경우에는 위의 모든 가정을 만족시킬 필요는 없다. 그러나 다음에 설명하려는 사항들은 기술통계에서도 상관계수에 영향을 미치는 요인들이다.

직선회귀

그림 6.5.1은 두 변수 X와 Y의 분포를 나타내는 산점도이다. 그리고 두 변수의 분포를 하나의 직선으로 대표하는 가장 적합한 직선이, 각 산점도에 그려져 있

다. 이 직선을 회귀선(regression line)이라고 한다. 상관계수 $r = .6$인 (A) 산점도는 회귀선을 중심으로 각 점들이 넓게 산포되어 있다. 반면에 상관계수 $r = .9$인 (B) 산점도는 회귀선을 중심으로 각 점들이 좁게 산포되어 있다. 만약 각 점들이 모두 회귀선상에 위치하게 되면 상관계수는 $r = \pm 1$이 되며, 회귀선으로부터 더 넓게 분포되어 원 모양의 산점도를 그리면 상관계수는 $r = 0$이 된다. 이와 같은 산점도의 원리는 15장에서 설명할 예측문제에서 변수 X로부터 Y를 예측할 때, 상관이 높을수록 더 정확한 예측을 할 수 있다는 것을 의미한다. Pearson 상관계수를 산출하는 공식은, 변수 X와 Y의 분포가 직선 회귀관계에 있다는 것을 가정으로 하여 유도되었다. 그러나 주어진 자료에서 두 변수의 관계는 직선회귀 관계를 나타낼 때도 있고 그렇지 않은 경우도 있다. 만약 두 변수의 산점도에서 회귀선을 직선으로 보기보다는 곡선이 더 적합할 때 Pearson의 상관계수를 산출하면 보다 낮게 나타난다. 그림 6.5.2의 산점도에서 두 변수 X와 Y 사이에는 완전한 대응관계가 있으나 직선회귀 관계로는 적합하지 않다. 이 때 두 변수의 상관도를 Pearson 상관계수로 산출한다면, 두 변수의 상관은 과소 추정된다. 직선회귀 관계가 적합하지 않은 두 변수의 관계는 곡선상관방법(curvilinear correlation method)을 적용하여야 한다. 두 변수 사이의 관계가 직선회귀로 적합한지를 검정하는 통계 방법도 있으나, 가장 간단하게 확인하는 방법은 산점도를 그려보는 것이다.

[그림 6.5.1] 상관계수와 산점도의 관계

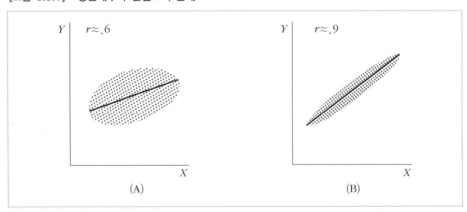

[그림 6.5.2] 곡선상관

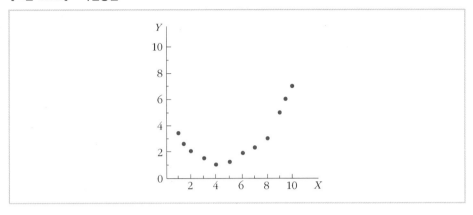

등분산성

그림 6.5.3은 두 변수 X와 Y의 분포를 나타낸 두 개의 산점도이다. (A)의 산점도에는 X의 점수에 관계없이, 대응하는 Y점수가 동일한 범위로 산포되어 있다. 그러나 (B)의 산점도에는 X의 점수가 낮을 때는 대응하는 Y점수는 좁게, X의 점수가 높을 때는 대응하는 Y점수는 넓게 산포되어 있다. 상관계수는 회귀선을 중심으로 산점도의 산포된 정도에 따라 그 값이 정해지기 때문에 (A)의 산점도에서 산출된 상관계수는 X의 모든 점수에 대해서 일반적인 의미를 갖는다. 그러나 (B)의 산점도는 X의 점수에 따라 회귀선을 중심으로 Y의 산포 상태가 동일하지 않기 때문에, 상관계수는 X의 중간점에 해당하는 Y의 산포 상태, 즉 Y 산포의 평균이 기준이 된다. 따라서 X의 점수가 낮은 곳에서의 상관계수는 과소 추정되고 X의 점수가 높은 곳에서의 상관계수는 과대 추정된다. 그러므로 (B)의 산점도에서 산출된 상관계수는 X의 모든 점수에 대해서 일반적인 의미를 갖지 못한다.

그림 6.5.3의 (A)의 산점도와 같이 회귀선을 중심으로 산포의 범위(여기에서는 X의 점수에 대응하는 Y의 변산)가 동일할 때, 두 변수의 분포는 등분산성(homoscedasticity)을 가졌다고 한다. 산출된 상관계수가 일반적인 의미를 갖기 위해서 요구되는 등분산성의 가정은, 산점도를 X점수에 따라 수직으로 자를 때, Y의 변산이 같고, Y점수에 따라 수평으로 자를 때, X의 변산이 같다는 것을 의미한다.

[그림 6.5.3]   X점수와 Y의 변산

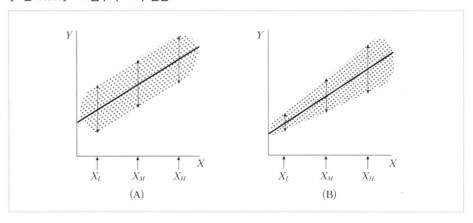

(A)   (B)

등분산성을 검정하는 통계 방법이 있으나 가장 간단한 방법은 산점도를 확인하는 것이다.

비연속적 분포

고등학교 내신점수와 대학 평량 평균 사이의 관계를 연구하는 문제를 생각해 보자. 한 연구자가 교무처에 보관되어 있는 자료를 사용하여 상관계수를 산출하였는데,

[그림 6.5.4]   비연속적 자료의 산점도

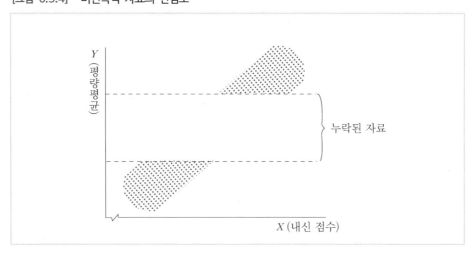

중간에 해당되는 학생들의 자료가 누락되었다. 이러한 경우에 고등학교 내신점수와 평량평균 사이의 관계를 나타내는 산점도는 그림 6.5.4와 비슷하게 될 것이다. 이와 같이 모집단의 전체 구성원을 포함하는 전수조사도 아니고, 모집단을 대표하는 표본 조사도 아닌 불연속적인 자료에서 산출된 상관계수는 실제보다 높게 나타난다.

정규분포

상관계수를 순전히 자료를 요약하거나 기술할 목적으로 산출한 것이라면, 두 변수 X와 Y가 정규분포를 이루어야 한다는 가정을 만족할 필요는 없다. 그러나 변수 X나 Y가 편포되어 있다면 두 변수의 관계는 곡선적일 가능성이 높다. 그러므로 X 나 Y가 대칭분포를 이루지 않는다면, 두 변수의 회귀선이 직선이라고 가정할 수 있는지 산점도를 확인하여야 한다. 표본의 상관계수로부터 모집단의 상관계수를 추정할 때나, 15장에서 설명할, 예측오차의 범위를 결정할 때는, 두 변수 X와 Y는 모두 정규적으로 분포되어 있다는 가정을 만족하여야 한다.

사례수

단지 수집된 자료를 요약하거나 기술하려는 목적으로만 산출된 상관계수는 상수 이다. 그러나 수집된 자료를 요약하거나 기술하려는 것이 아니라, 표본 통계량으로 부터 모집단의 모수를 추정하려는 목적으로 산출된 표본 상관계수 r은, 표본을 추출 하는 데 작용하는 무선요인(random factors)으로 인해서 표본에 따라 그 값이 달라 진다. 즉 표본 상관계수는 변수가 된다. 표본 상관계수로부터, 모상관계수를 추정하 는 문제는 추리통계 부분에서 다루게 될 것이다. 여기에서는 다만 사례수(N), 즉 표 본의 크기와 상관계수의 관계를 살펴보려고 한다.

표본이 크면, 표본 상관계수 r은 표본에 따라 그 값이 크게 변하지 않으며, 모 상관계수 ρ에 가까워진다. 그러나 표본이 작으면 표본상관계수 r은 표본에 따라, 그 값이 크게 변하며, 모상관 계수 ρ에서 멀어진다. 표 6.5.1은 상관계수 $\rho = 0$인 모집 단으로부터 무선으로 표본을 추출하였을 때 표본의 크기에 따라 변화하는 표본 상관 계수 r값의 80%가 포함될 한계(limit)를 나타내고 있다. 이 표에 나타난 바와 같이, 표본이 작으면, 그 한계는 넓어지고, 표본이 크면 그 한계는 좁아진다. 또한 이 표로부터 쉽게 이해할 수 있는 바와 같이, 표본의 크기가 작으면 상관계수의 값은 우연히 높아질 가능성이 높다.

지금까지 상관계수에 영향을 미치는 요인으로 ① 직선회귀분포, ② 등분산성, ③ 비연속적 분포, ④ 정규분포 그리고 ⑤ 사례수에 대하여 설명하였다. 그러나 이 밖에 변수의 변산도와 표본의 이질성 등도 상관계수에 영향을 미치는 중요한 요인이다.

〈표 6.5.1〉 $\rho = 0$일 때 표본의 크기와 r의 80% 한계

표본의 크기	r의 80% 한계
5	$-.69 \sim +.69$
15	$-.35 \sim +.35$
25	$-.26 \sim +.26$
50	$-.18 \sim +.18$
100	$-.13 \sim +.13$
200	$-.09 \sim +.09$

6.6 기타 상관계수

지금까지 설명한 Pearson 상관계수는 두 변수가 연속적이고, 양적인 등간척도이어야 하며, 기초가 되는 가정을 만족할 때만 의미를 갖는다. 그러나 이 절에서는 Pearson의 상관계수를 사용하기에 적합하지 않은 자료를 가지고 산출할 수 있는 기타 여러 가지 상관계수를 소개하고자 한다.

Spearman 상관계수

상관을 구하려고 하는 두 변수 중에서 하나의 변수나 혹은 두 변수 모두가 서열척도인 경우에는 Spearman 상관계수(Spearman correlation coefficient)를 산출하는 것이 적합하다. 또한 점수분포가 극히 이질적이고 등위 이외에는 별다른 의미를 갖지 못할 때도 Spearman 상관계수를 산출한다. 그리고 평균보다는 중앙값을 구하

는 것이 더 적절한 편포된 자료인 경우에 산출하는 상관계수가 Spearman 상관계수이다.

두 변수가 1부터 N까지 등위를 가질 때 Spearman 상관계수 r_s를 구하는 공식은 다음과 같다.

$$r_s = 1 - \frac{6\sum d^2}{N^3 - N}, \qquad i = 1, 2, 3, \cdots, N \tag{6.6.1}$$

여기에서 d_i는 변수의 i번째 점수에 해당되는 두 등위 사이의 차를 나타내며, N은 사례수이다. 두 변수가 등위 1부터 N까지 점수가 주어졌을 때, Spearman r_s는 Pearson r과 대수적으로 동일하다. 즉 등위로 주어진 자료를 가지고 산출한 r과 r_s의 값은 동일하다. 따라서 Pearson r의 변형으로 등의의 차를 사용한다고 하여 등위 차 상관계수라고 부르기도 한다.

표 6.6.1은 Pearson r을 산출한 바 있는 그림 6.2.3의 자료($r = .884$)를 사용하여 Spearman r_s를 산출하는 절차를 예시하고 있다. 먼저 X와 Y점수를 각각 등위로 바꾼다. 이 때 등위가 같은 점수에 대하여는 평균 등위를 부여한다. 그리고 짝진 점수의 등위 차(d_i)의 제곱합($\sum d_i^2$)을 구한 다음, 이를 Spearman r_s 공식에 대입한다.

〈표 6.6.1〉 Spearman 상관계수의 계산

X점수	Y점수	X등위	Y등위	d_1	d_1^2
1	2	1.0	1.5	.5	.25
2	3	2.5	3.0	.5	.25
2	2	2.5	1.5	-1.0	1.00
3	5	4.0	5.0	1.0	1.00
4	5	5.0	5.0	.0	.00
5	7	6.0	8.5	2.5	6.25
6	5	7.0	5.0	-2.0	4.00
8	6	8.0	7.0	-1.0	1.00
9	7	9.0	8.5	$-.5$	.25
10	8	10.0	10.0	.0	.00
				$\sum d_i^2 = 14.00$	

$$r_s = 1 - \frac{6 \sum d_i^2}{N^3 - N} = 1 - \frac{6(14)}{10^3 - 10} = 1 - \frac{84}{1000 - 10}$$

$$= 1 - \frac{84}{990} = 1 - \frac{84}{990} = 1 - .085 = .915$$

같은 자료를 가지고 산출한 r과 r_s의 값이 약간의 차이가 있는 것은, 자료 상에 동일한 등위가 있었기 때문이다. 일반적으로 등간척도 자료에 대해서는 Pearson r을 계산하는 것이 상례이다. 그러나 Spearman r_s는 계산이 간편하고, Pearson r의 근사치가 된다. 또한 Spearman r_s는, 점수가 연속적인 분포를 가져야 하며, 한 변수의 점수 내에서는 동일한 등위를 갖지 않는다는 가정을 만족하여야 하는 비모수적 통계방법이다. 따라서 동일한 등위가 많이 나타난 자료를 가지고 계산된 Spearman r_s는 문제가 된다. 그러나 동일한 등위가 그리 많지 않을 때는 크게 영향을 받지 않는다.

점이연상관계수

점이연상관계수(point biserial correlation coefficient)는 양류상관계수 또는 양분점상관계수라고도 하며 연속적인 변수와 이분변수(dichotomous variable) 사이의 두 변수의 상관 정도를 추정하기 위해 쓰이는 상관계수이다. 이 때 상관계수는 Pearson 상관계수와 같다. 이분변수는 두 유목의 각각에 균일한 분포를 가진 이산변수(discrete variable)라고 가정한다. 입학시험의 결과를 합격과 불합격의 이분변수로 사용한다면 합격한 모든 학생은 입학시험 성적에 관계없이 동일하게 합격이라고 분류하고 불합격한 모든 학생도 동일하게 불합격이라고 분류한다. 점이연상관계수는 교육학이나 심리학에서 문항에의 정답 여부와 검사 총점 사이의 상관계수를 산출하여 문항분석을 하는 데 흔히 사용된다. 이와 같은 분석은 문항의 변별력을 알아보는 것으로, 개별검사 문항이 전 검사와 일관성을 갖고 있는지를 분석하는 것이다.

이분변수에 어떠한 두 수를 부여하여도 상관계수의 값은 변화가 없으나, 일반적으로 1과 0을 부여하여 계산을 용이하게 한다. 점이연상관계수를 계산하는 공식은 다음과 같다.

$$r_{pb} = \frac{\overline{Y_1} - \overline{Y_0}}{s_Y} \sqrt{pq} \qquad\qquad (6.6.2)$$

Y : 연속적 변수

$s_Y = \sqrt{\dfrac{\sum (Y - \overline{Y})^2}{N-1}}$: Y의 표준편차

$\overline{Y_1}$: 이분변수 1에 해당되는 Y의 평균

$\overline{Y_0}$: 이분변수 0에 해당되는 Y의 평균

p : 이분변수 1에 해당되는 사례수의 비율

$q = (1-p)$: 이분변수 0에 해당되는 사례수의 비율

표 6.6.2의 자료를 가지고 Pearson의 상관계수 r과 점이연상관계수를 계산한 결과는 동일하다.

$$r = \frac{N\sum XY - (\sum X)(\sum Y)}{\sqrt{[N\sum X^2 - (\sum X)^2][N\sum Y^2 - (\sum Y)^2]}}$$

$$= \frac{8(14) - (4)(40)}{\sqrt{[8(4) - (4)^2][8(272) - (40)^2]}} = -.50$$

$$r_{pb} = \frac{\overline{Y_1} - \overline{Y_0}}{s_Y} \sqrt{pq}$$

$$= \frac{3.5 - 6.5}{3} \sqrt{(.5)(.5)} = -.50$$

이분변수가 명명척도일 때, 점이연상관계수의 양과 음을 구별하는 것은 의미가 없다. 예를 들어 남자와 여자를 이분변수로 하여 남자에게는 1, 여자에게는 0을 부여했을 때, 연속적인 변수로 취한 학업성적에서 여자의 점수가 남자의 점수보다 높았다면, 음의 상관계수를 갖는다. 이 때에 음의 상관은, 성이라는 변수 X와, 학업성적이라는 변수 Y 사이에는 X가 증가하면 Y가 감소하고, X가 감소하면 Y는 증가하는 관계에 있다는 의미는 아니다.

점이연상관계수는 p와 q의 함수이며, p와 q가 각각 .5일 때, 최소로 -1, 또는 최대로 $+1$의 값을 가질 수 있다. 사례수를 동일하게 양분할 수 없을 때는 1의 상관

계수를 얻을 수 없다.

연속변수(Y)와 이분변수(X)의 상관계수 계산 자료

Y	Y^2	X	X^2	XY
1	1	1	1	1
1	1	1	1	1
2	4	0	0	0
6	36	1	1	6
6	36	1	1	6
7	49	0	0	0
8	64	0	0	0
9	81	0	0	0
40	272	4	4	14

파이 상관계수

파이계수(phi coefficient)는 점이연상관계수와 Pearson 상관계수의 확대형으로 두 변수가 모두 이분변수인 경우에 사용할 수 있는 상관계수이다. 표 6.6.3의 자료로부터 Pearson r을 계산하면 다음과 같다.

$$r = \frac{N\sum XY - (\sum X)(\sum Y)}{\sqrt{[N\sum X^2 - (\sum X)^2][N\sum Y^2 - (\sum Y)^2]}}$$
$$= \frac{10(4) - (5)(6)}{\sqrt{[10(5) - (5)^2][10(6) - (6)^2]}} = .41$$

여기에서 파이계수를 계산하기 위해서는 표 6.6.3의 자료를 표 6.6.4와 같이 a, b, c, d 네 칸의 도수를 나타내는 2×2 이변량도수표(bivariate frequency table)로 재조직하여야 한다. 표 6.6.4의 자료를 가지고 파이계수를 계산하는 공식과 그 계산 결과는 다음과 같다.

$$\phi = \frac{bc - da}{\sqrt{(a+b)(c+d)(a+c)(b+d)}} \qquad (6.6.3)$$
$$= \frac{12 - 2}{\sqrt{(6)(4)(5)(5)}} = \frac{10}{24.5} = .41$$

파이계수를 계산하기 위해서는 점이연상관계수에서 만족되어야 하는 가정이 그대로 적용된다. 파이계수는 사례수를 두 이분변수로 동일하게 분류할 수 있을 때, 즉 $a+b=c+d$일 때, 1 또는 -1의 값을 가질 수 있다.

〈표 6.6.3〉 이변량도수표

X	Y	X^2	Y^2	XY
1	1	1	1	1
1	1	1	1	1
1	1	1	1	1
1	1	1	1	1
1	0	1	0	0
0	1	0	1	0
0	1	0	1	0
0	0	0	0	0
0	0	0	0	0
0	0	0	0	0
$\sum$ 5	6	5	6	4

〈표 6.6.4〉 ϕ계수 계산을 위한 이변량도수표

	$X=0$	$X=1$
$Y=1$	$a=2$	$b=4$
$Y=0$	$c=3$	$d=1$

이연상관계수

이연상관계수(biserial correlation coefficient)는 한 변수는 연속적으로 분포되어 있으나 이분변수로 취급하고, 다른 한 변수는 연속적으로 분포된 두 변수 사이의 관계를 나타내는 통계량이다. 연속적으로 분포된 변수이면서 이분변수로 취급하는 가장 일반적인 예는 합격-불합격으로 구분하는 학업능력을 나타내는 변수이다. 학업능력은 연속적 변수로 볼 수 있는데 합격-불합격은 학업능력을 양분하여 해석한다. 이연상관계수는 이분변수가 정규적으로 분포되어 있다는 가정 하에서 산출될 수 있다. 이 계수는 +1에서 -1까지의 범위를 갖지만, 앞에서 설명한 어느 상관계수와도

직접 관계가 없다.

이연상관계수를 계산하는 공식은 다음과 같다.

$$r_{bi} = \frac{\overline{Y_p} - \overline{Y_q}}{s_Y} \left(\frac{pq}{y} \right) \qquad\qquad (6.6.4)$$

Y: 연속적 변수

$$s_Y = \sqrt{\frac{\sum (Y - \overline{Y})^2}{N-1}}$$

$\overline{Y_p}$: 합격 집단의 평균

$\overline{Y_q}$: 불합격 집단의 평균

p : 합격 집단의 사례수의 비율

q : 불합격 집단의 사례수의 비율$(1-p)$

y : 정규곡선으로 둘러싸인 전면적을 p와 q 두 부분으로 나누는 정규곡선의 수직좌표

위의 공식에서 알 수 있듯이 합격 집단의 Y 평균이 높으면, 이연상관계수는 양의 값을, 낮으면 음의 값을 갖는다. 부록 표 5는 합격자의 비율 p에 대응하는 y와 (pq/y)의 값을 나타내고 있다. 예를 들어, 어느 학과목을 수강 신청한 학생 중 60%가 학기말 시험에서 합격 점수를 받고, 나머지 40%는 낙제 점수를 받았다고 하자. 또한 합격한 학생들의 IQ 평균은 120, 낙제한 학생들의 IQ 평균은 110, 전 집단의 표준편차는 15이었다면, IQ점수와 학과 성적 사이의 이연상관계수는 다음과 같이 계산할 수 있다.

$$r_{bi} = \frac{\overline{Y_p} - \overline{Y_q}}{s_Y} \left(\frac{pq}{y} \right) = \frac{120 - 110}{15} (.621) = .41$$

이연상관계수는 점이연상관계수를 사용할 수 있는 거의 모든 상황에서 사용할 수 있다. 또한 이연상관계수는 연속변수에서 어느 점수를 가진 학생이 다른 특성이나 행동에서 성공할 확률을 결정하는 변별분석(discriminant analysis)과 예측연구(prediction studies)에 많이 사용된다. 그러나 정규분포의 가정을 만족하지 못할 경

우에, 이연상관계수는 1보다 큰 값을 가질 수 있다(McNemar, 1969).

사분상관계수

사분상관계수(tetrachoric correlation coefficient)는 정규적으로 분포된 두 이분변수에 적용될 수 있도록 이연상관계수를 확대한 것이다. 사분상관계수의 계산공식은 복잡하여 실용성이 적으며 부록 표 6의 사분상관계수를 사용하여 그 계수 근사치를 구할 수 있다.

수표로부터 사분상관계수를 구하기 위해서는 표 6.6.4와 같이 2×2 이변량도수표를 작성하여야 한다. 이변량도수표에서 비율 ad/bc와 bc/ad 중 어느 것이나 큰 쪽을 택해서 수표로부터 직접 상관계수의 값을 구한다. ϕ계수를 구한 바 있는 표 6.6.4의 자료를 사용하면 그 비율은 $ad/bc = 2/12$, $bc/ad = 6$이다. 따라서 큰 쪽 비율인 6을 택해 부록 표 6으로부터 사분상관계수 $r_t = .61$을 구할 수 있다.

분할계수

지금까지 설명한 상관계수들은 서열척도 또는 이분변수에 한정된 명명척도 자료로부터 구할 수 있는 상관의 통계량들이다. 그러나 분할계수(contingency coefficient)는 둘 이상의 범주로 분류된 명명척도로 되어 있는 두 변수 사이의 상관도를 나타낸다. 분할계수의 계산공식은 14장에서 범주형 자료에 관한 추리 문제를 설명한 후에 취급하게 될 것이다.

상관비

Pearson r은 두 변수의 관계를 직선으로 나타내는 것이 가장 적합할 때 사용하는 상관계수이다. 만일 두 변수의 관계를 직선으로 나타내는 것이 적합하지 않다면, r은 상관계수를 낮게 추정하게 된다. 두 변수의 관계를 곡선으로 나타내는 것이 적합할 때는 상관비(correlation ratio) η(eta)를 상관의 측정값으로 사용한다.

두 변수의 관계를 직선으로 나타내는 것이 더 적합할 때 상관의 측정치로 η를 사용해서는 안된다. 예를 들어 연령과 운동기능은 곡선적인 관계가 있는 두 변수라고 할 수 있다. 청년기에서 운동기능은 가장 높고, 연령이 아주 낮거나, 높을 때는 운동기능은 낮아진다. 상관비 η의 계산 공식은 분산분석을 설명한 후에 소개될 것이다.

중다상관

중다상관(multiple correlation) R은 둘 이상의 예측변수(predictor variable)와 하나의 준거변수(criterion variable) 사이의 상관의 통계량이다. 예를 들어, 대학 성적과 관계있는 세 변수, 고등학교 성적, 학업적성검사 점수 그리고 대학입학시험 점수로부터 대학의 학업 능력을 예측하는 문제를 생각할 수 있다. 이 때, 세 변수 중 어느 한 변수만을 가지고 대학에서의 학업능력을 예측하는 것보다는 세 변수를 종합하여 예측함으로써 더 정확한 예측값을 구할 수 있다. 중다상관에 대해서는 중다회귀분석과 함께 다루게 될 것이다.

편상관계수

두 변수 X_1과 X_2에 관계가 되는 제3의 변수 X_3를 생각할 수 있다. X_1과 X_2에서 제3변수 X_3의 영향을 제거한 후에 두 변수 X_1과 X_2 사이의 상관을 편상관(partial correlation)이라고 한다. 예를 들어, 연령이 8세부터 13세 사이의 집단을 대상으로 악력과 수학학력 사이의 상관계수를 산출해 보면, 대체로 .75 정도가 될 수 있다. 그러나 악력과 수학학력에서 연령의 영향을 제거하면, 두 변수 사이의 상관은 거의 0으로 떨어지게 된다.

부분상관계수

X_1으로부터 X_2의 영향을 제거한 후의 잔차와 Y와의 상관을 부분상관(part correlation) 또는 준편상관(semi−partial correlation)이라고 한다. 편상관과 부분상관에 대해서는 중다회귀분석에서 자세히 설명될 것이다.

 **SPSS 실습 6.1** Pearson 상관계수, 공분산(표 6.3.1 자료)

1. 자료입력창

	X	Y	변수	변수	변수	변수	변수	변수	변수	변수	변수	변수	변수	변수
1	1	2												
2	2	3												
3	2	2												
4	3	5												
5	4	5												
6	5	7												
7	6	5												
8	8	6												
9	9	7												
10	10	8												
11														

2. 분석 창 ①

'분석(A)' → '상관분석(C)' → '이변량 상관(B)' 클릭

3. 분석 창 ②

'X', 'Y' → '변수(V)' 창으로 옮김.

4. 분석 창 ③

'Pearson'에 ☑ 체크, '옵션(O)' 클릭

5. 분석 창 ④

　　필요한 통계량(평균과 표준편차(M)와 교차곱 편차와 공분산(C))에 ☑ 체크, (대응별 결측값 제외(P): 짝별 삭제로 데이터가 없는 변수만을 제외; 목록별 결측값 제외(L): 사례별 삭제로 결측치가 있는 사례의 모든 변수를 제외), '계속(C)' 클릭, '확인' 클릭

6. 상관계수와 공분산 결과물

기술통계량

	평균	표준편차	N
X	5.00	3.162	10
Y	5.00	2.108	10

상관관계

		X	Y
X	Pearson 상관	1	.883**
	유의확률 (양측)		.001
	제곱합 및 교차곱	90.000	53.000
	공분산	10.000	5.889
	N	10	10
Y	Pearson 상관	.883**	1
	유의확률 (양측)	.001	
	제곱합 및 교차곱	53.000	40.000
	공분산	5.889	4.444
	N	10	10

**. 상관관계가 0.01 수준에서 유의합니다(양측).

7. 산점도 산출창 ①

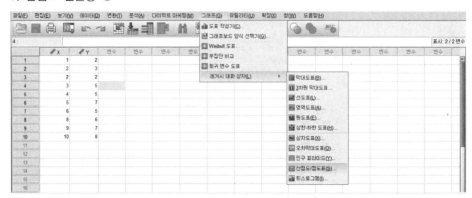

'그래프(G)' → '레거시 대화 상자(L)' → '산점도/점도표(S)' 클릭

8. 산점도 산출창 ②

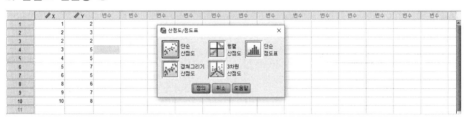

'단순 산점도' 체크, '정의' 클릭

9. 산점도 산출창 ③

    'X'→'X축' 상자로, 'Y'→'Y축' 상자로 옮김, '확인' 클릭

10. 산점도 결과물

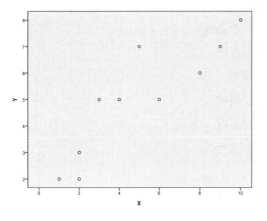

    파이계수와 분할계수는 14장에서, 중다상관/편상관/부분상관은 16장에서 다루고 있다.

6.1 두 검사점수 X와 Y가 다음과 같이 주어졌다.

X	5	10	2	3	1	2	4	8	6	9
Y	9	8	6	7	3	3	6	4	6	8

(1) 산포도를 그려보고 상호 관계를 살펴보라.

(2) ΣX, ΣY, ΣX^2, ΣY^2, $\overline{X}$, $\overline{Y}$를 구하라.

(3) s_X, s_Y, ΣXY를 구하라.

(4) s_{XY}를 구하라.

(5) 식 6.3.3을 이용하여 r을 구하라.

(6) 식 6.3.4를 이용하여 r을 구하라.

6.2 연습문제 6.1에서 주어진, X, Y 점수에

(1) 각각 2를 더한 점수의 r을 구하라.

(2) 각각 2를 뺀 점수의 r을 구하라.

(3) 각각 2를 곱한 점수의 r을 구하라.

(4) 각각 2로 나눈 점수의 r을 구하라.

(5) (1), (2), (3), (4)의 결과를 비교하라.

6.3 다음의 X, Y의 점수를 이용하여 Pearson의 상관계수 r을 구하라.

X	1	4	4	5	5	6	7	8
Y	9	7	8	6	1	6	5	1

6.4 사회과 교사가 학생들을 대상으로 태도에 관한 평정을 하였다. 평정결과는 남, 녀로 구분되어 있으며 평정점수는 다음과 같다. 점수가 높을수록 목표

행동에 근접함을 나타낸다.

남자	4	9	1	2	5	8	9	5	3	4
여자	11	8	6	7	10	8	5	11	6	8

(1) 남자는 '1', 여자는 '0'을 부여한 이변량변수의 짝진 20개의 점수로부터 Pearson의 상관계수를 구하라.

(2) 구해진 상관계수의 부호로부터 무엇을 알 수 있는가?

(3) 성에 의하여 설명되는 태도점수의 분산비율은 얼마인가?

6.5 다음의 짝진 측정값에 대하여 산포도와 상관계수 r을 구하여라.

X: 5, 8, 9, 7, 6, 1

Y: 3, 7, 8, 8, 5, 9

6.6 다음 관계가 성립함을 보여라.

(1) $r = \dfrac{s_{XY}}{s_X s_Y} = \dfrac{N\Sigma XY - (\Sigma X)(\Sigma Y)}{\sqrt{[N\Sigma X^2 - (\Sigma X)^2][N\Sigma Y^2 - (\Sigma Y)^2]}}$

(2) $r = \dfrac{s_{XY}}{s_X s_Y} = \dfrac{SP_{XY}}{\sqrt{XX_X SS_Y}}$

6.7 다음 자료에 대하여 산포도를 그리고 상관계수 r을 구하라.

X	Y	X	Y	X	Y
22	18	19	25	11	17
15	16	7	36	5	6
9	31	6	27	26	45
7	8	46	45	19	30
4	2	11	18	8	18
45	36	27	18	1	3
19	12	19	37	9	7
26	16	36	42	18	28
35	47	25	20	46	21
49	22	10	12	9	25

6.8 다음과 같이 20개의 점수가 주어졌다. 상관계수 r을 구하고 구해진 r에 영향을 준 요인을 산포도를 작성하여 설명하라.

X	Y	X	Y	X	Y	X	Y
79	51	85	42	63	39	89	44
77	47	65	40	87	47	92	38
74	49	86	45	60	37	82	49
58	37	81	45	75	46	90	42
58	40	80	48	89	39	62	42

6.9 2명의 심사위원이 5개의 작품(A, B, C, D, E)에 대하여 다음과 같이 등위를 결정하였다. Spearman의 상관계수 r_s를 구하라.

심사위원 Ⅰ		심사위원 Ⅱ	
1위	A	1위	A
2위	B	2위	D
3위	C	3위	E
4위	D	4위	B
5위	E	5위	C

6.10 연습문제 6.1에서 주어진 X, Y점수를 이용하여 등위를 결정하고 Spearman의 상관계수 r_s를 구하고, 연습문제 6.1에서 구한 r과 비교하라.

6.11 연습문제 6.4에서 주어진 자료를 이용하여 점이연상관계수 r_{pb}를 구하고 연습문제 6.4(1)의 결과 r과 비교하라.

6.12 교육법 개정안에 대하여 22명의 학부모와 10명의 학생이 찬성하였고 8명의 학부모와 16명의 학생이 반대하였다. 학부모와 학생간에 의견의 상관정도를 알기 위하여 2×2분할표를 작성하고 Φ계수를 구하라.

6.13 연습문제 6.4에서 주어진 자료를 이용하여 이연상관계수 r_{bi}를 구하고 점이연상관계수 r_{pb}와 비교하라.

6.14 연습문제 6.12에서 주어진 자료를 이용하여 사분상관계수 r_t 계수를 구하고 연습문제 6.12의 Φ 계수와 비교하라.

제 2 부　추리통계의 기초

제 7 장 확률과 정규분포

7.1 개 요

지금까지 우리들이 공부한 내용은 연구자가 수집한 자료를 요약하고 분류하며, 자료의 분포를 기술하거나, 변수들 사이의 관계를 기술하는 통계적 기법들이었다. 그러나 자연 및 사회현상을 탐구하는 과학자들의 궁극적인 관심은 모집단에서의 자연 및 사회현상의 원리를 밝히는 것이다. 보다 구체적으로 모집단에서 변수의 분포 및 변수들 사이의 관계에 대한 정보를 밝히려고 한다. 따라서 연구자들은 자신의 자료분석 결과에 기초하여 모집단의 특성을 추리하는 적절한 통계적 방법들이 필요하다. 모집단의 특성 또는 모수를 추리하는 데 적절한 통계적 방법들과 절차를 추리통계학이라고 한다. 추리통계학이란 표현은 연구자가 구하는 정보는 모집단에 관한 것이나, 모집단 전체를 직접 조사하기보다는 모집단의 일부인 표본에서 정보를 구하여 모집단 정보를 추리, 해석, 또는 그에 대한 의사결정을 하는 통계적 방법 또는 절차를 의미한다.

연구자가 표본자료의 분석결과에 근거하여 모집단의 정보를 추리할 때, 추리의 합리성 또는 논리적 타당성을 제공하는 근거는 확률(Probability)이라는 수학적 개념에 기초한다. 우리들은 확률에 대한 정확한 정의를 내릴 수 없어도 일상생활에서 확률과 관계되는 표현들을 자주 사용하고 있다. "동전을 던져서 앞면이 나타날 확률은 1/2이다." "김군은 대학입학 시험에 합격할 것이다." "A팀과 B팀의 경기에서 A팀의 승산은 60 : 40이다." 이와 같은 표현은 모두가 확률의 개념과 관련된 표현들이다. 또한 이러한 표현은 모두가 불확실성(uncertainty)이 내포되어 있다. 통계학자들은 모집단의 극히 일부분에 해당하는 표본으로부터 관찰된 결과를 가지고 모집단 전체에 대한 일반화를 시도하기 때문에 불확실성에 당면하게 된다. 따라서 통계적 추리와 의사결정 과정에서 불확실성을 포함한 진술을 위하여 확률적인 진술을 한다. 확률은 불확실성에 대한 수학적 언어라고 할 수 있으며, 넓은 의미에서 통계학은 확률적인 논리라고 할 수 있다.

7.2 변수와 확률분포

이 책의 1장에서 변수란 모집단을 구성하는 모든 개체에 실수값을 부여하는 함수라고 하였다. 즉, 변수는 일정한 규칙에 따라 실수값을 부여한다. 통계학에서 모든 변수는 확률분포를 갖는다. 확률분포는 변수의 특성을 이해하는데 유용하다. 따라서 모집단의 특성에 대한 정보를 추리하기 위해서는 첫째 자료를 수집하고, 둘째 수집된 자료의 변수마다 확률분포를 검토하는 작업이 중요하다. 변수의 유형에는 이산변수와 연속변수가 있는데, 확률분포의 모양과 확률의 계산방법도 다르게 된다.

이산변수의 확률분포

이산변수의 확률분포는 변수의 각 실수값이 관찰될 가능성을 확률로 표현한 것이다. 이산변수는 매우 다양한 실수값을 가질 수 있지만, 흔히 이항변수(binomial variable)와 다항변수(multinomial variable)로 다시 분류된다. 이항변수는 단 두 개의 실수값만 갖는 변수인데, 예를 들면, 동전의 앞면(1)과 뒷면(0), 정답(1)과 오답(0), 남(1)과 여(0), 합격(1)과 불합격(0), 살아 있는 것(1)과 죽은 것(0) 등 두 가지 값만 가능한 변수이다. 다항변수는 여러 개의 실수값을 갖는다. 개인의 국적, 종교, 소속, 학년 등이다.

이항분포를 구체적으로 이해하기 위하여, 포도주 시음실험을 생각하자. 어떤 사람에게 두 가지의 포도주 맛을 보게 하고 어느 포도주가 더 비싼 포도주인지 알아

맞추게 하는 실험을 생각하자. 즉, 시음자의 반응은 정답(1)과 오답(0)의 두 가지 값을 갖는 이항변수이다. 시음자는 자신이 맛을 보는 포도주가 어떤 포도주인지 알지 못하고 있으며, 포도주의 가격을 판단하는 데 시음자가 참고하는 다른 요인이 없다고 가정한다. 즉, 시음자는 포도주에 대하여 아무 것도 모르는 사람이라고 가정하자. 따라서 각 시행에서 정답확률은 $\pi = 0.5$이다. 실험자는 각 포도주 잔을 시음자에게 제시하여 맛을 보게 하는 실험을 $N = 10$회 시행하였다. 이 실험에서 시음자가 답을

〈표 7.2.1〉 확률 $\pi = .50$, $N = 10$의 이항분포

정답수(X)	확률($P(X)$)
0	.001
1	.010
2	.044
3	.117
4	.205
5	.246
6	.205
7	.117
8	.044
9	.010
10	.001
	1.000

[그림 7.2.1] 확률 $\pi = .50$, $N = 10$의 이항분포

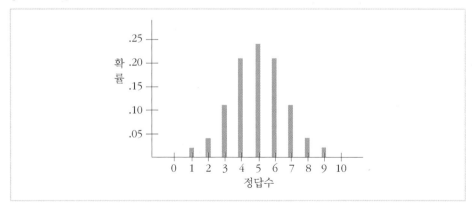

몇 번 맞추는가의 확률을 한 번도 못 맞추는 경우($N = 10$, $X = 0$)에서부터, 모두 맞추는 경우($X = 10$)까지의 모든 사건의 확률을 계산하면 이항분포를 만들 수 있다. 표 7.2.1은 확률이 0.5인 이항변수의 확률분포이다.[1]

표 7.2.1에서 각 사건의 확률을 일목요연하게 볼 수가 있다. 이 표를 그림으로 나타내면 그림 7.2.1과 같이 된다. 그림 7.2.1은 많은 다른 분포의 모양들과 비슷하지만 두 가지 면에서 다르다. 첫째, 그림의 Y축은 이제 도수가 아닌 확률이라고 표기되어 있다. 왜냐하면 그림 7.2.1은 더 이상 도수분포가 아니기 때문이다. 또한 도수분포나 상대도수분포에서는 실제 자료를 사용하여 관찰된 결과를 제시한 것이나, 여기서는 실제로 모든 실험을 수행한 것이 아니고 이론적으로 어떤 사건이 발생할 확률을 나타낸 것이기 때문이다.

연속변수의 확률분포

연속변수의 확률분포는 보다 복잡하다. 연속변수의 확률분포에서는 Y축을 밀도(density)라고 표현한다. 여기서는 이러한 점을 좀더 부각하여 표현하고자 한다. 다음의 그림 7.2.2는 어린이가 처음 걷기 시작할 때의 연령분포를 나타낸 것이다(Hindley,

[그림 7.2.2] 어린이가 처음 걷기 시작할 때의 연령분포밀도

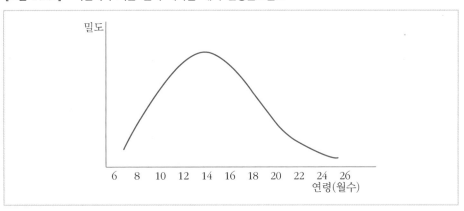

---

1) 정답확률 $\pi = 0.5$인 이항분포에서 N회 시행 중 X번 정답을 맞칠 확률은 다음 식으로 계산된다.

$$P(X) = {}_N C_X \pi^X (1-\pi)^{(N-X)} = \frac{N!}{X!(N-X)!} \pi^X (1-\pi)^{(N-X)}$$

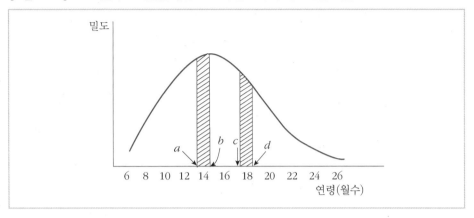

[그림 7.2.3] 14개월과 18개월을 중심으로 2주일 전후에 처음 걸을 확률밀도

et. al., 1966).

어린이가 처음 걷기 시작한 연령의 평균은 약 14개월이며, 표준편차는 약 3개월이었다. 그리고 분포는 약간 정적으로 편포되었다. 이 그림에서 Y축은 밀도로 표기되었으나 앞서의 그림 7.2.3에서는 확률로 표기된 점을 주목할 필요가 있다. 밀도는 확률 그 자체는 아니다. 그림 7.2.3에서 밀도란 단순히 분포의 높이를 의미한다. 그림의 표기가 바뀐 이유는 여기서는 연속적인 분포를 다루기 때문이다. 그림에서 가장 높이가 높은 부분은 연령이 14개월일 때이지만, 한 어린이를 임의로 추출하였을 때, 그 어린이가 처음 걷기 시작한 연령이 정확히 14개월(즉, 연령＝14.00000000)일 확률은 무한히 작기 때문이다. 통계학적으로 그 확률은 사실상 0이라고 할 수도 있다. 마찬가지로 그 어린이가 정확히 14.00000001개월일 때 걸을 확률도 무한히 작다고 할 수 있다. 따라서 연속변수인 경우에는 특정한 변수의 값에서의 확률을 계산하는 것은 무의미하다. 그러나 우리가 그림에서 알 수 있는 것은 많은 어린이가 약 14개월쯤 되었을 때 걷기 시작한다는 관찰결과이다. 이러한 내용은 연속변수의 값이 특정한 값의 구간에 있을 확률을 생각하는 것이 의미 있다는 생각을 갖게 한다. 즉, 우리는 어린이가 14개월에서 2주일 전후에서 걸을 확률을 생각할 수 있다. 그러한 구간은 그림 7.2.3에서 나타내었다.

만일 우리가 분포의 전체 면적을 1이라고 정의한다면, 그림 7.2.3에서 a지점과

b지점 사이의 빗금친 영역의 넓이는 어린이가 14개월의 2주일 전후에 걸을 확률과 같다고 할 수 있다. 이와 같은 방법으로, 분포에서 c지점과 d지점 사이의 면적은 어린이가 18개월의 2주일 전후의 구간에서 걸을 확률을 나타내며, 그 확률은 14개월의 2주일 전후구간보다 더 적다고 할 수 있다. 여러분이 미적분을 학습하였고 그림에 나타난 함수의 식이 알려져 있다면, 연속함수에서 두 지점 사이의 면적을 적분을 통하여 산출할 때와 같이 a와 b 사이 구간의 면적을 구함으로써 어린이가 14개월에서 2주일 전후 구간에 걷기 시작할 확률을 계산할 수 있다. 이 책을 공부하는 데는 미적분의 지식이 요구되지 않는다. 확률분포의 면적은 이미 이 책의 부록에 있는 표에 제시되어 있으며, 부록의 표를 읽을 수 있으면 각 확률분포의 구간면적을 정확히 밝힐 수 있다.

7.3 정규분포와 통계학

정규분포는 가우스분포(Gaussian distribution) 혹은 정규확률분포(normal probability distribution)라고도 불리우며 통계학에서 가장 중요하게 다루는 확률분포이다. 실제로 정규분포는 이 책의 전반에 걸쳐서 중요하게 사용되고 있다. 인류가 정규분포에 관심을 갖게 된 계기는 천문학자들이 별을 반복하여 관측하는 과정에서 얻어진 측정치들의 도수분포를 구하면 종모양의 분포를 갖는다는 것을 발견한 데에서 비롯한다. 즉 무수히 반복하여 측정치를 구한 후에 이들 측정치의 분포를 나타내면 일정한 종모양의 분포를 갖게 되는데 이는 측정오차에 의한 분포라고 할 수 있다. 이러한 현상은 비단 천문학에서만 발견된 것이 아니고 사람이 측정한 수 많은 종류의 측정치들은 정상적으로 측정을 했다면 측정의 오차 때문에 동일한 형태의 분포를 갖는다는 점이 확인되어 이를 정규분포(normal distribution)라고 생각하게 되었다. 예를 들어, 어떤 물체의 무게를 무수히 반복 측정한 후에 이들 측정치의 분포를 나타내면 어김없이 정규분포를 갖는다는 것이다. 따라서 측정치의 분포가 정규분포를 나타내지 않으면, 측정과정에 결함이 있는 것으로 판단할 수 있었다. 정규분포는 이러한 의미에서 '측정오차의 법칙'(law of observation error)이라고 일컬어졌다.

정규분포의 보편성은 측정의 오차요인에 의한 분포뿐만 아니라 다른 자연 및 사회현상에서도 광범위하게 발견되었다. 예를 들어 많은 사람들의 키를 측정하여 분포를 구하면 정규분포를 갖는다. 이러한 발견들은 정규분포가 인류의 삶과 밀접한 연관이 있는 것으로 여겨지게 되고 이 분포를 수학적으로 표현하는 것은 학자들에게 중요한 과제가 되었다. 즉, 정규분포를 확률분포로 사용하는 것은 자연 및 사회현상에서 관찰되는 많은 현상들을 수학적으로 설명하고 기술하는 데 매우 유용할 것이기 때문이다. 수학자이며 천문학자였던 라플라스(Pierre.Simon Laplace, 1749－1827)와 가우스(Carl Gauss, 1777－1855)는 측정오차의 분포를 이론적 정규분포함수로 제시하고 이를 천문학에 응용하여 정규분포의 유용성을 널리 알리는 데 기여하였으며, 1830년대에 이르러 정규분포는 자연과학자들이 흔히 사용하는 분포가 되었다. 그러나 인문·사회과학의 광범위한 현상도 정규분포를 갖는다는 점을 알리게 된 것은 벨기에의 수학자이며 통계학자인 끄뜨레(Lambert Adolphe Jacques Quetelet, 1796－1874)였다.

이 장에서 학습하는 정규분포는 수학적으로 규명된 이론적인 확률분포이다. 통계학이 발전함에 따라 정규분포가 실제 자료의 분포를 기술하는 데 적절치 않은 경우도 많이 발견되었다. 그러나 정규분포는 여전히 많은 자연 및 사회현상을 설명하는 데 가장 중심적이고 핵심적인 확률분포라고 할 수 있다. 정규분포가 통계학에서 중요하게 다루어지는 이유는 다음의 네 가지로 요약할 수 있을 것이다.

1. 실제 현상에서 많은 변수들은 모집단에서 정규분포를 이루고 있다. 즉, 만일 우리가 모집단의 모든 개체들에서 어떤 변수의 값을 관찰한 후에 이들의 분포를 그리면 그 결과로 얻어지는 분포는 정규분포의 꼴을 갖는다고 가정할 수 있다.

2. 어떤 변수의 분포가 정규분포의 꼴을 갖는다고 가정하면, 이 장에서 학습하는 정규분포는 그 변수의 값에 대하여 여러 가지 추론을 가능케 한다.

3. 이론적으로 모집단에서 표본을 구하는 표집행위를 무수히 반복하여 각 표본에서 구하여진 평균의 분포를 그리면 정규분포를 갖는다. 이러한 분포를 표집분포라고 하며, 표집분포는 추리통계를 학습하는 데 핵심적인 내용이며 폭

넓게 활용된다.

4. 대부분의 통계모형 및 이론은 그 유도과정에서 흔히 모집단의 분포가 정규분
   포라고 가정한다.

7.4 정규분포

통계학에서는 정규분포를 설명하기 위하여, 경험세계에서의 분포를 살펴본 후에
이론적인 정규분포를 제시한다. 여기서는 청소년이 대인관계에서 보이는 문제행동에
대한 자료를 예로 든다(Achenbach, 1991). 연구자는 청소년의 문제행동을 측정하는
척도를 개발하였다. 문제행동의 내용은 청소년이 타인과 대화할 때에 공격적으로 따
지는 행위, 충동적으로 반응하는 행위, 무시하는 행위, 비꼬는 행위 등을 포함한다.
문제행동 척도의 점수는 청소년이 반응한 문항의 수와 각 문항의 심각성을 가중치로
하여 산출된 것이다. 그림 7.4.1은 309명의 중학교 학생들에게서 문세행동을 측정한
값의 분포를 보인 것이다. 높은 점수는 더 심한 문제행동을 의미한다.

[그림 7.4.1] 문제행동 척도 점수의 분포를 보여주는 히스토그램

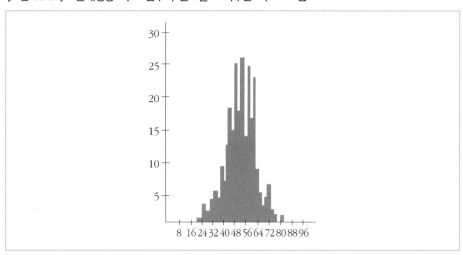

그림에서 분포의 중심은 척도의 값이 약 50인 지점이며, 분포는 대체로 대칭을 이룬다. 점수의 범위는 약 25점부터 75점 사이이며, 표준편차는 10 정도이다(실제의 평균은 50.98이며, 표준편차는 10.42이다). 분포의 모양은 완전히 매끄럽게 이루어지지는 않았으나, 전반적으로 중앙부분은 높고 양쪽의 끝 부분은 낮다. 이 분포에서 주목할 내용은 52−53, 53−54, 그리고 55−56점 사이의 도수를 모두 더 하면, 즉 52점에서 56점까지의 도수를 모두 합하면 약 65명의 청소년이 이 범주에 속하는 것을 알 수 있다. 전체 표본의 크기가 309명이었으므로 약 65/309＝21%가 이 구간에 속한다고 할 수 있다.

그림 7.4.1에서 사용된 자료를 사용하여 도수분포다각형을 그리면 다음의 그림 7.4.2와 같이 나타난다.

그림 7.4.2에서의 도수분포다각형은 막대그림표에서 각 막대의 꼭대기에서 중앙점을 연결한 것이다. 이상의 두 그림은 일정한 점수대에서의 도수를 표현하는 것으로 동일한 정보를 보여주며 또한 일상생활에서 신문이나 잡지에 자주 나타나는 그림의 형태이다. 그 다음의 그림 7.4.3은 그림 7.4.2를 부드러운 곡선으로 표현한 것이다.

[그림 7.4.2] 문제행동 척도 점수의 분포를 보여주는 도수분포다각형

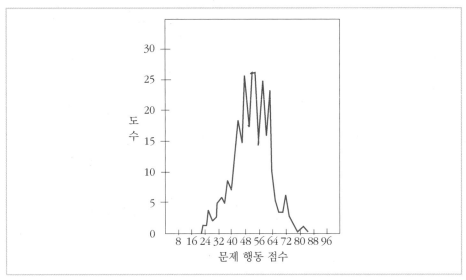

[그림 7.4.3] 문제행동 척도 점수의 분포를 보여주는 정규분포

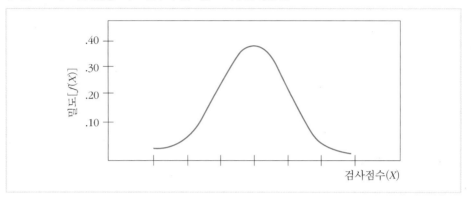

그림 7.4.3은 이 책에서 자주 나타나는 모양의 분포인데 이 그림과 앞의 두 그림과의 차이는 점수분포의 특징을 요약하는 데 있다. 즉 앞의 그림들은 각 점수대에서의 도수를 정확히 표현하지만 그림의 모양이 들쭉날쭉하다. 반면에 그림 7.4.3은 각 점수대에서의 도수를 근사치로 보여주지만, 전반적인 점수분포의 특징을 보여준다고 할 수 있다. 이러한 종모양의 분포를 정규분포라고 한다.

그림 7.4.3에 나타난 정규분포의 특징은 대칭이고, 최빈값이 하나이며, 종모양의 분포를 갖는다. 또한 밑변의 점수분포는 $\pm\infty$ 이다. X축은 검사점수를 표시하고 Y축은 밀도(density)를 표시하는데, 밀도는 일정구간의 검사점수 X가 발생할 확률을 의미한다. 정규분포는 통계학에서 기본이 되는 연속확률분포이다. 정규분포는 또한 다음 장에서 설명하는 모집단의 분포와 표집분포(sampling distribution)를 나타내는데 사용되므로 추리통계학에서 핵심적인 분포라고 할 수 있다.

이 책에서 다루는 많은 다른 확률분포들, 즉 χ^2, t, F분포와 같은 확률분포들은 사례수 N이 증가함에 따라 정규분포에 접근한다. 따라서 정규분포를 모분포(parent distribution)라고도 한다. 정규분포는 이상적인 수학모형이다. 따라서 실제로 수집한 자료는 정확히 정규분포를 이루는 것이 아니라 근사적으로 정규분포에 접근한다. 우리는 실제 자료의 분포를 정규분포로 가정하여 이론적인 정규분포를 활용하는 것이다. 정규분포의 확률밀도 함수는 다음과 같다.

$$f(x|\mu,\ \sigma^2) = \frac{1}{\sqrt{2\pi}\ \sigma} e^{-1/2\left(\frac{x-\mu}{\sigma}\right)^2} \tag{7.4.1}$$

μ =분포의 평균

σ =분포의 표준편차

e =2.718(자연상수)

π =3.14(원주율)

위의 식에서 π와 e는 상수이다. 따라서 정규분포의 모양을 결정하는 부분은

$$-\frac{1}{2}\left(\frac{x-\mu}{\sigma}\right)^2$$

이다. 여기서 x는 확률변수 X의 특정한 값이며, 결국 정규분포의 모양은 μ와 σ^2의 값에 따라서 결정된다. 즉, μ와 σ^2는 정규분포의 모양을 결정하는 모수(parameter)이다.

미적분을 학습한 학생이라면, 특정한 두 개의 X값(x_1에서 x_2) 사이의 면적을 계산할 수 있으며, 계산된 면적이 곧 임의로 추출된 X값이 두 개의 값 사이에 포함될 확률이라고 생각할 수 있을 것이다. 그러나 하나하나 계산을 하는 것은 비효율적이므로, 통계학자들은 흔히 사용되는 확률분포에 대하여는 각 점수대에서의 면적을 미리 계산하여 표로 만들어 놓았다. 그러한 표들은 이 책의 부록에 수록되어 있으므로, 어떤 특정한 값 사이의 면적 또는 확률을 구할 경우에는 표를 참조하여 그 값을 구한다.

7.5 표준정규분포

정규분포에서 특정 점수분포에서의 확률을 구할 때 유용한 방법은 미리 표를 만들어 놓아 사용하는 것이다. 그러나 정규분포는 평균과 표준편차($\mu,\ \sigma$)에 따라 그 모양이 다르다. 따라서 모든 가능한 정규분포의 표를 만드는 것은 불가능하다고 할

수 있다. 이러한 문제를 해결하는 간단한 방법은 표준정규분포(standard normal distribution)를 사용하는 것이다. 표준정규분포는 z분포라고도 하며, 평균이 0이고 표준편차가 1인 정규분포이다. 평균은 μ, 분산은 σ^2인 확률변수 X가 정규분포를 이룬다는 것을 편의상 기호로 $X \sim N(\mu, \sigma^2)$이라고 표현하기로 하자. 표준정규분포를 기호로 표기하면 $Z \sim N(0, 1)$이라고 표현한다. 어떤 정규분포이든 일정한 절차에 의하여 표준정규분포로 전환한 다음에는 부록에 수록된 z분포표를 이용하여 쉽게 확률을 구할 수 있다.

다음의 그림 7.5.1은 평균이 50이고 표준편차가 10인 정규분포, 즉 $X \sim N(50, 10^2)$을 그린 것이다. 이 분포는 앞서의 문제행동척도 자료에서 전체 모집단의 점수분포를 그린 것이다.

[그림 7.5.1] 여러 가지 X축 값을 갖는 정규분포

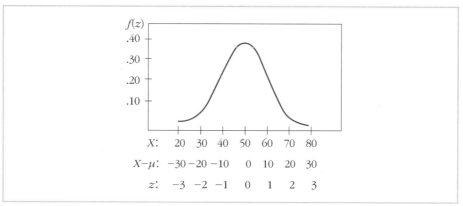

우리가 그림 7.5.1에서 어떤 점수대의 면적을 알고 있다면, 이는 곧 문제행동척도에서 그 점수대의 확률을 알 수 있다는 것이 된다. 예를 들면, 전체 모집단에서 상위 5% 또는 10% 이내의 점수대를 알아낼 수가 있다.

정규분포에서의 면적을 제공하는 표는 표준정규분포뿐이므로, 우리가 어떤 정규분포에서 특정한 점수대의 면적을 구할 경우에는 그 정규분포를 표준정규분포로 전환하여야 한다. 예를 들면, 위의 그림은 평균이 50이고 표준편차가 10이었다. 그러나

표준정규분포에서는 평균이 0이고 표준편차가 1이므로 위의 그림에서 면적을 알고 싶으면, 이를 표준정규분포로 전환하여야 한다.

정규분포를 전환하는 데 필요한 정보는 정규분포의 모양이 평균과 표준편차에 의하여 결정된다는 사실이다. 따라서 위의 분포를 표준정규분포로 전환하는 것은 평균을 0으로 만들고, 표준편차를 1로 만드는 것이다. 평균을 0으로 만들기 위하여는 원래의 검사점수 X에서 평균 μ=50을 빼주면 된다. 그러면 검사점수의 평균은 50-50=0이 된다. 또한 점수의 표준편차를 어떤 상수로 나누어 주면 새로운 표준편차를 얻게 된다. 따라서 원점수의 표준편차는 10이므로 이를 1로 만들기 위하여는 10/10=1이 되는 것이다. 이러한 개념은,

$$z = \frac{X - \mu}{\sigma} \tag{7.5.1}$$

으로 표현할 수 있다. 「문제행동척도」의 분포를 표준정규분포로 전환하는 것을 예로 들면, 다음과 같이 된다.

$$z = \frac{X - \mu}{\sigma} = \frac{X - 50}{10}$$

이다. 그림 9.7.1에서 X축에 나타난 세 번째의 값들은 원점수 X에 대응하는 표준정규분포에서의 값들이다. 즉 전환된 z점수이다. 점수의 체계를 표준정규분포에서의 점수로 전환하여도 분포의 모양은 아무런 변화가 없다는 것을 그림 9.5.1은 보여준다. 원점수 50점은 이제 표준정규분포에서 0점이며, 원점수 60점은 표준정규분포에서 1점인 셈이다. 원점수의 평균에서 표준편차 한 단위(즉, 10점)만큼 낮은 점수인 40점은 표준정규분포에서는 -1점이다. 따라서 표준정규분포에서 양의 점수는 평균보다 높은 점수이며, 음의 점수는 평균보다 낮은 점수라고 생각할 수 있을 것이다. 표준정규분포는 매우 많이 쓰이는 분포이며, 모든 정규분포는 단순히 위의 식을 이용하여 표준정규분포로 전환할 수 있다. 여기서 강조할 점은 비록 원점수가 표준점수로 전환되어도 분포의 모양에는 변화가 없다는 것이다. 적지 않은 경우에 사람들은 원점수를 z점수로 전환하면 저절로 표준정규분포로 된다고 생각한다. 그러나 분

포의 모양이 바뀌지 않는다는 점을 기억하면, 원점수가 정규분포가 아닐 경우 전환된 z점수의 분포는 단순히 원점수의 분포를 그대로 유지하므로 정규분포가 되지 않는다.

7.6 표준정규분포표의 사용법

표 7.6.1은 부록으로 실은 표준정규분포표의 일부를 나타낸 표이다. 이 표에서 z는 $(X-\mu)/\sigma$로 나타내는 표준점수이고 $F(z)$는 다음 식으로 계산되는 z값 이하의 누적확률이다.

$$F(z) = \int_{-\infty}^{z} \frac{1}{\sqrt{2\pi}} e^{-\frac{z^2}{2}} dz \qquad (7.6.1)$$

표준정규분포는 평균을 중심으로 대칭이며 분포의 누적확률을 나타내는 전체 면적은 1이다. 표 7.6.1에는 z값과 z까지의 면적이 기록되어 있다. 표 7.6.1에서 첫 줄을 보면 $z=.00$이며, 표준정규분포의 평균은 0이므로 z까지의 $F(z)$, 즉 면적으로 나타내는 누적확률은 .5000이다(둘째 열). 또한 표준정규분포의 면적을 누적 확률과 동등한 의미로 해석을 하면 z점수가 0보다 클 확률은 .5이며, 0보다 작을 확률도 .5라고 할 수 있다.

앞에서 이용한 「문제행동척도」에서 학생들의 점수가 문제행동 척도의 평균보다 1표준편차 높은 점수 이하 경우의 면적(또는 확률)을 구하고자 한다면, 척도의 평균보다 1표준편차 이하라는 것은 곧 $z \leq 1.0$이라는 의미이므로, 표준정규분포표에서 z점수가 1보다 작은 부분의 면적을 찾으면 된다. 표 7.6.1에서 $z=1.0$인 줄을 찾으면, $z \leq 1.0$인 부분의 면적은 $F(z)=.8413$임을 찾을 수 있다. 따라서 문제행동척도 점수가 평균보다 1표준편차 높은 점수 이하의 학생이 나타날 확률은 .8413이다. 그리고 $z \geq 1.0$인 경우의 면적은 .1587로 $1-.8413=.1587$임을 쉽게 계산할 수 있다. 따라서 학생들의 문제행동척도 점수가 평균보다 1표준편차 높게 나오는 확률은 $z \geq 1.0$인 부분의 면적이므로 .1587이라고 할 수 있다.

〈표 7.6.1〉 표준정규분포표

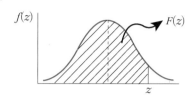

z	$F(z)$	z	$F(z)$	z	$F(z)$	z	$F(z)$
.00	.5000000	.97	.8339768	1.49	.9318879	1.92	.9725711
.01	.5039894	.98	.8364569	1.50	.9331928	1.93	.9731966
.02	.5079783	.99	.8389129	1.51	.9344783	1.94	.9738102
.03	.5119665	1.00	.8413447	1.52	.9357445	1.95	.9744119
.04	.5159534	1.01	.8437524	1.53	.9369916	1.96	.9750021
.05	.5199388	1.02	.8461358	1.54	.9382198	1.97	.9755808
.06	.5239222	1.03	.8484950	1.55	.9394292	1.98	.9761482
.07	.5279032	1.04	.8508300	1.56	.9406201	1.99	.9767045
.08	.5318814	1.05	.8531409	1.57	.9417924	2.00	.9772499
.09	.5358564	1.06	.8554277	1.58	.9429466	2.01	.9777844
.10	.5398278	1.07	.8576903	1.59	.9440826	2.02	.9783083
.11	.5437953	1.08	.8599289	1.60	.9452007	2.03	.9788217
.12	.5477584	1.09	.8621434	1.61	.9463011	2.04	.9793248
.		.		.		.	
.		.		.		.	
.		.		.		.	
.44	.6700314	1.26	.8961653	1.64	.9494974	2.54	.9944574
.45	.6736448	1.27	.8979577	1.65	.9505285	2.55	.9946139
.46	.6772419	1.28	.8997574	1.66	.9515428	2.56	.9947664
.47	.6808225	1.29	.9014747	1.67	.9525403	2.57	.9949151
.48	.6843863	1.30	.8031995	1.68	.9535213	2.58	.9950600
.49	.6879331	1.31	.9049021	1.69	.9544860	2.59	.9952012
.50	.6914625	1.32	.9065825	1.70	.9554345	2.60	.9953388
.51	.6949743	1.33	.9082409	1.71	.9563671	2.70	.9965330
.52	.6984682	1.34	.9098773	1.72	.9572838	2.80	.9974449
.53	.7019440	1.35	.9114920	1.73	.9581849	2.90	.9981342
.		.		.		.	
.		.		.		.	
.		.		.		.	

표준정규분포는 대칭이므로, 학생들의 문제행동척도 점수가 평균보다 1표준편차 낮은 점수 이하 학생이 나타날 확률은 $z \leq -1.0$인 부분의 면적으로 역시 .1587이라고 할 수 있다. 질문을 바꾸어서, 임의의 학생이 문제행동척도에서 평균보다 1표준편차 높은 점수 이상을 받거나 낮은 점수 이하를 받을 확률을 계산하면, 이는 곧 $z \leq -1.0$이거나 $z \geq 1.0$인 경우에 해당하는 면적이므로, 그 확률은 .1587+.1587=.3174이다. 같은 방법으로 임의의 학생이 문제행동척도에서 평균으로부터 1표준편차 이내의 점수를 받을 확률을 계산하면, $-1.0 \leq z \leq 1.0$ 사이의 면적을 구하는 것이므로 $1 - .3174 = .6826$이다.

이러한 확률계산을 연장하여 문제행동척도에서 학생의 점수가 30점에서 40점 사이에 있을 확률을 계산하여 보자. 문제행동척도의 평균이 50이므로, 30점은 z점수에서 -2.0이며, 40점은 z점수에서 -1.0에 해당한다. 따라서 $-2.0 \leq z \leq 1.0$에 해당하는 면적을 구하는 것이 문제의 해답을 찾는 것이다. 표 7.6.1에는 음의 z점수는 나타나 있지 않으나, 표준정규분포는 대칭이라는 점을 이용하면, $-2.0 \leq z \leq -1.0$의 면적은 $1.0 \leq z \leq 2.0$에 해당하는 면적과 같다(그림 7.6.1, 그림 7.6.2 참조). 표 7.6.1에서 보면 $z \leq 2.0$의 면적은 .9772이며, $z \leq 1.0$의 면적은 .8413이다. 이 두 값의 차이가 z점수가 -2.0에서 -1.0까지의 면적이 되므로 그 값은 .4772 - .3413 = .1359인 셈이다. 따라서 모집단에서 임의로 추출한 학생의 「문제행동척도」 점수가 30점과 40점 사이에 있을 확률은 .1359이다.

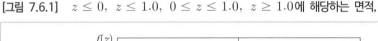

[그림 7.6.1] $z \leq 0$, $z \leq 1.0$, $0 \leq z \leq 1.0$, $z \geq 1.0$에 해당하는 면적,

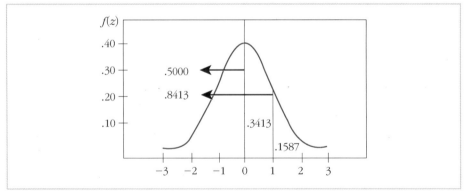

[그림 7.6.2] $-2.0 \leq z \leq -1.0$에 해당하는 부분

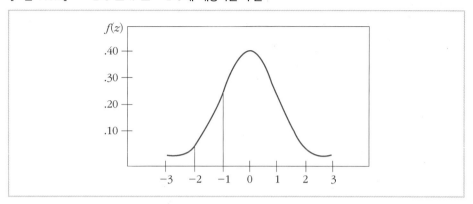

보기   7.6.1

$X \sim N(\mu = 50,\ \sigma^2 = 25)$ 라고 할 때, X점수가 57.5 이하일 확률은?

풀이

$$Pr(X \leq 57.5) = Pr\left(z \leq \frac{57.5 - 50}{5}\right) = Pr(z \leq 1.5) = F(1.5) = .933$$

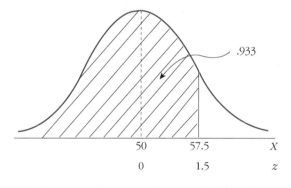

보기   7.6.2

$X \sim N(\mu = 107,\ \sigma^2 = 70^2)$ 라고 할 때, X점수가 100점 이하일 확률은?

$$Pr(X \leq 100) = Pr\left(z \leq \frac{100-107}{70}\right) = Pr(z \leq -.1)$$
$$= F(-.1) = 1 - F(.1)$$
$$= 1 - .5398 = .4602$$

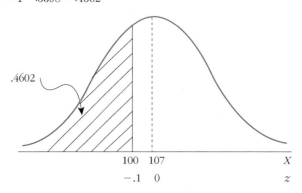

보기 **7.6.3**

$X \sim N(\mu = 50, \sigma^2 = 25)$ 라고 할 때, X점수가 45 이상 55 이하일 확률은?

📖풀이

$$Pr(45 \leq X \leq 55) = Pr\left(\frac{45-50}{5} \leq \frac{55-50}{5}\right) = Pr(-1 \leq z \leq 1)$$
$$= F(1) - F(-1) = F(1) - [1 - F(1)] = .8413 - .1587 = .6826$$

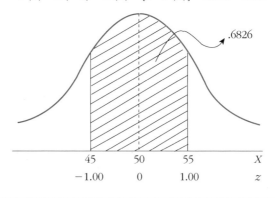

어느 대학에서 신입생을 대상으로 IQ검사를 시행한 결과 평균 $\mu=120$이었으며 표준편차 σ $=10$이었다. IQ검사점수가 정규분포를 이룬다고 가정할 때 IQ가 130점 이상인 학생의 비율은 얼마가 되겠는가?

풀이

$Pr(X \geq 130 | \mu = 120)$, $\sigma^2 = 100$

$= Pr\left(z \geq \dfrac{130-120}{10}\right) = Pr(z \geq 1.00)$

$= 1 - Pr(z \leq 1.00) = 1 - F(1)$

$= 1 - .8413 = .1587$

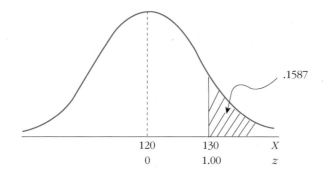

보기 7.6.4와 같은 문제에서 IQ가 110점 이상 125점 이하에 있는 학생의 비율은 얼마나 되겠는가?

풀이

$Pr(110 \leq X \leq 125) = Pr\left(\dfrac{110-120}{10} \leq z \leq \dfrac{125-120}{10}\right)$

$= Pr(-1.00 \leq z \leq .5) = F(.5) - F(-1)$

$= F(.5) - [1 - F(1)] = .6915 - (1 - .8413) = .6915 - .1587 = .5328$

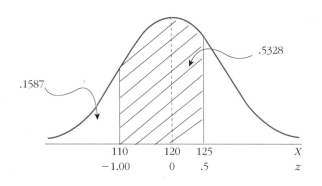

지금까지의 보기는 점수를 알고 수표를 이용하여 확률이나 비율을 구하는 것이 었다. 다음에는 확률이나 비율을 알고 대응하는 점수를 구하는 문제를 생각해 보자.

보기 7.6.6

표준정규분포에서 상위 2.5%, 하위 2.5%에 해당하는 z값을 구하여라.

풀이

$Pr(z \leq a) = .975$에 해당하는 z의 값 a는 수표에서 $z_{.975} = 1.96$이다.

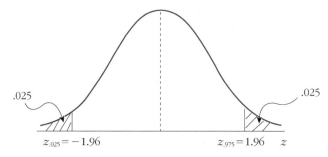

$Pr(z \leq b) = .025$에 해당하는 b는 곧 $z_{.025}$의 값이고 z분포는 대칭이므로, $b = z_{.025} = -z_{.975} = -1.96$이다.
$Pr(z \leq 1.96$ 또는 $z \geq 1.96) = Pr(|z| \geq 1.96)$
$= .025 + .025 = .05$

표준정규분포에서 상위 .5%, 하위 .5%에 해당하는 z값을 구하여라.

풀이

$Pr(z \leq a) = .995$에 해당하는 a의 값은 $z_{.995} = 2.58$이다.

$Pr(z \leq b) = .005$에 해당하는 b의 값은 $z_{.005} = -z_{.995} = -2.58$이다.

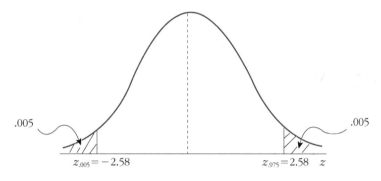

$Pr(X \leq x | \mu = 100, \ \sigma^2 = 100) = .95$에 대응하는 X의 값을 구하여라.

풀이

먼저 $Pr(z \leq a) = .95$에 대응하는 a값을 수표에서 찾는다.

$a = z_{.95} = 1.65$

$\therefore X_{.95} = \mu + z_{.95}\sigma = 100 + 1.65(10) = 116.5$

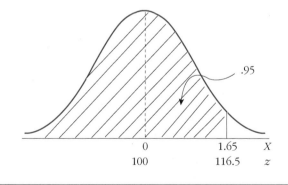

어느 고등학교에서 학력고사를 시행한 결과 평균은 80점이고 표준편차는 10점이었다. 하위 30%에 해당하는 학생은 재시험을 보게 하고 상위 10%에 해당하는 학생은 상을 주기로 했다. 학력고사 점수의 분포를 정규분포라고 가정하면 몇 점까지 재시험을 보아야 하고 몇 점 이상이어야 상을 받을 수 있겠는가?

📖풀이

$Pr(X \leq x | \mu = 80,\ \sigma^2 = 100) = .30$에 대응하는 X를 구하기 위해서 먼저 수표에서 $Pr(z \leq a) = .30$에 해당하는 a값을 찾는다. $a = z_{.30} = -.52$

∴ $X_{.30} = \mu + z_{.30}\sigma = 80 + (-.5210) = 74.8$

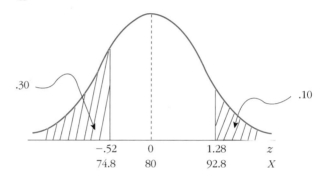

$Pr(X \geq x | \mu = 80,\ \sigma^2 = 100) = .10$에 대응하는 X의 값은 $Pr(X \leq x) = .90$에 대응하는 X의 값과 같으므로 수표에서 $Pr(z \leq b) = .90$에 해당하는 b값을 찾는다. $b = z_{.90} = 1.28$

∴ $X_{.90} = \mu + z_{.90}\sigma = 80 + 1.2810 = 92.8$

7.7 측정치의 확률구간

학생들의 검사점수에 대한 정보를 다루는 경우에 어느 학생의 점수가 특정한 점수구간 안에 포함될 가능성을 구할 필요가 있다. 이를 달리 표현하여 "임의의 한 학생을 모집단에서 추출하여 점수를 관찰하는 경우에, 95%의 경우는 a점수와 b점수 사이에 포함될 것이다"라는 진술을 하고 싶을 경우에는 점수구간의 한계점수인 a점수와 b점수를 발견하는 방법이 중요하다. 다음의 그림 7.7.1은 모집단에서 95%의 학생들의 점수가 포함될 구간의 한계점수를 보여준다.

모집단에서 95%의 학생들의 점수가 포함될 구간을 정하는 문제는 곧 5%의 학생들은 그 구간 밖에 포함된다는 것을 의미하기도 한다.

[그림 7.7.1]　모집단에서 95% 학생들의 점수가 포함될 구간의 z점수

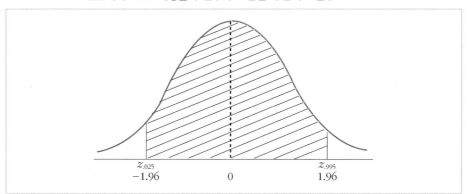

5%의 학생들이 구간 밖에 포함된다면, 2.5%가 양쪽 끝 부분에 있게 되는 z점수를 분포에서 찾아서 한계점수를 제시할 수 있다. 부록에 수록된 표를 참조하면, 양쪽 끝의 면적이 0.025인 z점수는 $z = \pm 1.96$임을 알 수 있다. 따라서 모집단에서 임의의 학생을 추출하는 작업을 반복하였을 때, 95% 학생들의 점수는 평균보다 1.96 표준편차 이하$(\mu - 1.96\sigma)$이거나 1.96표준편차 이상$(\mu + 1.96\sigma)$인 사이에서 발견된다는 것이다. 즉, 95%의 점수들은 $\mu - 1.96\sigma \leq X \leq \mu + 1.96\sigma$ 구간 안에 포함된다는 것이다.

일반적으로 우리가 원하는 정보는 z점수체계가 아니고 원래의 검사점수일 것이므로, 95% 구간의 한계점수를 원점수에서 찾는 것은 $\mu - 1.96\sigma$와 $\mu + 1.96\sigma$에 해당하는 원점수를 구하는 것이다. 즉,

한계점수$= 50 \pm 1.96(10) = 30.4$와 69.6

이다. 이를 요약하면, 모집단에서 임의의 한 학생을 추출하여 검사점수를 구하였을

때 그 학생의 점수가 30.4와 69.6에 포함될 확률은 .95라고 할 수 있다.

지금까지의 내용은 나중에 배우게 될 신뢰구간(confidence interval)과 유사한 맥락을 갖고 있으나 동일한 것은 아니다. 여기서는 모집단의 평균을 알려진 것으로 하고 측정치가 구간 안에 포함될 확률이 .95인 구간을 계산하나, 신뢰구간에 서는 표본평균(또는 다른 통계량)을 구하였을 때 모집단의 평균(또는 다른 모수들)을 포함할 확률이 .95인 구간을 구한다는 점이 가장 중요한 차이이다. 지금 단계에서는 신뢰구간을 살펴보지 않지만 이후에 혼동을 방지하기 위하여 미리 언급을 하는 것이다.

7.8 표준점수

지금까지 z점수를 공부하면서, z점수 공식을 사용하면 어느 분포든 그 분포의 평균을 0으로 표준편차는 1로 전환할 수 있다는 것을 배웠다. z점수처럼 전환된 점수는 표준점수라고도 불리운다. z점수 이외에도 원점수의 체계를 전환한 표준점수들이 있다.

표준점수의 좋은 예는 IQ점수이다. IQ검사의 점수는 원점수 분포를 평균이 100이고 표준편차가 15(Binet의 검사에서는 16)인 점수체계로 전환한 것이다. 평균과 표준편차 정보를 알고 IQ점수가 정규분포를 갖는다는 점을 이용하면, 우리는 어느 학생의 IQ점수의 위치를 평균에서 몇 표준편차의 거리에 있는 것으로 표현할 수 있다. 점수의 단위를 표준편차로 표현하는 것은 곧 z점수체계이므로 부록에 수록된 표준정규분포표를 이용하면, 특정한 IQ점수가 상위 몇 %에 속하는지 계산할 수가 있다.

표준점수의 또 다른 예는 여러 가지 표준화검사의 점수들이다. 미국의 SAT검사 점수는 평균이 500이고, 표준편차가 100인 검사이다. 따라서 피험자의 점수 위치가 평균에서 몇 표준편차 떨어져 있는지를 알 수 있고, 또한 그 학생점수의 백분위점수도 산출할 수 있다. 이러한 다양한 표준점수들을 개발하는 방법은 다음의 절차에 의하여 쉽게 이루어진다.

1) 원점수를 z점수로 전환한다.

2) z점수를 다음의 식에 의하여 새로운 점수체계로 전환한다.

　　새로운 표준점수＝(새 표준점수의 표준편차)(z점수)＋(새 표준점수의 평균)

　　위의 식을 이용하여 SAT점수가 평균이 500이고 표준편차가 100인 점수체계가 되도록 전환하는 식은 다음과 같다.

$$\text{SAT점수} = 100(z) + 500$$

9.1 정규분포표에서 다음의 z값을 찾아라.

(1) $z_{.01}$　　　(2) $z_{.025}$　　　(3) $z_{.05}$　　　(4) $z_{.25}$　　　(5) $z_{.50}$

(6) $z_{.75}$　　　(7) $z_{.95}$　　　(8) $z_{.975}$　　　(9) $z_{.99211}$

9.2 다음의 확률을 구하라.

(1) $Pr(z \leq -1.2)$　　　　　　　(2) $Pr(z \leq .96)$

(3) $Pr(z \leq 1.88)$　　　　　　　(4) $Pr(z \leq -1.64)$

(5) $Pr(z \geq 1.64)$　　　　　　　(6) $Pr(-1.00 \leq z \leq 1.00)$

(7) $Pr(-1.96 \leq z \leq 1.96)$　　(8) $Pr(-2.57 \leq z \leq 2.57)$

9.3 $X \sim N(\mu = 100,\ \sigma^2 = 15^2)$이라고 할 때, 다음의 확률을 구하라.

(1) $Pr(X \leq 110)$　　　　　　　(2) $Pr(X \leq 75)$

(3) $Pr(X \leq 100)$　　　　　　　(4) $Pr(85 \leq X \leq 115)$

(5) $Pr(X \geq 115)$　　　　　　　(6) $Pr(90 \leq X \leq 110)$

9.4 $X \sim N(\mu = 100,\ \sigma^2 = 10^2)$이라고 할 때, 다음의 확률을 구하라.

(1) $Pr(X \leq 110)$　　　　　　　(2) $Pr(X \leq 75)$

(3) $Pr(X \leq 100)$　　　　　　　(4) $Pr(85 \leq X \leq 115)$

(5) $Pr(\geq 115)$　　　　　　　　(6) $Pr(90 \leq X \leq 110)$

9.5 어느 적성검사를 1000명에게 실시한 후에 검사점수 X의 분포를 구한 결과 $X \sim N(\mu = 60,\ \sigma^2 = 8^2)$이었다.

(1) 76점 이상은 몇 명인가?

(2) 80점 이하는 몇 명인가?

(3) 50점 이상은 몇 명인가?

(4) 46점 이하는 몇 명인가?

(5) 48점과 52점 사이에는 몇 명이 포함되는가?

(6) 58점과 70점 사이에는 몇 명이 포함되는가?

9.6 어느 IQ검사의 평균은 100이고 표준편차는 15이다. 다음의 점수 사이에 몇 %의 IQ점수들이 포함되겠는가?

(1) 90점과 110점 사이   (2) 80점과 120점 사이

(3) 75점과 125점 사이   (4) 85점과 115점 사이

9.7 1학년 교양영어 중간시험에서 60점과 30점은 각각 z점수로 1과 -1에 해당되었다고 한다.

(1) 시험성적의 평균과 표준편차를 구하여라.

(2) 정규분포를 가정할 때 $Pr(25 < X < 65)$를 구하라.

(3) 정규분포를 가정할 때 $Pr(X > 80)$를 구하라.

9.8 학기말 시험결과 평균은 50, 표준편차는 10이었다. 정규분포를 가정하고 A, B, C, D, E의 성적을 부여하는 비율을 각각 .10, .20, .40, 20, .10으로 하려고 할 때 각 학점에 대응하는 점수구간을 구하라.

9.9 다음은 초등학교 5학년생과 6학년생을 대상으로 동일한 독해력 검사를 시행한 결과이다.

	5학년	6학년
μ	48	56
σ	8	12
N	500	800

정규분포를 가정할 때, 5학년 학생 중에서 6학년 평균학력보다 학력이 우수한 학생은 몇 명인가? 6학년 학생 중에서 5학년 평균학력보다 학력이 낮은 학생은 몇 명인가?

9.10 18세 이상의 성인 남자들의 몸무게는 정규분포를 가지며, 평균은 65kg이며, 표준편차는 8kg이라고 가정하자. 10,000명을 임의표집하였을 때 몇 명이 80kg 이상이겠는가?

9.11 다음 중에서 정규분포의 특징이 아닌 것은?
(1) 대칭임   (2) 단일 최빈값을 가짐   (3) 편포되었음   (4) 종의 모양임

9.12 1,000명을 관찰하였을 때, 다음 중에서 정규분포로 표현하기에 가장 부적절한 것은?
(1) 음악적성검사의 점수
(2) 8세 어린이들의 이빨 빠진 수
(3) 12세 어린이들의 독해력검사의 점수
(4) 중학생들이 지난 해에 학교에 결석한 수

9.13 만일 원점수를 z점수로 전환한다면, 점수분포의 모양은 변하는가?

9.14 만일 z점수에 10을 곱하면, 표준편차는 얼마로 증가하는가?

제 8 장 모집단분포, 표본분포, 표집분포와 추정

1장에서 모집단, 표본, 표집, 그리고 모수와 통계량 등의 용어에 대하여 설명을 하였으며, 7장에서 확률과 정규분포에 대하여 설명하였다. 이 장에서는 앞의 장에서 설명한 내용에 기초하여 모집단분포(population distribution), 표본분포(sample distribution), 그리고 추리통계에서 핵심적 역할을 하는 경험적 확률분포인 표집분포(sampling distribution)를 설명하려고 한다.

8.1 통계적 추리의 목적

통계학이 학문으로서 수행하는 가장 중요한 기능 중의 하나는 표본자료에서 얻은 정보에 기초하여 모집단에 관한 정보를 추리하는 것이다. 이러한 과정을 통계적 추리(statistical inference)라고 하며, 모집단의 일부인 표본자료의 분석결과를 모집단 전체에 적용하는 과정이기 때문에 통계적 일반화(statistical generalization)라고도 한다.

통계적 추리의 예는 표본자료에 기초하여 모집단을 설명하려는 모든 유형의 조사연구에서 쉽게 볼 수 있다. 일기예보는 바람의 방향, 기온, 기압 등을 일정기간 조사한 결과에 기초하여 날씨를 예측하는 경우이며, 미국의 대통령 선거에서 Gallup Poll과 Harris Polls 연구기관은 전체 유권자 중에서 약 62,500명의 1명꼴에(.000016%)

해당하는 2000명의 표본조사에 기초하여 닉슨의 당선을 정확히 예언한 바 있다. 대통령 선거의 예측은 이제 우리나라에서도 항상 이루어지는 것이며, 그 결과도 매우 정확하다. 기본적으로 모든 종류의 여론조사나, TV 시청률 조사 등은 추리통계학의 논리에 기초하여 이루어진다고 할 수 있다.

선진국가들은 자국의 교육, 경제, 고용, 복지, 사회실태에 대한 표본자료를 구성하는 연구를 정기적으로 수행한다. 우리나라도 한국교육개발원에서 전국의 초, 중, 고교생을 모집단으로 하는 표본자료를 구축하는 연구를 2003년부터 수행하여 왔으며(김양분, 강상진, 류한구, 남궁지영, 2003), 2004년부터는 종단자료를 구축하는 연구를 수행하여 왔다(류한구, 김양분, 강상진, 남궁지영, 2004; 류한구, 김양분, 강상진, 김일혁, 2005). 오늘날, 한국직업능력개발원, 한국청소년정책연구원, 한국교육과정평가원, 육아정책연구소 등의 국책연구원에서 전국의 학생, 청년, 유아들을 모집단으로 하는 다양한 종단자료를 구축하는 연구를 수행하고, 수집된 자료를 연구자들에게 제공한다. 교육분야뿐만 아니라, 사회전반 영역에서 전국 또는 특수집단을 모집단으로 하는 사료를 수집관리하고 있다. 한 예로, 민간기관인 한국사회과학자료원에서는 한국종합사회조사를 비롯한 1,900여 세트의 자료를 관리하며, 연구자들에게 제공한다.

이렇게 표본자료 자체만을 준비하는 데 큰 공을 들이는 것은 추리통계학에서 표본자료가 모집단을 들여다 보는 거울역할을 하기 때문이다. 교육학자들뿐만 아니라 사회과학계의 학자들은 이들 자료를 분석하여 얻은 결과를 우리나라 전체의 중고등학교에 일반화하여 해석한다. 물론 표본자료에서 수집한 정보가 모집단의 모든 정보는 아니다. 예를 들어, 표본에서의 평균이 모집단의 평균과 같다는 보장은 없으며, 항상 어느 정도의 오차를 포함한다고 보는 것이 더 타당하다. 추리통계학이 중요한 점은 표본값에서 모집단의 값을 추리할 때에 발생하는 오차의 크기에 관한 정보를 함께 제공한다는 것이다. 추리통계학의 근간을 이루는 이론을 학습하는 데는 다음에 설명하는 모집단과 표본에 관련된 몇 가지 용어의 개념에 익숙할 필요가 있다.

경험과학에서 통계적 추리의 목적은 비교적 적은 수의 사람이나 개체에서 얻은 정보를 통하여 큰 집단에 관한 정보를 도출하는 데 있다. 여기에서 집단의 크기가 유한하든 무한하든 연구자의 연구대상인 집단이나, 추리의 대상인 사람 또는 개체의 집단을 모집단(population)이라고 한다. 반면에 표본(sample)은 모집단의 부분집합이거나 일부라고 할 수 있다. 추리통계학에서 표본은 모집단으로부터 신중하게 추출되어야 한다. 그 이유는 N개의 개체로 구성된 모집단의 특성들을(예, 모평균, 모분산) 상대적으로 적은 수로 구성된 표본의 특성(예, 표본평균, 표본분산)으로 추정할 때, 오차의 범위를 알 수 있어야 하기 때문이다.

모집단과 표본의 관계를 보다 이론적으로 설명하는 것이 확률이론이다. 1장에서 변수란 개체의 특성에 실수값을 부여하는 함수라고 하였다. 모집단은 연구자의 탐구대상인 집단이다. 따라서 모집단을 구성하는 개체의 특성에 수치를 부여한 확률변수의 분포를 고려할 수 있다. 모집단를 구성하는 모든 개체에 대한 확률변수의 분포를 모집단분포라고 한다. 서울시 교육감이 서울시 전체 초등학생인 40여 만명의 학업성취도를 측정하여 그 분포를 구하였다면, 서울시 교육감은 초등학생 학업성취도의 모집단분포를 구한 것이다. 실제로 어떤 변수에 대하여 모집단의 모든 개체들을 관찰하여 그 변수의 모집단분포를 구하는 경우는 시간적, 경제적 노력·비용 등의 문제가 발생하므로 드물다고 할 수 있으며, 때로는 영원히 불가능하다. 따라서 모집단의 분포는 경험에 기초하여 이론적인 분포를 갖는 것으로 가정한다. 즉, 대한민국 12세 어린이의 키를 모두 측정하여 분포를 구하면 정규분포가 된다고 가정하는 것이다. 따라서, 추리통계학에서는 연구자가 탐색하는 모집단의 분포는 어떤 이론적 분포를 갖는다고 가정한다.

모집단분포를 구하는 과정이 비경제적이므로, 통계적 방법을 통하여 연구를 수행하는 사람들은 흔히 모집단을 대표하는 표본을 추출한다. 여기서 표본을 구성하는 원소에 수치를 부여하는 변수의 분포를 고려할 수 있으며, 표본에서 변수의 분포를 표본분포라고 한다. 표본이 모집단을 대표하는 것이라면, 모든 변수의 표본분포는 모집단분포와 유사할 것이다. 따라서 어떤 확률변수의 표본분포의 특성에 관한 정보는 그 변수의 모집단분포 자체에 관한 정보는 아니나, 두 분포의 유사성에 기초하여 모집단분포의 특성에 관한 정보로 일반화하여 해석할 수 있는 장점이 있다.

확률변수의 모집단분포 및 표본분포의 특징들은 제1부의 기술통계학에서 설명한 방법으로 기술할 수 있다. 즉 모집단 또는 표본에서 변수의 평균, 분산, 백분위, 상관계수 등의 개념으로 표현할 수가 있는 것이다. 그러나 실제로 모집단분포에서 이들의 값은 분명히 존재한다는 사실만 확신할 뿐 그 값이 얼마인지는 단지 표본분포에 의하여 추정될 뿐이다. 이처럼 고정된 값으로 존재하지만 연구자가 그 값을 모르는 모집단분포의 특성값을 모수(parameter)라고 한다. 이에 반하여 표본분포를 기술하는 특성값은 통계량(statistic)이라고 한다. 즉 모수는 모집단분포의 특성을 기술하는 것이고, 통계량은 표본분포의 특성을 기술하는 것이다. 전통적인 관점에서 모수는 연구자가 관심을 갖는 고정된 상수이고 통계량은 연구자가 획득 가능한 변수라고 할 수 있다. 통계학자들은 모수의 표기는 희랍문자로 표기하며, 통계량은 로마자 또는 영문자로 표기한다. 즉, $\overline{Y}$의 표기는 표본평균을 의미하며, μ의 표기는 모평균을 나타낸다. 마찬가지로 s^2, r은 표본에서, 그리고 σ^2, ρ는 모집단에서의 분산과 상관계수를 각각 나타낸다. 다음의 그림 8.2.1은 모집단과 표본, 그리고 모수와 통계량의 대응관계를 나타낸 것이다.

[그림 8.2.1] 모집단의 모수와 표본의 통계량

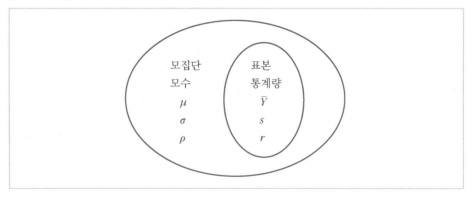

임의표집과 임의표본

임의표집(random sampling)의 개념은 7장에서 설명한 확률과 밀접한 관련이 있다. 통계적 추리의 타당성은 표본이 얼마나 모집단을 잘 대표하는가에 달려 있다. 즉, 표본의 특성이 집단의 크기만 다를 뿐 모든 면에서 모집단의 특성과 똑 같다면, 우리는 표본이 모집단을 대표한다고 할 수 있다. 그러나 모집단의 분포는 현실적으로 모르는 분포이기 때문에, 표본이 모집단을 대표하는지를 직접적으로 확인하는 것은 현실적으로 불가능하다. 또한 모집단의 분포를 알고 있다면 굳이 표본을 사용하여야 할 이유는 없는 것이다. 추리통계학에서 표본이 모집단을 대표하는지를 판단하는 준거는 표본을 구하는 절차의 타당성에 의존한다. 흔히 통계학의 초보자들은 표본이 크면 모집단을 잘 대표하는 것으로 간주하는 경향이 있다. 그러나 표본을 구하는 절차에 따라서 $N=100$인 표본이 $N=1,000,000$인 표본보다 훨씬 더 대표성을 갖출 수 있다.

모집단을 대표하는 표본을 구하는 방법 또는 절차를 임의표집이라고 한다. 만일 표본이 임의표집에 의하여 모집단에서 추출된다면, 그 표본은 개체 수의 크기만 다를 뿐, 모든 점에서 모집단과 같을 것이며, 모집단의 특성치인 모수와 표본에서 구한 통계량의 차이는 표집오차(sampling error)라고 하며, 표집오차의 발생원인은 순수하게 우연에 의한 것이라고 할 수 있다. 임의표집은 다음과 같이 정의된다.

임의표집 정의

임의표집은 모집단을 구성하는 각 개체가 표본에 포함될 확률이 동일하고, 각 개체가 표본에 포함되는 사건이 상호 독립적인 표집절차이다.

위의 정의에서 나타난 바와 같이 임의표집은 두 가지 조건을 만족하는 표집절차라고 할 수 있다. 임의표집방법에는 단순임의표집(simple random sampling), 층별임의표집(stratified random sampling), 군집표집(cluster sampling) 등 다양한 방법이 있으나, 이들 표집방법의 공통점은 앞의 정의에 제시된 두 가지 조건을 만족시킨다는 것이다. 임의표집에서 가장 간단한 형태인 단순임의표집의 예는 주머니에 빨간색과 노란색 구슬이 섞여서 10,000개 있는데, 표본의 크기가 100인 임의표본을 구하는 경우를 생각할 수 있다. 단순임의표집은 주머니에서 구슬 한 개를 뽑은 후에 그 구슬의 색깔을 기록하고, 다시 주머니에 넣고 섞은 후에, 주머니에 여전히 10,000개 있는 상태에서 두 번째의 구슬을 뽑고, 그 색깔을 기록하는 작업을 100회 반복하여, 그 동안 추출된 100개의 구슬색깔을 확보하는 경우이다. 여기서 확률변수는 구슬의 색깔이며, 모집단분포는 주머니에 있는 10,000개 구슬들의 색깔 분포이며, 표본분포는 추출된 100개 구슬들의 색깔 분포이다. 모집단분포인 10,000개 구슬들의 색깔 분포 또는 빨간색과 노란색 구슬들의 비율을 모르는 경우에 우리는 임의표본인 100개 구슬의 색깔분포에 기초하여 10,000개 구슬들의 색깔분포를 추리하게 된다. 이 경우에, 모집단인 주머니에 있는 10,000개의 구슬들 중에서 각 구슬이 뽑힐 확률은 1/10,000로서 동일하며, 또한 한 시행에서 뽑힌 구슬의 색깔이 다른 시행에서 뽑히는 구슬의 색깔에 영향을 받지 않으므로 각 시행은 상호독립적이라고 할 수 있다.

8.4 표집분포

추리통계학에서 다루는 모든 통계적 검정방법에서 가장 기초적인 개념은 통계량의 표집분포라고 할 수 있다. 그 이유는 만일 표집분포가 없다면, 우리는 어떤 통계적 검정도 할 수 없기 때문이다. 표집분포는 확률변수의 모집단분포에 대한 연구자의 가정이 참일 때, 사전에 정의된 통계량(예, 평균)이 표본에서 발생할 가능성에 관한 정보를 제공한다. 예를 들면, 모집단에서의 학업성취도 평균이 50이라고 가정할 때($H_0 : \mu = 50$), 연구자가 구한 임의표본에서 표본평균이 60 이상일($\overline{Y} \geq 60$) 확률이 얼마인가? 남학생과 여학생의 수학성취도 점수가 모집단에서 차이가 없다면 ($H_0 : \mu_{남} = \mu_{여}$), 연구자의 표본에서 평균의 차이가 10점 이상($\overline{Y}_{남} - \overline{Y}_{여} \geq 10$) 발생할 확률은 얼마인가? 이러한 질문에 대한 답을 계산할 때 표집분포는 확률분포의 기능을 하여 각 사건의 확률계산을 가능케 하고, 통계적 의사결정을 돕는다.

표집분포는 통계량의 분포이다. 모든 통계량은 표집분포를 갖는다. 예를 들어, 모집단에서 표본을 구하여 평균을 산출할 수가 있는데, 이러한 작업을 무수히 반복한다면, 무수한 갯수의 평균을 구할 수가 있다. 또한 각 표본에서 구한 평균은 서로 동일하다는 보장이 없고 다양한 값을 갖게 된다. 이 경우에 무수한 표본에서 구한 표본평균값들의 분포를 평균의 표집분포(sampling distribution of the mean)라고 한다. 표집분포는 거의 모든 경우에 수학적으로 유도되지만, 표집분포의 개념은 반복된 확률실험에서 얻어진 통계량의 경험적 분포라고 할 수 있다.

평균의 차의 표집분포를 예로 들어 본다. 경기도 의정부시에 소재하는 중학교 1학년 학생들의 수학성취도의 평균점수가 남녀간에 차이가 얼마인지 관심이 있는 경우에, 우리는 학업성취도의 남녀간 평균점수의 차이에 대한 표집분포를 생각할 수 있다. 남학생 20명과 여학생 20명을 표집하여 각각 남학생 표본의 수학성취도 평균값 $\overline{Y}_남$과 여학생 표본의 수학성취도 평균값 $\overline{Y}_여$를 구하여 $\overline{Y}_남 - \overline{Y}_여 = D$의 값을 구하는 작업을 n회 반복하면 n개의 D값을 구할 수 있는데, n개의 D값의 분포가 곧 평균차이의 표집분포(sampling distribution of mean difference)가 된다. 이 평균의 차이인 D를 표준오차(표집분포의 표준편차)로 나누어 분포를 구하면 우리가 앞으로 사용하게 될 이론적 확률분포인 t분포가 된다. 같은 방법으로 우리는 분산의 표집분포(sampling distribution of the variance)도 생각할 수 있다. 즉, 모집단에서 표본을 반복하여 구하고 각 표본에서 표본분산값을 산출한 후에, 이들 표본분산값들의 분포를 구하면 곧 분산의 표집분포가 된다.

다음의 그림 8.4.1은 모집단에서의 문제행동척도의 분포가 평균이 50이고 표준편차가 10인 경우에, 모집단에서 어린이 5명을 무수히 반복하여 표집하고, 매 표본마다 문제행동 척도의 표본평균값을 구하여, 그 결과를 분포로 나타낸 것으로 평균의 표집분포이다. 그림 8.4.1에서 표본평균값들의 분포를 보면 그 값이 48점에서 52점 사이에 관찰될 가능성이 많은 것을 알 수 있으며, 표본평균값이 70점을 넘을 가능성은 매우 희박한 것도 알 수 있다. 또한 그림 8.4.1의 표집분포의 평균은 모든 가능한 표본평균값들의 산술평균으로서 표본평균의 기대값을 나타낸다. 그림 8.4.1에서 표본평균의 기대값은 모평균과 같은 50임을 알 수 있다. 이처럼 표본평균의 기대값과 모평균의 값이 같을 때, 표본평균은 모평균을 추정하는 불편추정량(unbiased estimator of the mean)이라고 하며, 이러한 추정량의 속성은 추리통계에서 추정량의 양호도를 판정하는 기준으로 활용된다. 추정량의 양호도를 판정하는 보다 자세한 내용은 이 장의 추정부분에서 설명한다.

[그림 8.4.1] 표본평균의 표집분포

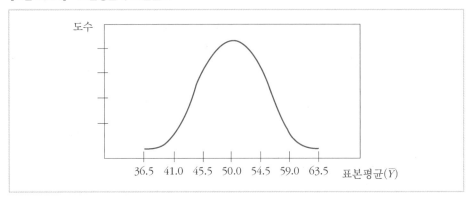

평균의 표집분포의 유용성은 실제 연구상황과 연관하여 생각할 때 자명하여진다. 즉, 실제 연구상황에서 연구자들은 표집행위를 반복하여 수많은 표본을 구한 후에 표집분포를 구하지 않는다. 그러한 절차는 비경제적이며 불필요한 절차이기 때문이다. 연구자들은 한 번 추출한 표본에서 통계량을 산출할 뿐이다. 그러나 연구자가 표본통계량의 표집분포를 알고 있다면, 즉 평균의 표집분포가 이미 알려져 있다면, 추리통계학의 표집분포이론을 활용하여 자신의 표본에서 구한 표본평균값이 관찰될 확률이 얼마인지 알 수 있다는 것이다. 예를 들어서 연구자의 표본평균이 앞서의 그림 8.4.1과 같은 표집분포를 갖는 경우에, 연구자는 자신의 표본에서 구한 표본평균값이 48점에서 52점 사이에서 관찰될 확률이 얼마인지 알 수 있다. 이러한 정보도출 방법은 우리가 모집단에 관한 정보를 추리할 때에 유용하다. 즉, 연구대상인 모집단에 대한 가설을 세운 후에, 그 가설이 참일 때의 평균의 표집분포를 안다는 것은, 연구자가 실제로 얻은 표본평균값이 관찰될 확률에 비추어 모집단에 대한 가설이 참인지 아닌지 판단할 수가 있는 것이다. 이러한 가설검정방법의 자세한 내용은 다음 장에서 설명한다.

위의 그림 8.4.1에서 평균의 표집분포를 예시하였다. 위의 표집분포의 특징을 기술하면, 평균이 50이고, 분산이 20인 정규분포라고 할 수 있다. 따라서 표준편차는 $\sqrt{20}$ =4.47로서 약 4.5이다. 통계학자들은 표집분포의 표준편차를 표준오차라고 달리 사용하기도 하는데 그 이유는 표집오차(sampling error)의 개념이 개입되기 때문이다. 예를 들어, 연구자가 1회 표본을 추출하여 표본평균의 값 $\overline{Y}$를 구하면 $\overline{Y}$는 모평균의 값 μ를 추정하기 위한 통계값이라고 할 수 있다. 그러나 $\overline{Y}$의 값은 모집단에서의 μ의 값과 동일하다는 보장은 없으며 항상 어느 정도 차이가 존재할 수 있다. 이러한 차이는 단순히 편차라고 하지 않고 $\overline{Y}$로 μ를 추정하는 경우에 발생하는 오차라고 규정한다. 또한 이러한 오차는 표본을 추출하는 표집행위 때문에 발생하는 것이므로 표집오차라고 한다. 표집오차는 연구자가 표본을 추출하는 경우에 항상 발생하는 것이며, 표집분포가 변산을 갖는 이유는 이러한 표집오차 때문이다. 또한 연구자가 임의표집을 하는 경우에 발생하는 표집오차는 순수하게 우연히 발생하는 오차이므로 임의효과를 갖는다.

표본 통계량의 표집분포의 표준편차를 표본통계량의 표준오차(standard error)라고 한다. 따라서 표본평균의 표준오차는 표본평균의 표준편차로서 $\sqrt{Var(\overline{Y})}$ $=\sqrt{\sigma_{\overline{Y}}^2}=\sigma_{\overline{Y}}$로 표기할 수 있다. 모집단분포의 변산을 나타내는 분산(σ_Y^2)과 표집분포에서의 분산($\sigma_{\overline{Y}}^2$)과의 관계는 이론적으로 $\sigma_{\overline{Y}}^2=\sigma_Y^2/N$의 관계에 있는데 여기서 N은 표본의 크기를 나타낸다. 이러한 관계는 표본의 크기가 클수록 평균의 표집분포의 분산은 작아지는 것을 의미한다. 즉, 표본의 크기가 클수록, 표집분포의 분산은 작아지며, 연구자가 사용하는 표본평균은 모평균을 추정하는 추정량으로서 정밀도가 높아지는 효과가 있음을 알 수 있다.

표준오차의 개념은 다음 장에서 공부하게 될 가설검정에서 통계적 추리에서 발생하는 의사결정의 오류가능성을 어떻게 확률로 제시하는지 설명하는 데 핵심적 역할을 한다. 또한 모수값을 추정하는 방법에는 점추정(point estimation)과 일정점수대에 모수값이 포함될 확률을 제시하는 구간추정(interval estimation)이 있는데 여기서도 표준오차는 핵심적 역할을 한다.

지금까지 설명한 모집단의 평균 μ_Y과 표본평균 표집분포의 평균 $\mu_{\overline{Y}}$과의 관계, 모집단의 분산 σ_Y^2과 표본평균의 표집분포의 분산 $\sigma_{\overline{Y}}^2$과의 관계는 다음과 같이 요약할 수 있다.

$$\mu_Y = \mu_{\overline{Y}}$$

$$\sigma_{\overline{Y}}^2 = \frac{\sigma_Y^2}{N}$$

여기서 N은 표본의 크기이다.

이 관계가 성립함을 보이기 위해 간단한 이론적 확률 실험을 생각해 보자. 똑같은 공에 1, 2, 3, 4의 번호가 각각 매겨진 네 개의 공이 들어 있는 주머니에서 한 개의 공을 꺼내 보고 집어 넣고 다시 한 개를 꺼내 보는 $N=2$인 표본을 복원임의추출하여 표본평균을 구한다고 가정한다. 이 때 모집단은 1, 2, 3, 4의 측정치로 구성되어 있다고 볼 수 있으며 $\mu_Y = 2.5$, $\sigma_Y^2 = 1.25$임을 계산할 수 있다. 또한 1, 2,

〈표 8.5.1〉 모집단(1, 2, 3, 4)에서 $N=2$인 표본을 복원추출할 때 가능한 모든 표본과 표본평균

표본	표본평균($\overline{Y}$)
1, 1	1.0
1, 2	1.5
1, 3	2.0
1, 4	2.5
2, 1	1.5
2, 2	2.0
2, 3	2.5
2, 4	3.0
3, 1	2.0
3, 2	2.5
3, 3	3.0
3, 4	3.5
4, 1	2.5
4, 2	3.0
4, 3	3.5
4, 4	4.0

3, 4로부터 $N=2$인 표본을 뽑을 때 가능한 표본과 표본평균 $\overline{Y}$은 표 8.5.1과 같다. 표 8.5.2는 표 8.5.1로부터 구한 표본평균의 도수분포이다. 표본평균의 도수분포를 표본평균의 표집분포라 한다. 그림 8.5.1은 모집단의 분포와 표본평균의 표집분포를 그래프로 나타낸 것이다. 표 8.5.1, 표 8.5.2, 그림 8.5.1로부터 세 가지 사실을 알 수 있다. 첫째, $\mu_{\overline{Y}} = \mu_Y = 2.5$이다. 즉, 표본평균의 표집분포의 평균은 모집단의 평균과 같다.

둘째, $\sigma_{\overline{Y}}^2 = \sigma_Y^2/N = 1.25/2 = 0.625$이다. 즉, 표본평균의 표집분포의 분산은 모집단의 분산을 표본의 크기로 나누어 준 값과 같다. 셋째, 표본평균의 표집분포는 정규분포에 접근한다. 즉, 모집단의 분포는 직사각형 분포인데 표본평균의 표집분포

〈표 8.5.2〉 **표본평균의 표집분포**

표본평균($\overline{Y}$)	도 수
1.0	1
1.5	2
2.0	3
2.5	4
3.0	3
3.5	2
4.0	1

[그림 8.5.1] **모집단의 분포와 표본평균의 표집분포**

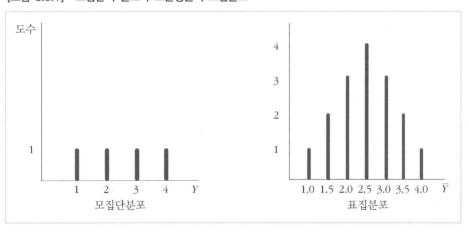

는 정규분포에 가까운 삼각분포이다. 같은 모집단으로부터 표본의 크기를 $N=3$으로 하여 표본평균의 표집분포를 구하면 $\mu_{\overline{Y}} = \mu_Y = 2.5$, $\sigma^2_{\overline{Y}} = \sigma^2_Y / N = 1.25/3 = 4.17$ 이 되고 분포의 모양은 정규분포에 접근하는지를 같은 방법을 적용하여 확인해 보자.

8.6 모집단의 분포와 표본평균의 표집분포

앞에서 표본평균의 임의표집분포의 평균은 모평균과 같으며 분산은 모분산의 $1/N$인 정규분포에 접근하는 경향이 있음을 보였다. 이 절에서는 모집단이 정규분포인 경우와 그렇지 않은 경우로 나누어 표본평균의 표집분포의 모양을 살펴 보기로 한다.

모집단의 평균은 μ이고 표준편차는 σ인 정규분포일 때 표본평균의 임의표집분포는 표본의 크기 N에 관계없이 평균은 $\mu_{\overline{Y}} = \mu$이고, 표준편차는 $\sigma_{\overline{Y}} = \sigma/\sqrt{N}$ 인 정규분포를 이룬다. 그림 8.6.1은 이 원리를 나타낸 것이다. 즉, $Y \sim N(\mu, \sigma^2)$일 때, $\overline{Y} \sim N(\mu_{\overline{Y}} = \mu, \ \sigma^2_{\overline{Y}} = \sigma^2/N)$이다. 이 원리는 모집단의 평균 μ를 추리하는 데 이용된다. 특히 표본의 크기가 작은 경우에는 모집단의 분포가 정규적이라는 가정하에서 표본평균의 임의표집분포로부터 μ에 대한 추리를 하게 된다.

[그림 8.6.1] 모집단의 정규분포와 표본평균의 표집분포

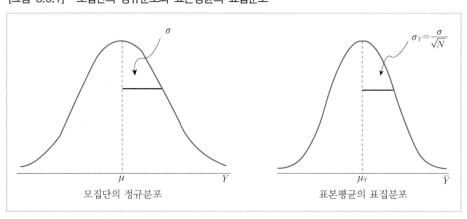

그러나 통계적 추리문제에는 모집단의 분포가 정규적이라고 가정할 수 없는 경우도 많이 있다. 그럼에도 정규분포가 강조되는 이유는 통계학의 대표적 이론인 중심극한정리(central limit theorem)가 있기 때문이다. 중심극한정리는 모집단의 분포에 관계없이 표본평균의 임의표집분포는 표본의 크기 N을 증가시킴에 따라 평균은 $\mu_{\overline{Y}} = \mu$이고 표준편차는 $\sigma_{\overline{Y}} = \sigma / \sqrt{N}$인 정규분포에 접근한다는 원리이다.

그림 8.6.2는 모집단의 분포에 관계없이 표본의 크기를 증가시킴에 따라 표본평균의 표집분포가 정규분포에 접근한다는 중심극한정리를 보이고 있다. 그림 8.6.2의

[그림 8.6.2] 중심극한정리의 효과

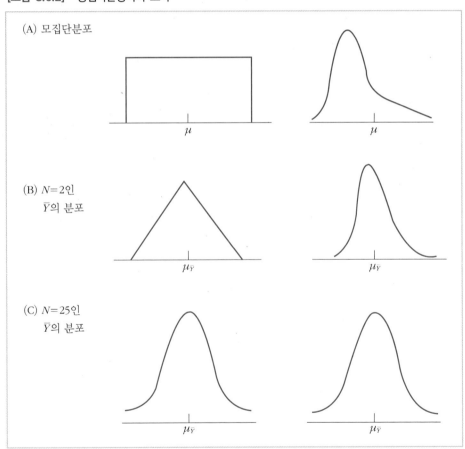

(A)는 직각분포와 양의 편포를 이루는 두 모집단의 분포를 나타낸 것이며, (B)는 표본의 크기가 $N = 2$인 표본평균의 표집분포를 나타낸 것이고, (C)는 표본의 크기가 $N = 25$인 표본평균의 표집분포를 나타낸 것이다. 중심극한정리에 따라 모집단이 정규분포가 아닌 경우에도 표본의 크기가 충분히 크다고 하면 $\overline{Y}$의 분포가 정규적이라고 가정할 수 있기 때문에 μ의 추리를 할 수 있다.

사회과학 문제에서는 일반적으로 표본의 크기가 20 이상이면 표본평균의 표집분포는 정규분포를 이룬다고 가정할 수 있다. 모집단의 점수 Y가 정규분포를 이룰 때, 즉 $Y \sim N(\mu, \sigma^2)$일 때, 다음 식에 의해서 Y를 z점수로 전환하여 각 Y점수에 대응하는 누적확률을 z분포표에서 구할 수 있다.

$$z = \frac{Y - \mu}{\sigma}$$

같은 방법으로 중심극한정리에 따라 $\overline{Y} \sim N(\mu_{\overline{Y}},\ \sigma^2_{\overline{Y}})$이므로 표본평균 $\overline{Y}$를 식 8.6.1에 의하여 z점수로 전환해서 각 $\overline{Y}$값에 대응하는 누적확률을 z분포표에서 구할 수 있다.

$$z = \frac{\overline{Y} - \mu_{\overline{Y}}}{\sigma_{\overline{Y}}} = \frac{\overline{Y} - \mu}{\dfrac{\sigma}{\sqrt{N}}} \tag{8.6.1}$$

보기 8.6.1

대부분의 IQ검사는 평균(μ)은 100이고 표준편차(σ)는 15가 되도록 구성되었다. 또한 대단히 큰 임의표본을 대상으로 검사를 실시하므로 검사점수는 정규분포를 이룬다고 가정할 수 있다. (1) IQ점수가 105점 이상인 경우는 몇 %가 되겠는가? (2) 표본의 크기 $N = 25$인 임의표본을 추출했을 때 IQ평균이 105점 이상인 경우는 몇 %가 되겠는가?

📖풀이

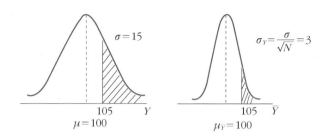

(1) 모집단의 분포는 $Y \sim N(\mu = 100, \sigma^2 = 15^2)$이므로, IQ점수가 105점 이상일 누적확률은
$$Pr(Y \geq 105) = Pr(z \geq .33) = .371$$
약 37%

(2) IQ평균의 분포는 $\overline{Y} \sim N(\mu_{\overline{Y}} = 100, \sigma^2_{\overline{Y}} = 15^2/25)$이므로 IQ평균($\overline{Y}$)이 105점 이상일 확률은
$$Pr(\overline{Y} \geq 105) = Pr(z \geq \frac{\overline{Y} - \mu_{\overline{Y}}}{\sigma_{\overline{Y}}}) = Pr(z \geq 1.67) = .0475$$
약 4.7%

보기 8.6.2

$Y \sim N(\mu = 100, \sigma^2 = 15^2)$이고 $N = 25$인 임의표본을 추출하여 표본평균의 표집분포에서 중앙 50%를 포함할 Y의 평균은 얼마인가?

📖풀이

$\overline{Y} \sim N(\mu_{\overline{Y}} = 100, \sigma_{\overline{Y}} = \frac{\sigma}{\sqrt{N}} = 3)$에서 $\overline{Y}_{.25}$와 $\overline{Y}_{.75}$를 찾는 문제이다. 먼저 수표에서 $z_{.25}$ $= -.67$, $z_{.75} = .67$을 찾아 다음 식에 의해서 z점수를 $\overline{Y}$로 전환한다.

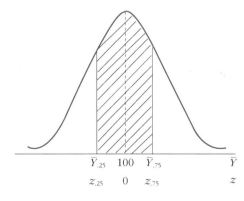

$$z = \frac{\overline{Y} - \mu}{\frac{\sigma}{\sqrt{N}}}$$

$$\overline{Y}_{.25} = \mu + z_{.25}\frac{\sigma}{\sqrt{N}}$$

$$\overline{Y}_{.25} = 100 + (-.67)(3) \fallingdotseq 100 - 2 = 98$$

$$\overline{Y}_{.25} = 100 + 2 = 102$$

보기　8.6.3

$Y \sim N(\mu = 100,\ \sigma^2 = 15^2)$이고 $N = 9$인 임의표본을 추출하여 표본평균의 표집분포에서 상위 5%와 하위 5%에 해당하는 Y평균과 상위 2.5%와 하위 2.5%에 해당하는 Y평균은 얼마인가?

풀이

(1) $\overline{Y} \sim N(\mu_{\overline{Y}} = 100,\ \sigma_{\overline{Y}} = \dfrac{\sigma}{\sqrt{N}} = 5)$에서 $\overline{Y}_{.05}$와 $\overline{Y}_{.95}$를 구하는 문제이다.

$z_{.05} = -1.64,\ z_{.95} = 1.64$

$\overline{Y}_{.05} = 100 + (-1.64)(5) = 100 - 8.2 = 91.8$

$\overline{Y}_{.95} = 100 + 8.2 = 108.2$

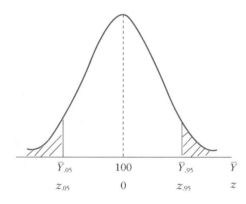

(2) $\overline{Y}_{.025}$와 $\overline{Y}_{.975}$를 구하는 문제이다.

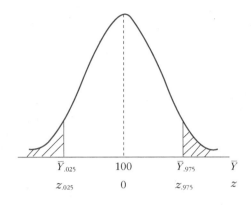

$$z_{.025} = -1.96, \ z_{.975} = 1.96$$

$$\overline{Y}_{.025} = 100 + (-1.96)(5) = 100 - 9.8 = 90.2$$

$$\overline{Y}_{.975} = 100 + 9.8 = 109.8$$

8.7 모수의 추정

추리통계학은 모집단에 관한 정보를 기술하거나 설명하기 위하여 표본자료를 이용하는 방법이다. 예를 들어, 모집단에서 IQ 점수분포의 평균(μ)이 얼마인지를 알기 위하여, 25명의 표본평균이 $\overline{Y} = 108$이라는 정보만을 가지고 μ에 관해 추리를 하는 것이다. 표본통계량으로부터 모수 정보를 추리하는 절차와 방법을 통계적 추리(statistical inference)라고 하는데, 통계적 추리방법은 모집단의 모수를 추정(estimation)하는 방법과 모집단의 모수에 관한 가설을 검정(hypothesis testing)하는 방법으로 구분할 수 있다. 여기서는 모수를 추정하기 위하여 표본통계량을 사용하는 방법을 다루고 가설을 검정하는 절차는 다음 장에서 설명하게 될 것이다. 추정은 모수의 추정값으로 단일 표본통계 값을 결정하는 점추정(point estimation)과 모수치가 포함될 신뢰구간 값을 결정하는 구간추정(interval estimation)으로 다시 구분할 수 있다.

점추정

모수의 추정치로 표본통계량의 특정한 값을 사용하는 것을 점추정(point estimation)이라고 한다. 표본평균 $\overline{Y} = 108$이라는 값으로 모집단의 IQ평균(μ)을 추정하는 것을 μ에 관한 점추정이라고 한다. 달리 표현하여, μ에 대한 점추정을 한다는 것은 표본평균을 구한다는 것이다. 즉, 하나의 통계값으로 모집단의 모수를 추정하는 행위를 점추정이라고 한다. 모수 추정을 위하여 사용하는 통계량을 모수의 추정량(estimator)이라고 하며 표본으로부터 계산된 통계량의 특정한 값을 그 모수의 추정값(estimate)이라고 한다. 서울특별시에서 초등학교 5학년 어린이의 평균 신장을 추정하기 위하여 100명의 표본을 구한 후에, 다음과 같이 표본평균을 계산하였다.

$$\overline{Y} = \frac{\sum_{i=1}^{100} Y_i}{100} = 147$$

즉, 서울시 전체 초등학교 5학년생의 평균 키를 $147cm$로 추정한 것이다. 이 때 추정량은 $\overline{Y} = \sum_{i=1}^{100} Y_i / 100$라는 계산공식, 또는 계산규칙이며, 추정값은 $\overline{Y} = 147$이라는 구체적인 한 개의 수치이다. 따라서 추정량은 표집분포를 갖는다. 즉, 동일한 모집단에서 표본을 100회 표집하고, 매번 같은 평균공식을 적용하여 100개의 표본평균을 구하였다면, 100개 표본평균들의 분포는 평균이라는 추정량의 표집분포이다.

모집단의 모수를 추리하기 위하여 점추정을 한다면, 점추정의 적절성은 어떻게 판단하는가? 점추정의 적절성은 크게 두 가지 요인으로 판단된다. 하나는 표본자료의 대표성이며, 다른 하나는 추정량의 양호도이다. 표본자료가 모집단을 대표하지 않고 왜곡된 것이면, 어떤 추정량으로도 모집단의 모수를 적절히 추정하지 못한다. 모집단을 대표하는 표본은 임의표집에 의하여 구한 표본 밖에 없다. 둘째로 추정량으로 사용하는 계산공식이 양호하지 않으면, 추정값은 정확하지 않거나, 오차가 크거나, 일관성이 없게 된다. 통계학자들은 양호한 추정량을 개발하려고 노력한다. 추정량의 양호도는 표집분포에 근거하여 평가한다. 두 개의 경쟁적인 평균추정량을 고려하여 보자.

$$\overline{Y_a} = \sum_i^n Y_i/100, \ \ \overline{Y_b} = (Y_{\min} + Y_{\max})/2$$

$\overline{Y_a}$는 산술평균공식을 사용하여 평균을 산출하는 추정량이고, $\overline{Y_b}$는 표본자료에서 최대값과 최소값만 이용하여 평균을 계산하는 추정량이다. 표집분포를 구하는 것은 모의실험(simulation)을 하는 것이다. 이제 이론적으로 평균(μ)과 분산(σ^2)이 알려진 모집단분포에서 표본을 100회 표집하고, 위의 두 개의 통계량으로 각각 100개의 평균을 계산하여 두 개의 표집분포를 만들어 보면, 추정량의 성질을 파악할 수있다. 우선 표집분포의 평균(100개 평균들의 평균)이 모평균과 같다면, 그 추정량은비편향성 추정량(unbiased estimator)이고, 표집분포의 분산이 작으면 효율적 추정량(efficient estimator)이며, 표본의 크기가 증가할수록 추정값이 모평균에 접근하면 일관적 추정량(consistent estimator)이다. 즉, 비편향성, 효율성, 일관성을 갖춘 추정량을 양호한 것으로 통계학자들은 평가한다. 위의 두 개의 평균 추정량에서 $\overline{Y_a}$와 $\overline{Y_b}$는 모두 비편향성을 갖춘 추정량이다. 그러나 효율성과 일관성에서 $\overline{Y_a}$는 $\overline{Y_b}$보다양호하다. 즉, 표집분포에서 분산을 구하여 효율성을 비교하면 아래와 같다.

$$Var(\overline{Y_a}) = \sigma^2/100, \ \ Var(\overline{Y_b}) = \sigma^2/2$$

두 분산을 비교하면 $N \geq 2$이면 언제나 $Var(\overline{Y_a}) \leq Var(\overline{Y_b})$ 로서 $\overline{Y_a}$가 효율적인 추정량이다. 즉, 오차가 적은 추정량이다. 또한 $\overline{Y_a}$는 표본크기가 증가함에따라 추정값이 모평균에 더 접근하지만, $\overline{Y_b}$는 표본크기가 2로 정해져 있어서 일치성 정보를 제공하지 못한다. 요약하면, $\overline{Y_a}$는 세 가지 양호도 기준을 모두 충족한다.만일 비편향성을 갖춘 추정량으로서 $\overline{Y_a}$보다 더 효율적이고, 일관된 추정량을 개발할 수 있다면 대단한 발견이 될 것이다.

구간추정

$\overline{Y}$는 μ에 대한 양호한 추정량이다. 그러나 $\overline{Y}$는 항상 표집오차(sampling error)[2]

---

2) 표집오차는 모수값과 통계값과의 차이를 의미한다. 통계값은 모집단의 일부분인 표본에서 계산된것이므로 모수값과 일치하지는 않는다. $\overline{Y}$의 표집오차는 $\overline{Y} - \mu = e$이다.

를 수반하고 있기 때문에 어느 한 표본에서 산출된 $\overline{Y}$의 값이 정확히 μ의 값과 일치한다는 것은 거의 불가능하다. 따라서 모수를 추정할 때, 단순히 점추정 값만을 제시하면, 모수 추정에서 어느 정도 오차를 범하고 있는지 알 수가 없다. 따라서 표집오차 정보를 포함하여 모수를 추정하는 구간추정(interval estimation)방법을 대안으로 고려할 수 있다. 구간추정은 일정한 확률을 갖고 모수를 포함할 구간 값을 구하는 절차이다. 달리 표현하면, 구간을 추정하는 것은 곧 구간의 상한계 값과 하한계 값을 구하는 것과도 같다.

모수를 구간으로 추정할 때 오차정보도 함께 다루어, 추정된 구간이 모수를 포함할 가능성이 몇 %인지를 함께 진술하면, 추정된 구간을 특별히 신뢰구간(confidence interval)이라고 한다. 즉, 95% 신뢰구간은 추정된 구간이 모수의 참 값을 포함할 가능성이 95%라는 의미이다. 다음은 95% 신뢰구간을 예로 든 것이다.

$$\mu\text{의 95\% 신뢰구간}=[98,\ 102]$$

이를 해석하면, 구간 [98, 102]가 모수 μ의 값을 포함할 가능성이 95%이다. 여기서 98은 하한계 값, 102는 상한계 값이다. 98과 102라는 구체적인 값은 $\overline{Y}$의 값과 표준오차를 활용하여 산출한 값이다. 따라서 평균과 표준오차를 계산할 수 있으면, 모평균 μ의 신뢰구간을 구할 수 있다.

구간의 크기는 추정량의 표집분포, 추정값, 그리고 표준오차와 관련을 갖는다. 표집오차를 표준화 하여 표준편차를 구할 수 있는데, 추정량의 표준편차는 특별히 표준오차(standard error)로 명명한다. 표준오차의 수학적 개념은 표준편차와 같다. 다만 추정량은 모수추정을 목적으로 한 것이므로, 모수 추정값이 모수 값과 차이가 발생하면 '오차'로 해석하기 때문에, 추정량의 표준편차는 특별히 표준오차라고 한다.

신뢰구간을 계산하는 방법은 추정량의 표집분포를 활용한다. 모집단에서 변수 Y가 $Y \sim N(0, \sigma^2)$의 분포를 갖고 있다면, 표본크기가 N인 표본에서 추정량 $\overline{Y}$의 표집분포는 $\overline{Y} \sim N(0, \sigma^2_{\overline{Y}})$이다. 여기서 $\sigma^2_{\overline{Y}} = \sigma^2/N$이다. $\overline{Y}$는 비편향성 추정량이므로 $\overline{Y}$의 표집분포의 평균은 곧 μ이며, 표준정규분포로 전환하면, $z = \dfrac{\overline{Y} - \mu}{\sigma_{\overline{Y}}}$이고, $z \sim N(0,\ 1)$이다. 따라서 95%의 확률구간을 다음과 같이 진술할 수 있다.

$$Pr(-1.96 \leq z \leq 1.96) = .95 \qquad (8.7.1)$$

따라서

$$Pr(-1.96 \leq \frac{\overline{Y}-\mu}{\sigma_{\overline{Y}}} \leq 1.96) = .95 \qquad (8.7.2)$$

이다. 식(8.7.2)를 μ에 대한 구간으로 전환하면,

$$Pr(\overline{Y}-1.96\sigma_{\overline{Y}} \leq \mu \leq \overline{Y}+1.96\sigma_{\overline{Y}}) = 0.95 \qquad (8.7.3)$$

이다. 식(8.7.3)은 μ가 $\overline{Y}-1.96\sigma_{\overline{Y}}$와 $\overline{Y}+1.96\sigma_{\overline{Y}}$ 구간내에 포함될 확률이 .95라는 의미이다. $\overline{Y}-1.96\sigma_{\overline{Y}}$와 $\overline{Y}+1.96\sigma_{\overline{Y}}$ 구간범위를 μ의 95% 신뢰구간이라고 한다. 신뢰구간에서 $\overline{Y}-1.96\sigma_{\overline{Y}}$는 하한계 값이며, $\overline{Y}+1.96\sigma_{\overline{Y}}$는 상한계 값이다.

신뢰구간을 해석할 때 유의해야 할 점은 μ가 확률변수가 아니라 고정되어 있는 상수이기 때문에 μ에 대해서는 확률적인 진술을 할 수 없으며, 확률적인 진술은 $\overline{Y}$에 대해서만 가능하다는 것이다. μ의 95% 신뢰구간이 $\overline{Y}\pm1.96\sigma_{\overline{Y}}$라는 의미는 $\overline{Y}$의 표집분포에서 모든 $\overline{Y}$값을 중심으로 $\overline{Y}\pm1.96\sigma_{\overline{Y}}$의 신뢰구간을 무한히 구하면, 95%의 신뢰구간은 μ를 포함한다는 것이다. 실제 연구상황에서는 표본자료에서 평균값 $\overline{Y}$를 한번 산출한 이후에, 이를 중심으로 신뢰구간을 생성한다. 예를 들어, 서울특별시 초등학교 5학년 학생의 키 분포에서 평균은 모르지만 분산은 $\sigma_Y^2 = 100$ 이라고 가정하자. 모집단에서의 평균을 추정하기 위하여 25명을 1회 표집하고, 평균을 $\overline{Y}=147cm$로 구했다면, 모집단에서의 평균에 대한 구간추정을 아래와 같이 할 수 있다.

μ의 95% 신뢰구간
$$= [147 - 1.96(10/5) \leq \mu \leq 147 + 1.96(10/5)]$$
$$= [143.08 \leq \mu \leq 150.92].$$

위의 식은 $[143.08cm,\ 150.92cm]$구간이 서울시 초등학교 5학년 학생 신장의

전체 평균 μ를 포함할 가능성이 95%라는 의미이다. 보다 편리하게 모평균 μ가 이 구간에 포함될 가능성이 95%라고 진술을 하여도 무리는 없다.

보기 8.7.1

$\sigma = 15$인 정규분포를 이루고 있는 모집단으로부터 $N = 25$인 임의표본을 추출하여 $\overline{Y}$를 산출한 결과 110이었다고 할 때 95% 신뢰구간을 구하라.

📖 **풀이**

$$110 - 1.96 \frac{15}{\sqrt{25}} \le \mu \le 110 + 1.96 \frac{15}{\sqrt{25}}$$

$$110 - 5.88 \le \mu \le 110 + 5.88$$

$$104.12 \le \mu \le 115.88$$

μ에 대한 신뢰구간의 범위는 $\overline{Y}$의 표준오차인 $\sigma_{\overline{Y}} = \sigma/\sqrt{N}$에 달려 있기 때문에 표본의 크기 N를 크게 하면 표준오차는 작아지고 상대적으로 신뢰구간은 좁아진다. 따라서 구간추정은 모수값을 추정할 때, 점추정값인 $\overline{Y}$와 오차의 크기인 정밀도 정보를 함께 제공하는 장점이 있다. 또한 모수에 대한 오차의 범위(예, $1.96 \sigma/\sqrt{N}$의 값)를 특정한 값으로 제한한다면, 적절한 N을 산출하는데도 유용하다.

8.1 다음의 분포들을 정의하고, 이들 분포의 관계를 예를 들어 설명하라.

    (1) 모집단분포

    (2) 표본분포

    (3) 표집분포

8.2 다음의 용어를 예를 들어 설명하시오.

    (1) 모수

    (2) 통계량

8.3 다음의 용어들을 약술하라.

    (1) 모평균   (2) 모분산

    (3) 표본평균   (4) 표본분산

    (5) 평균의 기대값   (6) 표집오차

    (7) 표준오차

8.4 1, 2, 4, 7, 11의 다섯 개 점수로 구성된 모집단을 생각하자.

    (1) 모집단의 평균(μ)과 표준편차(σ)를 구하라.

    (2) 모집단으로부터 표본의 크기가 $2(N=2)$인 복원표본을 추출하려고 할 때 가능한 모든 표본을 나열하라.

    (3) 각 표본의 평균($\overline{Y}$)을 구하라.

    (4) 표본평균의 표집분포표를 작성하라.

    (5) 표본평균의 표집분포의 평균($\mu_{\overline{Y}}$)과 표준편차($\sigma_{\overline{Y}}$)를 구하라.

    (6) 모집단분포와 평균의 표집분포의 그래프를 그려라.

8.5 연습문제 8.4의 모집단에서 표본의 크기를 3으로 할 때 평균의 임의표집분포 표와 그래프를 그리고 $\mu_{\overline{Y}}$와 $\sigma_{\overline{Y}}$를 구하라.

8.6 대부분의 IQ검사의 평균(μ)은 100이고 표준편차(σ)는 15가 되도록 구성되었다. 또한 대단히 큰 임의표본을 대상으로 검사를 실시하므로 검사점수는 정규분포를 이룬다고 가정할 수 있다.

(1) IQ점수 105점 이상인 경우는 몇 %가 되겠는가?

(2) 표본의 크기 $N = 25$인 임의표본을 추출했을 때 IQ평균이 105점 이상인 경우는 몇 명이 되겠는가?

8.7 $Y \sim N(\mu = 100,\ \sigma^2 = 15^2)$이고 $N = 15$인 임의표본을 추출하여 구한 표본 평균의 표집분포에서 중앙 50%를 포함할 IQ의 평균의 상한점수와 하한점수는 얼마인가?

8.8 $Y \sim N(\mu = 100,\ \sigma^2 = 15^2)$이고 $N = 9$인 임의표본을 추출하여 구한 표본 평균의 표집분포에서 상위 5%와 하위 5%에 해당하는 IQ평균과 상위 2.5%와 하위 2.5%에 해당하는 IQ평균은 얼마인가?

8.9 무한히 큰 모집단으로부터 표본의 크기가 100인 표본평균의 표집분포의 분산은 20이다. 이 분산을 10이 되도록 하려면 표본의 크기를 얼마로 하여야 하는가? 표준오차를 반으로 줄이기 위해서는 표본의 크기를 얼마로 하여야 되겠는가?

8.10 모집단의 분포가 다음과 같을 때 $N = 36$의 임의표본평균($\overline{Y}$)이 100 이상이 될 확률은 각각 얼마인가?

(1) $Y \sim N(\mu = 103,\ \sigma^2 = 10^2)$

(2) $Y \sim N(\mu = 99,\ \sigma^2 = 4^2)$

(3) $Y \sim N(\mu = 80, \ \sigma^2 = 50^2)$

(4) $Y \sim N(\mu = 98, \ \sigma^2 = 24^2)$

(5) $Y \sim N(\mu = 110, \ \sigma^2 = 80^2)$

8.11 $Y \sim N(\mu = 500, \ \sigma^2 = 100^2)$이고 $N = 100$인 임의표본을 추출하려고 할 때 다음을 구하라.

(1) $\overline{Y}_{.05}$ (2) $\overline{Y}_{.75}$ (3) $\overline{Y}_{.975}$

(4) $\overline{Y}_{.25}$ (5) $\overline{Y}_{.95}$ (6) $\overline{Y}_{.99}$

8.12 $Y \sim N(\mu = 100, \ \sigma^2 = 15^2)$이고 $N = 25$인 임의표본을 추출하려고 할 때 다음을 구하라.

(1) $\overline{Y}_{.01}$ (2) $\overline{Y}_{.025}$ (3) $\overline{Y}_{.05}$

(4) $\overline{Y}_{.95}$ (5) $\overline{Y}_{.975}$ (6) $\overline{Y}_{.99}$

8.13 다음을 구하라

(1) $\sigma = 20$, $N = 16$일 때 $\sigma_{\overline{Y}}$는?

(2) $\sigma = 10$, $N = 25$일 때 $\sigma_{\overline{Y}}$는?

(3) $\sigma = 48$,

    (a) $N = 4$일 때 $\sigma_{\overline{Y}}$는?

    (b) $N = 9$일 때 $\sigma_{\overline{Y}}$는?

    (c) $N = 16$일 때 $\sigma_{\overline{Y}}$는?

    (d) $N = 64$일 때 $\sigma_{\overline{Y}}$는?

(4) $\overline{Y} = 90$, $\sigma = 12$, $N = 36$일 때

    (a) μ의 95% 신뢰구간

    (b) μ의 99% 신뢰구간

8.14 $\sigma^2 = 2$라고 가정할 수 있는 모집단으로부터 $N = 75$의 임의표본을 추출하여 계산한 평균($\overline{Y}$)은 57이었다. μ의 95% 신뢰구간을 구하라.

8.15 어느 학교 교장선생님이 6학년 학생들의 학력을 추정하려고 한다. 6학년 전체 학생 학력의 분산은 116이라고 가정할 수 있다. 30명의 임의표본을 추출하여 학력검사를 시행한 결과 $\overline{Y} = 121$이었다. 6학년 학생들의 학력평균의 99% 신뢰구간을 구하라.

8.16 $\overline{Y} = 63$, $\sigma = 12$, $N = 100$일 때 μ의 95%, 99%, 90% 신뢰구간을 구하라.

8.17 $\overline{Y} = 117$, $\sigma = 36$, $N = 81$일 때 μ의 95%, 99%, 90% 신뢰구간을 구하라.

8.18 모집단의 분산을 225라고 가정하고 μ의 95% 신뢰구간범위를 다음과 같이 하려면 N의 최소 크기는 얼마가 되어야 하는가?

(1) 2

(2) 4

(3) 8

(4) 16

8.19 μ의 95% 신뢰구간범위를 6으로 하려고 한다. 모집단의 σ를 다음과 같이 가정할 때 표본의 크기를 최소 얼마로 하여야 하는가?

(1) 5

(2) 10

(3) 20

(4) 50

8.20 μ의 95% 신뢰구간을 2 이하로 하려고 한다. 모집단의 분산을 다음과 같이

가정한다면 표본의 최소 크기는 얼마로 하여야 하는가?

(1) 4

(2) 8

(3) 16

(4) 32

8.21 표준화 학력검사점수의 분산은 144라고 가정할 수 있다. $N = 25$의 임의표본에서 $\overline{Y} = 73$이었다. μ의 90% 신뢰구간을 구하라. 신뢰구간의 범위를 2 이내로 하려고 한다면 최소한 표본의 크기를 얼마로 해야 하는가?

제 9 장 　가설검정

　　통계적 추리방법은 표본 자료를 활용하여 모수를 직접 추정하는 방법(parameter estimation)과 모수에 대한 가설을 검정하는 방법(hypothesis testing)으로 구분할 수 있다. 모수에 대한 가설을 검정하는 방법을 이해하기 위해서는 먼저 가설이 무엇인지 알 필요가 있다. 모수에 대한 가설을 쉬운 말로 표현한다면, 모수에 대한 추측 또는 모수에 대한 가정으로 이해될 수 있다. 모집단의 전체 자료를 수집하였다면 모수의 값을 얻을 수 있지만, 일반적으로 모집단을 전수 조사하여 자료를 얻지 않고 표본을 뽑아 모수에 대해 추측하게 된다. 연구자가 모수에 대해 제기한 추측이나 가정을 가설이라고 이해할 수 있다.

　　예를 들어, 어떤 연구자가 ICT를 활용하여 초등학생의 분수 개념 획득 수업을 설계하고, 효과성을 분석하는 연구를 진행한다고 가정하자. 이 연구자는 자신이 설계한 ICT 활용 수업이 기존의 강의식 수업보다 학생들의 분수 개념 획득에 효과가 있을 것이라는 기대로 연구를 시작할 것이다. 이러한 기대가 바로 연구의 가설이다. 어떤 경우, 가설은 검정되지 못할 수도 있지만, 또 다른 경우, 양화된 자료를 활용하여 확률적으로 검정될 수도 있다.

　　앞의 예로 돌아가 다시 한 번 생각해 보자. 연구자는 자신이 설계한 ICT 활용 수업의 효과를 확인하기 위해, ICT를 활용하여 수업을 진행한 학생들의 평균이 동일 학년 전체 초등학생의 평균점수인 75점보다 높을 것이라는 가설을 상정했다고 하자. 이 연구자는 ICT 활용 수업을 적용한 초등학생 집단(즉, 모집단)의 평균을 산출하여, 이 평균이 기존 평균점수인 75점보다 높은지 확인하면 될 것이다. 그러나 연구자는 모집단의 모든 학생을 조사한다는 것은 불가능하기 때문에 일부 학생에게 ICT 활용

수업을 적용한 후 자료를 수집하고 통계적 추리방법을 활용해서 자신이 가지고 있는 가설을 검정하게 된다. 이것이 표본 자료를 활용한 통계적 가설 검정 방법이다. 연구자는 모집단에 속한 일부 학생에게 ICT 활용 수업을 시행하고 이 학생들에게 분수 개념 시험을 시행한 후 자신이 가지고 있는 가설, 즉, $\mu_{ICT활용수업} > 75$라는 연구 가설을 검정하게 된다.

9.1 영가설과 대립가설

가설은 모집단의 분포나 모수에 관한 잠정적인 진술이다. 통계적 추리는 모집단의 모수에 관한 추리이기 때문에 가설은 표본의 통계량에 관한 진술이 아니라 모집단의 모수에 관한 진술이다. 이와 같은 진술은 참일 수도 있고 거짓일 수도 있는 불확실한 상황에 관한 진술이기 때문에 가설이라고 한다.

여러 개의 가설을 설정하고 그에 대한 검정을 하는 가설검정 방법을 생각해 볼 수도 있으나 이 책에서는 두 대립되는 가설을 설정하고 이에 대한 검정을 하는 유의도 검정(significance testing) 절차를 다루게 된다. 두 대립되는 가설 중에서 실제로 검정을 받는 가설을 영가설(null hypothesis)이라고 하며 H_0로 표시한다. H_0가 참이라는 가정 하에서 검정에 사용될 통계량의 표집분포, 유의수준(level of significance), 기각영역을 결정한다. 반면에 H_0가 거짓일 때 참이라고 채택하게 되는 가설을 대립가설(alternative hypothesis)이라고 하며 H_1으로 표시한다. H_0와 H_1은 상호배반적(mutually exclusive)이며 모수의 가능한 모든 영역(exhaustive)을 포함하도록 진술되어야 한다. 영가설은 모수의 특정 값을 나타내도록 등호(=)가 포함된 진술이어야 한다. 그렇게 함으로써 검정통계량의 임의표집분포를 결정할 수 있다. 가설을 채택하거나 기각하는 결정은 H_1이 아니라 H_0가 기준이 된다. 이와 같은 조건을 만족하는 모집단 평균에 관한 통계적 가설은 다음과 같이 세 가지로 설정될 수 있다.

$$1) \ H_0 : \mu = \mu_0 \qquad 2) \ H_0 : \mu \leq \mu_0 \qquad 3) \ H_0 : \mu \geq \mu_0$$

$$H_1 : \mu \neq \mu_0 \qquad\qquad H_1 : \mu > \mu_0 \qquad\qquad H_1 : \mu < \mu_0$$

세 쌍의 영가설과 대립가설은 상호배반적이며 μ의 가능한 모든 범위를 포함하도록 진술되어 있다. 1)과 같이 설정된 가설을 등가설(exact hypothesis)이라고 하며 2), 3)과 같이 설정된 가설을 부등가설(inexact hypothesis)이라고 한다. 등가설을 설정하였을 때는 기각영역이 검정통계량의 표집분포의 양쪽 끝에 있게 되므로 양측검정(two-tailed test)이 되고, 부등가설을 설정하였을 때는 기각영역이 표집분포의 좌측이나 우측 한쪽 끝에만 있게 되므로 단측검정(one-tailed test)이 된다.

연구자가 방향에는 관계없이 평균의 차이에만 관심이 있을 때는 양측검정을 하고, 어느 한 쪽에서 평균의 차이에 관심이 있을 때는 단측검정을 한다. 연구 문제에 따라 단측검정이 적절한 경우와 양측검정이 적절한 경우가 있다. 예를 들면 A집단의 평균능력이 B집단의 평균능력보다 우수한가를 연구 문제로 정하고 부등호의 방향성에 대한 충분한 선행 연구가 확보되었다면 단측검정이 적절하다. 그러나 a라는 특성과 b라는 특성 사이에 관계가 있는지 또는 차이가 있는지를 연구하는 문제라면 양측검정이 적절하다. 단측검정을 할 것인가 또는 양측검정을 할 것인가를 결정하는 것은 표본의 결과를 얻기 전에 가설을 설정할 때 이루어져야 한다.

모집단에 관한 통계적 추리과정에는 적절한 통계량과 표집분포를 결정하고 그와 같은 추리를 뒷받침하는 가정이 필요하게 된다. 가정은 가설과 함께 표본으로부터 결과를 얻기 전에 명시되어야 한다. 가설은 표본자료에 의하여 검정되는데 반하여 가정은 반드시 검정되지는 않는다. 가정은 단순히 참이라고 가정하고 이러한 가정을 만족하도록 자료를 수집한다. 앞에서 예를 든 단일 모집단의 평균에 관한 z검정에는 다음과 같은 가정이 필요하다.

1) 모집단은 정규분포를 이룬다.
2) 모집단의 σ를 알고 있다.
3) 독립적으로 추출한 임의표본이다.

가정은 실제로 항상 만족될 수는 없다. 그러나 가정에 따라서는 만족되지 못했을 경우 결론에 심각한 영향을 미칠 수도 있지만 별다른 영향을 미치지 않을 수도 있다.

9.2 가설검정 절차

가설을 설정하고 가설을 검정하는 절차는 유의수준을 정해 놓고 영가설을 기각하거나 채택하는 방법과 유의수준을 미리 정하지 않고 통계값의 유의수준을 결정하는 방법이 있다. 먼저 유의수준을 정해 놓고 영가설을 기각하거나 채택하는 가설검정절차의 예를 들어 보자. 어느 학교에서 전교생의 IQ점수의 평균을 조사하려고 한다. 전교생을 대상으로 IQ검사를 시행하는 대신에 36명의 임의표본을 추출하여 IQ검사를 하고 그 평균으로 전교생의 IQ점수의 평균을 추리하려고 한다. 조사자는 표본을 추출하여 표본평균을 구하기 전에 모집단이 정규분포를 이루고 있으며 평균이 100이고 표준편차는 $\sigma = 15$라는 것을 알고 있다는 가정 하에 다음과 같은 절차를 거쳐 가설을 검정한다.

제1단계: 검정하려고 하는 영가설(null hypothesis; H_0)과 대립가설(alternative hypothesis; H_1)을 설정한다. 즉,

$$H_0 : \mu = 100$$
$$H_1 : \mu \neq 100$$

영가설은 검정을 받는 가설이며, 대립가설은 영가설을 기각하게 될 때 채택하게 되는 가설이다.

제2단계: 유의수준(level of significance)을 설정한다. 즉,

$$\alpha = .05$$

유의수준은 영가설이 실제로 참인데 영가설을 기각할 확률, 즉 영가설을 기각할 때 범할 수 있는 오류 확률이다. 따라서 유의수준은 검정통계량의 표집분포상 영가설의 기각영역을 결정하는 준거가 된다.

제3단계: 가설을 검정할 검정통계량(test statistics)을 진술한다.

$$z = \frac{\overline{Y} - \mu}{\frac{\sigma}{\sqrt{N}}}$$

추리하려고 하는 모수, 모집단의 분포, 가설검정에 필요한 가정에 따라 검정통계량이 결정된다.

제4단계: 영가설이 참이라는 가정 하에 검정통계량의 임의표집분포를 진술한다.

$$z \sim n(0, \ 1)$$

z는 평균 0, 표준편차 1인 정규분포를 이룬다.

제5단계: 임계값(critical value) 또는 H_0의 기각영역(rejecting area)을 진술한다.

기각영역은 영가설과 유의수준에 따라 검정통계량의 임의표집분포상에 결정되며 H_0를 기각하는 의사결정의 준거를 제공한다. H_0의 기각영역은 $Z < -1.96$ 또는 $z > 1.96$이다.

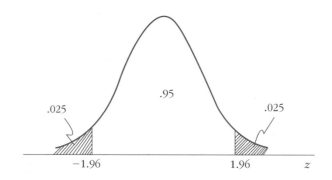

제6단계: 임의표본을 추출하여 $\overline{Y}$와 z를 산출한다.

$N = 36$의 임의표본을 추출하여 IQ검사를 시행한 결과 $\overline{Y} = 103$이었다면,

$$z = \frac{\overline{Y} - \mu}{\frac{\sigma}{\sqrt{N}}} = \frac{103 - 100}{\frac{15}{\sqrt{36}}} = \frac{18}{15} = 1.2$$

제7단계: $1.2 < 1.96$이므로 H_0를 기각하지 못하게 된다. 검정통계값이 기각영역 내에 있게 되면 "유의수준 .05에서 H_0는 기각되었다" 또는 "표본평균은 통계적으로 유의하였다"라고 하며, 이 말은 $\mu \neq 100$이라고 주장할 때 범할 수 있는 오차는 5% 이내라는 의미를 갖는다. 반면에 검정통계값이 기각영역 밖에 있게 되면 "유의수준 .05에서는 H_0가 기각되지 않았다" 또는 "표본평균은 통계적으로 유의하지 않았다"라고 하며, 이 말은 $\mu = 100$이라고 주장하는 것이 아니라 오히려 $\mu \neq 100$이라는 증거를 발견하지 못하였음을 의미한다. 따라서 상황에 따라 H_0를 기각하거나 판단을 보류하게 된다.

이상의 7단계 절차는 유의수준을 정해 놓고 영가설을 기각하거나 기각하지 못하는 가설검정 절차이다. 유의수준을 미리 정하지 않고 검정결과에 따라 통계값의 유의수준을 결정하는 가설검정 절차는 7단계 절차의 제2단계와 제5단계를 제외한 5단계 절차로 구성되며, 영가설을 기각하거나 기각하지 못하는 대신에 검정통계값의 유의수준을 결정하는 마지막 단계를 제외하고는 7단계 절차와 동일하다.

앞의 7단계 가설검정 문제를 해결하는 5단계 가설검정 절차는 다음과 같다.

제1단계: 영가설과 대립가설 설정

$H_0 : \mu = 100$

$H_1 : \mu \neq 100$

제2단계: 검정통계량의 진술

$$z = \frac{\overline{Y} - \mu}{\frac{\sigma}{\sqrt{N}}}$$

제3단계: 영가설이 참이라는 가정하에 검정통계량의 임의표집분포에 관한 진술

$$z \sim n(0, 1)$$

제4단계: 표본으로부터 $\overline{Y}$와 z의 계산

$$z = \frac{\overline{Y} - \mu}{\frac{\sigma}{\sqrt{N}}} = \frac{103 - 100}{\frac{15}{\sqrt{36}}} = \frac{18}{15} = 1.2$$

제5단계: 검정통계값 z의 유의수준 결정

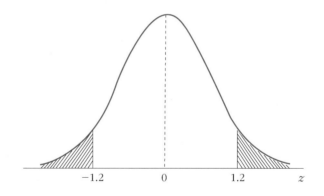

검정통계값 z의 유의수준은 7단계 절차에서 사전에 결정하는 유의수준과 구별하기 위하여 확률값 또는 P값(P value)이라고 하는데 산출된 통계값에 대한 영가설이 참이라는 가정하에 검정통계량의 표집분포에서 기각영역쪽의 누적확률을 나타낸다. 즉,

$$P(z > 1.2) = .115$$

그런데 기각영역이 양쪽에 있으므로 $P(z < -1.2$ 또는 $z > 1.2) = .23$. P값 또는 유의수준이 .23이라는 것은 영가설을 기각할 때 범할 오차는 23%라는 뜻이다. 따라서 7단계 절차라고 하면 23%의 오차를 범하면서 영가설을 기각할 수 없으므로 영가설을 기각하지 못하게 된다.

보기 9.2.1

어느 학교 교장은 수년 동안 학생을 대상으로 질문지를 사용하여 교사에 대한 태도검사를 실시하여 왔다. 그 결과 작년까지 태도 척도값의 평균은 178이었고 표준편차는 24이었다. 금년에도 전교생을 대표할 수 있다고 생각되는 36명의 임의표본을 추출하여 동일한 검사를 실시한 결과 평균이 170이었다. 이 결과로부터 학생들의 교사에 대한 태도는 변하였다고 말할 수 있는가? 적절한 가설을 설정하고 $\alpha = .05$ 수준에서 검정하라.

풀이

수년간 조사한 결과의 평균이 178이고 표준편차가 24이었으므로 $\mu = 178$이고 $\sigma = 24$라고 가정할 수 있다. 연구문제는 학생들의 교사에 대한 태도의 변화 여부에 관심이 있다. 7단계 가설검정절차를 적용하여 문제를 풀어보자.

(1) 가설 $H_0 : \mu = 178$

$\qquad\qquad H_1 : \mu \neq 178$

(2) 유의수준 $\alpha = .05$

(3) 검정통계량 $z = \dfrac{\overline{Y} - \mu}{\dfrac{\sigma}{\sqrt{N}}}$

(4) H_0가 참이라고 할 때 검정통계량의 표집분포

$\quad z \sim n(0, \ 1)$

(5) 기각영역 $z > 1.96$ 또는 $z < -1.96$

(6) z값을 계산

$\quad z = \dfrac{\overline{Y} - \mu}{\dfrac{\sigma}{\sqrt{N}}} = \dfrac{170 - 178}{\dfrac{24}{\sqrt{36}}} = -\dfrac{8}{4} = -2.00$

(7) H_0는 $\alpha = .05$ 수준에서 기각된다.

표본평균 170은 모평균 178과 통계적으로 유의한 차이가 있다. 표본평균 170의 P값은 .045이다. 즉 모집단의 평균이 178이라고 한다면 170의 표본평균이 일어날 확률은 .045에 불과하다. 따라서 금년도 학생들의 교사에 대한 태도는 과거와 비교하여 변하였다고 할 수 있다.

통계적 의사결정과 의사결정의 오류

통계적 의사결정(statistical decision)은 가설검정의 결과에 따라 H_0를 기각하거나 기각하지 못하는 것이다. 계산된 검정통계값이 기각영역 내에 포함되면 H_0를 기각하고, 기각영역을 벗어나면 H_0를 기각하지 못하게 된다. H_0가 기각되었을 때는 "표본통계치는 통계적으로 유의하였다" 또는 "α수준에서 유의하였다"라고 하며, H_0가 기각되지 못했을 때는 "표본통계치는 통계적으로 유의하지 않았다" 또는 "α수준에서 유의하지 않았다"라고 한다.

그림 9.3.1은 $\sigma = 15$인 정규모집단의 μ를 추리하기 위하여 $N = 25$인 임의표본평균 $\overline{Y} = 106$을 얻어 $H_0 : \mu = 100$이라는 가설을 검정한 결과 $\alpha = .05$ 수준에서 기각되었음을 나타낸 것이다. 이와 같은 결과로부터 연구자가 $\mu = 100$이라는 H_0를 기각하고 $\mu \neq 100$이라는 H_1을 채택할 때 범할 수 있는 오류의 가능성은 5% 이내라는 의미를 갖는다.

[그림 9.3.1] H_0가 기각된 유의도검정

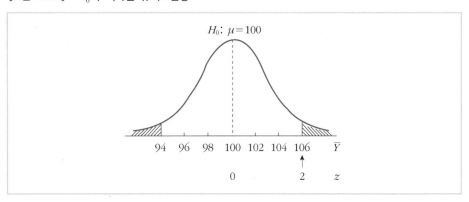

반면에 검정통계값이 기각영역을 벗어나면 H_0를 기각하지 못하게 되는데, 이것이 H_0가 참이라는 것을 의미하는 것은 아니다. 오히려 H_0를 기각할 충분한 증거를 찾지 못했다는 의미로 해석될 수 있다. 그림 9.3.2는 동일한 검정통계값에 의해서 상이하게 H_0가 기각되지 않는 두 가지 경우를 나타낸 것이다.

[그림 9.3.2] H_0가 기각되지 못한 유의도검정

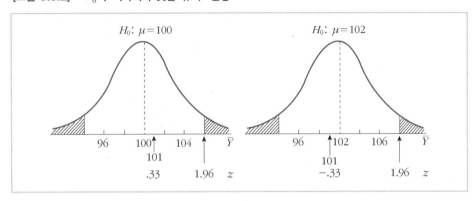

산출된 임의표본평균 $\overline{Y} = 101$이라고 하면, 두 영가설 $H_0 : \mu = 100$과 $H_0 : \mu = 102$는 $\alpha = .05$ 수준에서 모두 기각되지 못한다. 그렇다고 $\mu = 100$과 $\mu = 102$가 각각 참이라고 한다면 동일한 표본자료를 가지고 H_0를 검정할 때 여러 개의 참인 모평균이 존재할 수 있는 모순에 빠진다. 따라서 H_0가 기각되지 못했다는 것은 H_0가 참이어야 한다거나 참일 확률이 높다는 것을 의미하는 것은 아니다.

H_0를 검정하는 의사결정 과정에는 H_0에 대한 두 가지 가능한 실제상황, 즉 H_0가 참이거나 거짓인 상황이 가능하고, 의사결정은 H_0를 기각하거나 기각하지 못하는 의사결정이 가능하다. 이 두 차원을 표로 나타내면 표 9.3.1과 같고, 네 가지 경우의 수가 존재한다.

〈표 9.3.1〉 통계적 의사결정의 두 오류

실제상황 의사결정	H_0 참	H_0 거짓
H_0 기각하지 못함	올바른 의사결정 $1 - \alpha$	제2종 오류 β
H_0 기각	제1종 오류 α	올바른 의사결정 $1 - \beta$

$(1 - \alpha)$: H_0가 실제로 참인데 H_0를 기각하지 못함
α : H_0가 실제로 참인데 H_0를 기각
β : H_0가 실제로 거짓인데 H_0를 기각하지 못함
$(1 - \beta)$: H_0가 실제로 거짓인데 H_0를 기각

H_0가 참일 때 H_0를 기각하지 않는 통계적 의사결정, H_0가 거짓일 때 H_0를 기각하는 통계적 의사결정은 올바른 의사결정이다. 반면, 통계적 의사결정이 올바른 의사결정이 되지 못하는 경우도 있다. 통계적 의사결정에는 두 종류의 오류, 즉 H_0가 실제로 참인데 H_0를 기각하는 오류와 H_0가 실제로 거짓인데 H_0를 기각하지 못하는 오류가 일어날 수 있다. H_0가 참인데 H_0를 기각하는 오류를 제1종 오류(type Ⅰ error)라고 하고, H_0가 거짓인데 H_0를 기각하지 못하는 오류를 제2종 오류(type Ⅱ error)라고 한다.

제1종 오류는 H_0가 실제로 참인데 H_0를 기각함으로써 범하는 오류이며 제2종 오류는 H_0가 실제로 거짓인데 H_0를 기각하지 않음으로써 범하는 오류이다. 의사결정만을 고려하면 H_0를 기각할 때 범하는 오류가 제1종 오류이고 H_0를 채택할 때 범하는 오류가 제2종 오류이다. 두 종류의 오류를 범할 수 있는 확률을 기호로 다음과 같이 정의할 수 있다. 이것을 표본평균의 표집분포상에 나타내면 그림 9.3.3과 같다.

$$\alpha = Pr(\text{제1종 오류}) = Pr(H_0 \text{ 기각} \mid H_0 \text{ 참})$$
$$\beta = Pr(\text{제2종 오류}) = Pr(H_0 \text{ 기각하지 못한} \mid H_0 \text{ 거짓})$$

[그림 9.3.3] α와 β

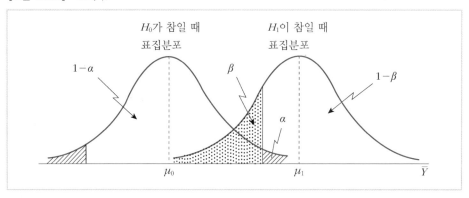

통계적 의사결정에서는 사전에 β를 직접적으로 고려하지 않고 α만을 충분히 작게 설정하는 형식을 취한다. H_0를 기각할 경우에는 β를 고려할 필요가 없지만

H_0를 기각하지 못하는 경우에는 β의 영향력을 고려하게 된다. 영가설을 기각했을 때, 일종오류를 범할 수 있는 확률인 α를 통계적 유의수준이라고 부르고, 영가설을 기각하였지만 이종오류를 범하지 않고 올바른 의사결정을 할 수 있는 확률은 $(1-\beta)$로 검정력이라고 부른다. 통계적 유의수준과 검정력은 모수에 대한 가설검정에서 매우 중요한 의미를 갖고 있기 때문에 이에 대해서는 다음 절에 좀더 자세히 설명한다.

5단계 가설검정절차와 같이 사전에 α를 설정하지 않는 경우도 있고, 검정하려는 가설에 따라서는 α와 β가 함께 고려되어야 하는 경우도 있다. 그림 9.3.3에서 알 수 있는 바와 같이 α를 작게 하면 β가 커지고 β를 작게 하면 α가 커진다. α는 연구자가 사전에 작게 설정할 수 있으나 α와 β를 동시에 작게 하기 위해서는 표본의 크기를 크게 하는 방안이나 그 밖에 여러 가지 조건을 고려해야 한다.

9.4 유의수준

표본의 증거에 비추어 H_0와 H_1을 비교하는 과정을 통계적 검정(statistical test) 또는 유의도 검정(significance test)이라고 한다. 유의수준(level of significance)은 검정통계값에 따라 H_0를 기각할 것인지 또는 기각하지 않을 것인가를 결정하는 기준을 제공한다. 유의수준은 연구자의 의사에 따라 정할 수도 있으나 .05, .01 또는 .001을 채택하는 것이 일반적인 관례이다. 유의수준에 따라 검정통계량의 이론적 표집분포에서 H_0를 기각할 기각영역(region of rejection)과 임계값(critical value)이 결정된다. σ를 알고 있는 단일 모평균을 검정하는 경우를 예로 들어 보자. 9.1에서 예를 든 세 가지 가능한 가설을 설정하였을 때 유의수준과 기각영역은 그림 9.4.1과 같다.

유의수준은 H_0가 참이라고 가정을 하고 검정통계량의 이론적 표집분포에 비추어 볼 때 기각영역에 포함될 확률을 의미한다. 기각영역은 유의수준에 대응하는 검정통계량의 표집분포의 일부분으로 형성된다. 유의수준을 $\alpha = .05$로 설정하면 H_0가

[그림 9.4.1] 가설, 유의수준, 기각영역

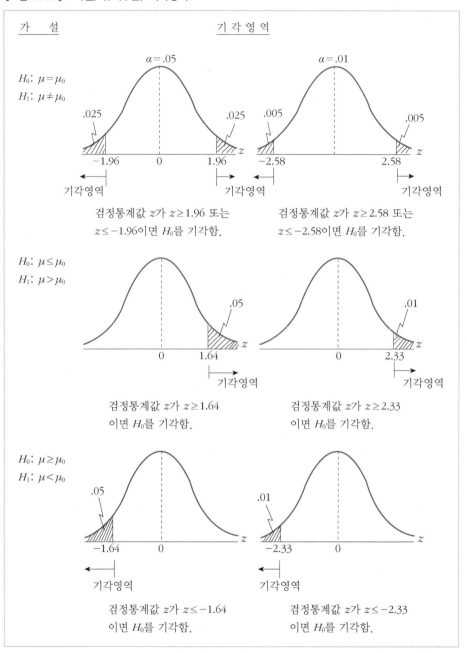

가　설　　　　　　　　　기 각 영 역

H_0: $\mu = \mu_0$
H_1: $\mu \neq \mu_0$

$\alpha = .05$

.025　　　　　.025

−1.96　　0　　1.96

기각영역　　　　　기각영역

검정통계값 z가 $z \geq 1.96$ 또는
$z \leq -1.96$이면 H_0를 기각함.

$\alpha = .01$

.005　　　　　.005

−2.58　　　　2.58

기각영역

검정통계값 z가 $z \geq 2.58$ 또는
$z \leq -2.58$이면 H_0를 기각함.

H_0: $\mu \leq \mu_0$
H_1: $\mu > \mu_0$

.05

0　　1.64

기각영역

검정통계값 z가 $z \geq 1.64$
이면 H_0를 기각함.

.01

0　　2.33

기각영역

검정통계값 z가 $z \geq 2.33$
이면 H_0를 기각함.

H_0: $\mu \geq \mu_0$
H_1: $\mu < \mu_0$

.05

−1.64　　0

기각영역

검정통계값 z가 $z \leq -1.64$
이면 H_0를 기각함.

.01

−2.33　　0

기각영역

검정통계값 z가 $z \leq -2.33$
이면 H_0를 기각함.

참이라는 가정 하에서 검정통계값이 나타날 확률이 .05 이하가 되도록 기각영역이 결정된다. 표본으로부터 산출한 검정통계값을 구한 결과 기각영역에 해당하였다고 하면 극히 일어날 확률이 낮은 사건이 일어났으므로 H_0를 의심하고 기각하는 것이다. H_0가 참이라는 가정 하에서 기각영역 내에 포함되는 검정통계값이 일어날 수 있는 확률이 전혀 없는 것이 아니라 유의수준 이하이고, 희박한 가능성을 가지므로 H_0를 기각하는 것이다. H_0가 실제로 참인데 표집오차 때문에 일어날 확률이 .05 이하인 검정통계값이 나타난 경우 H_0를 기각하였다면, 의사결정에 오류를 범하게 된다. 유의수준은 H_0가 참인데 H_0를 기각할 확률 또는 H_0를 기각할 때 범할 수 있는 오류의 확률이라고 할 수 있다.

9.5 검정력

가설검정할 때 검정력(power of test)은 현미경의 배율(power)과 같다. 배율이 높은 현미경은 배율이 낮은 현미경으로는 발견할 수 없는 미세한 실물과의 차이를 발견할 수 있다. 마찬가지로 검정력은 실제 상황이 영가설과 다르고, 영가설을 기각할 수 있다는 증거를 발견할 수 있는 능력이다. 검정력이 높을 때 H_0가 거짓이라는 것을 발견하고 기각할 수 있는 가능성이 높아진다. 검정력은 H_0가 실제로 거짓일 때 H_0를 기각할 확률, 즉 H_0를 기각할 때 올바른 의사결정을 할 확률이다. 그림 9.3.3에서 검정력은 $1 - \beta$에 해당된다. 따라서 β오차를 작게 하는 조건은 역으로 검정력을 증가시킨다(Koele, 1982).

$$1 - \beta = Pr(H_0 \text{ 기각} \mid H_0 \text{ 거짓})$$

H_0를 기각할 때 α오차는 작게 하고 검정력은 크게 하여야 한다. 검정력과 β오차는 $|\mu_0 - \mu_1|$, 표본의 크기, 모집단의 변산도, 유의수준, 양측/단측 검정 등 크게 다섯 가지 요인에 의해 영향을 받는다(Minium, King & Bear, 1993; Cohen, 1988).

1) $|\mu_0 - \mu_1|$

검정력에 영향을 미치는 다른 요인이 동일한 조건일 때는 영가설이 참이라는 가정 하의 모평균(μ_0)과 실제 모집단 평균(μ_1)의 차이, $|\mu_0 - \mu_1|$이 크면 클수록 검정력은 커진다. 그림 9.5.1은 검정력에 영향을 미치는 다른 조건이 동일할 때 $|\mu_0 - \mu_1|$이 작을 때와 클 때의 검정력을 비교한 것이다.

[그림 9.5.1] $|\mu_0 - \mu_1|$**과 검정력**

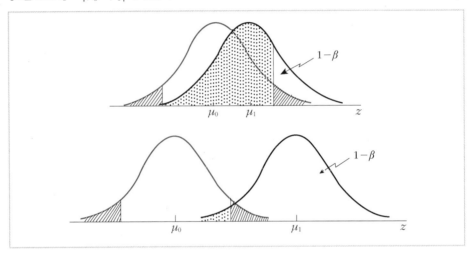

2) 표본의 크기

표준편차가 σ인 모집단에서 임의표본평균의 표준오차는 표본의 크기 N의 제곱근에 역으로 비례한다. 즉,

$$\sigma_{\overline{Y}} = \frac{\sigma_Y}{\sqrt{N}}$$

표본의 크기가 클수록 표집분포의 표준오차는 작아지므로 H_0가 참일 때의 표집분포와 H_1이 참일 때의 표집분포의 겹치는 부분이 작아지기 때문에 동일한 α에 대하여 β오차는 작아진다. 그림 9.5.2는 검정력에 영향을 미치는 다른 조건이 동일한

경우에 표본의 크기와 검정력과의 관계를 나타낸 것이다. 다른 조건이 동일하다면 N이 클수록 β오차가 작아지므로 연구자는 표본의 크기를 조정함에 따라 β오차를 통제할 수 있다. 그러나 비용과 노력의 문제가 따르므로 N을 무조건 크게 할 수는 없다. 적절한 수준의 α와 β오차를 설정하고 적합한 표본의 크기를 결정하는 문제는 연구를 설계하는데 중요한 이슈가 된다.

[그림 9.5.2] 표본의 크기와 검정력의 관계

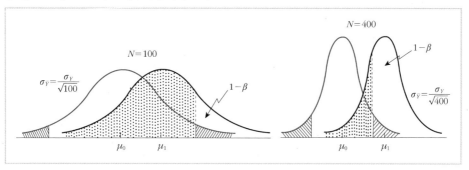

3) 모집단의 분산

평균에 관한 가설검정에서 표본의 크기를 크게 하면 표본평균의 표준오차 $\sigma_{\overline{Y}} = \dfrac{\sigma_Y}{\sqrt{N}}$ 가 작아져서 검정력을 크게 할 수 있다고 하였다. 동일한 원리에 의해서 N을 고정하고 모집단의 표준편차 σ가 작다면 역시 $\sigma_{\overline{Y}} = \dfrac{\sigma_Y}{\sqrt{N}}$ 는 작아지므로 검정력을 크게 할 수 있다. 이와 같은 이유 때문에 실험설계에서 실험조건을 통제하는 것이다. 연구목적과 관계가 없는 변수를 통제함으로써 측정치의 분산에 영향을 주는 여러 가지 요인을 제거하는 것이다. 측정치의 오차분산(error variance)을 제거함으로써 평균의 표준오차를 작게 하고 상대적으로 검정력을 증가시키게 된다. 따라서 동일한 정도의 검정력을 갖기 위하여 통제되지 않은 연구에는 통제된 실험연구보다 더 큰 표본의 크기가 요구된다.

4) 유의수준

앞에서 설명한 바와 같이 α를 크게 하면 β는 작아신나. 따라서 다른 조건이 동일하다고 하면 α를 크게 할수록 검정력은 높아진다. 그림 9.5.3은 검정력에 영향을 미치는 다른 조건이 동일한 경우에 $\alpha = .05$로 유의수준을 설정하였을 때, 검정력이 $\alpha = .01$일 때보다 더 크다는 것을 보이고 있다.

원칙적으로 β를 조절하는 것이 α를 조절하는 것보다 비용이 크다고 하면 α를 .10 또는 그 이상으로 설정하여 검정력을 높일 수 있다. 그러나 사회과학 연구에서는 두 가지 이유 때문에 일반적으로 α를 .05 이상으로 설정하지 않는다. 한 가지 이유는 제1종 오류에 의해서 초래된 상대적 손실의 문제는 사회과학 연구에서는 거의 해결되지 않는다는 점이다. 또 다른 중요한 이유는 고정된 α에 대하여 표본의 크기를 크게 하거나 기타 방법에 의해서 검정통계량의 표준오차를 작게 함으로써 검정력을 높일 수 있다는 점이다. 따라서 α는 .05 이하 수준으로 낮게 설정하고 다른 요인을 고려하여 검정력을 높이는 접근이 일반적이다.

[그림 9.5.3] 검정력과 유의수준

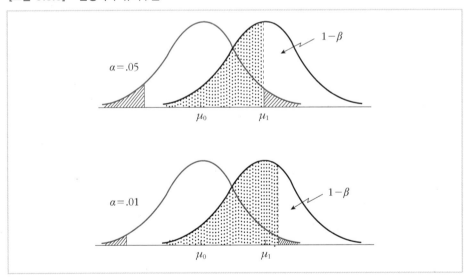

5) 단측검정과 양측검정

동일한 α 수준에서 대립가설의 실제 평균이 단측검정의 기각영역과 동일한 방향에 있다면 단측검정이 양측검정보다 검정력이 높다.

그림 9.5.4는 단측검정과 양측검정의 검정력을 비교한 것이다. 단측검정과 양측검정을 결정하는 문제는 가설을 설정하기 전에 고려되어야 할 문제이다. 연구문제가 모집단 사이의 차의 유무에만 관심이 있다면 양측검정으로 가설을 설정하여야 할 것이고, 차의 방향에 관심이 있다면 단측검정으로 가설을 설정하는 것이 가능하다. 대체로 사회과학에서 대부분의 유의도 검정은 양측검정을 요구하는 연구문제가 많다. 단측검정을 요구하는 경우에는 연구문제나 표집분포의 형태가 논리적으로 어느 한 방향에 기각영역이 있어야 한다는 충분한 근거가 있어야 한다.

[그림 9.5.4] 단측검정과 양측검정의 검정력

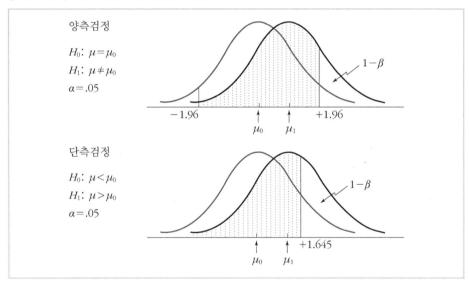

8장에서 구간추정(interval estimation)의 일반적인 논리로서 단일모평균 μ의 신뢰구간을 설명하였다. μ의 $100(1-\alpha)\%$ 신뢰구간은 μ의 값이 그 구간에 포함될 확률이 $(1-\alpha)$라는 뜻이다. 신뢰구간은 양측 가설검정 절차와 비교하면 모수의 모든 가능한 값에 대한 동시검정이라고 할 수 있다. 양측 가설검정절차를 적용한다면 신뢰구간 안에 포함되는 μ_0는 α수준에서 H_0를 기각하지 못하고 신뢰구간 밖에 있는 μ_0는 α수준에서 H_0를 기각하게 된다.

$\alpha = .05$ 수준에서 $H_0 : \mu = \mu_0$를 검정하려고 할 때 H_0를 기각하지 못하는 영역은,

$$-1.96 \leq z \leq 1.96$$

$100(1-\alpha)\%$ 신뢰구간, 즉 95% 신뢰구간은

$$-1.96 \leq \frac{\overline{Y} - \mu_0}{\frac{\sigma}{\sqrt{N}}} \leq 1.96$$

$$\overline{Y} - 1.96 \frac{\sigma}{\sqrt{N}} \leq \mu_0 \leq \overline{Y} + 1.96 \frac{\sigma}{\sqrt{N}}$$

따라서 $100(1-\alpha)\%$ 신뢰구간은 양측 가설검정을 한다면 $100(\alpha)\%$ 유의수준에서 기각될 수 없는 μ_0의 모든 값을 포함한다. $100(1-\alpha)\%$ 신뢰구간 밖에 있는 μ_0의 값은 $100(\alpha)\%$ 유의수준에서 H_0을 기각한다. 결과적으로 신뢰구간 추정과 모수에 대한 가설검정은 같은 내용을 다른 방식으로 다루고 있는 것으로 이해될 수 있다.

$\sigma = 2.80$, $N = 16$, $\overline{Y} = 15.70$이라고 한다면 μ의 95% 신뢰구간은,

풀이

$$15.70 - 1.96\frac{2.80}{\sqrt{16}} \leq \mu \leq 15.70 + 1.96\frac{2.80}{\sqrt{16}}$$

$$15.70 - 1.37 \leq \mu \leq 15.70 + 1.37$$

$$14.33 \leq \mu \leq 17.07$$

표본결과를 가지고 H_0: $\mu = \mu_0$의 양측검정을 한다면 14.33과 17.07 범위 내에 있는 μ_0의 모든 값은 $\alpha = .05$ 수준에서 H_0을 기각하지 않는다.

9.1 모집단은 $\alpha = 15$인 정규분포를 이루고 있다고 가정하고 $N = 9$인 임의표본을 추출하여 평균을 계산한 결과 $\overline{Y} = 109$이었다. 다음과 같이 가설이 설정되었다고 할 때 표본평균의 P값을 수표에서 구하라.

(1) $H_0 : \mu = 100,\ H_1 : \mu \neq 100$

(2) $H_0 : \mu \leq 100,\ H_1 : \mu > 100$

(3) $H_0 : \mu \geq 100,\ H_1 : \mu < 100$

9.2 어느 심리검사의 요강에 따르면 규준집단의 평균은 56.7이고 분산은 2로 나타나 있다. 동질의 모집단으로부터 $N = 75$인 임의표본을 추출하여 같은 심리검사를 시행한 결과 평균이 57.0이었다. 이 결과로부터 표본을 추출한 모집단의 평균은 규준집단과 차가 있다고 할 수 있는가? 적절한 가설을 설정하고 $\alpha = .01$ 수준에서 검정하라.

9.3 생후 5개월된 쥐를 대상으로 체중증가를 위한 특별먹이의 효과를 실험하려고 한다. 생후 5개월 된 쥐의 체중은 평균 65g이고 표준편차는 2g이라고 가정할 수 있다. 12마리의 쥐를 대상으로 생후 5개월간 특정한 먹이를 주어 사육한 후에 체중을 측정한 결과는 다음과 같았다.

55, 62, 54, 58, 65, 64, 60 62, 59, 67, 62, 61

이 결과로부터 특정한 먹이는 체중증가에 효과가 있었다고 할 수 있는가? 10% 수준에서 검정하라.

9.4 수년간 계속한 표준지능검사 결과는 평균이 80이고 표준편차는 7이라고 알려져 있다. 36명을 대상으로 독서능력개발을 위한 프로그램을 실시한 후에

지능검사를 시행한 결과 평균이 84로 나타났다. 이 결과로부터 특별프로그램은 지능개발에 효과가 있었다고 할 수 있는가? $\alpha = .05$ 수준에서 검정하라.

9.5 초등학교 4학년용 독해력 진단검사의 평균과 표준편차는 수년 동안 사용된 자료에 따르면 각각 50과 10이다. 어느 초등학교에서 4학년 30명의 임의표본을 대상으로 진단검사를 시행한 결과는 평균이 53이었다. 이 초등학교 4학년 학생들의 독해력은 규준집단과 차이가 있는지를 $\alpha = .05$ 수준에서 검정하라.

9.6 연습문제 9.2, 9.3, 9.4, 9.5에서 검정통계값의 P값을 구하라.

9.7 어느 심리검사는 고등학교 1학년 학생을 대상으로 평균 500, 표준편차 100으로 표준화되었다. 고등학교 3학년 학생 90명을 대상으로 검사를 시행한 결과는 평균이 506.7이었다. 이 결과로부터 고등학교 3학년 학생들의 검사점수 분포는 고등학교 1학년 학생들과 차가 있다고 할 수 있는가? 가설을 검정하고 검정통계치의 P값을 구하라.

9.8 $\sigma = 20$인 정규분포를 이루고 있는 모집단의 평균을 추리하기 위하여 $N = 100$인 임의표본을 추출하였다. 가설은

$$H_0 : \mu = 80$$
$$H_1 : \mu \neq 80$$

(1) $\alpha = .05$ 수준에서 가설을 검정하려고 한다면 참 모평균이 $\mu_1 = 81$과 $\mu_1 = 82$일 때 β를 구하라.

(2) 참 모평균이 $\mu_1 = 83$이라고 한다면 $\alpha = .05$ 수준과 $\alpha = .01$ 수준에서 가설을 검정할 때 β를 구하라.

(3) $\alpha = .05$이고 $\mu_1 = 82$일 때 β를 구하라.

(4) $\alpha = .05$이고 $\mu_1 = 82$, $\sigma = 10$일 때 β를 구하라.

(5) $\alpha = .05$이고 $\mu_1 = 84$일 때 β를 구하라.

(6) $\alpha = .05$이고 $\mu_1 = 84$, $H_1 : \mu > 100$일 때 β를 구하라.

9.9 다음 상황에서 β는 증가하는가? 또는 감소하는가?

(1) N이 증가할 때

(2) α가 감소할 때

(3) σ가 증가할 때

추리 통계

평균에 관한 추리

모집단 평균(μ)에 대한 추리는 크게 세 가지 상황에서 이루어지게 된다. (1) 하나의 모집단 평균에 대해 추리하고자 할 경우, (2) 두 독립 모집단의 평균에 대해 추리할 경우, 그리고 (3) 두 종속 모집단의 평균에 대해 추리할 경우이다. 모집단 평균에 대한 추리이지만 실제로는 표본의 통계량을 사용하여 모집단 평균에 대한 가설을 검정하는 형식을 취한다. 따라서 첫 번째 경우를 단일표본 검정이라 하고, 두 번째와 세 번째 경우를 각각 두 독립표본 검정, 두 종속표본 검정이라 한다.

모집단 평균에 대한 추리의 또 하나의 구분은 모집단 분산(σ^2)을 알 경우와 모를 경우에 따라 달라진다. 모집단 분산을 알 경우는 z검정을 적용하게 되고, 모집단 분산을 모를 경우는 t검정을 적용하게 된다. 통계적 가설검정을 적용하기 위해, 일반적으로 관심이 있는 종속변수는 양적변수이고 정규분포를 이룬다고 가정한다. 이런 가정 하에, 모집단 분산을 알 경우, 종속변수를 변환하면 표준 정규분포로 변환할 수 있고, 표준 정규분표인 z분포를 기반으로 가설을 검정할 수 있게 된다. 반면, 모집단의 분산을 모른다면, 종속변수가 정규분포를 이룬다고 하여도, 이를 변환하여 표준 평규분포를 갖는 변수로 변환할 수 없다. 이 경우는 새로운 분포를 기반으로 가설검정이 이루어져야 하고, 이 때 적용될 수 있는 통계적 분포가 t분포이다. t분포에 대해서는 다음 절에서 자세히 설명하기로 한다.

결국, 이 장에서 다루어지는 모집단 평균에 대한 추리는 다음과 같이 6가지 경우로 구분할 수 있다.

$$\sigma^2 \text{을 알 때, } z \text{검정} \quad - \quad \text{① 단일표본 } z \text{검정}$$

$$\text{② 두 독립표본 } z \text{검정}$$

$$\text{③ 두 종속표본 } z \text{검정}$$

$$\sigma^2 \text{을 모를 때, } t \text{검정} \quad - \quad \text{④ 단일표본 } t \text{검정}$$

$$\text{⑤ 두 독립표본 } t \text{검정}$$

$$\text{⑥ 두 종속표본 } t \text{검정}$$

실제로 ①과 ④는 단일 모집단 평균에 대해 추리를 하는 상황은 동일하고, 차이는 모집단 분산을 아느냐 모르느냐의 차이이다. 마찬가지로 ②와 ⑤, 그리고 ③과 ⑥도 각각 같은 상황에 모집단 분산을 아느냐 모르느냐의 차이만 있을 뿐이다. 이 장에서는 같은 상황에서 z검정과 t검정이 각각 어떻게 적용되는지를 구별하여 알아 보기로 한다.

이 장은 모집단 평균에 대한 추리라는 제목으로 z검정과 t검정을 다루는데, 사실 11장의 일원분산분석도 모집단 평균에 대한 추리이다. 그러나 같은 평균에 관한 추리이지만 분산분석의 기본논리는 z검정이나 t검정과 매우 다르기 때문에 다음 장에서 일원분산분석이란 제목으로 정리하였다. z검정, t검정을 두 개 이하의 모집단의 평균에 대한 추리라고 이해한다면, 일원분산분석은 세 개 이상의 모집단 평균에 대한 추리라고 이해할 수 있을 것이다. 물론, 일원분산분석의 절차가 두 개 이하의 모집단 평균 추리에도 사용될 수 있지만, 이 책에서는 일반적인 구분에 따라 둘을 분리하여 제시한다.

10.1 t 분포

종속변수 Y가 정규분포를 이루고 모집단의 평균이 μ이고 분산이 σ^2이라면, 표본의 크기가 N인 표본으로부터 얻어지는 표본평균 $\overline{Y}$의 임의표집분포는 평균이 $E(\overline{Y}) = \mu$이고 표준편차, 즉 평균의 표준오차가 $\sigma_{\overline{Y}} = \sigma / \sqrt{N}$인 정규분포를 이룬다. 모집단이 정규분포가 아닐 때에도 표본의 크기 N을 크게 하면 중심극한정리에 따라 정규분포에 접근하게 된다. 따라서, 모집단 분산을 알 경우, 이러한 논리에 따라 8장과 9장에서 설명한 내용을 바탕으로 z검정통계량은 표준 정규분포를 이루고 이를 기반하여 가설검정을 진행할 수 있다.

그러나 실제로 모집단의 평균 μ를 알지 못하기 때문에 모집단분산 σ^2을 정확히 알고 있는 경우는 드물다. 따라서 표본으로부터 계산할 수 있는 불편추정량 s^2을 가지고 σ^2을 대체하게 된다. 표본의 크기와 추리의 정확도의 관계에서 알 수 있듯이 표본의 크기가 아주 클 때에($N > 100$) s^2은 σ^2의 좋은 추정치가 되므로 표본평균에 대한 z검정의 검정통계량의 근사값은 다음 식으로 얻어질 수 있다.

$$z \fallingdotseq \frac{\overline{Y} - \mu}{\dfrac{s}{\sqrt{N}}} \tag{10.1.1}$$

식 10.1.1에서 통계량의 임의표집분포는 표본의 크기 N이 아주 클 때 정규분포에 근사하게 접근하지만, N이 무한대인 경우를 제외하고는 정확히 정규분포를 이루지는 않는다. $\overline{Y}$의 임의표집분포가 정규분포이면 $(\overline{Y} - \mu)$의 임의표집분포도 정규분포이고 $(\overline{Y} - \mu)/\dfrac{\sigma}{\sqrt{N}}$의 임의표집분포도 정규분포이다. 그러나 모집단 분산 σ^2를 모른다면, 표본평균의 표준오차를 계산하는데, σ를 사용할 수 없고, 표본을 통해 얻어지는 표본 표준편차인 s를 대신 사용할 수밖에 없을 것이다. 이 경우, $(\overline{Y} - \mu)/\dfrac{s}{\sqrt{N}}$의 임의표집분포는 정규분포가 되지 않는다. 왜냐하면 s는 상수가 아니라 표본에 따라 상이한 값을 가질 수 있는 변수이기 때문에 $(\overline{Y} - \mu)$의 임의표집분포가 정규분포를 이룬다고 해도 $(\overline{Y} - \mu)/\dfrac{s}{\sqrt{N}}$의 임의표집분포는 정규분포를 이루지 않는다. 표본통계량 $(\overline{Y} - \mu)/\dfrac{s}{\sqrt{N}}$의 임의표집분포는 t분포(t distribution)를 이루게 된다.

$$t = \frac{\overline{Y} - \mu}{s/\sqrt{N}} \tag{10.1.2}$$

z와 t의 분자는 다같이 $(\overline{Y} - \mu)$이지만 z의 분모 중 σ는 표본의 크기 N에 관

계 없는 상수이고, t의 분모 s는 표본의 크기 N에 따라 변하는 확률변수이다. 상이한 표본에 대하여 $\overline{Y}$가 동일한 경우, z값은 변하지 않지만 t값은 변한다. t분포의 모양은 표본의 크기 N에 따라 변하고 t분포는 N에 따라 수없이 많이 존재한다.

$\overline{Y}$와 s^2은 각각 모수 μ와 σ^2에 대응하는 통계량 또는 추정량이다. 그러나 통계량 t는 모수의 추정량이 아니기 때문에 검정통계량(test statistic)이라고 한다. 검정통계량 t는 표본통계량과 같이 표집분포를 가지며 이 분포를 t분포라고 한다.

t의 정확한 분포는 모집단이 정규분포를 이룬다는 가정 하에 성립한다. 이런 가정을 하는 첫째 이유는 t의 분자 $(\overline{Y} - \mu)$가 표본의 크기에 관계없이 정규분포를 이루며, 둘째 이유는 모집단이 정규분포일 때만이 t의 분모와 분자, 즉 $\overline{Y}$와 s가 통계적으로 독립이라는 것을 가정할 수 있기 때문이다. $\overline{Y}$와 s가 통계적으로 독립이 아니라고 하면 t의 표집분포는 극히 복잡한 분포가 된다.

t의 밀도함수는

$$ f(t \setminus \nu) = G(\nu)\left[1 + \frac{t^2}{\nu}\right]^{-(\nu+1)/2}, \quad -\infty < t < \infty, \; \nu > 0 \qquad (10.1.3) $$

이 식에서 $G(\nu)$는 $\nu(nu)$에 따라 결정되는 상수이다. 식 10.1.3에서 t분포의 모양을 결정하는 부분은 $(1 + \frac{t^2}{\nu})^{-(\nu+1)/2}$이다. 따라서 t분포는 모수 ν에 따라서 결정된다. t분포는 표준정규분포의 그래프와 유사하게 $t = 0$에서 단일최빈값을 가지며 좌우대칭이고 종모양인 분포이다. t분포가 z분포와 다른 점은 $\nu = N - 1$ 또는 $df = N - 1$, 즉 자유도(degree of freedom)라고 부르는 단일모수에 의하여 분포가 결정된다는 점이다. t분포의 평균은 0이고($\nu > 1$), 분산은 $\nu/(\nu - 2)$이다. ν가 작을수록 분산은 커지고 ν가 증가함에 따라 분산은 1에 접근한다. 따라서 표본의 크기가 증가함에 따라 t분포는 표준정규분포에 접근한다. 그림 10.1.1은 몇 가지 상이한 자유도에 대응하는 t분포의 그래프를 예시적으로 보여주고 있다.

모집단이 정규분포이고 표본의 크기가 $N \geq 40$이면 모평균의 신뢰구간과 표본평균에 대한 t검정 대신에 z검정을 적용하여도 큰 차이는 없다. 그러나 정확한 구간확률을 결정하여야 할 때에는 $N = 100$이라고 하여도 t분포를 사용하여야 한다. $N > 100$이라면 t분포는 z분포와 거의 같아지게 된다.

[그림 10.1.1] t 분포

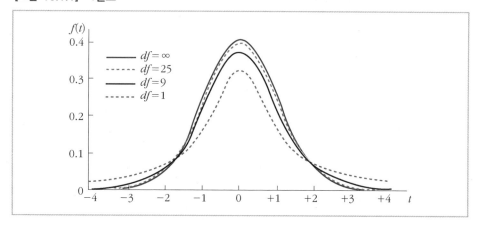

z 분포는 N에 관계없이 하나이기 때문에 하나의 수표로 비교적 상세하게 z 값에 대응하는 분포의 누적확률을 나타낼 수 있다. 그러나 t 분포는 자유도의 수만큼 많은 분포가 있으므로 하나의 수표에는 축소된 형태로 나타낼 수밖에 없다. 부록의 표 2 는 주어진 ν 의 t 분포에서 부분적으로 주어진 누적확률에 대응하는 t 값을 나타낸 것 이다. 수표의 좌측 종렬은 자유도 ν 이고 상단 횡렬은 t 분포의 누적확률이다.

t 분포의 누적확률을 알고 대응하는 t 값을 찾는 예를 들어보자. $N = 10$, 즉 $\nu = 9$ 인 경우에 누적확률이 .90인 t 의 값은 수표에서 1.383임을 찾을 수 있다. 식으로 나타내면,

$$t_{.90}(9) = 1.383$$

t 분포는 z 분포와 같이 $t = 0$ 을 대칭선으로 하는 대칭분포를 이루므로 누적확률이 .10인 t 값은 -1.383 임을 알 수 있다.

$$t_{.10}(9) = -1.383$$

그림 10.1.2는 $t_{.10}(9)$ 와 $t_{.90}(9)$ 를 나타낸다.

반대로 t 값을 알고 대응하는 누적확률을 계산하는 문제를 생각해 보자. $N = 10$, $\nu = 9$ 인 경우에 $t = 2.00$ 의 정확한 누적확률은 수표에 나타나 있지 않기 때문에 부

[그림 10.1.2] $t_{.10}(9)$와 $t_{.90}(9)$

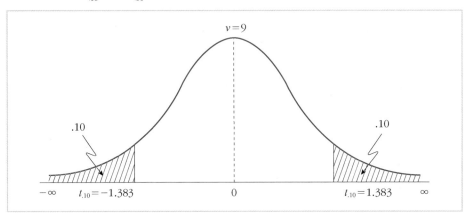

등호로 나타내야 한다. 수표에서 자유도가 9인 t를 찾아보면 2.00은 1.833과 2.262 사이에 있는 값이다. 대응하는 누적확률은 각각 .95와 .975이다. 이것을 기호로 나타내면,

$$P_r(t < 1.833) = .95$$
$$P_r(t < 2.262) = .975$$

따라서 $P_r(t < 2.00)$의 값은 .95와 .975 사이에 있다. 식으로 나타내면,

$$.95 < P_r(t < 2.00) < .975$$

반대로 $P_r(t > 2.00)$ 값은 t분포의 대칭성으로부터 다음의 두 누적확률의 사이에 있음을 알 수 있다.

$$P_r(t > 1.833) = .05$$
$$P_r(t > 2.262) = .025$$

따라서 $P_r(t > 2.00)$의 값은 .05와 .025 사이에 있다고 할 수 있으므로

$$.025 < P_r(t > 2.00) < .05$$

[그림 10.1.3] $.025 < P_r(t > 2.00) < .05$

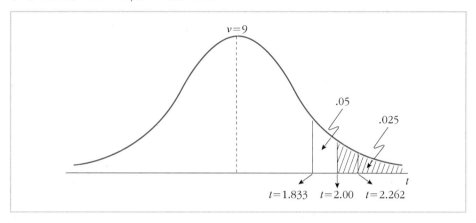

그림 10.1.3은 $.025 < P_r(t > 2.00) < .05$를 나타낸 것이다.

t값(검정통계값)에 대응하는 기각영역 방향으로 누적확률, 즉 P값을 수표에서 찾게 되면 부등호로 나타내게 되므로 유의수준은 관행적으로 다음과 같이 표시하기도 한다.

$$*: .01 < P \leq .05$$
$$**: .001 < P \leq .01$$
$$***: P \leq .001$$

그러나 컴퓨터를 사용하게 되면 검정통계값에 대응하는 정확한 P값이 계산될 수 있다.

t분포는 z분포와 달리 하나의 분포가 아니고 자유도라 불리는 단일모수에 의해 분포가 결정됨을 설명하였다. 여기서 자유도의 개념을 이해할 필요가 있다. 모수로서 자유도(ν 또는 df)는 $\sigma_{\bar{Y}}$를 추정하는 데 t통계량은 한 개의 표본표준편차(s)를 포함한다는 사실을 나타낸다. 표본표준편차는 표본평균으로부터 편차점수의 제곱의 합에 따라 결정된다.

$$s = \sqrt{\frac{\sum(Y_i - \overline{Y})^2}{N-1}}$$

편차점수를 제곱하지 않고 합할 때에는 다음 결과를 얻는다.

$$\sum(Y_i - \overline{Y}) = \sum Y_i - N\overline{Y} = \sum Y_i - \sum Y_i = 0$$

$Y_i - \overline{Y} = d_i$ 라고 하면,

$$\sum d_i = 0$$

즉 편차점수의 합은 0이 된다. 만일 어느 표본에서 $N = 4$ 라면 4개의 편차점수를 생각할 수 있다. 4개의 편차점수 가운데 3개를 자유롭게 선택하게 되면 나머지 1개는 편차점수의 합이 0이 되는 조건을 만족하는 수가 되어야 한다. 즉

$d_1 = 6$, $d_2 = -9$, $d_3 = -7$이 주어지면,

$6 + (-9) + (-7) + d_4 = 0$

$d_4 = 10$

일반적으로 N개의 측정값으로부터 표준편차를 계산할 때 $N-1$개의 편차점수는 어느 값이든 자유롭게 선택할 수 있으나 나머지 한 개의 편차점수는 편차점수의 합이 0이 되도록 결정이 된다. 그래서 하나의 표준편차에 대하여 $N-1$의 자유도가 있다고 하는 것은 $N-1$개의 편차점수를 어느 수든지 자유롭게 취할 수 있다는 사실을 의미한다. t분포를 결정하는 것은 표본의 크기 그 자체가 아니고 표준편차 σ를 추정하는 자유도이다.

모집단 분산 σ^2을 알고 있을 때, 단일 모집단의 평균 μ에 관한 추리를 위한 가설검정을 단일표본평균에 대한 z검정이라고 한다. z검정은 평균은 μ이고 표준편차는 σ인 정규분포를 이루고 있는 모집단으로부터 표본의 크기가 N인 표본의 평균 $\overline{Y}$의 임의표집분포는 평균이 $E(\overline{Y}) = \mu$이고 표준편차, 즉 평균의 표준오차가 $\sigma_{\overline{Y}} = \sigma/\sqrt{N}$인 정규분포를 이룬다는 이론에 기초를 둔다.

$$\overline{Y} \sim n(\mu, \ \sigma^2/N) \tag{10.2.1}$$

모든 μ와 σ에 적용할 수 있도록 $\overline{Y}$를 표준점수로 전환하면

$$z = \frac{\overline{Y} - \mu}{\sigma/\sqrt{N}} \tag{10.2.2}$$

μ, σ, N은 상수이므로 z점수의 분포는 표준 정규분포를 이룬다.

$$z \sim n(0, \ 1) \tag{10.2.3}$$

이와 같은 논리에서 z검정의 검정통계량은 식 10.2.2이고, 그 분포는 식 10.2.3으로 나타낼 수 있는 표준 정규분포이다. z검정에서는 σ^2을 알고 있으므로 표본평균의 표준오차와 표집분포를 알 수 있기 때문에 표본평균 통계값 $\overline{Y}$가 일어날 확률에 따라 참이라고 가정한 μ에 관한 추리가 가능하다.

보기 10.2.1

다람쥐는 기온이 일정온도 이하로 떨어지면 먹이를 저장하는 습관이 있다. 과거 수차례의 실험에 따르면 일정기간 동안에 일정량의 먹이를 줄 때에 다람쥐 한 마리가 저장하는 먹이의 평균은 9g이었다. 연구자는 다람쥐가 먹이를 저장하는 습성이 새끼 다람쥐일 때 부족했던 먹이와 관련이 있지 않을까 하는 문제에 관심이 있다. 그래서 새끼 다람쥐 175마리 임의표본에 대해 일정기간 동안 먹이를 제한한 후에 다시 원래대로의 먹이를 주어 다 자랐을 때, 낮은

온도인 실험조건에서 다람쥐 한 마리가 저장한 먹이의 평균은 8.8g이라는 자료를 얻었다. 다람쥐 모집단의 표준편차가 2.3g이라는 가정 하에 적절한 가설을 설정하고 1% 유의수준에서 검정하라.

📖 **풀이**

7단계 가설검정절차를 적용하면

(1) 평균 저장먹이의 차이에만 관심이 있으므로 양측검정으로 가설을 설정한다.

$H_0 : \mu_0 = 9$

$H_1 : \mu_0 \neq 9$

(2) 유의수준은 $\alpha = .01$

(3) z검정 검정통계량을 적용한다.

$$z = \frac{\overline{Y} - \mu_0}{\sigma / \sqrt{N}}$$

(4) $z \sim n(0, 1)$: H_0가 참이라고 하면 z는 평균 0, 분산 1인 정규분포를 이룬다.

(5) H_0의 기각영역은 $z \geq 2.58$ 또는 $z \leq -2.58$

(6) $\overline{Y} = 8.8$, $\sigma = 2.3$을 검정통계량에 대입하면,

$$z = \frac{8.8 - 9}{2.3 / \sqrt{175}} = -1.15$$

(7) H_0는 $\alpha = .01$의 수준에서 기각되지 않는다. 따라서 연구자는 새끼 다람쥐일 때 부족했던 먹이와 자란 후에 먹이를 저장하는 습성과는 관련이 있을 것이라는 가설에 대하여 판단을 보류한다.

5단계 가설검정절차를 적용하였다면,

$P_r (z < -1.15) = .1251$, $P_r (z > 1.15) = .1251$

$P_r (z < -1.15$ 또는 $z > 1.15) = .2502$

99% 신뢰구간은

$$\overline{Y} - z_{.995} \frac{s}{\sqrt{N}} \leq \mu \leq \overline{Y} + z_{.995} \frac{s}{\sqrt{N}}$$

$8.8 - 2.58(.174) \leq \mu \leq 8.8 + 2.58(.174)$

$8.35 \leq \mu \leq 9.25$

단일모집단의 평균 μ에 관한 추리에서 N이 충분히 크다면 σ 대신에 표본추정 값 s를 사용하여 근사적 z검정을 할 수 있었다. N의 크기에 관계없이 σ 대신 추정치 s를 사용하는 단일평균에 대한 정확검정(exact test)은 t검정이다. t검정의 유의도 검정절차는 검정통계량은 t이고, 검정통계량의 표집분포는 t분포이며 이에 따라 기각영역도 t분포에서 결정된다는 점을 제외하고는 z검정의 절차와 동일하다. 단일표본평균에 대한 t검정은 다음의 가정을 만족하여야 한다.

1) 모집단은 정규분포를 이룬다.
2) 독립적으로 추출한 임의표본이다.

z분포에서와 같이 t분포에서도 모평균에 관한 신뢰구간을 설정할 수 있다. t분포에서 신뢰구간은 $\overline{Y}$, $s/\sqrt{N}$, ν에 따라 결정된다. 일반적으로 $100(1-\alpha)\%$ 신뢰구간은 다음 부등식으로 구할 수 있다.

$$\overline{Y} - t_{1-\frac{\alpha}{2}}(\nu)\frac{s}{\sqrt{N}} < \mu < \overline{Y} + t_{1-\frac{\alpha}{2}}(\nu)\frac{s}{\sqrt{N}} \tag{10.3.1}$$

단일표본평균에 대한 추리의 상황은 앞의 10.2절과 같다. 유일한 차이는 모집단 분산 σ^2를 모르는 상황이라는 점이다.

보기　10.3.1

어느 초등학교에서 학생 10명의 임의표본을 대상으로 청각검사를 시행한 결과 다음과 같았다.

　　51, 50, 49, 43, 56, 46, 45, 32, 52, 51

정상아동의 평균 청각검사점수가 50이라면 이 학교 학생들의 평균청각이 정상이 아니라고 할 만한 이유가 있는가? 적절한 가설을 설정하여 $\alpha = .05$ 수준에서 검정하고, 검정통계값의 P값을 구하라.

7단계 가설검정절차를 적용하여 풀어보자.

(1) 연구자의 관심은 연구대상의 평균청각이 정상 이하인지에 관심이 있으므로 단측검정으로 가설을 설정한다.

$H_0 : \mu \geq 50$

$H_1 : \mu < 50$

(2) 유의수준: $\alpha = .05$

(3) 검정통계량: $t = \dfrac{\overline{Y} - \mu}{s/\sqrt{N}}$

(4) H_0가 참이라고 하면 t는 자유도 $df = N-1$인 t분포를 이룬다. 즉

$t \sim t(N-1 = 9 \ df)$

(5) 기각영역: $t < t_{.05} = -1.833$

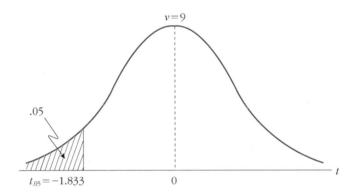

(6) 주어진 자료로부터 $\overline{Y} = 47.5, \ s = 6.62$

$t = \dfrac{47.5 - 50}{6.62/\sqrt{10}} = -1.19$

(7) H_0를 기각하지 못한다. 5% 유의수준에서 연구대상의 평균청각이 50 이하라는 충분한 증거를 발견하지 못하였다.

$t = -1.19$의 P값은,

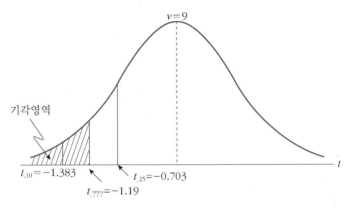

$v = 9$

기각영역

$t_{.10} = -1.383$

$t_{.???} = -1.19$

$t_{.25} = -0.703$

t

부록의 수표에서 자유도가 9인 t를 찾아보면, -1.19는 -1.383과 -0.703 사이에 있는 값이다. 대응하는 누적확률은 각각 .10과 .25이다. 이것을 식으로 나타내면,

$$.10 < P_r[t(9) < -1.19] < .25$$

H_0를 기각하게 되면 범할 수 있는 오차는 10~25%이다.

SPSS 실습 10.3.1은 보기 10.3.1을 해결하는 SPSS 시행절차와 결과물이다.

SPSS 실습 10.3.1 단일표본평균에 대한 t 검정(One-Sample t Test)

1. 보기 10.3.1 자료를 입력한 창(변수 청각검사점수를 Y로 표기함)

	Y	변수	변수	변수	변수	변수	변수	변수	변수	변수	변수	변수	변수	변수	변수
1	51														
2	50														
3	49														
4	43														
5	56														
6	46														
7	45														
8	32														
9	52														
10	51														
11															

2. 분석 창 ①

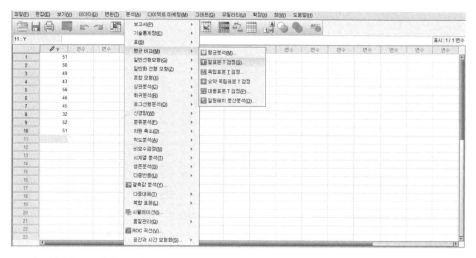

'분석(A)' → '평균 비교(M)' → '일표본 T 검정(S)' 클릭

3. 분석 창 ②

'Y' → '검정 변수(T)' 상자로 옮김

4. 분석 창 ③

'검정값(V)' 상자에 '50' 입력

5. 분석 창 ④

'옵션(O)' 상자 클릭

6. 분석 창 ⑤

(기본설정값 95%가 아닌 90%나 99%의 신뢰구간을 구하는 경우가 아니라면 이 창을 열 필요 없음. 분석 창 ④에서 '옵션(O)' 상자를 클릭하지 않고 '확인' 클릭) '계속(C)' → '확인' 클릭

7. 결과물과 5단계 가설검정

일표본 통계량

	N	평균	표준편차	평균의 표준오차
Y	10	47.50	6.621	2.094

일표본 검정

검정값 = 50

	t	자유도	유의확률 (양측)	평균차이	차이의 95% 신뢰구간 하한	상한
Y	-1.194	9	.263	-2.500	-7.24	2.24

5단계 가설검정

① 단계: 영가설과 대립가설

$$H_0 : \mu \geq 50$$

$$H_1 : \mu < 50$$

※ 연구자의 관심(질문)은 "이 학교 아동의 청각검사 평균점수가 50 미만인가?"

※ 연구 질문이 대립가설임.

② 단계: 검정통계량

$$t = (\overline{Y} - \mu) / \frac{s}{\sqrt{N}} \quad (\text{식 10.1.2에서 영가설에 따라 } \mu = 50)$$

③ 단계: 검정통계량의 표집분포

$$t \sim t(df = N - 1 = 9)$$

④ 단계: 검정통계 값

$$t = 1.194$$

⑤ 단계: 유의수준

P값(유의확률) $= .1315$(좌방 단측 검정이므로 유의확률은 $(.263)/2 = .1315$임.) 보기 10.3.1의 유의수준은 개략적인 값만이 수록되어 있는 교과서 수표로부터 구했으므로 부등호로 나타내고 있지만 SPSS 프로그램을 사용하게 되면 정확한 P값이 계산될 수 있다. 영가설은 5% 유의수준에서 기각되지 않으며, 연구자는 이 학교 아동의 청각 검사점수가 50 미만이라는 결론을 보류하게 된다.

─── **보기** 10.3.2 ─────────────────────

어느 대학에서 신입생의 IQ점수의 평균을 추리하려고 한다. 30명의 임의 표본에 대하여 IQ 검사를 시행한 결과 $\overline{Y} = 121$, $s^2 = 116$이었다. μ에 대한 99% 신뢰구간을 구하라.

풀이

$$t_{1 - \frac{\alpha}{2}}(\nu) = t_{.995}(29) = 2.756$$

$$\frac{s}{\sqrt{N}} = \sqrt{\frac{116}{30}} = 1.966$$

$$\overline{Y} - t_{1-\frac{\alpha}{2}}(\nu)\frac{s}{\sqrt{N}} < \mu < \overline{Y} + t_{1-\frac{\alpha}{2}}(\nu)\frac{s}{\sqrt{N}}$$

$$121 - 2.756(1.966) < \mu < 121 + 2.756(1.966)$$

$$115.6 < \mu < 126.4$$

신입생의 평균 IQ는 115.6과 126.4 사이에 있다고 99% 신뢰할 수 있다.

10.4 두 독립표본평균의 차에 대한 z검정

대부분의 연구에서는 단일모집단의 평균에 관한 추리보다는 오히려 둘 이상 모집단의 평균에 관한 추리에 관심이 있다. 단일 모평균의 추리에서 H_0에 명시된 모집단으로부터 임의로 추출한 표본평균을 임의표집분포와 비교해 볼 때, 일어날 확률이 극히 낮으면($\alpha \leq .05$ 또는 $\alpha \leq .01$) H_0를 기각하고 그렇지 않으면 기각하지 않는다. 동일한 논리가 두 모집단의 평균의 차에 관한 추리에도 그대로 적용된다. 즉, H_0에 명시된 두 모집단에서 임의로 추출한 표본평균의 차를 두 표본평균의 차의 임의표집분포와 비교해 볼 때, 일어날 확률이 낮으면 H_0를 기각하고 그렇지 않으면 기각하지 않는다.

두 표본평균의 차에 대한 검정문제를 다루기 전에 먼저 두 표본평균의 차의 임의표집분포가 어떤 분포인가를 밝혀야 한다. 분산이 각각 σ_1^2과 σ_2^2인 두 모집단의 평균 μ_1과 μ_2는 차가 없다(즉 동일하다)는 영가설을 검정하는 문제를 생각해 보자.

$$H_0 : \mu_1 - \mu_2 = 0 \ (\mu_1 = \mu_2)$$
$$H_1 : \mu_1 - \mu_2 \neq 0 \ (\mu_1 \neq \mu_2)$$

모집단 1로부터 표본의 크기가 N_1인 독립임의표본을 추출하여 평균 $\overline{Y}_1$를 계산하고 모집단 2로부터 표본의 크기가 N_2인 독립임의표본을 추출하여 평균 $\overline{Y}_2$를 계산하고 평균의 차인 $(\overline{Y}_1 - \overline{Y}_2)$를 계산하여 기록한다. 이와 같은 절차를 무한히 반복한다면 그 분포가 바로 두 독립표집분포이 차의 임의표집분포이다. 두 독립표본 평균 차의 임의표집분포의 평균의 기대값은 다음 식 10.4.1과 같고, 두 모평균의 차와 같다.

$$\mu_{\overline{Y}_1 - \overline{Y}_2} = E(\overline{Y}_1 - \overline{Y}_2) = E(\overline{Y}_1) - E(\overline{Y}_2) = \mu_1 - \mu_2 \qquad (10.4.1)$$

두 독립표본평균의 차의 임의표집분포에서 분산은 다음과 같다.

$$\sigma^2_{\overline{Y}_1 - \overline{Y}_2} = \sigma^2_{\overline{Y}_1} + \sigma^2_{\overline{Y}_2} = \frac{\sigma^2_1}{N_1} + \frac{\sigma^2_2}{N_2} \qquad (10.4.2)$$

즉, 두 독립표본평균의 차의 임의표집분포의 분산은 각 모집단의 분산을 표본의 크기로 나눈 것의 합과 같다. 따라서 두 독립표본평균의 차의 표준오차는 다음과 같다.

$$\sigma_{\overline{Y}_1 - \overline{Y}_2} = \sqrt{\frac{\sigma^2_1}{N_1} + \frac{\sigma^2_2}{N_2}} \qquad (10.4.3)$$

두 독립표본평균의 차의 표집분포에서 평균은 $\mu_1 - \mu_2$이고 분산은 $\sigma^2_1/N_1 + \sigma^2_2/N_2$이며, 분포의 모양은 두 모집단이 각각 정규분포라면 정규분포를 이루고 N_1과 N_2를 크게 하면 모집단 분포에 관계없이 표집분포는 정규분포에 접근한다.

$$(\overline{Y}_1 - \overline{Y}_2) \sim n\left(\mu_1 - \mu_2, \frac{\sigma^2_1}{N_1} + \frac{\sigma^2_2}{N_2}\right)$$

$\overline{Y}_1 - \overline{Y}_2$를 z점수로 전환히면 다음과 같고, z는 표준정규분포를 이룬다.

$$z = \frac{(\overline{Y}_1 - \overline{Y}_2) - (\mu_1 - \mu_2)}{\sqrt{\dfrac{\sigma^2_1}{N_1} + \dfrac{\sigma^2_2}{N_2}}} \qquad (10.4.4)$$

분산이 각각 σ_1^2과 σ_2^2인 두 모집단의 평균의 차에 관한 추리를 하기 위하여 두 모집단에서 두 독립임의표본을 추출하여 그 평균의 차에 대하여 검정을 한다. 식 10.4.4는 두 모집단의 분산 σ_1^2과 σ_2^2을 알고 있을 때 두 독립표본평균의 차에 대한 검정을 하는 데 사용되는 검정통계량이다.

두 독립표본평균의 차에 대한 z검정은 두 모평균에 대하여 가설이 설정되고 식 10.4.4의 검정통계량을 사용하는 점을 제외하고는 단일표본평균에 대한 z검정절차와 동일하다. 두 독립표본평균의 차에 대한 z검정은 다음의 가정을 만족시켜야 한다.

1) 두 모집단은 각각 정규분포를 이룬다.
2) 독립임의표본이다.
3) σ_1과 σ_2를 알고 있다.

두 모평균의 차에 관한 $100(1-\alpha)\%$ 신뢰구간은 다음과 같다.

$$(\overline{Y}_1 - \overline{Y}_2) - z_{1-\frac{\alpha}{2}} \sqrt{\frac{\sigma_1^2}{N_1} + \frac{\sigma_2^2}{N_2}} < \mu_1 - \mu_2 < (\overline{Y}_1 - \overline{Y}_2) + z_{1-\frac{\alpha}{2}} \sqrt{\frac{\sigma_1^2}{N_1} + \frac{\sigma_2^2}{N_2}}$$

$$(10.4.5)$$

일반적으로 영가설이 $H_0 : \mu_1 - \mu_2 = 0$으로 설정되었을 때, 두 모집단의 차의 $100(1-\alpha)\%$ 신뢰구간에 0이 포함되면 H_0는 α 수준에서 기각되지 않는다.

보기 10.4.1

도시와 농촌의 중학교 3학년 학생들의 수학학력을 비교하려고 한다. 도시와 농촌에서 중학교 3학년 학생을 각각 100명씩 임의로 추출하여 표준화 학력검사를 실시한 결과 도시학생의 평균점수는 71점이었고 농촌학생의 평균점수는 73점이었다. 검사요강에 따르면 모집단의 표준편차는 도시와 시골의 경우가 동일하게 10이었다고 한다. 이 결과에서 도시학생과 농촌학생의 수학학력에는 차가 있다고 볼 수 있는가? 적절한 가설을 설정하여 5% 유의수준에서 검정하고 검정통계값의 P값을 구하라. 또한 두 모평균의 차에 대하여 95%의 신뢰구간을 구하라.

📖풀이

7단계 가설검정절차를 적용하면,

(1) 연구자는 학력의 차에만 관심이 있으므로 양측검정으로 가설을 설정한다.

$H_0 : \mu_1 - \mu_2 = 0$

$H_1 : \mu_1 - \mu_2 \neq 0$

(2) 유의수준: $\alpha = .05$

(3) 검정통계량: $z = \dfrac{(\overline{Y}_1 - \overline{Y}_2) - (\mu_1 - \mu_2)}{\sqrt{\dfrac{\sigma_1^2}{N_1} + \dfrac{\sigma_2^2}{N_2}}}$

(4) H_0가 참이라고 하면 z는 평균 0, 분산 1인 정규분포를 이룬다. 즉 $z \sim n(0, 1)$

(5) H_0의 기각영역: $z > 1.96$ 또는 $z < -1.96$

(6) $z = \dfrac{(71-73)-0}{\sqrt{\dfrac{100}{100} + \dfrac{100}{100}}} = \dfrac{-2}{\sqrt{2}} = -1.414$

(7) H_0는 5% 수준에서 기각되지 않는다. 연구자는 도시와 농촌의 중학교 3학년 학생들의 평균 수학학력에는 유의한 차가 있다는 충분한 증거를 발견하지 못하였다.

$P_r(z < -1.414) = .079$이고 양측검정이므로 $z = -1.414$의 P값은

$P_r(z < 1.414) + P_r(z > 1.414) = .158$

95% 신뢰구간은,

$(71-73) - 1.96\sqrt{\dfrac{100+100}{100}} < \mu_1 - \mu_2 < (71-73) + 1.96\sqrt{\dfrac{100+100}{100}}$

$-2 - 1.96\sqrt{2} < \mu_1 - \mu_2 < -2 + 1.96\sqrt{2}$

$-4.77 < \mu_1 - \mu_2 < .77$

10.5 두 독립표본평균의 차에 대한 t검정

두 독립표본평균의 차에 대한 z검정은 두 모집단의 표준편차 σ_1과 σ_2를 알고 있다고 가정할 때에 적용할 수 있다. 또한 근사적 z검정은 표본의 크기가 충분히 클 때에만 σ_1과 σ_2을 표본추정값 s_1과 s_2로 대치하여 사용할 수 있다. 그러나 μ_1과 μ_2를 알지 못하여 추리를 하는 문제에서 σ_1과 σ_2를 알고 있다고 가정할 수 있

는 실제 경우는 거의 없다.

두 모집단은 평균이 각각 μ_1과 μ_2인 정규분포를 이루고 분산이 같을 때($\sigma_1^2 = \sigma_2^2 = \sigma^2$) 다음과 같이 주어지는 표본통계량의 임의표집분포는 t분포를 이룬다.

$$t = \frac{(\overline{Y}_1 - \overline{Y}_2) - (\mu_1 - \mu_2)}{\sqrt{\dfrac{s_P^2}{N_1} + \dfrac{s_P^2}{N_2}}} \tag{10.5.1}$$

$$s_P^2 = \frac{(N_1 - 1)s_1^2 + (N_2 - 1)s_2^2}{N_1 + N_2 - 2}, \ \nu = N_1 + N_2 - 2$$

σ_1과 σ_2 대신에 s_1과 s_2를 사용할 때 두 독립표본평균의 차에 대한 정확검정은 식 10.5.1의 검정통계량을 사용하는 t검정이다. 또한 두 독립표본평균의 차에 대한 t검정통계량의 표집분포는 자유도($\nu = N_1 + N_2 - 2$)를 제외하고 단일표본평균에 대한 t검정통계량의 표집분포와 동일한 t분포를 이룬다.

두 독립표본평균의 차에 대한 t검정통계량에서 s_P^2은 통합분산(pooled variance) 추정량이라고 한다. $\sigma_1 = \sigma_2 = \sigma$라고 하면 두 독립표본평균의 차에서 임의표집분포의 분산은 식 10.4.2에 의하여 다음과 같이 된다.

$$\sigma_{\overline{Y}_1 - \overline{Y}_2}^2 = \frac{\sigma_1^2}{N_1} + \frac{\sigma_2^2}{N_2} = \sigma^2\left(\frac{1}{N_1} + \frac{1}{N_2}\right) \tag{10.5.2}$$

동일한 분산 σ^2에 대한 추정량 s_1^2이나 s_2^2보다 둘을 통합하여 얻어지는 통합추정량(pooled estimate)이 더 좋은 추정량이 되므로 σ^2의 추정량은 다음 식으로 구한다.

$$\begin{aligned}\hat{\sigma}^2 = s_p^2 &= \frac{(N_2 - 1)s_1^2 + (N_2 - 1)s_2^2}{(N_1 - 1) + (N_2 - 1)} \\ &= \frac{(N_1 - 1)s_1^2 + (N_2 - 1)s_2^2}{N_1 + N_2 - 2}\end{aligned} \tag{10.5.3}$$

따라서 두 독립표본평균의 차의 분산과 표준오차의 추정량은 각각 다음과 같다.

$$\hat{\sigma}^2_{\overline{Y}_1 - \overline{Y}_2} = \frac{s_P^2}{N_1} + \frac{s_P^2}{N_2} \tag{10.5.4}$$

$$\hat{\sigma}_{\overline{Y}_1 - \overline{Y}_2} = \sqrt{\frac{s_P^2}{N_1} + \frac{s_P^2}{N_2}} \tag{10.5.5}$$

두 독립모집단의 평균차의 $100(1-\alpha)\%$ 신뢰구간은 다음과 같다.

$$(\overline{Y}_1 - \overline{Y}_2) - t_{1-\frac{\alpha}{2}}(\nu)\sqrt{\frac{s_P^2}{N_1} + \frac{s_P^2}{N_2}} < \mu_1 - \mu_2 < (\overline{Y}_1 - \overline{Y}_2) + t_{1-\frac{\alpha}{2}}(\nu)\sqrt{\frac{s_P^2}{N_1} + \frac{s_P^2}{N_2}}$$

$$\tag{10.5.6}$$

두 독립표본평균의 차에 대한 t 검정은 다음 가정을 만족시켜야 한다.
1) 두 모집단은 각각 정규분포를 이룬다.
2) 두 모집단의 분산은 같다($\sigma_1^2 = \sigma_2^2$).
3) 독립임의표본이다.

표본의 크기가 적당하다고 하면($N_1 > 25$, $N_2 > 25$) 정규분포에서 극히 벗어났다고 하여도 결론에 미치는 영향은 크지 않다. 모집단의 분포가 단일 최빈값을 갖고 대칭을 이룰수록 t 검정의 결과는 더 정확해진다. 따라서 모집단이 정규분포에서 많이 벗어날수록 표본의 크기를 크게 하여야 한다. 또한 모집단이 정규분포에서 벗어난 정도가 t 검정에 미치는 영향은 양측검정에서보다 단측검정에서 더 크기 때문에 단측검정을 하는 경우에는 표본의 크기에 대하여 특별히 주의해야 한다. 그러나 대부분의 경우에 표본의 크기가 극히 작지 않다고 하면 정규분포라는 가정을 만족시키지 않아도 무방하다(Boneau, 1960).

두 모집단 분산이 동일하다는 가정은 중요하다. 한때는 t 검정을 하기 전에 분산이 동일하다는 가정을 확인할 수 있는 분산에 관한 검정을 권장하였다. 그러나 표본이 작은 경우에 분산에 관한 검정은 믿을 만하지 못하기 때문에 현대 통계학에서는 그러한 방법을 권장하지는 않는다. 더욱이 표본의 크기가 동일한 경우에는($N_1 = N_2$) 모분산에 큰 차이가 있다고 하여도 t검정으로부터 유도되는 결론에 큰 영향을 미치지 않는다. 반면에 분산에 큰 차이가 있고 표본의 크기가 동일하지 않다고 하면 결론에 미치는 영향을 무시할 수 없다. 따라서 분산에 관한 가정을 만족시키지 못하는 경우에 표본의 크기를 자유롭게 할 수 있는 연구라고 하면 표본의 크기를 동일하게 하는 것이 바람직하다(Box, 1953).

표본의 크기를 동일하게 할 수도 없고 분산이 같다는 가정을 만족할 수 없는 경우에는 통합분산의 추정값(s_P^2)을 사용하지 않고, 각 모집단의 분산의 추정값(s_1^2, s_2^2)을 사용하는 t검정을 한다. 두 모집단의 분산이 같다고 가정할 수 없는 경우는 다음 식으로 검정통계량을 계산한다(Boneau, 1960; Games, Keselman & Rogan, 1981).

$$t = \frac{(\overline{Y}_1 - \overline{Y}_2) - (\mu_1 - \mu_2)}{\sqrt{\dfrac{s_1^2}{N_1} + \dfrac{s_2^2}{N_2}}} \tag{10.5.7}$$

이 식으로 t검정을 할 때에는 자유도를 다음 식으로 계산한다.

$$\nu = \frac{(s_1^2/N_1 + s_2^2/N_2)^2}{(s_1^2/N_1)^2/(N_1+1) + (s_2^2/N_2)^2/(N_2+1)} - 2 \tag{10.5.8}$$

ν의 계산결과는 대부분 정수가 아니므로 가장 가까운 정수를 사용한다. 두 독립 표본의 크기가 아주 클 때에는 모집단이 정규분포이고 분산이 동일하다는 가정이 중요하지 않으며 근사적 z검정을 사용할 수 있다.

보기 　10.5.1

상과 벌이 운동기능학습에 미치는 효과를 비교하기 위하여 두 실험집단을 임의로 편성하여 실험집단 1에서는 정확한 동작을 한 때마다 상을 주었고 실험집단 2에서는 틀린 동작을 할 때마다 벌을 주었다. 일정기간 동안 운동기능을 학습한 후에 성취도 검사를 실시한 결과가 다음과 같았다. 여기에서 검사점수는 일련의 동작시행 중 틀린 횟수이다.

실험집단 1	실험집단 2
$N_1 = 5$	$N_2 = 7$
$\overline{Y}_1 = 18$	$\overline{Y}_2 = 20$
$s_1^2 = 7.00$	$s_2^2 = 5.83$

적절한 가설을 설정하여 $\alpha = .01$ 수준에서 검정하고 검정통계값의 P값을 구하라.

📖**풀이**

(1) 연구자의 관심은 어느 것이 더 효과적인 학습방법인가 하는 것이 아니라 단순히 두 방법에 차이가 있는가를 비교하는 것이므로 양측검정으로 가설을 설정한다.

$$H_0 : \mu_1 - \mu_2 = 0$$
$$H_1 : \mu_1 - \mu_2 \neq 0$$

(2) $\alpha = .01$

(3) 검정통계량: $t = \dfrac{(\overline{Y}_1 - \overline{Y}_2) - (\mu_1 - \mu_2)}{\sqrt{\dfrac{s_P^2}{N_1} + \dfrac{s_P^2}{N_2}}}$

(4) H_0가 참이라고 하면 t는 자유도 $df = N_1 + N_2 - 2$인 t분포를 이룬다. 즉,

t의 임의표집분포: $t \sim t(df = N_1 + N_2 - 2 = 10)$

(5) H_0의 기각영역:

$t > t_{.995}(10) = 3.169$ 또는 $t < t_{.005}(10) = -3.169$

(6) $s_P^2 = \dfrac{(5-1)7 + (7-1)(5.83)}{10} = 6.298$

$t = \dfrac{18 - 20}{\sqrt{\dfrac{6.298}{5} + \dfrac{6.298}{7}}} = \dfrac{-2}{1.47} = -1.36$

(7) H_0는 기각되지 않는다. $\alpha = .01$ 수준에서 두 평균간에 유의한 차를 발견하지 못하였으므로 연구자는 판단을 보류하게 된다.

P값은,

$.10 < P_r[t(10) < -1.36] < .25$

양측검정이므로,

$.20 < P_r[t(10) < -1.36] + P_r[t(10) > 1.36] < .50$

$(\mu_1 - \mu_2)$의 99% 신뢰구간은

$-2 - (3.169)(1.47) < \mu_1 - \mu_2 < -2 + (3.169)(1.47)$

$-6.66 < \mu_1 - \mu_2 < 2.66$

99% 신뢰구간에 0이 포함되므로 $\alpha = .01$ 수준에서 H_0는 기각되지 않는다.

아동의 창의력 개발 프로그램의 효과를 알아보기 위해 18명의 아동을 임의표집하였다. 어린이 9명은 창의력 개발 프로그램에 참여하게 하고 다른 9명은 참여하지 않도록 하였다. 프로그램 종료 후 두 집단의 어린이들을 대상으로 창의력 관련 문제를 제시한 결과 각 아동이 해결한 문제의 수는 다음과 같다. 적절한 가설을 설정하여 유의수준 .05에서 검정하라.

참여 아동: 12 16 19 8 10 13 6 15 14
비참여 아동: 15 5 11 8 9 9 5 11 10

풀이

(1) 연구자의 관심은 단순히 두 창의력 프로그램 간에 차이가 있는가를 비교하는 것이므로 양측검정으로 가설을 설정한다.

$H_0 : \mu_1 = \mu_2$

$H_1 : \mu_1 \neq \mu_2$

(2) $\alpha = .05$

(3) 검정통계량: $t = \dfrac{(\overline{Y}_1 - \overline{Y}_2) - (\mu_1 - \mu_2)}{\sqrt{\dfrac{s_P^2}{N_1} + \dfrac{s_P^2}{N_2}}}$

(4) H_0가 참이라고 하면 t의 임의표집분포: $t \sim t(df = N_1 + N_2 - 2 = 16)$

(5) H_0의 기각영역:

$t > t_{.975}(16) = 2.120$ 또는 $t < t_{.025}(16) = -2.120$

(6) $s_P^2 = \dfrac{(9-1)4.06^2 + (9-1)3.114^2}{9+9-2} = 13.11$

$t = \dfrac{12.555 - 9.22}{\sqrt{\dfrac{13.11}{9} + \dfrac{13.11}{9}}} = \dfrac{3.335}{\sqrt{2.91}} = \dfrac{3.335}{1.707} = 1.954$

(7) H_0는 기각되지 않는다. $\alpha = .05$ 수준에서 두 창의력 프로그램간에 유의한 차를 발견하지 못하였으므로 연구자는 판단을 보류하게 된다.

SPSS 실습 10.5.1은 보기 10.5.2를 해결하는 SPSS시행절차와 그 결과물이다.

SPSS 실습 10.5.1 　두 독립 표본평균의 t 검정(2 Independent - Samples t Test)

　　종속변수: 해결문제수(창의력 문제를 해결한 수), 독립변수: 프로그램(참여＝1,
　　비참여＝2)

1. 자료입력창

	🔥 프로그램	🖉 해결문제수	변수	변수	변수	변수	변수	변수	변수	변수	변수	변수	변수	변수	변수
1	1	12													
2	1	16													
3	1	19													
4	1	8													
5	1	10													
6	1	13													
7	1	6													
8	1	15													
9	1	14													
10	2	15													
11	2	5													
12	2	11													
13	2	8													
14	2	9													
15	2	9													
16	2	5													
17	2	11													
18	2	10													
19															

2. 분석 창 ①

'분석(A)' → '평균 비교(M)' → '독립표본 T 검정' 클릭

3. 분석 창 ②

'프로그램' → '집단변수(G)' 상자로, '해결문제수' → '검정 변수(T)' 상자로 옮김

4. 분석 창 ③

'프로그램(??)' 클릭 후 '집단 정의(D)' 클릭

5. 분석 창 ④

'집단 1'에 '1', '집단 2'에 '2'를 입력, '계속(C)' 클릭, '확인' 클릭

6. 결과물과 5단계 가설검정

집단통계량

	프로그램	N	평균	표준편차	평균의 표준오차
해결문제수	1	9	12.56	4.065	1.355
	2	9	9.22	3.114	1.038

독립표본 검정

		Levene의 등분산 검정		평균의 동일성에 대한 T 검정						
		F	유의확률	t	자유도	유의확률(양측)	평균차이	차이의 표준오차	차이의 95% 신뢰구간 하한	상한
해결문제수	등분산을 가정함	.807	.382	1.953	16	.069	3.333	1.707	-.285	6.952
	등분산을 가정하지 않음			1.953	14.983	.070	3.333	1.707	-.305	6.972

Levene의 등분산 검정(Levene's Test for Equality of Variances)은 "평균을 비교하는 두 모집단의 분산이 같다"고 가정할 수 있는지를 검정하는 것이다. 즉 영가설: $H_0 : \sigma_1^2 = \sigma_2^2$을 검정하는 것으로 11장에서 소개할 F 검정이다. 이 검정에서 유의수준이 .05보다 작으면 등분산에 대한 영가설을 기각하고 분산이 같다고 가정할 수 없으며 두 독립표본 평균의 t 검정은 검정통계량 식 (10.5.7)을 사용할 수 있다. 반대로 유의수준이 .05보다 크게 되면 등분산에 대한 영가설은 기각되지 않고 분산이 같다고 가정하고 두 독립표본 평균의 t 검정은 검정통계량 식 (10.5.1)을 사용한다. 결과물에 나타난 $F = .807$이고, 유의확률 $= .382$이므로 평균을 비교하는 두 모집단의 분산은 같다고 가정하게 되고 $t = 1.953$, 자유도$(df) = 16$, 유의확률 $= .069$를 택하게 된다.

5단계 가설검정

① $H_0 : \mu_1 = \mu_2$ (프로그램에 참여한 집단과 참여하지 않은 집단의 문제 해결 수는 같다.)

$H_1 : \mu_1 \neq \mu_2$ (프로그램에 참여한 집단과 참여하지 않은 집단의 문제 해결 수는 같지 않다.)

② $t = $ 식 10.5.1

③ $t \sim t(df = N_1 + N_2 - 2 = 16)$

④ $t = 1.953$

⑤ 유의수준(유의확률) = .069이므로 영가설은 5% 유의수준에서 기각되지 않는다. 그러나 연구자에 따라서는 6.9%의 오차를 감수하고 두 집단의 문제 해결 수는 차이가 있다고 결론을 내릴 수도 있다. 즉 창의력 개발 프로그램은 효과가 있다고 결론을 내릴 수도 있다.

두 독립모집단 평균 차이의 95% 신뢰구간: $-.285 \sim 6.952$

10.6 두 종속표본평균의 차에 대한 z검정

지금까지 취급한 두 평균의 차에 대한 검정문제는 두 표본이 독립이라는 가정을 전제로 하였다. 그러나 두 모집단으로부터 유사한 대상끼리 묶어 표본으로 추출되는 대응표본(matched samples)은 종속적인 관계에 있다. 또한 동일한 대상에 대하여 실험처치를 가하기 전과 후의 사전검사와 사후검사를 비교하려고 할 때에 두 측정값 사이에는 종속적인 관계가 있다.

두 종속표본평균의 차$(\overline{Y}_1 - \overline{Y}_2)$의 임의표집분포는 두 모집단이 정규분포를 이루면 역시 정규분포를 이루고 평균은 두 모집단 평균의 차와 같다.

$$E(\overline{Y}_1 - \overline{Y}_2) = \mu_1 - \mu_2 \tag{10.6.1}$$

두 종속표본평균의 차의 분산은 다음과 같고, $\sigma_{\overline{Y}_1 \overline{Y}_2}$는 $\overline{Y}_1$과 $\overline{Y}_2$의 공분산을 나타내며, ρ는 상관계수를 나타낸다.

$$\sigma^2_{(\overline{Y}_1 - \overline{Y}_2)} = \sigma^2_{\overline{Y}_1} + \sigma^2_{\overline{Y}_2} - 2\sigma_{(\overline{Y}_1 \overline{Y}_2)}$$

$$\sigma_{(\overline{Y}_1 \overline{Y}_2)} = \rho \sigma_{\overline{Y}_1} \sigma_{\overline{Y}_2}, \ \ \sigma^2_{\overline{Y}_1} = \sigma^2_1 / N, \ \ \sigma^2_{\overline{Y}_2} = \sigma^2_2 / N \text{이므로}$$

$$\sigma^2_{\overline{Y}_1 - \overline{Y}_2} = \frac{\sigma^2_1}{N} + \frac{\sigma^2_2}{N} - 2\rho \frac{\sigma_1 \sigma_2}{N} \tag{10.6.2}$$

두 모집단의 분산(σ_1^2, σ_2^2)과 상관계수(ρ)를 알고 있다면 식 10.6.2의 제곱근을 표준오차로 하는 z검정에 의하여 두 종속표본평균의 추리에 대해 가설검정을 할 수 있다.

$$z = \frac{(\overline{Y}_1 - \overline{Y}_2) - (\mu_1 - \mu_2)}{\sqrt{\dfrac{\sigma_1^2}{N} + \dfrac{\sigma_2^2}{N} - 2\rho \dfrac{\sigma_1 \sigma_2}{N}}} \tag{10.6.3}$$

식 10.6.3의 검정통계량은 두 종속표본의 분산과 상관계수를 알아야 하는 불편한 점이 있다. 두 종속표본을 하나의 짝을 진 표본으로 볼 때에는 분산과 상관계수를 계산하지 않고도 두 종속표본평균의 차에 대한 검정을 할 수 있는 z검정통계량을 유도할 수 있다.

짝을 진 측정값의 차를 생각하면 i번째 짝의 측정값의 차는 다음과 같이 나타낼 수 있다.

$$D_i = Y_{i1} - Y_{i2} \tag{10.6.4}$$

짝을 진 측정값의 차의 평균 $\overline{D}$는 두 종속모평균의 차의 불편추정량이 된다.

$$\overline{D} = \frac{\sum D_i}{N} = \overline{Y}_1 - \overline{Y}_2 \tag{10.6.5}$$

$$E(\overline{D}) = \mu_1 - \mu_2 \tag{10.6.6}$$

따라서 $(\overline{Y}_1 - \overline{Y}_2)$ 대신에 $\overline{D}$에 대한 검정을 할 수 있다. $\overline{D}$의 임의표집분포의 분산은,

$$\sigma_{\overline{D}}^2 = \frac{\sigma_D^2}{N} \tag{10.6.7}$$

$$\sigma_{\overline{D}}^2 = \frac{\sigma_1^2}{N} + \frac{\sigma_2^2}{N} - 2\rho \frac{\sigma_1 \sigma_2}{N} \tag{10.6.8}$$

$$\sigma_{\overline{D}}^2 = \sigma_{\overline{Y}_1 - \overline{Y}_2}^2 \tag{10.6.9}$$

식 10.6.3의 z검정통계량은,

$$z = \frac{\overline{D} - (\mu_1 - \mu_2)}{\frac{\sigma_D}{\sqrt{N}}} \qquad (10.6.10)$$

보기 **10.6.1**

한 금연단체에서는 금연광고의 효과를 평가하기 위해 임의로 추출한 15명의 흡연자를 대상으로 금연광고 일주일 전과 일주일 후의 하루 평균 흡연량을 조사하였다. 그 결과 금연광고 전의 흡연량 평균은 28.47이었고, 금연광고 후의 흡연량 평균은 29.33이었다. 금연광고 전의 모집단 표준편차는 8.75, 광고 후의 모집단 표준편차는 14.98, 두 모집단의 상관은 .63으로 알고 있다고 가정한다. 이 결과에서 금연광고 전과 후의 하루 평균 흡연량에는 차가 있다고 볼 수 있는가? 적절한 가설을 설정하여 $\alpha = .05$ 수준에서 금연광고 전과 후의 차에 대하여 단일평균에 대한 z검정을 하라.

풀이

7단계 가설검정절차를 적용하면,

(1) 연구자는 금연광고 전과 후의 차에만 관심이 있으므로 양측검정으로 가설을 설정한다.

　　$H_0 : \mu_D = 0$

　　$H_1 : \mu_D \neq 0$

(2) 유의수준: $\alpha = .05$

(3) 검정통계량: $z = \dfrac{\overline{D} - (\mu_1 - \mu_2)}{\dfrac{\sigma_D}{\sqrt{N}}}$

(4) H_0가 참이라고 하면 z는 평균 0, 분산 1인 정규분포를 이룬다. 즉 $z \sim n(0, 1)$

(5) H_0의 기각영역: $z > 1.96$ 또는 $z < -1.96$

(6) $\sigma_D^2 = \dfrac{8.75^2}{15} + \dfrac{14.98^2}{15} - 2(.63)\dfrac{(8.75)(14.98)}{15} = 9.05$

　　$z = \dfrac{28.47 - 29.33}{\sqrt{\dfrac{9.05}{15}}} = -1.11$

(7) H_0는 기각되지 않는다. $\alpha = .05$ 수준에서 금연광고 전과 후의 하루 평균 흡연량 간에 유의한 차를 발견하지 못하였으므로 연구자는 금연광고의 효과에 대한 판단을 보류하게 된다.

10.7 두 종속표본평균의 차에 대한 t검정

10.6에서 설명한 두 종속표본평균차에 대한 z검정은 두 모집단 분산과 상관계수를 알고 있다는 전제하에 진행할 수 있는 방법이다. 그러나 실제로는 두 모집단 분산을 알기도 어려울뿐더러 상관계수까지 안다는 것은 가능성이 낮은 경우이다. 따라서 실제 연구 상황에서 두 종속표본평균의 차에 대한 z검정을 적용하기는 어렵다. z검정에서 검정통계량으로 사용되는 식 10.6.3에서 σ_1^2, σ_2^2, 그리고 ρ 대신에 표본추정값을 사용하면 이 통계량은 t분포를 이루고, 두 종속표본평균의 차에 대한 t검정통계량으로 사용될 수 있다.

$$t = \frac{(\overline{Y}_1 - \overline{Y}_2) - (\mu_1 - \mu_2)}{\sqrt{\dfrac{s_1^2}{N} + \dfrac{s_2^2}{N} - 2r\dfrac{s_1 s_2}{N}}} \sim t(N-1) \tag{10.7.1}$$

마찬가지로 σ_D 대신에 표본통계값 s_D를 사용하면 두 종속표본평균의 차에 대한 t검정통계량이 된다.

$$t = \frac{\overline{D} - (\mu_1 - \mu_2)}{\dfrac{s_D}{\sqrt{N}}} \tag{10.7.2}$$

이 식에서

$$s_D = \sqrt{\frac{\sum(D - \overline{D})^2}{N-1}} = \sqrt{\frac{N\sum D^2 - (\sum D)^2}{N(N-1)}} \tag{10.7.3}$$

두 종속표본평균의 차에 대한 $100(1-\alpha)\%$ 신뢰구간은 다음 식으로 구할 수 있다.

$$\overline{D} - t_{1-\frac{\alpha}{2}}(\nu) \frac{s_D}{\sqrt{N}} < \mu_1 - \mu_2 < \overline{D} + t_{1-\frac{\alpha}{2}}(\nu) \frac{s_D}{\sqrt{N}} \qquad (10.7.4)$$

식 10.7.1과 10.7.2는 다 같이 두 종속표본평균의 차에 대한 t검정통계량이므로 검정결과는 정확하게 동일하다. 다만 식 10.7.2는 각 표본분산과 상관계수를 계산하지 않는다는 이점이 있다.

보기 **10.7.1**

운동기능에 관한 두 교수방법의 효과를 비교하려고 한다. 연구대상의 차이를 통제하기 위하여 열 쌍의 쌍둥이를 두 집단으로 분류하여 한 집단에는 방법 1에 의하여 수업을 하고 또한 집단에서는 방법 2에 의하여 수업을 진행한 후에 준거검사의 결과는 다음과 같았다.

쌍둥이의 쌍	방법 1	방법 2
1	6	7
2	7	5
3	3	5
4	9	8
5	4	6
6	4	4
7	8	9
8	5	3
9	2	4
10	6	6

(1) 각 쌍의 쌍둥이의 점수 차를 계산하고 $\alpha = .05$ 수준에서 그 차에 대하여 단일평균에 대한 t검정을 하라.
(2) 식 10.7.1의 t통계값을 구하고 (1)에서 구한 t검정통계값과 비교하라.

풀이

(1) (가) $H_0 : \mu_D = 0,\ H_1 : \mu_D \neq 0$

　　(나) $\alpha = .05$

　　(다) $t = \dfrac{\overline{D} - 0}{s_D / \sqrt{N}}$

　　(라) H_0가 참이라고 하면 t는 자유도 $df = N-1$인 t분포를 이룬다. 즉 $t \sim t(df = N - 1 = 9)$.

　　(마) $|t| > 2.262$이면 H_0를 기각한다.

(바) $t = \dfrac{-.3}{\sqrt{2.46/10}} = -.60$

$s_D^2 = \dfrac{10(23)-(-3)^2}{10(9)} = 2.46$

(사) H_0를 기각하지 않는다.

(2) $r = \dfrac{N\sum(XY)-\sum X\sum Y}{\sqrt{[N\sum X^2-(\sum X)^2][N\sum Y^2-(\sum Y)^2]}}$

$\quad = \dfrac{10(335)-54(57)}{\sqrt{[10(336)-2916][10(357)-3249]}} = .72$

$t = \dfrac{5.4-5.7}{\sqrt{\dfrac{4.93}{10}+\dfrac{3.57}{10}-\dfrac{2(.72)(2.22)(1.89)}{10}}}$

$\quad = \dfrac{-3}{.496} = -.60$

(1)에서 구한 t값과 (2)에서 구한 t값은 동일하다.

SPSS 실습 10.7.1는 보기 10.7.1를 해결하는 SPSS시행절차와 그 결과물이다.

 SPSS 실습 10.7.1 **두 종속표본 평균의 차에 대한 t 검정**(Paired-Samples t Test)

1. 자료입력창

2. 분석 창 ①

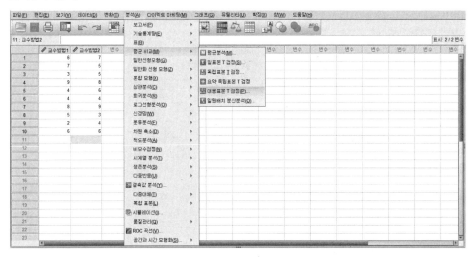

'분석(A)' → '평균 비교(M)' → '대응표본 T 검정(P)' 클릭

3. 분석 창 ②

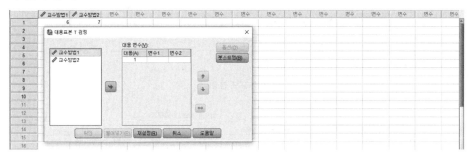

'교수방법1'과 '교수방법2' → '대응 변수(V)' 상자로 옮김

4. 분석 창 ③

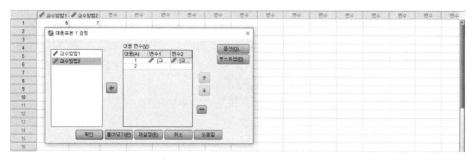

'확인' 클릭

5. 결과물과 5단계 가설검정

대응표본 통계량

		평균	N	표준편차	평균의 표준오차
대응 1	교수방법1	5.40	10	2.221	.702
	교수방법2	5.70	10	1.889	.597

대응표본 상관계수

		N	상관관계	유의확률
대응 1	교수방법1 & 교수방법2	10	.720	.019

대응표본 검정

		대응차					t	자유도	유의확률 (양측)
		평균	표준편차	평균의 표준오차	차이의 95% 신뢰구간 하한	차이의 95% 신뢰구간 상한			
대응 1	교수방법1 - 교수방법2	-.300	1.567	.496	-1.421	.821	-.605	9	.560

5단계 가설검정

① $H_0 : \mu_D = 0$ (각 쌍의 점수 차의 평균은 0이다.)

　$H_1 : \mu_D \neq 0$ (각 쌍의 점수 차의 평균은 0이 아니다.)

② $t =$ 식 10.7.1 또는 식 10.7.2

③ $t \sim t(df = N-1 = 9)$

④ $t = -.605$

⑤ 유의확률=.560

영가설은 5% 수준에서 기각되지 않는다. 연구자는 두 교수방법의 효과는 차이가 있다는 증거는 발견하지 못하였으므로 결론을 보류하게 된다.

지금까지 설명한 표본평균에 대한 검정통계량을 요약하면 다음과 같다.

	단일표본평균	두 표본평균	
		독 립	종 속
z검정	$\dfrac{\overline{Y}-\mu_0}{\sigma/\sqrt{N}}$	$\dfrac{(\overline{Y}_1-\overline{Y}_2)-(\mu_1-\mu_2)}{\sqrt{\dfrac{\sigma_1^2}{N_1}+\dfrac{\sigma_2^2}{N_2}}}$	$\dfrac{(\overline{Y}_1-\overline{Y}_2)-(\mu_1-\mu_2)}{\sqrt{\dfrac{\sigma_1^2}{N}+\dfrac{\sigma_2^2}{N}-2\rho\dfrac{\sigma_1\sigma_2}{N}}}$ 또는 $\dfrac{\overline{D}-(\mu_1-\mu_2)}{\dfrac{\sigma_D}{\sqrt{N}}}$
t검정	$\dfrac{\overline{Y}-\mu_0}{s/\sqrt{N}}$	$\dfrac{(\overline{Y}_1-\overline{Y}_2)-(\mu_1-\mu_2)^*}{\sqrt{\dfrac{s_P^2}{N_1}+\dfrac{s_P^2}{N_2}}}$	$\dfrac{(\overline{Y}_1-\overline{Y}_2)-(\mu_1-\mu_2)^*}{\sqrt{\dfrac{s_1^2}{N}+\dfrac{s_2^2}{N}-2r\dfrac{s_1s_2}{N}}}$ 또는 $\dfrac{\overline{D}-(\mu_1-\mu_2)^*}{\dfrac{s_D}{\sqrt{N}}}$

모집단의 분산을 안다고 가정할 수 있는 상황은 거의 없으며 사회과학연구에서 단일표본평균에 대한 검정은 그리 많은 경우가 아니므로 위 표에 있는 여러 가지 검정통계량 중에서 실제 연구에서 많이 사용되는 검정통계량은 *표를 한 두 독립표본평균의 t검정과 두 종속표본평균의 t검정통계량이다.

10.1 3개의 점수표본에 대하여 통계량 $\sum (Y - \overline{Y})^2$은 자유도가 2이고 통계량 $\sum (Y - \mu)^2$은 자유도가 3임을 설명하라.

10.2 단일표본평균에 대한 t검정에서 가설과 유의수준이 다음과 같이 설정되었을 때 그 기각영역을 구하라.

(1) $H_0 : \mu = \mu_0$, $H_1 : \mu \neq \mu_0$, $\alpha = .05$, $N = 16$

(2) $H_0 : \mu \leq \mu_0$, $H_1 : \mu > \mu_0$, $\alpha = .05$, $N = 21$

(3) $H_0 : \mu \geq \mu_0$, $H_1 : \mu < \mu_0$, $\alpha = .01$, $N = 26$

10.3 단일표본평균에 대한 t검정에서 가설이 다음과 같이 설성뇌고 크기가 N인 임의표본을 추출하여 계산된 t값이 다음과 같을 때 그 P값을 구하라.

(1) $H_0 : \mu \leq \mu_0$, $H_1 : \mu > \mu_0$, $N = 20$, $t = 0.55$

(2) $H_0 : \mu \leq \mu_0$, $H_1 : \mu > \mu_0$, $N = 25$, $N = -1.60$

(3) $H_0 : \mu \geq \mu_0$, $H_1 : \mu < \mu_0$, $N = 30$, $N = -1.78$

(4) $H_0 : \mu = \mu_0$, $H_1 : \mu \neq \mu_0$, $N = 30$, $N = -1.78$

10.4 다음과 같이 설정된 가설과 주어진 자료에 대하여 $\alpha = .05$ 수준에서 t의 임계값과 가설검정에 관한 의사결정을 하라.

(1) $H_0 : \mu = 50$, $H_1 : \mu \neq 50$, $N = 10$, $t = 2.10$

(2) $H_0 : \mu = 50$, $H_1 : \mu \neq 50$, $N = 20$, $t = 2.10$

(3) $H_0 : \mu \leq 50$, $H_1 : \mu > 50$, $N = 10$, $t = 2.10$

10.5 $\overline{Y} = 50$, $s = 12$, $N = 16$이 주어졌을 때 $\alpha = .05$ 수준에서 다음 가설을 7단계 가설 검정절차를 이용하여 검정하라.

(1) $H_0 : \mu = 44$, $H_1 : \mu \neq 44$

(2) $H_0 : \mu \geq 55$, $H_1 : \mu < 55$

10.6 어느 제약회사에서 새로 개발한 약이 체온을 높이는 부작용이 있다면 판매를 보류하려고 한다. 만일 건강한 사람의 평균 체온이 약을 복용한 후에 98.6°F 이하일 경우에는 약을 판매하고 그렇지 않을 경우에는 판매하지 않으려고 한다. 25명의 건강한 사람을 임의로 선택하여 약을 복용시킨 결과 평균 체온이 98.8°F였다. 표본체온의 분산은 .38이었다. 7단계 가설검정 절차에 의하여 5% 수준에서 검정하라.

10.7 정상아동과 청각장애아동 37쌍을 대상으로 정상아동의 청각점수에서 청각장애아동의 청각점수를 뺀 점수(Y)로부터 $\sum Y = 87.1$, $\sum Y^2 = 363.17$임을 발견하였다. 이 결과로부터 청각장애아동의 청력은 정상아동의 청력보다 낮다고 할 수 있는가? 7단계 가설검정 절차에 의하여 5% 수준에서 검정하라.

10.8 다섯 마리의 쥐를 대상으로 반응지연 훈련을 실시한 후 신호에 대한 반응시간을 측정한 결과 .5, .3, .7, .4, 1.0초였다. 이 결과로부터 반응지연훈련을 받은 쥐는 평균반응시간이 .4초라는 가설을 검정하라($\alpha = .01$).

10.9 한국과 일본의 중학교 3학년 학생을 대상으로 과학검사를 사용하여 과학학력을 비교하였다. 한국학생 75명의 임의표본평균은 37.87이고 일본학생 75명의 임의표본평균은 31.79였다. 검사요강에 따르면 두 모집단의 표준편차는 각각 10으로 나타나 있다. 7단계 가설검정 절차에 의하여 5% 유의수준에서 검정하라.

10.10 연습문제 10.9에서 모집단의 표준편차는 모르고 표본표준편차가 한국학생인 경우는 6.68, 일본학생인 경우는 9.39였다고 할 때 5% 유의수준에서 가설을 검정하라.

10.11 연습문제 10.9, 10.10의 가설검정에서 기본 가정은 무엇인가?

10.12 연습문제 10.9, 10.10의 가설검정에서 $100(1-\alpha)$% 신뢰구간을 구하라.

10.13 다음은 5세 남녀 아동의 독립임의표본을 대상으로 운동능력을 측정한 결과이다. 이 결과로부터 5세 남자아동의 운동능력이 5세 여자아동보다 유의하게 높다고 할 수 있는가? ($\alpha = .05$) SPSS 프로그램을 이용하여 결과물을 산출하고, 5단계 가설검정 절차에 의하여 검정하시오.

5세 남자아동	5세 여자아동
43	35
61	44
33	37
50	50
25	27
38	19
51	25
35	45
41	56
27	32
37	
49	
32	
44	
34	

10.14 정상아동에 대한 청력검사의 평균점수는 50점이었다. 10명의 표본검사 결과 $\overline{Y} = 47.5$, $s = 6.62$였다. 검사를 받은 모집단의 μ에 대하여 99% 신뢰구간을 구하라.

10.15 두 독립임의표본으로부터 다음 자료를 얻었다.

$\overline{Y}_1 = 9.2,\ s_1^2 = 36.0,\ N = 25$

$\overline{Y}_2 = 18.7,\ s_2^2 = 36.0,\ N = 49$

$\mu_1 - \mu_2$의 90% 신뢰구간을 구하라.

10.16 두 독립임의표본으로부터 다음 자료를 얻었다.

$\overline{Y}_1 = 36.875,\ s_1^2 = 132,\ N = 8$

$\overline{Y}_2 = 40.4,\ s_2^2 = 126.93,\ N = 10$

$\mu_1 - \mu_2$의 95% 신뢰구간을 구하라.

10.17 두 독립임의표본으로부터 다음과 같은 자료가 주어졌다.

$\overline{Y}_1 = 82,\ \sum (Y_1 - \overline{Y}_1)^2 = 120,\ N_1 = 11$

$\overline{Y}_1 = 88,\ \sum (Y_2 - \overline{Y}_2)^2 = 220,\ N_2 = 21$

$\alpha = .05$ 수준에서 두 모평균 사이에는 차가 없다는 가설을 검정하라.

10.18 두 독립임의표본으로부터 다음과 같은 자료가 주어졌다.

$\overline{Y}_1 = 9.26,\ s_1 = 1.45,\ N_1 = 15$

$\overline{Y}_2 = 5.14,\ s_2 = 2.81,\ N_2 = 13$

$\alpha = .05$ 수준에서 두 모평균 사이에는 차가 없다는 가설을 검정하라.

10.19 18명의 학생을 대상으로 태도변화를 촉진할 수 있도록 제작된 영화를 보여
주기 전과 후에 태도검사를 실시하였다. 그러나 18명 중 9명만이 태도점수가
높아졌고 전체적인 요약자료는 다음과 같다.

전: $\overline{Y}_1 = 10.0,\ s_1 = 3.0,\ N = 18,\ r = .40$

후: $\overline{Y}_2 = 15.0,\ s_2 = 8.0$

평균태도의 변화와 태도점수의 변산도의 변화에 대하여 이 자료로부터 어떠한 결론을 내릴 수 있는가? 7단계 가설검정 절차를 이용하여 5% 유의수준에서 검정하시오.

10.20 사전·사후검사 결과가 다음과 같다.

대상	사전	사후
1	19	16
2	24	22
3	21	20
4	23	15
5	14	13
6	16	16
7	15	14
8	17	18
9	16	15
10	19	20

두 측정 사이에는 유의한 차가 있는가? ($\alpha = .05$) SPSS 프로그램을 활용하여 결과물을 산출하고, 5단계 가설검정 절차를 이용하여 검정하시오.

제11장

일원분산분석

사회과학연구에서 오랫동안 연구자들이 적용해 온 방법으로 가장 많이 사용되는 통계방법 중의 하나는 분산분석(analysis of variance, ANOVA)이다. t검정은 두 표본평균의 차에 대한 검정으로 두 집단의 평균을 비교하는 통계방법이다. 그러나 실험설계에서 두 개 이상의 표본평균을 비교해야 하는 실험상황이 적지 않고, 두 개 이상의 모집단 평균이 서로 다른지를 검정하고자 할 때 사용되는 통계방법이 분산분석이다. J개의 모집단평균에 대한 추리를 위해 사용되는 영가설은 다음과 같은 형태를 취하게 된다.

$$H_0 : \mu_1 = \mu_2 = \cdots = \mu_J$$

예를 들어, 5개 광역시(서울, 대전, 부산, 광주, 인천)에 재학하는 고 1학생들의 학업성취도에 차이가 있는지 알아보고자 한다면, 5개 광역시의 모집단의 학업성취도 평균을 동시에 비교하는 통계방법이 분산분석이다. 다섯 개의 모평균을 t검정으로 비교한다면 10회의 t검정을 하여야 할 것이다. 이와 같은 방법은 불편할 뿐만 아니라 더 큰 문제는 $\alpha = .05$ 수준에서 10회의 독립 t검정을 시행하면서 기획했던 유의수준인 .05를 지키지 못하게 되는 문제점이 있다.

본 장에서는 독립변수의 수가 하나인 일원분산분석(one-way ANOVA)의 기본 논리와 분석에 초점을 맞출 것이다. 독립변수의 수가 2개인 경우(이원분산분석)는 13장에서 다루도록 한다. 이 장에서 다루는 일원분산분석의 맥락에서 설명된 원리와 주제는 이원분산분석이나 다원분산분석에 그대로 확장될 수 있다.

일원분산분석은 세 개 이상의 표본평균의 차에 대한 검정방법이므로 t검정을 일반화한 것이라고 할 수 있다. 분산분석은 두 평균의 차에 대한 t검정에서와 같이 정규 모집단, 동일한 모분산, 독립임의표본을 가정하며 영가설도 모평균이 동일하다는 형식으로 진술된다. 그러나 분산분석은 t검정과는 다른 원리를 기반으로 하고 있다. t검정통계량은 표본평균과 표본오차를 이용하여 검정통계량을 구성하지만 분산분석에서는 표본분산의 비인 F값을 검정통계량으로 사용한다. 집단평균 간의 차가 없다고 하면 두 분산, 즉 집단 내 분산과 집단 간 분산에는 차가 없을 것이라는 논리에서 두 분산의 비를 검정통계량으로 사용한다.

분산분석의 기본 논리를 이해하기 위해 집단 내 분산과 집단 간 분산이라는 두 분산 추정치 개념을 이해할 필요가 있다. 모집단 분산(σ_e^2)의 추정값은 집단 내 평균제곱(MS_W)과 집단 간 평균제곱(MS_B) 두 개로 구분할 수 있다. 두 추정값 중 집단 내 평균제곱(MS_W)은 영가설의 참과 거짓 여부와는 독립이다. 반면 집단 간 평균제곱(MS_B)은 영가설이 참일 때 즉, 표본의 평균들이 하나의 모집단으로부터 추출되었을 때 얻어질 수 있는 추정값이다. 그러므로 두 추정값이 비슷하면 영가설이 참이라는 것을 뒷받침할 수 있는 증거가 된다. 반대로 두 추정값이 크게 다르다면 영가설이 거짓이라는 것을 뒷받침한다. 좀더 구체적으로 두 추정값의 기대값을 이용하여 분산분석의 기본 논리를 설명하여 보자.

먼저 처치효과($\mu_j - \mu$)를 α_j로 표기하고 처치평균 μ_j와 전체평균 μ 사이의 차이로 정의한다. σ_α^2은 모집단 평균(μ_1, μ_2, $\cdots$, μ_J)의 분산으로 정의한다.

$$\sigma_\alpha^2 = \frac{\sum (\mu_j - \mu)^2}{(J-1)} = \frac{\sum \alpha_j^2}{J-1}$$

집단 내 분산과 집단 간 분산 추정치의 기대값은 다음과 같이 표현된다.

$$E(MS_W) = \sigma_e^2$$

$$E(MS_B) = \sigma_e^2 + N\sigma_\alpha^2$$

여기에서 α_e^2은 각 모집단 내 분산이고, σ_α^2은 모집단 평균 간(μ_j) 분산이다. H_0가 참이면, $\mu_1 = \mu_2 = \cdots = \mu_P$이 성립되고 결과적으로 $\sigma_\alpha^2 = 0$이 된다. 따라서

$$E(MS_W) = \sigma_e^2$$

$$E(MS_B) = \sigma_e^2 + N(0) = \sigma_e^2$$

이 되어서

$$E(MS_W) = E(MS_B)$$

가 성립된다. 즉, 집단 내 분산과 집단 간 분산 추정값의 비를 영가설에 대한 검정통계량으로 사용할 수 있는 것이다.

$$F = \frac{MSB}{MSW}$$

영가설이 참이라면 결과적으로 MS_B와 MS_W 비는 1에 가까워질 것이고, 검정통계량 F값이 1에 가까우면 영가설은 참이라고 의사결정할 수 있는 근거가 된다. 반면, 영가설이 참이 아니라면 MS_B 값은 집단 간 처치효과($\sigma_\alpha^2 \neq 0$)를 반영하여 일정한 값을 갖게 되고 σ_e^2보다 큰 값을 갖게 된다[$E(MS_W) < E(MS_B)$]. 결과적으로 F값은 1보다 큰 값이 되고, 이것은 영가설이 참이 아니라는 근거가 된다.

11.2 F분포

F통계량의 표집분포는 R.A. Fisher에 의해 제시되었고, 이를 기념하기 위해 F

분포로 명명되었다. F분포는 t분포와 마찬가지로 자유도에 의해 형태가 결정되는 분포이지만, z분포나 t분포와 달리 좌우대칭인 분포를 이루지는 않고, 정적으로 편포된 형태를 갖는다. 평균이 각각 μ_1과 μ_2이고 분산 σ^2로 동일한 정규분포를 이루는 두 모집단이 있다고 가정하자. 확률변수 F는 두 모집단으로부터 크기가 각각 N_1과 N_2인 두 독립표본을 추출하여 얻어지는 표본분산 s_1^2과 s_2^2의 비율이다.

$$F = \frac{s_1^2}{s_2^2} \tag{11.2.1}$$

각 표본분산 $s^2 = \dfrac{\sigma^2}{N-1}\chi^2(N-1)$이므로

$$F = \frac{\chi^2(df_1)/df_1}{\chi^2(df_2)/df_2} \tag{11.2.2}$$

가 되어 확률변수 F는 두 독립 χ^2을 각각 자유도로 나눈 값의 비로 정의된다.

F분포는 자유도 df_1과 df_2에 따라 다르지만 일반적으로 비대칭적이며 $df_1 < df_2$인 경우 정적 편포를 이루고 $df_2 > 2$인 경우 단일 최빈값을 갖는다. F분포의 평균값은 $df_2/(df_2 - 2)$이고 분산은 $df_2 > 4$인 경우 $\dfrac{2df_2^2(df_1 + df_2 - 2)}{df_1(df_2 - 2)^2(df_2 - 4)}$와 같다.

F분포는 그림 11.2.1에서 보는 바와 같이 두 개의 모수 df_1과 df_2에 의해 결정되는데 일반적으로 F분포표는 F값에 대응하는 일부분의 누적확률만을 제시한다. 부록 표 4의 F분포표는 모수 df_1, df_2와 누적확률 .99, .975, .95, .90, .75에 대응하는 F값을 나타낸 것이다. 이 표로부터 누적확률 .01, .025, .05, .10, .25에 대응하는 F값은 다음 식으로 구할 수 있다.

$$F_\alpha(df_1, df_2) = \frac{1}{F_{1-\alpha}(df_2, df_1)} \tag{11.2.3}$$

[그림 11.2.1] *F*분포 그래프

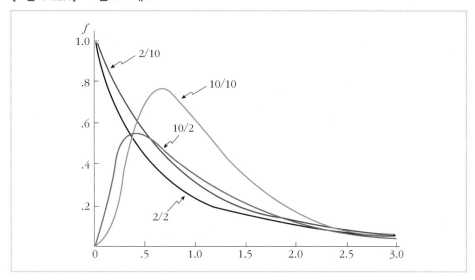

만일 $df_1 = 9$, $df_2 = 5$인 *F*분포에서 누적확률이 .05와 .95인 *F*값을 알기 위해서는 *F*분포표를 이용해 누적확률 .95에 해당하는 *F*값을 찾고 그림 11.2.2와 같이 나타낼 수 있다.

[그림 11.2.2] $F_{.95}(9, 5)$와 $F_{.05}(9, 5)$

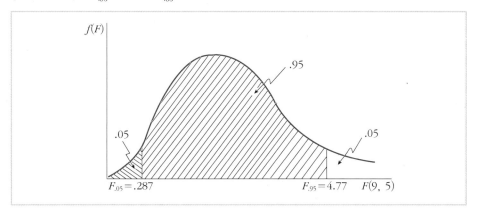

$$F_{.95}(9,\ 5) = 4.77$$

$$F_{.05}(9,\ 5) = \frac{1}{F_{.95}(5,\ 9)} = \frac{1}{3.48} \fallingdotseq .287$$

또한 $df_1 = 5$, $df_2 = 5$일 때 F값이 4보다 큰 누적확률, 즉 F분포의 누적확률 $Pr[F(5,5) > 4.00]$은 표에 나타나지 않으므로 부등호를 사용하여 표시한다.

$$Pr[F(5,5) < 5.05] = .95\text{이므로 } Pr[F(5,5) > 5.05] = .05$$
$$Pr[F(5,5) < 3.45] = .90\text{이므로 } Pr[F(5,5) > 3.45] = .10$$

따라서 $Pr[F(5,5) > 4.00]$의 값은 그림 11.2.3에 나타난 바와 같이 .05와 .10 사이에 있다고 할 수 있다.

$$.05 < Pr[F(5,5) > 4.00] < .10$$

[그림 11.2.3]　$.05 < Pr[F(5,\ 5) > 4.00] < .10$

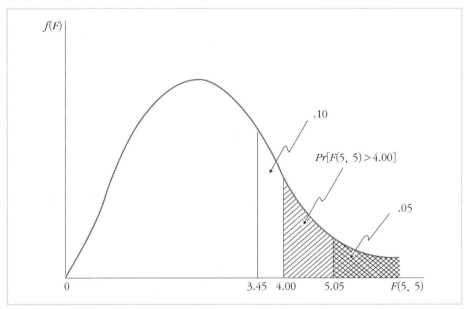

분산분석의 수리적 논리를 설명하기 전에 7단계 가설검정절차를 적용하여 일반적인 분석절차를 개관하려고 한다. J개의 모집단으로부터 각각 N개의 표본을 임의로 추출하여 구성된 J개의 표본집단을 가정하자. J개의 모평균을 추리하기 위하여 J개의 독립임의표본평균에 대한 7단계 가설검정절차를 적용하여 보자.

1) J개의 모평균 사이에 차가 있는지를 추리하기 위하여 'J개의 모평균은 동일하다'는 영가설을 설정한다.

$$H_0 : \mu_1 = \mu_2 = \cdots = \mu_J$$

$$H_1 : H_0 는 참이 아니다.$$

2) 유의수준 $\alpha = .05$

3) 검정통계량:

$$F = \frac{MS_B}{MS_W} = \frac{SS_B/df_B}{SS_W/df_W}$$

MS_B: 집단 간 평균제곱(mean square between groups)

MS_W: 집단 내 평균제곱(mean square within groups)

SS_B: 집단 간 제곱합(sum of square between groups)

SS_W: 집단 내 제곱합 (mean square within groups)

df_B: 집단 간 제곱합의 자유도$(J-1)$

df_W: 집단 내 제곱합의 자유도$[J(N-1)]$

4) 분산분석의 가정을 만족하고 H_0가 참이라고 하면 F검정통계량의 임의표집분포는 자유도가 $[J-1, J(N-1)]$인 F분포를 이룬다.

$$F \sim F[J-1, J(N-1)]$$

5) 분산분석에서 기각영역은 항상 F분포의 우측에 있다. F검정통계량의 값이 1 에 비해 얼마나 큰지를 기준으로 영가설을 기각하기 때문에 기각영역은 항상 F분포의 우측에 있게 된다.

6) 분산분석에서는 F통계값을 계산할 때 분산분석표(ANOVA table)를 작성한다.

〈표 11.3.1〉 분산분석표

분 산 원 (source of variation) SV	자 유 도 (degree of freedom) df	제 곱 합 (sum of squares) SS	평균제곱 (mean square) MS	F
집 단 간 (between group)	$J-1$	SS_B	$MS_B = SS_B/(J-1)$	$\dfrac{MS_b}{MS_w}$
집 단 내 (within group)	$J(N-1)$	SS_W	$MS_W = SS_W/J(N-1)$	
전체	$JN-1$	SS_T		

7) 의사결정: 계산된 F값$> F_{.95}[J-1, J(N-1)]$를 만족하면 H_0를 기각한다.

11.4 분산분석의 계산과 분산분석표 작성

분산분석은 J개의 모집단평균에 차이가 있는지를 검정하기 위한 방법이다. J개의 모집단으로부터 각각 N개의 표본을 임의로 추출한 J개의 표본집단을 가정해 보자. Y_{ij}는 j번째 집단에서 i번째 대상의 측정값을 나타내고, 일원분산분석은 표 11.4.1과 같은 구조를 갖는 표본자료를 다루게 된다.

집단 집단 구성원	1	2	⋯	j	⋯	J		
1	Y_{11}	Y_{12}		Y_{1j}		Y_{1J}		
2	Y_{21}	Y_{22}		Y_{2j}		Y_{2J}		
⋮	⋮	⋮		⋮		⋮		
i	Y_{i1}	Y_{i2}		Y_{ij}		Y_{iJ}		
⋮	⋮	⋮		⋮		⋮		
N	Y_{N1}	Y_{N2}		Y_{Nj}		Y_{NJ}		
j집단 점수합	$Y_{.1}$	$Y_{.2}$		$Y_{.j}$		$Y_{.J}$	$Y_{..}$	전체합
j집단 평균점수	$\overline{Y}_{.1}$	$\overline{Y}_{.2}$		$\overline{Y}_{.i}$		$\overline{Y}_{.J}$	$\overline{Y}_{..}$	전체평균

$i = 1, 2, \cdots, N$: 집단 내 표본
$j = 1, 2, \cdots, J$: 집단 간 분류
$Y_{.j} = Y_{1j} + Y_{2j} + \cdots + Y_{Nj} = \sum_i Y_{ij}$: j집단의 측정치 합

$$\overline{Y}_{.j} = \frac{Y_{.j}}{N} = \frac{\sum_i Y_{ij}}{N} : j\text{집단의 측정치 평균}$$

$$Y_{..} = Y_{.1} + Y_{.2} + \cdots + Y_{.J} = \sum_j Y_{.j} : \text{전체 측정치 합}$$

$$\overline{Y}_{..} = \frac{\sum_j \overline{Y}_{.j}}{J} = \frac{\sum_j \sum_i Y_{ij}}{NJ} : \text{전체 측정치 평균}$$

일원분산분석의 가설검정절차는 결국 분산분석표를 작성하는 것으로 완성된다. 표 11.3.1에 제시된 분산분석표를 완성하기 위해서는 제곱 합(sum of square: SS)만 구하면 나머지 통계량은 그 계산이 간단하다. SS의 계산은 표 11.4.1의 표본자료로부터 다음의 공식에 의하여 구할 수 있다.

$$SS_B = \sum_{j=1}^{J} N(\overline{Y}_{.j} - \overline{Y}_{..})^2 = \sum_{j=1}^{J} \frac{Y_{.j}^2}{N} - \frac{Y_{..}^2}{JN} \tag{11.4.1}$$

$$SS_W = \sum_{j=1}^{J} \sum_{i=1}^{N} (Y_{ij} - \overline{Y}_{.j})^2 = \sum_{j=1}^{J} \sum_{i=1}^{N} Y_{ij}^2 - \sum_{j=1}^{J} \frac{Y_{.j}^2}{N} \tag{11.4.2}$$

$$SS_T = \sum_{j=1}^{J} \sum_{i=1}^{N} (Y_{ij} - \overline{Y}_{..})^2 = \sum_{j=1}^{J} \sum_{i=1}^{N} Y_{ij}^2 - \frac{Y_{..}^2}{JN} \tag{11.4.3}$$

그리고 전체 제곱 총합은 집단 간 제곱 합과 집단 내 제곱 합으로 구성된다.

$$SS_T = SS_B + SS_W \tag{11.4.4}$$

보기 11.4.1

한 실험연구에서 성인 50명의 피험자를 다섯 집단 중 한 집단에 속하도록 임의로 할당하였다. 실험연구의 목적은 효과적인 단어 기억 학습방법을 찾는 것이다. 다섯 집단은 서로 다른 다섯 가지 학습방법을 적용하여 단어를 기억하도록 하는 처치집단으로, '1=문자의 수', '2=리듬', '3=형용사', '4=이미지', '5=의미'를 활용하는 학습방법을 적용하였다. 세 차례에 걸쳐 학습을 시행하고, 27개의 단어 중 얼마나 기억하는지 적게 하였고, 그 결과가 표 11.4.2에 제시되어 있다.

이 자료를 이용하여 분산분석 계산방법을 보여주고자 한다. 분산분석에서 대부분의 계산은 제곱합에 관한 것이다. 제곱합은 평균으로부터의 각 편차를 제곱한 합일 뿐이다.

〈표 11.4.2〉 자료에 대한 제곱합 계산과정의 예

(a) 표본자료: 학습방법에 따라 기억된 단어의 수

집단 구성원 \ 집단	1	2	3	4	5	
1	9	7	11	12	10	
2	8	9	13	11	19	
3	6	6	8	16	14	
4	8	6	6	11	5	
5	10	6	14	9	10	
6	4	11	11	23	11	
7	6	6	13	12	14	
8	5	3	13	10	15	
9	7	8	10	19	11	
10	7	7	11	11	11	
합	70	69	110	134	120	503
평균	7.00	6.90	11.00	13.40	12.00	10.06
표준편차	1.83	2.13	2.49	4.50	3.74	4.01
분산	3.33	4.54	6.22	20.27	14.00	16.058

(b) 계산과정

$$SS_B = \sum_{j=1}^{J} \frac{Y_{\cdot j}^2}{N} - \frac{Y_{\cdot\cdot}^2}{JN} = \frac{(70^2 + 69^2 + 110^2 + 134^2 + 120^2)}{10} - \frac{503^2}{50}$$

$$= 5411.7 - 5060.18 = 351.52$$

$$SS_W = \left\{ (9^2 + 8^2 + \cdots + 7^2) - \frac{70^2}{10} \right\} + \left\{ (7^2 + 9^2 + \cdots + 7^2) - \frac{69^2}{10} \right\}$$

$$+ \left\{ (11^2 + 13^2 + \cdots + 11^2) - \frac{110^2}{10} \right\} + \left\{ (12^2 + 11^2 + \cdots + 11^2) - \frac{134^2}{10} \right\}$$

$$+ \left\{ (10^2 + 19^2 + \cdots + 11^2) - \frac{120^2}{10} \right\}$$

$$= 30 + 40.90 + 56 + 182.4 + 126$$

$$= 435.3$$

$$SS_T = \sum_{j=1}^{J} \sum_{i=1}^{N} Y_{ij}^2 - \frac{Y_{\cdot\cdot}^2}{JN} = (9^2 + 8^2 + \cdots + 11^2 + 11^2) - \frac{503^2}{50}$$

$$= 5847 - 5060.18 = 786.82$$

(c) 분산분석표

분 산 원	자 유 도	제 곱 합	평균제곱	F
집 단 간	4	351.52	87.88	9.08
집 단 내	45	435.30	9.67	
전체	49	786.82		

분산분석표는 크게 분산원, 자유도, 제곱합과 평균제곱, 그리고 F검정통계량으로 구성되어 있다.

분산원(SV)

요약표의 첫째 열은 분산원을 보여주는데 세 개의 분산원이 있다. 처치 평균간의 차이에 기인한 분산(집단 간), 오차에 기인한 분산(집단 내)과 전체 점수의 차이에 기인한 분산(전체)이다. 이러한 분산원은 전체 제곱합이 개별집단 내의 제곱합과 처치집단 간의 제곱합으로 분할되는 사실을 보여준다.

자유도(df)

자유도 열은 전체 자유도가 집단 간, 집단 내 자유도로 분할됨을 보여준다. 즉, 전체 자유도 $49(JN-1=49)$는 집단 간 차이와 관련된 자유도 $4(J-1=4)$와, 처치집단 내의 자유도 $45(JN-J=45)$로 나누어진다. 자유도 계산은 분산분석표를 완성하는 과정 중 가장 쉬운 작업이다. 전체 자유도는 항상 $JN-1$이며, 여기에서 JN은 집단에 관계없이 실험에 참여한 총피험자의 수이다. 처치집단 간 자유도는 항상 $J-1$이 되며, J는 처치집단의 수이다. 집단 내 자유도를 계산하는 쉬운 방법은 전체 자유도에서 처치집단 간 자유도를 빼준 나머지 자유도이다. 각 처치집단 내의 자유도($N-1$)를 별도로 구한 뒤 모두 합하여도[$J(N-1)$] 집단 내 자유도를 구할 수 있다.

자유도를 계산하는 공식에서 자유도가 분할되는 논리를 이해하는 것이 중요하다. 전체 제곱합은 전체 평균(grand mean)을 중심으로 JN개 관찰값에 대한 편차 점수의 제곱의 합이 된다. 피험자가 속한 처치집단에 관계없이 하나의 공통 평균인 선제 병균으로부터의 편차를 계산하므로 자유도를 1만큼 잃게 되어 전체 자유도는 $JN-1$이 된다. 집단 간 제곱 합은 J개의 처치집단평균과 전체 평균과의 편차 제곱의 합이므로 역시 1만큼의 자유도를 잃게 되어 $J-1$이 된다. 집단 내 제곱합은 처치집단 평균과 N개 관찰치의 편차점수의 제곱합을 처치집단수(J)만큼 합한 것이므로 JN개의 관찰값에서 집단의 수 J만큼의 자유도를 잃게 되어 집단 내 자유도는 $JN-J$가 된다.

평균제곱(Mean Square, MS)

분산분석표의 평균제곱 열에는 두 추정치가 있다. 이 두 값은 각 제곱합을 그에 대응되는 자유도로 나눠줌으로써 얻어진다. 집단 간 평균제곱은 $351.52/4=87.88$이 되고, 집단 내 평균제곱은 $435.30/45=9.67$이 된다. 전체 평균제곱은 거의 사용하지 않으므로 일반적으로 계산하지 않는다. 굳이 계산한다면 전체 평균제곱은 $786.82/49=16.05$가 되며 처치집단에 관계없이 모든 JN개 관찰치의 분산이라고 할 수 있다. 평균제곱은 분산에 대한 추정값이고 각 평균제곱이 무슨 분산을 추정하는가를 아는 일은 중요하다. MS_W는 영가설의 참과 거짓에 관계없는 모집단 분산의 추정값이며 표본의 크기가 동일할 때 처치집단 내 분산들의 평균이다. MS_B는 처치 평균 간 분산을 나타내고, 영가설이 참일 때와 거짓일 때 추정되는 값이 달라진다. 각각의 의미에 대해서는 11.1절에서 자세히 설명하였으니 이 내용을 참조하면 된다.

F통계량

F라고 명명되어 있는 분산분석표의 마지막 열은 영가설을 검정하는 데 있어서 가장 중요하다. F는 MS_B를 MS_W로 나누어 계산한다. 개념적으로 설명하면 오차 (집단 내)와 처치(집단 간)에 대한 평균제곱의 비를 의미한다.

$$E(MS_W) = \sigma_e^2$$
$$E(MS_B) = \sigma_e^2 + N\sigma_\alpha^2$$

위의 식으로부터 비율을 구해보면

$$\frac{E(MS_B)}{E(MS_W)} = \frac{\sigma_e^2 + N\sigma_\alpha^2}{\sigma_e^2}$$

이 비율이 1이 되는 경우는 $\sigma_\alpha^2 = 0$으로, 즉 영가설 $\mu_1 = \mu_2 = \mu_3 = \mu_4 = \mu_5$가 참일 때뿐이다. σ_α^2이 0보다 커지면 기대값은 1보다 커지게 된다. $F = MS_b/MS_W$는 분자의 자유도 $J-1$, 분모의 자유도 $J(N-1)$에 의한 F분포를 이룬다. 위의 예에서 $F = 9.08$, 분자의 자유도는 4이고, 분모의 자유도는 45이다. 부록 F분포표에서 유의수준 .05 또는 .01일 때 자유도(4, 45)인 임계값을 얻을 수 있다. $F_{.05}(4, 45) = 2.58$, $F_{.01}(4, 45) = 3.78$이다. 그러므로 유의수준 .05, .01 모두에서 영가설은 기각되고 처치 모평균 간 통계적으로 유의한 차이가 있다고 결론 내릴 수 있다.

위의 보기 11.4.1의 자료를 가지고 SPSS 프로그램을 이용하여 분산분석표를 구할 수 있다. SPSS 실습 11.4.1은 SPSS 시행절차와 결과물이다.

SPSS 실습 11.4.1   일원분산분석(One-Way ANOVA)(보기 11.4.1 자료)

독립변수: 학습과정(문자의수=1, 리듬=2, 형용사=3, 이미지=4, 의미=5),
종속변수: 기억단어수

1. 자료입력창

	기억단어수	학습과정	변수	변수	변수	변수	변수	변수	변수	변수	변수	변수	변수	변수	변수
1	9	1													
2	8	1													
3	6	1													
4	8	1													
5	10	1													
6	4	1													
7	6	1													
8	5	1													
9	7	1													
10	7	1													
11	7	2													
12	9	2													
13	6	2													
14	6	2													
15	6	2													

2. 분석 창 ①

'분석(A)' → '평균 비교(M)' → '일원배치 분산분석(O)' 클릭

3. 분석 창 ②

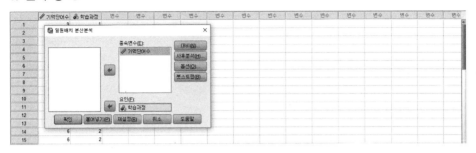

    '학습과정' → '요인(F)' 상자로, '기억단어수' → '종속변수(E)' 상자로 옮기고 '옵션(O)' 클릭

4. 분석 창 ③

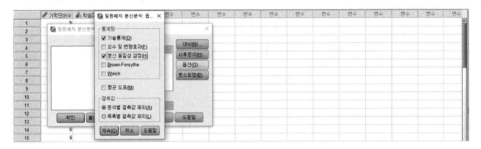

    '기술통계(D)'와 '분산 동질성 검정(H)' 클릭 후 '계속(C)' → '확인' 클릭

5. 결과물과 해석

기술통계

기억단어수

	N	평균	표준편차	표준오차	평균에 대한 95% 신뢰구간 하한	평균에 대한 95% 신뢰구간 상한	최소값	최대값
1	10	7.00	1.826	.577	5.69	8.31	4	10
2	10	6.90	2.132	.674	5.38	8.42	3	11
3	10	11.00	2.494	.789	9.22	12.78	6	14
4	10	13.40	4.502	1.424	10.18	16.62	9	23
5	10	12.00	3.742	1.183	9.32	14.68	5	19
전체	50	10.06	4.007	.567	8.92	11.20	3	23

분산의 동질성 검정

기억단어수

Levene 통계량	자유도1	자유도2	유의확률
2.529	4	45	.054

ANOVA

기억단어수

	제곱합	자유도	평균제곱	F	유의확률
집단-간	351.520	4	87.880	9.085	.000
집단-내	435.300	45	9.673		
전체	786.820	49			

※ 표 기술통계는 5개 각 집단에 대하여 평균, 표준편차, 표준오차, 평균에 대한 95% 신뢰구간, 최소값과 최대값을 제공한다. 표준오차는 각 집단의 표준편차를 그 집단의 사례수의 제곱근으로 나눈 값($1/\sqrt{N}$)이다. 즉, 집단 1의 표준오차는 $1.82574/\sqrt{10} = .57736$이 된다.

※ 표 분산의 동질성 검정에서 Levene의 통계량은 F검정 통계 값으로 SPSS 실습 10.5.1 두 독립 표본평균의 t검정'에서 소개한 바 있다. 이 표는 분산분석의 가정의 하나인 "평균을 비교하는 모집단의 분산은 같다"라는 영가설의 검정 결과를 보이는 것으로 $F=2.529$, 자유도[$df_1 = J - 1 = 5 - 1 = 4$, $df_2 = J(N-1) = 5(10-1) = 45$], 유의확률=.054로 유의수준 .05에서 "5개 모집단의 분산은 같다"는 영가설을 기각하지 못하므로 일원분산분석에서 요구되는 등분산성 가정은 경계선에서 만족되었다고 해석할 수 있다.

※ ANOVA는 자료의 일원분산분석표이다. 보기 11.4.1의 (c) 분산분석표의 계산결과와 일치함을 확인할 수 있다.

5단계 가설검성

① $H_0 : \mu_1 = \mu_2 = \mu_3 = \mu_4 = \mu_5$

$H_1 : H_0$는 참이 아니다

② $F = \dfrac{MS_B}{MS_W}$

③ $F \sim F(4, 45)$

④ $F = 9.085$

⑤ 유의확률$(p - 값) = .000$

$F = 9.085$, 유의확률$(p - 값) = .000$으로 "5개 모집단의 평균은 같다"는 영가설은 기각된다. 즉, "5개 학습방법에 따라 기억된 단어의 수는 같지 않다"고 결론을 내릴 수 있다.

11.5 분산분석 수리 모형

분산분석의 수리모형은 개별점수 또는 측정치에 영향을 미치는 가능한 모든 영향 요인을 고려하는 실험설계의 분석모형이다. 실험설계란 연구대상을 처치수준에 할당하고 측정한 자료를 분석하려는 계획이다. 실험설계모형이 분산원을 정확히 나타내는 정도에 따라 실험자는 처치효과를 정확하게 평가할 수 있다. 표 11.5.1은 일원분산분석이 적용되는 모집단 자료구조를 보여 준다.

〈표 11.5.1〉 일원분산분석의 모집단 자료구조

		집단(처치수준)						
		1	2	...	j	...	J	
집단내의사례	1	Y_{11}	Y_{12}		Y_{1j}		Y_{1J}	
	2	Y_{21}	Y_{22}		Y_{2j}		Y_{2J}	
	⋮	⋮	⋮		⋮		⋮	
	i	Y_{i1}	Y_{i2}		Y_{ij}		Y_{iJ}	
	⋮	⋮	⋮		⋮		⋮	
	N'	$Y_{N'1}$	$Y_{N'2}$		$Y_{N'j}$		$Y_{N'J}$	
j집단 모평균		μ_1	μ_2		μ_j		μ_J	μ 전체모평균

표 11.5.1의 자료구조에서 분산분석의 수리모형은 일반 선형모형의 특수한 경우로 j집단의 i번째 측정값 Y_{ij}를 다음과 같이 설명한다.

$$Y_{ij} = \mu + \alpha_j + e_{ij} \tag{11.5.1}$$

Y_{ij}＝j번째 처치집단의 i번째 피험자의 관찰값

μ＝전체 모평균

α_j＝j번째 처치와 관련이 있는 처치효과($\mu_j - \mu$)

e_{ij}＝j번째 처치집단에서 i번째 피험자와 관련된 임의오차($Y_{ij} - \mu_j$)

상수 α_j, 즉 j번째 처치효과는 j집단 모평균과 전체 모평균 간의 편차와 같음을 알 수 있다.

$$\alpha_j = \mu_j - \mu \tag{11.5.2}$$

편차 점수의 합은 0이 되므로 식 11.5.3과 같이 표기할 수 있다 .

$$\sum \alpha_j = 0 \tag{11.5.3}$$

처치효과가 존재하지 않는다고 하면 각 j집단 모평균에 대하여 다음 관계가 성립한다.

$$\alpha_j = 0 \tag{11.5.4}$$

따라서 처치효과가 존재하지 않는다고 하는 것은 J개 집단의 모평균이 동일하다는 것과 같은 의미를 갖는다.

$$\mu_1 = \mu_2 = \mu_3 = \cdots = \mu_J = \mu \tag{11.5.5}$$

식 11.5.5는 일원분산분석의 영가설이다. 식 11.5.2를 식 11.5.1에 대입하면,

$$Y_{ij} = \mu + \mu_j - \mu + e_{ij}$$
$$e_{ij} = Y_{ij} - \mu_j \tag{11.5.6}$$

가 되고, j집단의 i번째 오차는 j집단내 편차점수와 같으며 j집단 내에서 e_{ij}의 평균은 0이 된다.

$$\sum e_{ij} = 0 \qquad\qquad (11.5.7)$$

집단 간 분산은 실험처치의 효과뿐만 아니라 측정의 신뢰도, 실험처치상의 여러 가지 원인에 따라 달라진다. 반면, 오차효과는 처치수준에 기인되지 않은 모든 효과의 추정값이다.

$$e_{ij} = Y_{ij} - \alpha_j - \mu$$

즉, 오차효과는 측정값으로부터 처치효과와 전체 평균을 뺀 나머지 부분이다. 따라서 실험자는 적절한 설계와 실험적 통제를 함으로써 오차효과를 최소로 하려는 노력을 해야 한다.

Y_{ij}에 대한 식 11.5.1에서 모형은 한 관찰값이 세 개의 요소에 기초하고 있다는 것을 보여준다. 첫째, 모수 μ는 모수 관찰값과 처치에 관계없이 상수이다. 둘째, α_j는 처치 내에서는 일정하나 처치 간에는 차이가 존재한다. 셋째, e_{ij}는 모든 관찰값과 처치에 따라 달라진다. 이 모형의 3요소 중 변화 가능한 부분은 e_{ij}이기 때문에 e_{ij}가 정규분포를 이룬다는 가정은 모집단이 정규분포를 이루고 있다는 가정과 동일하다.

또한 식 11.5.1의 구조모형으로부터 $SS_T = SS_B + SS_W$의 등식을 유도해 낼 수 있다. 이를 증명하기 위하여 기본 모형으로부터 시작하자.

$$Y_{ij} = \mu + \alpha_j + e_{ij}$$

모수 대신에 관련 통계량을 대입시키면,

$$Y_{ij} = \overline{Y}_{..} + (\overline{Y}_{.j} - \overline{Y}_{..}) + (\overline{Y}_{ij} - \overline{Y}_{.j}) \qquad\qquad (11.5.8)$$

여기서 $\overline{Y}_{..}$는 전체 평균을 의미한다. 식에서 괄호를 제거하면 양변이 같아진다는 것을 알 수 있다. 위 등식의 양변에서 $\overline{Y}_{..}$를 빼면,

$$Y_{ij} - \overline{Y}_{..} = (\overline{Y}_{.j} - \overline{Y}_{..}) + (\overline{Y}_{ij} - \overline{Y}_{.j}) \qquad\qquad (11.5.9)$$

식 11.5.9에서 한 피험자의 점수에서 전체 평균을 뺀 편차는 집단평균과 전체 평균의 편차에 피험자의 점수와 집단평균 간의 편차를 더한 것과 같아진다는 것을 알 수 있다. 위 두 식은 그림 11.5.1을 통해 도식화 될 수 있다.

[그림 11.5.1] Y_{ij} 관찰값에 영향을 미치는 세 요소의 관계

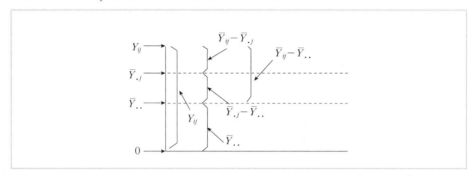

식 11.5.8의 양변을 제곱하면,

$$(Y_{ij} - \overline{Y}_{..})^2 = (\overline{Y}_{.j} - \overline{Y}_{..})^2 + (Y_{ij} - \overline{Y}_{.j})^2 + 2(\overline{Y}_{.j} - \overline{Y}_{..})(Y_{ij} - \overline{Y}_{.j})$$

모든 피험자 점수 i와 모든 집단 j에 대하여 합을 취하면,

$$\sum_{j=1}^{J}\sum_{i=1}^{N}(Y_{ij} - \overline{Y}_{..})^2 = \sum_{j=1}^{J}\sum_{i=1}^{N}(\overline{Y}_{.j} - \overline{Y}_{..})^2 + \sum_{j=1}^{J}\sum_{i=1}^{N}(Y_{ij} - \overline{Y}_{.j})^2$$
$$+ 2\sum_{j=1}^{J}\sum_{i=1}^{N}(\overline{Y}_{.j} - \overline{Y}_{..})(Y_{ij} - \overline{Y}_{.j})$$

그런데

$$\sum_{j=1}^{J}\sum_{i=1}^{N}(\overline{Y}_{.j} - \overline{Y}_{..})(Y_{ij} - \overline{Y}_{.j}) = \sum_{j=1}^{J}(\overline{Y}_{.j} - \overline{Y}_{..})\sum_{i=1}^{N}(Y_{ij} - \overline{Y}_{.j}) = 0$$

이 되고, 처치집단 내에서 $(\overline{Y}_{.j} - \overline{Y}_{..})$는 항상 일정하므로 그 결과 전체 제곱합은

집단 간 제곱합과 집단 내 제곱합으로 분할된다.

$$\sum_{j=1}^{J}\sum_{i=1}^{N}(Y_{ij}-\overline{Y}_{..})^2 = \sum_{j=1}^{J}N(\overline{Y}_{.j}-\overline{Y}_{..})^2 + \sum_{j=1}^{J}\sum_{i=1}^{N}(Y_{ij}-\overline{Y}_{.j})^2$$

위의 유도과정은 수리모형으로부터 전체 제곱합(SS_T)이 집단 간 제곱합(SS_B)과 집단 내 제곱합(SS_W)으로 분할되는 과정을 보여준다.

11.6 분산분석의 기본 가정

표 11.4.1 자료는 다섯 가지 조건(처치 집단)에서 평균이 동일하다는 영가설을 검정하기 위한 것이었다. 즉, 영가설은 다음과 같았다.

$$H_0 : \mu_1 = \mu_2 = \mu_3 = \mu_4 = \mu_5$$

분산분석은 모집단평균의 차이 여부에 대해 추론을 하기 위하여 표본평균을 이용하는 기법이다. 분산분석의 수리모형으로부터 제곱합의 분할을 유도하는 과정에서는 모집단이나 표본 추출에 관하여 특별한 가정이 필요하지 않았다. 그러나 J개 집단 모평균이 동일하다는 가설을 검정하기 위한 F검정을 전개하는 과정에는 몇 가지 가정이 필요하다(Boneau, 1960; Box, 1954; Weloh, 1951).

정규분포가정

F검정을 할 때 각 모집단분포는 μ_j를 중심으로 정규분포를 이룬다는 가정을 한다. t검정의 경우와 같이 이 가정은 관찰값의 분포보다는 평균의 표집분포와 더 관계가 있다. 또한 정규분포 가정을 어느 정도 만족시키지 않아도 검정 결과에 미치는 영향은 그리 크지 않다.

등분산가정

두 번째 주요 가정은 점수의 모집단의 분산은 서로 동일하다는 것이다. 즉,

$$\sigma_1^2 = \sigma_2^2 = \sigma_3^2 = \sigma_4^2 = \sigma_5^2 = \sigma_e^2$$

여기에 σ_e^2은 분산분석 수리모형에서 오차 e_{ij}의 분산을 나타낸다. 이 오차분산은 처치집단 간 차이와 무관한 것이다. 처치집단 내의 모든 피험자의 점수에 일정한 상수를 더하였을 때에도 분산은 동일하다. 예를 들면, 어떤 집단에 속한 모든 피험자들은 동일한 점수를 더하여 주어도 분산은 변하지 않았다. 등분산 가정은 평균을 비교하는 모든 모집단의 분산이 동일하다는 가정이다. 등분산 가정이 어느 정도 위배되어도 검정결과에 심각한 영향을 미치지는 않는다.

관찰값의 독립성 가정

세 번째 주요 가정은 모든 관찰값들이 서로 독립이라는 것이다. 한 실험처치 내에서 두 개의 관찰값만을 떼어서 생각할 때 두 관찰값 중 하나가 처치평균과 어떻게 관련되어 있는지를 안다 해도 나머지 다른 관찰값에 대하여 아무 것도 알 수 없다는 가정이다. 이것이 바로 피험자가 처치집단에 임의로 할당되어야 하는 이유이다. 독립성 가정이 위배되면 분석결과에 심각한 영향을 줄 수 있다.

설명한 분산분석의 기본 가정은 다음과 같이 정리될 수 있다.
1) 각 처치모집단에서 e_{ij}는 정규분포이다.
2) 각 처치모집단에서 e_{ij}의 분산 σ_e^2은 동일하다.
3) e_{ij}는 처치모집단 내에서나 처치모집단 사이에서 서로 독립이다.

이 세 가지 가정을 요약하면 e_{ij}는 평균은 0이고 분산은 σ_e^2인 정규독립분포 (normal and independent distribution: NID)를 이루는 확률변수라는 가정과 같다.

$$E(e_{ij}) = 0 \tag{11.6.1}$$

$$E(e_{ij}^2) = \sigma_e^2 \tag{11.6.2}$$

$$e_{ij} \sim NID(0, \sigma_e^2) \tag{11.6.3}$$

각 처치모집단에서 e_{ij}가 정규분포라는 가정은 각 처치모집단에서 점수 Y_{ij}가 정규분포를 갖는다는 가정과 동일하다. 분산분석은 정규분포와 등분산 가정에 기초하고 있다. 그러나 사실상 분산분석은 이러한 가정에 조금 위배되어도 분석결과는 비교적 타당하다고 할 수 있는데, 이를 강인성(robustness)이 존재한다고 표현한다. 일반적으로 분산분석의 가정은 만족되지 않을 때가 많고, 특히 정규분포 가정이 만족되지 않는 경우가 흔하다. 모집단이 좌우 대칭이라고 가정할 수 있거나 또는 각 집단의 분포의 모양이 서로 비슷하면(예, 모든 집단이 부적 편포인 경우), 또는 가장 큰 분산이 가장 작은 분산보다 4배 이상을 넘지 않으면 분산분석은 타당하다고 보고되고 있다. 또한 각 처치집단의 표본크기 N이 크면($N \geq 18$) 모집단이 정규분포에서 상당히 벗어났다고 해도 추리결과에 미치는 영향은 크지 않은 것으로 보고되고 있다. 따라서 모집단이 정규분포에서 크게 벗어날 염려가 있으면 표본수를 크게 하는 것이 대응 방법이 될 수 있다.

각 처치모집단에서 오차분산 σ_e^2이 동일하다는 가정은 각 집단의 모분산이 동일하다는 가정과 같다. 등분산 가정을 만족한다고 기대할 수 없다면 각 집단의 표본크기를 가능한 동일하게 유지하려고 노력해야 한다. 즉, 각 집단의 표본크기 N이 동일하다고 하면 이 가정은 만족되지 않아도 결론에 심각한 영향을 미치지 않는다. 반면에 표본의 크기가 동일하지 않은 경우에 이 가정이 만족되지 않으면 추리결과의 타당도에 영향을 미칠 수 있다. 따라서 각 집단의 모분산이 동일하다는 가정을 만족하지 못한다고 판단되면 가능한 한 연구자는 비교하려는 각 집단의 표본크기가 같도록 연구설계를 할 필요가 있다.

독립오차 가정은 분산분석에서 F검정을 할 수 있다는 가장 중요한 논리적 근거가 된다. 이 가정이 만족되지 않으면 추리를 하는 데 있어서 심각한 오류를 범하게 된다. 따라서 분석되는 자료가 독립 측정값인가를 주의 깊게 확인하여야 한다. 만일에 자료가 종속 측정값이라고 하면 반복측정분산분석이나 다변량분산분석과 같은 방법을 적용하여야 한다. 실험설계의 상황에서는 대상을 처치수준에 임의로 할당하면 오차는 서로 독립이라고 가정할 수 있다. 또한 각 집단의 표본이 독립임의표본이라고 하면 오차는 서로 독립이라고 가정할 수 있다.

11.7 고정효과모형과 임의효과모형

지금까지 설명에서는 독립변수의 수준에 관하여는 별로 언급하지 않았고 단순히 처치라고만 하였다. 처치변수의 수준에는 계획적으로 처치수준을 선택하는 경우와, 임의로 처치수준을 선택하는 경우가 있다. 처치수준을 어떻게 선택하느냐에 따라 연구 결과를 일반화할 수 있는 정도가 결정된다.

분산분석의 모형은 처치효과(집단)를 고정되었다고 보느냐 아니면 가능한 모든 처치효과 중에서 임의로 선택하였다고 보느냐에 따라 고정효과모형(fixed effect model)과 임의효과모형(random effect model)으로 구분한다. 고정효과모형과 임의효과모형 사이에는 추리하려는 모수뿐만 아니라 추리의 일반화 정도에도 차이가 있다. 또한 독립변수의 수가 2개 이상인 다원분산분석의 임의효과모형에서는 F비의 분모가 되는 오차항이 달라질 수도 있다.

고정효과모형의 분산분석은 J개의 처치수준을 모두 실험분석에 포함시키므로 실험을 반복하여도 동일한 J개의 처치수준이 실험에 포함된다. 따라서 실험결과의 일반화는 J개의 처치수준에만 제한된다. 반면에 임의효과모형의 분산분석에서 J개의 처치수준은 J'개의 가능한 처치수준($J' \gg J$)에서 추출한 임의표본이다. 따라서 실험결과의 일반화는 J'개의 처치수준의 모집단에 확대된다.

처치효과에 따라서는 고정효과로만 분석되어야 하는 효과가 있는 반면 임의효과로만 분석되어야 하는 효과도 있다. 처치수준을 남녀로 구분한다든지 학년별로 구분할 때는 고정효과모형만이 적용될 수 있다. 10장의 상이한 카드에 반응하는 속도를 측정할 때 카드를 제시하는 순서의 효과를 분석하려고 한다면 $10! = 3,628,800$의 상이한 제시순서가 있으므로 임의효과모형만이 적용될 수 있다. 학교와 같은 처치수준은 고정효과모형을 적용할 수도 있고 임의효과모형을 적용할 수도 있다. 예를 들어 많은 학교 중에서 5개의 학교를 임의로 선택하고 어떤 문제에 있어서 학교 간의 차를 분석하여 그 결과를 모든 학교에 일반화하려고 한다면 임의효과모형을 적용하여야 한다. 그러나 해당 연구문제에 관심이 있는 5개 학교를 선택하여 결과 해석을 5개 학교에만 제한하려고 한다면 고정효과모형을 적용하여야 한다.

우리가 한 제약회사의 연구원으로 고용이 되어서 가장 인기있는 네 종류의 진통제를 비교하는 것이 연구문제라고 가정해 보자. 이 경우 네 개의 진통제에 대응되는 네 개의 처치수준을 고려할 수 있다. 연구 결과를 계속 입증하려면 동일한 연구를 반복해야 하고 진통제를 반복하여 선택한다 해도 동일한 네 개의 진통제만을 정확히 사용한다. 여기에 실제로 사용되는 처치수준은 관심의 대상이 되는 수준을 네 개로만 제한시켰다는 것이다. 중요한 점은 연구를 반복하여도 최초에 분석한 네 종류의 진통제는 변하지 않았다면 처치수준은 사실상 고정된 것이다. 이러한 실험설계는 고정효과모형 분산분석을 적용하는 것이 타당하다.

반면, 다른 연구과제는 여러 진통제의 효과를 비교하는 것으로 어떤 회사 제품이 다른 회사 제품보다 더 좋은 것인가를 알아보는 것이라고 해 보자. 이 경우 시판되는 모든 진통제 모집단으로부터 비교될 진통제를 임의로 선택하게 된다. 여기에서 처치수준은 임의과정의 결과이며 관심의 대상이 되는 모집단(모든 진통제)은 매우 크다. 이 연구를 반복하면 진통제를 임의로 다시 선택하여서 비교되는 제품은 이전 제품과 다를 수 있게 된다. 처치수준이 선택되는 과정 때문에 이 연구에서 처치는 임의효과가 되고 분석은 임의효과모형을 적용한 분산분석이 적합하다.

고정효과모형에서는 처치수준이 의도적으로 선택되며 연구가 반복되어도 처치수준은 동일하다. 위의 고정효과모형의 예에서는 비교하고자 하는 진통제를 고정시켰고, 임의효과모형에서는 처치수준은 임의로 선택되고 연구가 반복되면 처치수준은 변하게 된다. 임의효과모형에서는 진통제 변수가 일반적으로 모든 진통제 중에서 임의표본으로 추출되어야 한다. 일원분산분석에서 이 차이점은 중요하지 않고 동일한 가설검정결과를 얻는다. 그러나 실험설계가 복잡해짐에 따라 고정효과와 임의효과는 구분은 중요해진다. 고정효과모형과 임의효과모형의 구분은 13장 이원분산분석을 다루는 장에서 좀더 자세히 취급하게 될 것이다.

11.1 다음 자료에 대하여 두 독립표본평균에 대한 t검정통계값과 F값을 계산하라. 또 $t_{.975}(N-1)^2 = F_{.95}(1,\ N-1)$ 관계가 성립하는가를 확인하라.

처치 1	처치 2
2	6
4	11
4	6
3	7
5	9

11.2 $N_1 = 5$, $N_2 = 7$, $N_3 = 9$라고 할 때 다음 분산분석표를 완성하라.

SV	df	SS	MS	F
B		240		
W				
T		600		

11.3 다음 점수는 다섯 가지 상이한 독서지도법에 의하여 지도를 받고 있는 학생들의 임의표본을 대상으로 표준화 독서검사를 시행한 결과이다. 이 자료를 가지고 분산분석표를 작성하라.

독서지도방법

1	2	3	4	5
40	38	44	41	34
45	40	42	43	35
46	38	40	40	34
49	44	34	40	33

11.4 네 집단에 대하여 상이한 교수방법에 의하여 수업을 한 후에 각 집단으로부터 각각 16명의 임의표본을 선택하여 성취도검사를 실시한 결과 다음과 같은 자료를 얻었다.

집단

	1	2	3	4	
$\sum Y$	829	996	814	892	$\displaystyle\sum_{j=1}^{4}\sum_{j=1}^{16} Y_{ij}^2 = 203701$
$(\sum Y)^2$	687241	992016	662596	795664	

일원분산분석의 가정을 만족한다고 가정하고 $H_0 : \mu_1 = \mu_2 = \mu_3 = \mu_4$를 검정하라.

11.5 네 가지의 상이한 지도방법에 의하여 사격훈련을 실시한 후에 각 집단으로부터 각각 6명의 임의표본을 선택하여 사격시험을 본 결과는 다음과 같다.

집단

1	2	3	4
4	1	5	2
2	0	5	5
5	2	5	4
1	0	5	2
3	3	5	5
3	0	5	0

일원분산분석을 이용하여 각 집단의 평균에 관한 가설을 검정하라.

제12장 중다비교검정

지금까지는 J개의 평균 간에 유의한 차이가 있는지($H_0 : \mu_1 = \mu_2 = \cdots = \mu_J$)에 대한 검정방법을 설명하였다. 분산분석에서 F검정의 결과가 유의하지 않았다면 그 자료에 대한 분석은 실제로 끝나는 셈이다. 그러나 F검정 결과가 유의하였다면 유의한 F검정 결과는 비교하는 평균 중에서 최소한 두 평균 간에 유의한 차이가 있다는 것을 나타내지만, 어느 평균과 어느 평균 간에 유의한 차가 있는지에 대한 정보를 제공하지는 않는다. 따라서 전체적 F검정이 유의하였다면 어느 평균 간에 유의한 차가 있는지를 알아보기 위하여 추가 분석을 할 필요가 있다. 전체적 F검정 (overall F test)이 유의하였을 때 개별 평균들 간에 대한 추가 분석과정을 사후비교 (post-hoc comparison)라고 한다.

실험연구를 할 때 자료를 수집하기 전에 연구자의 관심사를 검정하기 위하여 구체적인 가설을 세울 수 있다. 연구자가 처치효과에 관하여 사전정보를 갖고 있거나 전체적인 비교에 관심이 없다면 전체적 F검정을 하지 않을 수 있다. 그 대신에 관심 있는 처치효과를 비교할 수 있는 실험설계를 하여 자료를 분석한다. 전체적 F검정 대신에 사전 실험설계에 의하여 집단의 평균을 비교분석하는 방법을 사전비교(a priori comparison) 또는 계획비교(pre-planned comparison)라고 한다. 연구자가 이러한 계획된 비교를 하기 원할 때 전체적 F검정은 수행하지 않을 수 있다.

사전·사후 비교검정은 여러 개의 가설을 동시에 비교한다는 의미에서 중다비교검정(multiple comparison test)이라고 한다. 평균 간의 중다비교를 하기 위한 여러 가지 통계방법들이 있으나 본 장에서는 주로 사용되고 있는 몇몇 방법들을 중심으로 소개하기로 하겠다(Hochberg & Tamhane, 1987; Miller, 1981; Toothaker, 1991).

12.1 사후비교

분산분석은 여러 개의 모집단 평균이 같은지를 검정하는 통계적 방법이다. 즉, 영가설 $H_0 : \mu_1 = \mu_2 = \cdots = \mu_J$에 대한 검정 방법이다. F검정에 의해 유의한 결과를 얻었다면, 즉, 영가설이 기각되었다면 효과의 근원을 발견하기 위하여 집단 간 사후비교를 수행한다. 예를 들어, 영가설이 세 모집단 사이에 평균에 차이가 있는가라는 것이고($H_0 : \mu_1 = \mu_2 = \mu_3$) F검정 결과 영가설이 기각되었다면, 이것은 모든 모집단 평균에 차이가 있다는 것($H_0 : \mu_1 \neq \mu_2 \neq \mu_3$)을 의미하는 것이 아니고, 적어도 어느 두 모집단 평균에 차이가 있다는 것을 의미한다. 즉, 다음의 경우 중 적어도 하나가 성립된다는 의미이다.

(1) $\mu_1 \neq \mu_2$

(2) $\mu_1 \neq \mu_3$

(3) $\mu_2 \neq \mu_3$

물론 세 가지 경우 모두가 성립될 수도 있고, 셋 중 둘이 성립될 수도 있지만, 영가설이 기각되었다는 것은 적어도 셋 중 하나는 성립되어야 한다는 것이다. 사후비교는 분산분석을 통해 영가설이 기각되었을 때, 과연 어느 평균 사이에 유의한 차이가 있는지를 확인하는 과정으로 이해될 수 있다. 사후검정절차에 사용되는 여러 가지 중다비교 방법이 있지만 여기에서는 많이 사용되는 두 가지 방법을 예시적으로 소개한다.

Tukey 방법

분산분석을 통해 영가설이 기각되었다면, 연구자의 관심사는 모집단의 평균간 차에 대한 짝비교(pariwise contrast)이다. 개별 평균의 짝에 대한 비교를 하기 원할 때 사후검정 절차 중에서 많이 사용되는 방법은 Newman-Keuls 검정, Duncan의 다중범위 검정, Tukey의 HSD검정(honestly significant difference), Scheffé 방법 등이 있다.

여기에서는 먼저 제1종 오차를 제어하면서 검정력이 높은 방법인 Tukey의 HSD를 설명하도록 한다. 어떤 학자들은 최대 평균과 최소평균을 비교할 경우에는 전체적 F검정이 선행될 필요가 없다는 주장을 한다. 최대평균과 최소평균을 비교하는 짝비교를 하는 것이 곧 전체적 분산분석 검정을 하는 것과 마찬가지라는 것이다. 즉, 전체적 검정을 하는 $H_0 : \mu_1 = \mu_2 = \cdots \mu_J$를 검정한다는 것은 가장 큰 평균의 차에 관한 가설 $H_0 : \mu_{largest} = \mu_{smallest}$을 검정하는 것과 동일하다는 것이다. 이를 검정하기 위한 검정통계량 q는 다음과 같이 정의된다.

$$q = \frac{\overline{Y}_{largest} - \overline{Y}_{smallest}}{\sqrt{\dfrac{MS_W}{N}}}$$

q통계량의 임계값은 집단의 수(J)와 집단 내의 자유도(df_W)에 따라 부록의 표 7에서 얻을 수 있다. 예를 들어 평균의 수는 다섯 개이고 MS_W의 자유도는 20일 때 유의수준 .05에 대한 임계값은 $q_{.05}(5, 20) = 4.23$이 된다. q의 임계값은 개별평균의 모든 짝을 비교할 경우, 설정된 유의수준 아래로 제1종 오차가 통제되도록 얻어진 것이다. 위의 검정통계량을 적용하여 얻어진 q값이 그 임계값보다 크면 최대평균과 최소평균 간에 유의한 차이가 있다는 의미이며, 이는 곧 J개의 모평균이 같다는 전체적인 영가설이 기각된다는 것과 같다.

전체적 F검정 대신 사용된 평균의 차가 가장 큰 비교에 관한 가설이 기각되면 사후비교방법으로 개별평균의 모든 짝을 비교하기 원하면 Tukey검정이 적용될 수 있다. 예를 들어 평균의 수가 세 개이면($J = 3$), 세 개 평균 중 두 개 평균을 비교하는 모든 짝비교와 그에 대응되는 영가설은 다음과 같다.

$$\overline{Y}_1 \text{ 대 } \overline{Y}_2 \quad H_{01} : \mu_1 = \mu_2$$
$$\overline{Y}_1 \text{ 대 } \overline{Y}_3 \quad H_{02} : \mu_1 = \mu_3$$
$$\overline{Y}_2 \text{ 대 } \overline{Y}_3 \quad H_{03} : \mu_2 = \mu_3$$

짝비교에 관한 가설 $H_0 : \mu_i = \mu_j, \ (i \neq j)$를 검정하는 q검정통계량은 다음과 같이 정의된다.

$$q = \frac{\overline{Y}_i - \overline{Y}_j}{\sqrt{\dfrac{MS_W}{N}}}$$

q통계량은 모든 J집단의 표본크기가 동일해야 한다는 제한점을 지니고 있다. 동일 표본크기여야 한다는 이 가정이 만족되면 J개의 평균은 모두 동일한 분산을 가지게 된다.

q검정통계량은 모든 집단의 표본크기가 동일하므로 분모는 모든 짝비교에서 동일하게 되고 q검정통계량은 결과적으로 두 집단의 평균의 차에 따라 다른 값을 가지게 된다. 따라서 두 평균의 차이만을 단순히 계산하여 유의성 여부를 결정할 수 있게 되며 두 평균의 차가 유의하게 되는 최소값인 최소유의차이값(minimum significant difference: MSD)을 계산하여 짝비교의 평균차이와 비교하면 유의성 검정 절차가 매우 간단해진다. 최소유의차이값을 계산하는 공식은 다음과 같고, 여기에서 $q_{1-\alpha}(k, df_W)$는 임계값이다.

$$MSD = q_{1-\alpha}(J, df_W) \sqrt{\frac{MS_W}{N}}$$

다음은 실제 자료에 대하여 최소유의차이값을 이용한 검정 결과와 q검정통계량을 적용하여 검정한 결과가 일치한다는 것을 보여준다.

자료는 $MS_W = 20$이고, 각 집단의 표본의 크기(N)는 5이다. 유의수준 .05에서 짝비교에 대한 가설을 검정한다면, 표본크기가 5이고 집단 내의 자유도 $df_W = 20$이므로 부록에서 $q_{.95}(5, 20) = 4.23$이고, MSD는 8.46이다.

$$MSD = q_{(1-\alpha)}(J, df_W) \sqrt{\frac{MS_W}{N}} = 4.23 \sqrt{\frac{20}{5}} = 8.46$$

	$\overline{Y}_{.1}$	$\overline{Y}_{.5}$	$\overline{Y}_{.3}$	$\overline{Y}_{.4}$	$\overline{Y}_{.2}$
$\overline{Y}_{.1} = 36.7$	—	3.6	6.7	10.5*	12.0*
$\overline{Y}_{.5} = 40.3$		—	3.1	6.9	8.4
$\overline{Y}_{.3} = 43.4$			—	3.8	5.3
$\overline{Y}_{.4} = 47.2$				—	1.5
$\overline{Y}_{.2} = 48.7$					—

최소유의차이값이 8.46이므로 두 평균간 차이가 8.46 이상이면 두 평균 간 차이가 유의한 것이며 8.46보다 작으면 그 차이는 통계적으로 유의한 것이라고 볼 수 없다. 표 12.1.1에서 평균 간의 차이가 8.46 이상인 짝비교는 두 개 있다(10.5, 12.0). 즉 평균 간의 차이가 10.5인 짝 ($\overline{Y}_{.1}$ 대 $\overline{Y}_{.4}$)와 평균 간의 차이가 12.0인 짝 ($\overline{Y}_{.1}$ 대 $\overline{Y}_{.2}$)이다. 따라서 모든 짝비교를 수행했을 때 ($\overline{Y}_{.1}$과 $\overline{Y}_{.4}$), ($\overline{Y}_{.1}$과 $\overline{Y}_{.2}$) 간에는 유의한 차이가 있으나 나머지 짝비교는 통계적으로 유의한 차이를 발견하지 못했다는 결론을 내릴 수 있다.

($\overline{Y}_{.1}$과 $\overline{Y}_{.4}$)를 이용하여 q검정통계량을 계산하고 임계값과 비교해 보면 같은 결과를 얻을 수 있다.

$$q = \frac{\overline{Y}_i - \overline{Y}_j}{\sqrt{\dfrac{MS_W}{N}}} = \frac{\overline{Y}_4 - \overline{Y}_1}{\sqrt{\dfrac{20}{5}}} = \frac{47.2 - 36.7}{\sqrt{4}} = \frac{10.5}{2} = 5.25$$

계산된 $q = 5.25$이고 임계값 $q_{.95}(5, 20) = 4.23$이므로 짝비교 $\overline{Y}_{.1}$과 $\overline{Y}_{.4}$간에는 유의한 차이가 있고, 이는 최소유의차이에 의한 검정 결과와 일치한다는 것을 알 수 있다.

보기 12.1.1

일원분산분석에서 5개 실험집단에 각각 12명의 피험자를 임의로 배치하여 실험처치 후 일원분산분석 결과와 5개 집단의 표본 평균은 다음과 같았다. 이 결과로부터 Tukey HSD방법을 적용하여 모든 개별평균 간의 차를 검정하시오.

분산분석표

SV	df	SS	MS	F	P
집단간	4	2856	714	4.01	P<.05
집단내	55	9801	178.2		
전 체	59	12657			

$\overline{Y}_{.1}$	$\overline{Y}_{.2}$	$\overline{Y}_{.3}$	$\overline{Y}_{.4}$	$\overline{Y}_{.5}$
63	82	80	75	70

풀이

개별평균간의 차를 큰 값부터 작은 순서로 배열하면,

	$\overline{Y}_{.1}$	$\overline{Y}_{.5}$	$\overline{Y}_{.4}$	$\overline{Y}_{.3}$	$\overline{Y}_{.2}$
$\overline{Y}_{.1}=63$	0	7	12	17*	19*
$\overline{Y}_{.5}=70$		0	5	10	12
$\overline{Y}_{.4}=75$			0	5	7
$\overline{Y}_{.3}=80$				0	2
$\overline{Y}_{.2}=82$					0

Tukey HSD의 MSD는

$$MSD = q_{.95}(5,\ 55)\ \sqrt{\frac{MS_w}{N}}$$
$$\fallingdotseq q_{.95}(5,\ 60)\ \sqrt{\frac{MS_w}{N}}$$
$$= 3.98\ \sqrt{178.2/12} = 15.34$$

최소유의차이값 15.34보다 평균의 차가 큰 비교는 ($\overline{Y}_1$ 대 $\overline{Y}_3$), ($\overline{Y}_1$ 대 $\overline{Y}_2$)이므로 이 두 비교는 .05 수준에서 유의한 차이가 있다는 결론을 내릴 수 있다.

Scheffé 방법

Scheffé 검정은 절차가 간단하고 표본의 크기가 동일하지 않은 집단 평균 간의 비교에도 적용할 수 있으며, 짝비교는 물론 가능한 모든 직선대비(linear contrast)에도 적용할 수 있다는 장점을 가지고 있다. 이 방법은 정규분포와 분산의 동일성에 대하여 비교적 민감하지 않다. k개의 평균이 있을 때 비교하고자 하는 대비(contrast)를 검정하기 위한 Scheffé 통계량으로 t를 사용한다.

$$t = \frac{\hat{\psi}}{\sqrt{MS_W \sum \frac{C_j^2}{N_j}}}$$

Scheffé 통계량에서 $\hat{\psi}$은 평균들 간의 대비를 나타내고 다음과 같이 구성된다.

$$\hat{\psi} = c_1 \overline{Y}_{\cdot 1} + c_2 \overline{Y}_{\cdot 2} + \cdots + c_J \overline{Y}_{\cdot J}$$

c_j는 각 집단의 평균에 대한 가중치로 가중치의 합은 0이 되도록 구성되는 것으로 예를 들면, c_1이 1, c_2가 -1이고 나머지 c 가중치 계수가 0이면, 집단 1과 집단 2의 평균을 비교하는 구성이 된다. 사실 사후비교이든 사전비교이든 모두 이러한 평균 대비로 설명될 수 있다. 좀더 자세한 대비에 의한 다중비교방법은 다음 절에서 자세히 다루기로 한다.

Scheffé 중다비교방법의 임계값은 다음과 같다.

$$\sqrt{(J-1)F_\alpha(J-1, \nu)}$$

여기에서 $F_\alpha(J-1, \nu)$는 분자의 자유도 $J-1$과 MS_W의 자유도 ν인 F분포에서 산출되는 임계값이다. 계산된 Scheffé의 t검정통계량값이 이 임계값보다 크면 그 가설은 기각된다.

보기 12.1.2

일원분산분석 결과 전체적 F검정이 .05 수준에서 유의하였다. 요약통계값은,

$$MS_W = 30, \ J = 3, \ N = 10$$
$$\overline{Y}_{\cdot 1} = 75, \ \overline{Y}_{\cdot 2} = 64, \ \overline{Y}_{\cdot 3} = 72$$

이 결과로부터 평균 간 모든 짝을 .05 수준에서 Scheffé 방법을 이용하여 사후비교하라.

풀이

평균 간 모든 짝을 비교하기 위하여 평균간의 차를 그 차가 큰 순서대로 표를 작성하면 편리하다.

	$\overline{Y}_{.2}$	$\overline{Y}_{.3}$	$\overline{Y}_{.1}$
$\overline{Y}_{.2} = 64$		8.00	11.0
$\overline{Y}_{.3} = 72$			3.0
$\overline{Y}_{.1} = 75$			

비교계수는

$C_1(\overline{Y}_{.1})$	$C_2(\overline{Y}_{.2})$	$C_3(\overline{Y}_{.3})$	
1	-1	0	$\hat{\psi}_1 = \mu_1 - \mu_2$
0	1	-1	$\hat{\psi}_2 = \mu_2 - \mu_3$
1	0	-1	$\hat{\psi}_3 = \mu_1 - \mu_3$

평균차가 가장 큰 비교부터 차례로 검정하여 유의하지 않을 때까지 분석을 한다.

(1) $H_0 : \psi_1 = 0$

$$t = \frac{\hat{\psi}_1}{\sqrt{MS_W \sum \dfrac{C_J^2}{N_j}}} = \frac{11}{\sqrt{30 \dfrac{2}{10}}} = 4.49$$

Scheffé의 임계값

$$= \sqrt{(J-1)F_\alpha(J-1, \nu)} = \sqrt{2F_{.05}(2, 27)} = \sqrt{2(3.35)} = 2.588$$

계산된 t값(4.49)이 임계값(2.588)보다 크므로 $H_0 : \psi_1 = 0$은 기각된다. 따라서 μ_1과 μ_2 사이에는 유의수준 .05에서 유의한 차이가 있다고 할 수 있다.

(2) $H_{0:} \psi_2 = 0$

$$t = \frac{\psi_2}{\sqrt{MS_W \sum \dfrac{C_J^2}{N_j}}} = \frac{8}{\sqrt{30 \dfrac{2}{10}}} = 3.30$$

계산된 t값(3.30)이 임계값(2.588)보다 크므로 $H_0 : \psi_2 = 0$은 기각된다. 따라서 μ_2와 μ_3 사이에는 유의수준 .05에서 유의한 차이가 있다는 결론을 내릴 수 있다.

(3) $H_{0:} \psi_3 = 0$

$$t = \frac{\psi_3}{\sqrt{MS_W \Sigma \dfrac{C_J^2}{N_j}}} = \frac{3}{\sqrt{30 \dfrac{2}{10}}} = 1.23$$

계산된 t값(1.23)이 임계값(2.588)보다 작으므로 $H_0 : \psi_3 = 0$은 기각되지 못한다. 따라서 μ_1 과 μ_3 사이에는 유의수준 .05에서 유의한 차이가 있다는 결론을 보류한다.

보기 12.1.3

산아제한에 대한 태도변화에 각종 매체가 미치는 효과를 알아보기 위한 실험연구에서 수집된 자료, 일원분산분석 결과와 5개 집단의 표본 평균은 다음과 같았다. 이 결과로부터 .05 수준에서 Tukey HSD 방법과 Scheffé 방법을 적용하여 사후비교하라.

실험처치 후 태도점수의 변화

	(1) 영화	(2) 강연	(3) 영화·강연	(4) 무처치	(5) 관계없는 영화	(6) 관계없는 강연	
	6	3	7	−6	5	−1	
	10	6	9	0	−5	3	
	1	−1	4	−5	3	2	
	6	5	9	2	−4	−1	
	4	2	3	2	5	−6	
합	27	15	32	−7	4	−3	68
평균	5.4	3	6.4	−1.4	.8	−.6	

분산분석표

SV	df	SS	MS	F	P
집단간	5	256.267	51.253	3.973	.009
집단내	24	309.600	12.900		
전 체	29	565.867			

풀이

개별평균간의 차를 큰 값부터 작은 순서로 배열하면,

	$\overline{Y}_{.4}$	$\overline{Y}_{.6}$	$\overline{Y}_{.5}$	$\overline{Y}_{.2}$	$\overline{Y}_{.1}$	$\overline{Y}_{.3}$
$\overline{Y}_{.4} = -1.4$	0	0.8	2.2	4.4	6.8	7.8
$\overline{Y}_{.6} = -0.6$		0	1.4	3.6	6	7
$\overline{Y}_{.5} = 0.8$			0	2.2	4.6	5.6
$\overline{Y}_{.2} = 3$				0	2.4	3.4
$\overline{Y}_{.1} = 5.4$					0	1
$\overline{Y}_{.3} = 6.4$						0

① Tukey HSD 방법

Tukey HSD의 MSD는

$$MSD = q_{.95}(6, 24)\sqrt{\frac{MS_W}{N}}$$
$$= 4.37\sqrt{12.9/5} ≒ 7.02$$

최소유의차이값 7.02보다 평균의 차가 큰 비교는 ($\overline{Y}_{.4}$대 $\overline{Y}_{.3}$)이므로 이 비교는 유의수준 .05에서 유의한 차이가 있다는 결론을 내릴 수 있다.

② Scheffé 방법

Scheffé의 검정통계량이 임계값보다 커야 비교집단간 통계적으로 유의한 차이가 있다.

$$t = \frac{\hat{\psi}}{\sqrt{MS_W\sum\frac{C_j^2}{N_j}}} > \sqrt{(J-1)F_\alpha(J-1, \nu)}$$

Scheffé의 임계값은 $\sqrt{(J-1)F_\alpha(J-1, \nu)} = \sqrt{5F_{.05}(5, 24)} = \sqrt{5(2.62)} = 3.62$ 이다. 보기와 같이 짝 비교의 개수가 많은 경우,

$\hat{\psi} = \hat{\mu}_j - \hat{\mu}_{j'} > \sqrt{(J-1)F_\alpha(J-1, \nu)} \times \sqrt{MS_W \sum \dfrac{C_j^2}{N_j}}$ 를 만족하는 짝 비교 집단을 찾는 것이 더 간편하다.

이 방식을 보기의 자료에 적용하면 $\hat{\psi} = \hat{\mu}_j - \hat{\mu}_{j'}$에 대한 임계값은 $3.62\sqrt{\left(12.9\dfrac{2}{5}\right)}$ $= 8.22$가 된다. (단, $\hat{\psi} = \hat{\mu}_j - \hat{\mu}_{j'} > 0$, $j \neq j'$)

모든 비교집단의 표본 평균 차가 8.22보다 작으므로 모든 짝 비교 가설은 기각되지 못한다. 따라서 Scheffé 방법에 따르면 모든 집단 간 짝 평균차이는 유의수준 .05에서 유의한 차이가 있다는 결론을 보류하여야 한다.

SPSS 실습 12.1.1은 보기 12.1.3 자료를 가지고 Tukey와 Scheffé 방법을 적용하여 사후비교를 하는 SPSS 시행절차와 그 결과물이다.

SPSS 실습 12.1.1 Tukey와 Scheffé 방법(보기 12.1.3 자료)

종속변수: 태도변화점수, 독립변수: 처치(영화=1, 강연=2, 영화·강연=3, 무처치=4, 관계없는 영화=5, 관계없는 강연=6)

1. 분석 창 ①

'분석(A)' → '평균 비교(M)' → '일원배치 분산분석(O)' 클릭

2. 분석 창 ②

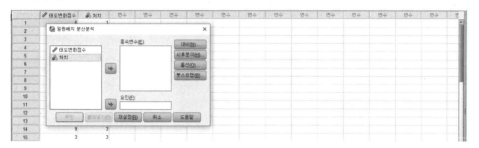

'태도변화점수' → '종속변수(E)' 상자로, '처치' → '요인(E)' 상자로 옮김

3. 분석 창 ③

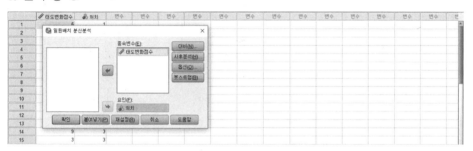

'사후분석(H)' 클릭

4. 분석 창 ④

'Scheffé'와 'Tukey 방법' 클릭, '계속(C)' 클릭, '옵션(O)' 클릭

5. 분석 창 ⑤

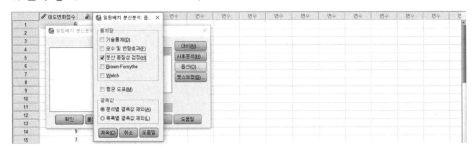

'분산 동질성 검정(H)' 클릭, '계속(C)' 클릭, '확인' 클릭

6. 결과물과 해석

분산의 동질성 검정

태도변화점수

Levene 통계량	자유도1	자유도2	유의확률
1.370	5	24	.270

ANOVA

태도변화점수

	제곱합	자유도	평균제곱	F	유의확률
집단-간	256.267	5	51.253	3.973	.009
집단-내	309.600	24	12.900		
전체	565.867	29			

사후검정

다중비교

종속변수: 태도변화점수

	(I) 처치	(J) 처치	평균차이(I-J)	표준오차	유의확률	95% 신뢰구간 하한	95% 신뢰구간 상한
Tukey HSD	1	2	2.400	2.272	.893	-4.62	9.42
		3	-1.000	2.272	.998	-8.02	6.02
		4	6.800	2.272	.062	-.22	13.82
		5	4.600	2.272	.358	-2.42	11.62
		6	6.000	2.272	.126	-1.02	13.02
	2	1	-2.400	2.272	.893	-9.42	4.62
		3	-3.400	2.272	.669	-10.42	3.62
		4	4.400	2.272	.405	-2.62	11.42
		5	2.200	2.272	.923	-4.82	9.22
		6	3.600	2.272	.616	-3.42	10.62
	3	1	1.000	2.272	.998	-6.02	8.02
		2	3.400	2.272	.669	-3.62	10.42
		4	7.800*	2.272	.023	.78	14.82
		5	5.600	2.272	.174	-1.42	12.62
		6	7.000	2.272	.051	-.02	14.02
	4	1	-6.800	2.272	.062	-13.82	.22
		2	-4.400	2.272	.405	-11.42	2.62
		3	-7.800*	2.272	.023	-14.82	-.78
		5	-2.200	2.272	.923	-9.22	4.82
		6	-.800	2.272	.999	-7.82	6.22
	5	1	-4.600	2.272	.358	-11.62	2.42
		2	-2.200	2.272	.923	-9.22	4.82
		3	-5.600	2.272	.174	-12.62	1.42
		4	2.200	2.272	.923	-4.82	9.22
		6	1.400	2.272	.989	-5.62	8.42
	6	1	-6.000	2.272	.126	-13.02	1.02
		2	-3.600	2.272	.616	-10.62	3.42
		3	-7.000	2.272	.051	-14.02	.02
		4	.800	2.272	.999	-6.22	7.82
		5	-1.400	2.272	.989	-8.42	5.62
Scheffe	1	2	2.400	2.272	.949	-5.82	10.62
		3	-1.000	2.272	.999	-9.22	7.22
		4	6.800	2.272	.153	-1.42	15.02
		5	4.600	2.272	.547	-3.62	12.82
		6	6.000	2.272	.261	-2.22	14.22
	2	1	-2.400	2.272	.949	-10.62	5.82
		3	-3.400	2.272	.810	-11.62	4.82
		4	4.400	2.272	.594	-3.82	12.62
		5	2.200	2.272	.964	-6.02	10.42
		6	3.600	2.272	.771	-4.62	11.82
	3	1	1.000	2.272	.999	-7.22	9.22
		2	3.400	2.272	.810	-4.82	11.62
		4	7.800	2.272	.071	-.42	16.02
		5	5.600	2.272	.332	-2.62	13.82
		6	7.000	2.272	.132	-1.22	15.22
	4	1	-6.800	2.272	.153	-15.02	1.42

	2	-4.400	2.272	.594	-12.62	3.82
	3	-7.800	2.272	.071	-16.02	.42
	5	-2.200	2.272	.964	-10.42	6.02
	6	-.800	2.272	1.000	-9.02	7.42
5	1	-4.600	2.272	.547	-12.82	3.62
	2	-2.200	2.272	.964	-10.42	6.02
	3	-5.600	2.272	.332	-13.82	2.62
	4	2.200	2.272	.964	-6.02	10.42
	6	1.400	2.272	.995	-6.82	9.62
6	1	-6.000	2.272	.261	-14.22	2.22
	2	-3.600	2.272	.771	-11.82	4.62
	3	-7.000	2.272	.132	-15.22	1.22
	4	.800	2.272	1.000	-7.42	9.02
	5	-1.400	2.272	.995	-9.62	6.82

*. 평균차이는 0.05 수준에서 유의합니다.

※ 결과물의 표 ANOVA를 보면 전체적 F 검정결과 영가설 '$H_0 : \mu_1 = \cdots = \mu_6$'은 .009 유의확률로 기각됨을 알 수 있다.

※ 사후검정결과는 Tukey 방법에서 집단 3(영화·강연 처치)평균과 집단 4(무처치)평균 사이에만 .05 수준에서 유의한 차이를 발견할 수 있다. Scheffé 검정 결과를 보면, 모든 짝비교에서 .05 수준에서 유의한 차이를 발견하지 못하였다. 전체적인 F 검정에서는 통계적으로 유의한 차이를 나타냈지만, 사후비교에서 흔하지는 않지만 모든 짝비교에서 유의한 차이를 발견하지 못하는 경우도 있다.

12.2 평균들 간의 대비

이 장은 중다비교검정이란 제목으로 전체 내용을 묶었다. 전체적 F검정에서 통계적으로 유의미한 효과를 확인하고 영가설이 기각되었을 때, 과연 그 차이가 어디서 기인한 것인지에 대한 자연스러운 관심에서 사후비교를 설명하였다. 그러나 실제 통계적인 분석방법은 사후비교이든 사전비교이든 동일하게 평균들 간의 대비를 설정하고 이 대비를 활용하여 설정된 가설에 대한 검정을 시행하게 된다. 앞서 설명한 사후비교도 Scheffé 검정의 예에서 보였듯 평균들 간의 대비의 형태로 이해될 수 있다.

평균들 간의 대비는 평균들 사이의 차이를 나타내는 가중치가 주어진 선형조합으로 이해될 수 있다. 모집단 평균들 간의 차이를 나타내는 ψ와 이에 대한 추정치로 표본평균들 간의 차이를 나타내는 $\hat{\psi}$으로 구분되어 표기된다. 예를 들어, 집단 1과 집단 2의 모집단 평균 차이인 $(\mu_1 - \mu_2)$는 ψ_1으로 표기될 수 있고, 표본평균 차이인 $(\overline{Y_1} - \overline{Y_2})$는 $\hat{\psi_1}$과 같이 나타낼 수 있다. 이와 같은 선형조합 형태로 평균들 간의 차이를 비교하는 것을 직선대비라고 한다.

직선대비를 정의하기 위해서는 선형조합에 관하여 먼저 정의할 필요가 있다. 평균의 선형조합(linear combination of means)은 다음과 같은 형식을 가진다.

$$\psi = C_1\mu_1 + C_2\mu_2 + \cdots + C_J\mu_J \tag{12.2.1}$$

모평균 비교 $\psi = C_1\mu_1 + C_2\mu_2 + \cdots + C_J\mu_J$에 대응하는 표본평균 비교는 다음과 같다.

$$\hat{\psi} = C_1\overline{Y_1} + C_2\overline{Y_2} + \cdots + C_J\overline{Y_J} = \sum_j C_j\overline{Y_j} \tag{12.2.2}$$

이 등식으로부터 선형조합은 처치평균의 가중합으로 정의된다는 것을 알 수 있다. 만약 C_j가 모두 1이면 $\hat{\psi}$은 처치평균의 합이 되며, C_j가 모두 $1/J$이면 $\hat{\psi}$은 처치평균들의 평균이 된다.

일반적으로 선형조합에 $\sum C_j = 0$인 제한을 둔다. 예를 들어 세 집단의 비교계수가 각각 $C_1 = 1$, $C_2 = -1$, $C_3 = 0$이라면, $\sum C_j = 0$이 성립되며 세 처치 평균의 선형조합은 다음과 같이 표기할 수 있다.

$$\hat{\psi} = (1)(\overline{Y_1}) + (-1)(\overline{Y_2}) + (0)(\overline{Y_3}) = \overline{Y_1} - \overline{Y_2}$$

여기에서 $\hat{\psi}$는 단순히 집단 1의 평균과 집단 2의 평균 간의 차이를 나타낸다. 다른 한편으로 $C_1 = 1/2$, $C_2 = 1/2$, $C_3 = -1$이면, $\hat{\psi}$은 다음과 같아진다.

$$\hat{\psi} = \left(\frac{1}{2}\right)(\overline{Y_1}) + \left(\frac{1}{2}\right)(\overline{Y_2}) + (-1)(\overline{Y_3}) = \frac{\overline{Y_1} + \overline{Y_2}}{2} - \overline{Y_3}$$

이 경우 $\hat{\psi}$는 세 번째 처치집단의 평균과 처음 두 처치집단 평균의 평균 간의 차가 된다.

직선대비의 제곱합

직선비교 $\hat{\psi}$를 다음과 같이 표기하면,

$$\hat{\psi} = C_1 \overline{Y}_1 + C_2 \overline{Y}_2 + \cdots + C_J \overline{Y}_J = \sum_j C_j \overline{Y}_j$$

표본평균들 간의 대비에 대한 제곱합은 다음과 같이 계산할 수 있다.

$$SS_{\hat{\psi}} = \frac{N\hat{\psi}^2}{\sum C_j^2}$$

이 제곱합을 구하는 공식은 각 처치집단간의 표본의 크기가 동일한 경우 적용될 수 있는 공식이고, 여기에서 N은 각 처치집단의 표본 크기가 되며, $SS_{\hat{\psi}}$의 자유도는 1이 된다. 처치집단간의 표본크기가 동일하지 않으면 다음의 공식이 제곱합을 계산하는 데 사용된다.

$$SS_{\hat{\psi}} = \frac{\hat{\psi}^2}{\sum \left(\dfrac{C_j^2}{N_j} \right)}$$

세 처치집단의 표본의 크기가 모두 10으로 동일하고 처치집단의 평균이 다음과 같다고 가정해 보자.

$$\overline{Y}_1 = 1.5, \ \overline{Y}_2 = 2.0, \ \overline{Y}_3 = 3.0, \ N = 10$$

전체적 F검정을 위한 분산분석의 집단간 제곱합은 다음과 같이 계산된다.

$$SS_B = \frac{15^2 + 20^2 + 30^2}{10} - \frac{65^2}{30} = 11.67$$

처치집단 1과 2의 평균과 처치집단 3의 평균을 비교하기를 원한다면, $C_1 = 1$, $C_2 = 1$, $C_3 = -2$가 되고 이 비교에 대한 제곱합을 다음과 같이 계산할 수 있다.

$$\hat{\psi} = \sum C_j \overline{Y}_j = (1)(1.5) + (1)(2.0) + (-2)(3.0) = -2.5$$

$$SS_{\hat{\psi}} = \frac{N\hat{\psi}^2}{\sum C_j^2} = \frac{10(-2.5)^2}{(1^2 + 1^2 + (-2)^2)} = \frac{62.5}{6} = 10.42$$

계산된 제곱합 $SS_{\hat{\psi}}$은 자유도 1을 가지며 SS_B의 일부분이 된다.

두 번째 직선비교로 처치집단 1과 처치집단 2의 평균을 비교한다고 하면 $C_1 = 1$, $C_2 = -1$, $C_3 = 0$이 되며, 제곱합은 다음과 같이 계산된다.

$$\hat{\psi} = \sum C_j \overline{Y}_j = (1)(1.5) + (-1)(2.0) + (0)(3.0) = -0.5$$

$$SS_{\hat{\psi}} = \frac{N\hat{\psi}^2}{\sum C_j^2} = \frac{10(-0.5)^2}{1^2 + (-1)^2} = \frac{2.5}{2} = 1.25$$

계산된 $SS_{\hat{\psi}}$은 자유도 1을 가지며 역시 SS_B의 일부분이 된다. 위에서 보여 준 두 종류의 직선대비는 수없이 많은 직선대비 중 직교대비(orthogonal contrast)에 해당되어 계산된 두 제곱합을 더하면 SS_B와 동일해진다. 직교대비는 다음에 좀더 자세히 설명할 것이다.

$$SS_B = SS_{\hat{\psi}^1} + SS_{\hat{\psi}^2}$$

$$11.67 = 10.42 + 1.25$$

대비계수의 설정

대비계수(contrast coefficients, C_j)는 연구문제를 평균 비교에 논리적으로 반영하도록 하는데 처치집단 평균의 선형조합을 위한 가중치를 정하는 것이다. 예를 들어, 다섯 개의 집단이 있는데 처음 세 집단과 다음 두 집단을 비교하기 원한다고 가정해 보자. 이에 합이 0이 되는 대비계수를 정하려면 가장 간단한 규칙은 처치집단을 두 집합으로 구분하여 그 중 한 집합 내에 속한 평균의 개수를 다른 집합에 속한 처치집단의 가중치로 부여하면 된다.

$$\text{평균: } (\overline{Y}_1 \ \overline{Y}_2 \ \overline{Y}_3) \ (\overline{Y}_4 \ \overline{Y}_5)$$

$$C_j: \ 2 \ 2 \ 2 \ -3 \ -3 \quad \sum C_j = 0$$

$$\sum C_j \overline{Y}_j \text{는 } 2(\overline{Y}_1 + \overline{Y}_2 + \overline{Y}_3) - 3(\overline{Y}_4 + \overline{Y}_5) \text{가 된다.}$$

예를 들어, 평균의 수가 4개 있을 때 처음 두 평균과 나머지 두 평균을 비교하기 원할 경우 위 규칙에 따르면 대비계수가 (2, 2, −2, −2)가 된다. 그러나 이와 같은 경우에는 모든 대비계수를 2로 나누어 (1, 1, −1, −1)로 하면 훨씬 계산이 간편하다. 대비계수로 분수를 사용할 수도 있으나 계산과정이 복잡하므로 일반적으로 정수를 사용한다.

예를 들어, 여섯 개의 평균을 비교하는 연구에서, 연구자의 관심에 따라 대비계수가 결정되며, 이 대비계수에 의하여 영가설이 결정된다. 각 비교는 그 대비계수에 따라 영가설이 결정되므로 비교의 수와 영가설의 수는 항상 동일하다. 여섯 개의 평균을 비교하는 보기 12.1.3의 연구에서 가능한 다섯 개의 대비계수와 주어진 대비계수를 기초로 하여 결정된 영가설은 다음 표와 같다.

⟨표 12.2.1⟩ 6개 평균을 비교하는 가능한 5개 대비와 연관된 영가설

ψ	영화 C_1	강연 C_2	영화 강연 C_3	무 처치 C_4	관계없는 영화 C_5	관계없는 강연 C_6	영 가 설
ψ_1	1	1	1	−1	−1	−1	$H_{01}: \ \mu_1 + \mu_2 + \mu_3 = \mu_4 + \mu_5 + \mu_6$
ψ_2	1	1	−2	0	0	0	$H_{02}: \ \mu_1 + \mu_2 = 2\mu_3$
ψ_3	1	−1	0	0	0	0	$H_{03}: \ \mu_1 = \mu_2$
ψ_4	0	0	0	2	−1	−1	$H_{04}: \ 2\mu_4 = \mu_5 + \mu_6$
ψ_5	0	0	0	0	1	−1	$H_{05}: \ \mu_5 = \mu_6$

F검정

각 직선대비의 제곱합을 구하는 과정은 앞에서 설명하였다. 이 제곱합은 분산분

석에서의 제곱합과 같이 취급된다. 직선대비의 제곱합은 자유도가 1이 되어 제곱합(SS)은 평균제곱(MS)과 동일하며, 이 평균제곱을 집단 내 평균제곱(MS_W)으로 나누어 주면 각 대비에 대한 F값이 얻어진다.

$$F = \frac{MS_{\hat{\psi}}}{MS_W} = \frac{\hat{\psi}^2}{MS_W \sum (\frac{C_j^2}{N_j})} \tag{12.2.3}$$

이 F검정의 분자의 자유도는 1이고, 분모의 자유도는 집단 내 자유도(df_W)가 된다. F분포의 분자의 자유도가 1일 때 $F = t^2$이 성립하므로 위의 등식을 t검정통계량으로 표현하면 다음과 같아진다.

$$t = \frac{\hat{\psi}}{\sqrt{MS_W \sum (\frac{C_j^2}{N_j})}} \tag{12.2.4}$$

각 처치집단에 6명의 피험자가 임의로 배치된 네 실험집단의 평균값이 다음과 같다고 하자.

	집단 1	집단 2	집단 3	집단 4
$\overline{Y}_j$	17	24	27	16

일원분산분석 결과 $MS_W = 5.6$이고 자료를 수집하기 전에 연구자는 다음과 같은 연구문제를 설정하였다고 가정해 보자.

1) 집단 1의 평균과 집단 2, 3, 4의 평균 간에는 차이가 있는가?
2) 집단 1, 2의 평균과 집단 3, 4의 평균 간에는 차이가 있는가?

이 연구문제에 대한 F검정을 하기 원할 때 먼저 각 비교에 대한 $\hat{\psi}_1$과 $\hat{\psi}_2$을 구하고 나머지도 t검정통계량 공식에 대입하면 된다. 연구문제 1과 2의 대비계수를 정하고 그 제곱합을 구하면 다음과 같다.

〈표 12.2.2〉 4개 집단 표본평균과 2개의 대비계수

ψ	C_1	C_2	C_3	C_4	ΣC_j^2
ψ_1	3	-1	-1	-1	12
ψ_2	1	1	-1	-1	4

$$\hat{\psi}_1 = \sum C_j \overline{Y}_j = (3)(17) + (-1)(24) + (-1)(27) + (-1)(16) = -16$$

$$\hat{\psi}_2 = \sum C_j \overline{Y}_j = (1)(17) + (1)(24) + (-1)(27) + (-1)(16) = -2$$

$\hat{\psi}_1$과 $\hat{\psi}_2$을 각각 F검정통계량에 대입해 본다.

$$F_1 = \frac{\hat{\psi}_1^2}{MS_W \sum \left(\frac{C_j^2}{N_j}\right)} = \frac{(-16)^2}{5.6\left(\frac{12}{6}\right)} = 22.86$$

$$F_2 = \frac{\hat{\psi}_2^2}{MS_W \sum \left(\frac{C_j^2}{N_j}\right)} = \frac{(-2)^2}{5.6\left(\frac{4}{6}\right)} = 1.072$$

$\hat{\psi}_1$과 $\hat{\psi}_2$을 각각 t검정통계량에 대입해 본다.

$$t_1 = \frac{\hat{\psi}_1}{\sqrt{MS_W \sum \left(\frac{C_j^2}{N_j}\right)}} = \frac{-16}{\sqrt{5.6\left(\frac{12}{6}\right)}} = -4.781$$

$$t_2 = \frac{\hat{\psi}_2}{\sqrt{MS_W \sum \left(\frac{C_j^2}{N_j}\right)}} = \frac{-2}{\sqrt{5.6\left(\frac{4}{6}\right)}} = -1.035$$

$F_1(22.86) = t_1^2(-4.781^2)$, $F_2(1.072) = t_2^2(-1.035^2)$이 성립한다. 또한 F의 임계값은 $F_{.95}(1, 20) = 4.35$이며, t의 임계값은 $t_{.975}(20) = 2.086$이므로 임계값간의 관계 또한 $F = t^2$의 관계가 성립된다. ψ_1은 유의수준 .05에서 유의하지만 ψ_2는 유

의하지 못하다. 따라서 집단 1의 평균은 집단 2, 3, 4의 평균과 비교하여 유의한 차가 있다고 결론을 내릴 수 있지만, 집단 1, 2의 평균과 집단 3, 4의 평균 사이에 유의할 차이가 있다는 결론은 보류하여야 한다.

직교대비

두 대비 ψ_1과 ψ_2가 다음과 같이 주어졌을 때,

$$\psi_1 = C_{11}\mu_1 + C_{12}\mu_2 + \cdots + C_{1J}\mu_J$$
$$\psi_2 = C_{21}\mu_1 + C_{22}\mu_2 + \cdots + C_{2J}\mu_J$$

이 두 대비가 직교대비(orthogonal contrast) 또는 독립대비(independent contrast)가 되기 위해서는 다음 조건을 만족하여야 한다.

$$\sum C_{1j} = 0, \ \sum C_{2j} = 0$$
$$\sum C_{1j}C_{2j} = 0$$

평균 간의 비교를 수행할 때 상호 직교하는 일련의 대비를 선택하면 중복되지 않는 비교를 하게 된다. J개의 평균을 비교할 때 상호독립인 직교대비는 $(J-1)$개가 존재한다. $\sum C_{1j}C_{2j} = 0$이 되도록 대비계수를 정하는 일정한 규칙이 있다. 예를 들어 네 개의 집단이 존재할 때 처음 두 집단의 평균과 나중 두 집단의 평균을 비교하기 원한다고 하면 집단(1, 2) 대 집단(3, 4)로 나뉘어진다. 이에 대한 대비계수는

〈표 12.2.3〉 직교비교계수와 영가설

ψ	C_1	C_2	C_3	C_4	영가설(H_0)
ψ_1	1	1	−1	−1	$H_0 : \mu_1 + \mu_2 = \mu_3 + \mu_4$
ψ_2	1	−1	0	0	$H_0 : \mu_1 = \mu_2$
ψ_3	0	0	1	−1	$H_0 : \mu_3 = \mu_4$
ψ_4	3	−1	−1	−1	$H_0 : 3\mu_1 = \mu_2 + \mu_3 + \mu_4$
ψ_5	0	2	−1	−1	$H_0 : 2\mu_2 = \mu_3 + \mu_4$
ψ_6	0	0	1	−1	$H_0 : \mu_3 = \mu_4$

표 12.2.3의 ψ_1과 같다. 표 12.2.3은 네 개의 집단평균을 포함하는 가능한 여섯 개의 대비를 보여주고 있다.

ψ_1과 직교대비를 만들기 위하여 집단(1, 2) 내에 있는 두 평균을 비교하고 나머지 집단(3, 4)는 대비계수를 0으로 하여 비교에 포함시키지 않는다(ψ_2). 또 집단(3, 4)에 있는 두 평균만을 비교하고 집단(1, 2)는 대비계수를 0으로 한다(ψ_3). 즉 괄호 안에 묶여진 집단 내에서 비교를 해 나가게 되면 직교대비 계수를 구할 수 있다. ψ_1, ψ_2, ψ_3의 대비계수의 합은 다음과 같이 각각 0이 된다.

$$\sum C_{1j} = (1) + (1) + (-1) + (-1) = 0$$

$$\sum C_{2j} = (1) + (-1) + (0) + (0) = 0$$

$$\sum C_{3j} = (0) + (0) + (1) + (-1) = 0$$

ψ_1과 ψ_2의 대비계수, ψ_1과 ψ_3의 대비계수, ψ_2와 ψ_3의 대비계수를 서로 곱한 것을 디히여 보면 모두 0이 되므로,

$$\sum C_{1j}C_{2j} = (1)(1) + (1)(-1) + (-1)(0) + (-1)(0) = 0$$

$$\sum C_{1j}C_{3j} = (1)(0) + (1)(0) + (-1)(1) + (-1)(-1) = 0$$

$$\sum C_{2j}C_{3j} = (1)(0) + (-1)(0) + (0)(1) + (0)(-1) = 0$$

ψ_1, ψ_2, ψ_3는 서로 직교대비라고 할 수 있다.

직교대비가 되는 또 한 예를 들어보기로 하자. 처음에 집단 1의 평균과 집단 2, 3, 4의 평균을 비교하기 원하면 집단(1) 대 집단(2, 3, 4)로 나눠지며 이에 대한 대비계수는 ψ_4에 제시하였다. 집단(1)에는 집단이 하나만 존재하므로 집단 간 비교가 불가능하다. 따라서 (2, 3, 4) 집단 간 비교를 해야 한다. 홀수 개의 평균이 있으므로 집단(2) 대 집단(3, 4)의 비교를 할 수 있다(ψ_5). 마찬가지로 집단(2)는 다음 직교대비에서 제외되고 (3, 4)간의 대비(ψ_6)를 하면 ψ_4, ψ_5, ψ_6은 서로 직교대비가 된다. 마찬가지로 ψ_4, ψ_5, ψ_6의 대비계수의 합은 각각 0이며, 세 비교 중 두 개를

취하여 대비계수를 서로 곱한 것의 합이 모두 0이 되므로 ψ_4, ψ_5, ψ_6는 직교대비라고 할 수 있다. 평균이 네 개 있으므로 직교대비의 수는 3개가 가능하고, 이 두 예에서 직교대비의 수가 모두 3개가 되었다. 세 직교대비는 서로 독립이므로 이에 대한 제곱합의 합은 집단 간 제곱합과 동일하다.

$$SS_B = SS_{\psi_1} + SS_{\psi_2} + SS_{\psi_3}$$
$$SS_B = SS_{\psi_4} + SS_{\psi_5} + SS_{\psi_6}$$

12.3 사전비교

지금까지 J개의 평균간 유의미한 차이가 있는지 알아보기 위한 분산분석과 영가설이 기각되어 평균간에 통계적으로 유의미한 차이가 있는 경우, 어느 평균 간에 차이가 있는지를 알아보기 위한 사후비교에 대해 알아보았다. 그리고 실제 사후분석을 위한 분석은 평균들 간의 대비 형태로 이루어지고, 분석 과정에서 대비가 어떻게 활용되는지 설명하였다. 만일 분산분석 결과 평균간 유의미한 차이를 발견하지 못했다면 사후비교는 일반적으로 시행되지 않을 것이다. 이와 같이, 전체적인 분산분석을 먼저 실시하고 검정결과에 따라 사후비교를 하는 것이 일반적으로 사용되는 절차이지만, 모든 연구자가 이런 방식을 취하는 것은 아니다.

연구자가 처치효과에 사전정보를 갖고 있거나 전체적인 비교보다는 특정 평균간 차이에 관심이 있을 때는 전체적인 F검정을 거치지 않고 연구자가 고안한 실험설계에 따라 평균을 비교하는 분석을 시행할 수 있다. 이러한 접근을 사전비교(a priori comparison) 또는 계획비교(pre−planned comparison)라고 한다.

산아제한에 대한 설득매체의 효과를 검정하려는 보기 12.1.3의 연구를 다시 한 번 생각해 보자. 산아제한에 대한 설득매체(독립변수)로는 영화, 강연, 영화와 강연을 선정하였다. 연구대상은 상이한 실험집단에 임의로 배치되었으며 각 연구대상은 영화나 강연을 듣기 전에 산아제한에 대한 태도검사를 받고, 영화나 강연을 들은 후에 또 다시 태도검사를 받았다. 각 설득매체를 접하기 전과 후의 태도검사 점수 차이를 종속변수로 하였다. 그리고 태도검사의 반복만으로도 태도변화에 영향을 줄 수 있다고 판단하여 무처치집단인 통제집단도 이 설계에 포함시켰다. 또한 산아제한과 관계없는 강연이나 영화를 봄으로써 태도변화에 영향을 미칠 가능성을 배제할 수 없다고 판단되어 두 통제집단을 다시 택하여, 그 중 한 집단은 산아제한과는 전혀 관계가 없는 영화를 보여주고, 나머지 집단은 산아제한과 전혀 관계가 없는 강연을 듣도록 하였다. 30명의 실험대상을 임의로 선택하여 각 실험조건에 5명의 피험자를 임의로 배치하였다.

〈표 12.3.1〉 산아제한에 대한 설득매체 효과 연구의 사전비교 실험설계

실험집단			통제집단		
1	2	3	4	5	6
영화	강연	영화와 강연	무처치	관계없는 영화	관계없는 강연

보기 12.1.3과 달리 처치효과에 대한 전체적인 검정($H_0 : \mu_1 - \mu_2 = \mu_3 = \mu_4 - \mu_5 = \mu_6$)은 실제적으로 연구자가 관심을 갖는 부분이 아닐 수 있다. 연구자는 오히려 다음과 같은 연구문제에 관심이 있다.

1) 태도변화에 있어서 실험집단과 통제집단 간에 차이가 있는가?

($H_0 : \mu_1 + \mu_2 + \mu_3 = \mu_4 + \mu_5 + \mu_6$)

2) 영화와 강연 모두의 처치효과는 영화만, 강연만의 처치효과를 평균한 것과 차이가 있는가?

($H_0 : \mu_1 + \mu_2 = 2\mu_3$)

3) 영화의 효과와 강연의 효과 간에는 차이가 있는가?

($H_0 : \mu_1 = \mu_2$)

4) 통제집단 내에서 무처치집단과 관계없는 영화나 강연을 받은 통제집단 간에 차이가 있는가?

($H_0 : 2\mu_4 = \mu_5 + \mu_6$)

5) 산아제한과 관계없는 영화와 강연의 효과 간에는 차이가 있는가?

$(H_0 : \mu_5 = \mu_6)$

위 실험설계는 전체적 F검정 대신에 미리 계획한 처치효과를 비교하는 데 관심이 있는 계획비교의 한 예가 된다. 이 연구자는 6개 집단의 평균간 차이가 있는지를 알아보기 위한 전체적인 분산분석을 시행하지 않고 바로 자신의 연구문제에 답하기 위해 5가지 연구문제에 대한 사전비교 또는 계획비교의 검정을 시행할 것이다.

분산분석의 전체적 F검정은 모평균이 모두 동일하다는 가설에 대한 전체적 검정이고, 계획비교에 대한 F검정은 가능한 모든 비교 중에서 연구자가 특별히 관심 있는 비교에 대한 개별검정이다. 전체적 F검정이 유의하지 않다면 개별비교의 F검정은 유의하지 않다. 그러나 전체적 F검정이 유의하다면 개별비교 중에서 최소 한 개의 F검정은 유의하다. 그러나 사전계획비교는 특별히 연구자가 연구하려고 하는 집단간의 평균 비교이므로 전체적 F검정에 후속되는 검정은 아니다. 계획비교는 전체적 F검정보다 검정력을 높일 수 있는 장점을 가진다. 표 12.3.2의 분산분석표는 전체적 F검정과 사전 계획비교의 개별검정 사이의 제곱합(SS), 자유도(df) 등의 관계를 나타내고 있다.

〈표 12.3.2〉 평균비교의 개별검정에 관한 분산분석표

SV	SS	df	MS	F
집단 간	SS_B	$J-1$	MS_B	MS_B / MS_W
$\hat{\psi}_1$	$SS_{\hat{\psi}_1}$	1	$MS_{\hat{\psi}_1}$	$MS_{\hat{\psi}_1} / MS_W$
$\hat{\psi}_2$	$SS_{\hat{\psi}_2}$	1	$SS_{\hat{\psi}_2}$	$SS_{\hat{\psi}_2} / MS_W$
$\vdots$	$\vdots$	$\vdots$	$\vdots$	$\vdots$
$\hat{\psi}_{J-1}$	$SS_{\hat{\psi}_{J-1}}$	1	$MS_{\hat{\psi}_{J-1}}$	$MS_{\hat{\psi}_{J-1}} / MS_W$
집단내	SS_W	$J(N-1)$	MS_W	

$(J-1)$개의 직교대비 중에서 몇 개의 비교만을 개별검정하고 나머지 비교는 통합해서 검정할 수도 있다. 만일에 두 개의 직교대비만을 개별검정하고 나머지 비교는 통합검정하려고 한다면 통합비교의 제곱합($SS_{remainder}$)과 F통계량은 다음과 같다.

$$SS_{remainder} = SS_B - SS_{\hat{\psi}_1} - SS_{\hat{\psi}_2}$$

$SS_{remainder}$의 자유도는 $J-3$이 되므로,

$$F_{rem} = \frac{SS_{remainder}/(J-3)}{MS_W}$$

$(J-1)$개의 직교대비 중에서 두 개의 직교대비만을 개별검정하고 나머지 비교는 통합검정을 한다면 분산분석표는 표 12.3.3과 같이 작성된다.

〈표 12.3.3〉 개별검정과 통합검정의 분산분석표

SV	SS	df	MS	F
집단 간	SS_B	$J-1$	MS_B	MS_B/MS_W
$\hat{\psi}_1$	$SS_{\hat{\psi}_1}$	1	$MS_{\hat{\psi}_1}$	$MS_{\hat{\psi}_1}/MS_W$
$\hat{\psi}_2$	$SS_{\hat{\psi}_2}$	1	$MS_{\hat{\psi}_2}$	$MS_{\hat{\psi}_2}/MS_W$
remainder	SS_{rem}	$J-3$	MS_{rem}	MS_{rem}/MS_W
집단내	SS_W	$J(N-1)$	MS_W	

보기 12.3.1

산아제한에 대한 태도변화에 각종 매체가 미치는 효과를 알아보기 위한 실험연구에서 수집된 자료는 다음과 같았다. 실제로 이 자료는 앞의 보기 12.1.3의 자료와 동일한 것이다. 순서적으로 직교비교 세 개에 대해서는 .05 수준에서 개별검정을 하고 나머지 비교는 통합검정을 적용하여 분석하라.

실험처치 후 태도점수의 변화

	영화	강연	영화·강연	무처치	관계없는 영화	관계없는 강연	
	6	3	7	−6	5	−1	
	10	6	9	0	−5	3	
	1	−1	4	−5	3	2	
	6	5	9	2	−4	−1	
	4	2	3	2	5	−6	
합	27	15	32	−7	4	−3	68
평균	5.4	3	6.4	−1.4	.8	−.6	2.27

계획비교의 설계에서 연구문제와 대응되는 직교대비계수

ψ	영화 C_1	강연 C_2	영화·강연 C_3	무처치 C_4	관계없는 영화 C_5	관계없는 영화 C_6	$\sum C_j^2$
ψ_1	1	1	1	-1	-1	-1	6
ψ_2	1	1	-2	0	0	0	6
ψ_3	1	-1	0	0	0	0	2
ψ_4	0	0	0	2	-1	-1	6
ψ_5	0	0	0	0	1	-1	2

$$SS_B = \frac{27^2 + 15^2 + 32^2 + (-7)^2 + 4^2 + (-3)^2}{5} - \frac{68^2}{30} = 256.3$$

$$SS_W = 6^2 + 10^2 + \cdots + (-1)^2 + (-6)^2 - \frac{27^2 + 15^2 + 32^2 + (-7)^2 + 4^2 + (-3)^2}{5}$$
$$= 309.6$$

$$SS_T = 6^2 + 10^2 + \cdots + (-1)^2 + (-6)^2 - \frac{68^2}{30} = 565.9$$

$$SS_{\hat{\psi}_1} = \frac{\hat{\psi}_1^2}{\sum \frac{C_J^2}{N}} = \frac{[5.4 + 3 + 6.4 - (-1.4) - (.8) - (-.6)]^2}{\frac{6}{5}} = \frac{5}{6}(16)^2 = 213.3$$

$$SS_{\hat{\psi}_2} = \frac{\hat{\psi}_2^2}{\sum \frac{C_J^2}{N}} = \frac{[5.4 + 3 - 2(6.4)]^2}{\frac{6}{5}} = 16.1$$

$$SS_{\hat{\psi}_3} = \frac{\hat{\psi}_3^2}{\sum \frac{C_J^2}{N}} = \frac{[5.4 - 3]^2}{\frac{2}{5}} = 14.4$$

$$SS_{\text{remainder}} = SS_B - SS_{\hat{\psi}_1} - SS_{\hat{\psi}_2} - SS_{\hat{\psi}_3} = 256.3 - 213.3 - 16.1 - 14.4 = 12.5$$

SV	df	SS	MS	F	P
집단 간	5	256.3			
$\hat{\psi}_1$	1	213.3	213.3	16.53	$p < .05$
$\hat{\psi}_2$	1	16.1	16.1	1.25	$p > .05$
$\hat{\psi}_3$	1	14.4	14.4	1.12	$p > .05$
rem.	2	12.5	6.25	.48	$p > .05$
집단내	24	309.6	12.9		
T	29	565.9			

평균비교의 개별검정 결과, 비교 $\hat{\psi}_1$만이 유의수준 .05에서 유의한 것으로 나타났다. 즉, 실험집단과 통제집단 간에만 유의한 차이가 있다.

12.1절에서 사후비교를 설명하며 대표적인 사후비교 방법으로 Tukey 방법과 Scheffé 방법을 설명하였다. 그러나 사실 사후비교와 사전비교는 적용하는 시점과 방식의 차이로 이해될 수 있고, 통계적인 측면에서는 모두 대비를 활용하여 연구자가 원하는 집단간 평균차이를 분석하는 방법이다. 사전비교에 사용될 수 있는 대표적인 방법으로 소개되는 Bonferroni 절차도 사후비교 방법으로도 사용될 수 있고, 사후비교 방법으로 12.1에서 제시되었던 Scheffé 방법도 사전비교 방법으로도 사용될 수 있다. 사전비교인지 사후비교인지는 주로 연구자의 연구목적과 연구문제에 따라 달라지는 것이지, 통계적인 절차로 구분되는 것은 아니다.

Bonferroni t검정(Dunn의 검정)

Bonferroni t검정은 Dunn의 검정으로 불리기도 한다. Bonferroni 검정은 Bonferroni 부등식(Bonferroni inequality)을 이용하여 Dunn(1961)이 개발한 중다비교 방법으로 둘 이상의 비교를 동시에 수행하여도 실험군 오차가 유의수준 아래로 통제된다. Bonferroni 부등식이란 여러 개의 가설 검정을 동시에 수행할 때 유의수준 α를 할당하는 방법으로 이 부등식이 중다비교 검정에 적용되면 오차가 설정된 유의수준 α를 초과하지 않도록 통제하는 역할을 한다. c가 비교하는 가설의 수를 나타내고, α'은 각 비교에 대한 유의수준을 나타낸다고 하면 실험군 오차는 $c\alpha'$보다 작거나 같아지게 된다. 연구자가 원하는 일련의 실험의 제1종 오차를 α로 정하면 각 비교에 대한 유의수준 $\alpha' = \alpha/c$가 되어 c개의 비교를 동시에 수행하여도 실험군 제1종 오차는 α를 초과하지 못하게 되어 일련의 실험에서 제1종 오차가 유의수준 아래로 통제된다.

$$ c\alpha' = c\left(\frac{\alpha}{c}\right) = \alpha $$

Dunn은 이 부등식을 이용하여 연구자가 원하는 유의수준 α를 비교하기 원하는 가설의 수로 나누어 각 비교의 유의수준을 $\alpha' = \alpha/c$로 한다. 그 결과 c개의 비교를 동시에 수행하여도 그 실험군 제1종 오차가 α를 초과하지 못하도록 하였다.

Bonferroni t검정통계량은 두 모평균을 비교하는 표준 t검정통계량과 동일하다. 두 집단의 평균만을 비교하는 단일 t검정을 한다면 대비계수와 영가설은 다음 표 12.3.4와 같고, 이 경우는 12.1절에서 설명한 사후비교의 상황과 같은 상황으로 이해될 수 있다.

〈표 12.3.4〉 Bonferroni t검정을 위한 대비계수와 영가설

ψ	$\overline{Y}_1$	$\overline{Y}_2$	$\overline{Y}_3$	영 가 설
$\hat{\psi}_1$	1	-1	0	$H_{01} : \mu_1 = \mu_2$
$\hat{\psi}_2$	1	0	-1	$H_{01} : \mu_1 = \mu_3$
$\hat{\psi}_3$	0	1	-1	$H_{01} : \mu_2 = \mu_3$

이 때의 H_{01} 영가설을 검정하기 위한 표준 t검정통계량은 다음과 같다.

$$ t = \frac{\overline{Y}_1 - \overline{Y}_2}{\sqrt{S_p^2\left(\frac{1}{N_1} + \frac{1}{N_2}\right)}} $$

여기에서 $\hat{\psi} = \overline{Y}_1 - \overline{Y}_2$이 되며, $S_p^2 = MS_W$가 되므로 다음과 같이 표기할 수

있다.

$$t = \frac{\overline{Y}_1 - \overline{Y}_2}{\sqrt{S_p^2 \left(\dfrac{1}{N_1} + \dfrac{1}{N_2} \right)}} = \frac{\hat{\psi}}{\sqrt{MS_W \left[\dfrac{1^2}{N_1} + \dfrac{(-1)^2}{N_2} \right]}} = \frac{\hat{\psi}}{\sqrt{MS_W \sum \left(\dfrac{C_j^2}{N_j} \right)}}$$

각 집단의 표본 크기가 동일하다면 위 등식은 다음과 같아진다.

$$t = \frac{\hat{\psi}}{\sqrt{MS_W \sum \left(\dfrac{C_j^2}{N} \right)}}$$

이 등식을 살펴보면 영가설이 하나일 때 표준 t검정통계량과 대비의 계수를 활용한 식 12.2.4의 t검정통계량과 동일하며 기각 여부를 결정해주는 임계값 역시 t분포표로부터 얻어지고 그 임계값 역시 동일하다. 그러나 비교의 수가 둘 이상이 되면 Bonferroni t검정을 수행하여야 한다. Bonferroni t를 얻는 검정통계량 공식은 위 등식과 동일하지만 Bonferroni t의 임계값은 표준 t분포표로부터 쉽게 얻을 수 없는 단점이 있다.

예를 들어 세 개의 영가설을 동시에 검정하기 위하여 Bonferroni t검정통계량을 사용하고 실험군 제1종 오차를 $\alpha = .05$로 정했을 때, 각 영가설은 유의수준 $\alpha' = .05/3 = .0167$에서 기각 여부를 결정하게 된다. 유의수준 .0167에 대한 임계값은 표준 t분포표에서 찾을 수 없으므로 부록의 Bonferroni t누적확률표를 활용하게 된다. 표준 t누적확률표와는 달리 Bonferroni t누적확률표는 비교하기 원하는 총가설의 수와 집단 내 자유도에 따라 임계값을 제공해 준다.

보기 12.3.1의 산아제한에 대한 태도변화에 각종 매체가 미치는 효과에 관한 실험연구에서 수집된 자료를 이용하여 Bonferroni t를 계산하는 과정과 Bonferroni t누적확률표로부터 임계값을 구하는 과정 및 의사결정을 내리는 과정을 설명하기 위해, 다음과 같은 연구문제를 가정해 보자.

1) 실험집단과 통제집단 간의 차이 비교
2) 관계있는 영화 및 강연 대 관계없는 영화 및 강연

3) 영화와 강연 대 무처치

이 연구문제를 대비계수로 나타내면 다음과 같다.

$\overline{Y}$	영화 5.4	강연 3	영화 강연 6.4	무 처치 −1.4	관계없는 영화 .8	관계없는 강연 −.6	ΣC_j^2	영 가 설
ψ_1	1	1	1	−1	−1	−1	6	$H_{01} : \mu_1 + \mu_2 + \mu_3 = \mu_4 + \mu_5 + \mu_6$
ψ_2	1	1	0	0	−1	−1	4	$H_{02} : \mu_1 + \mu_2 = \mu_5 + \mu_6$
ψ_3	0	0	1	−1	0	0	2	$H_{03} : \mu_3 = \mu_4$

집단 내 평균제곱 $MS_W = 12.9$이고, 자유도는 $df_W = 24$이므로 각 비교에 대하여 t검정통계량은 다음과 같이 계산될 수 있다.

$$t_1 = \frac{\hat{\psi_1}}{\sqrt{MS_W \sum \frac{C_j^2}{N}}} = \frac{5.4 + 3 + 6.4 - (-1.4) - (.8) - (-.6)}{\sqrt{12.9\left(\frac{6}{5}\right)}}$$

$$= \frac{16}{\sqrt{15.48}} = \frac{16}{3.934} = 4.067$$

$$t_2 = \frac{\hat{\psi_2}}{\sqrt{MS_W \sum \frac{C_j^2}{N}}} = \frac{5.4 + 3 - (.8) - (-.6)}{\sqrt{12.9\left(\frac{4}{5}\right)}} = \frac{8.2}{\sqrt{10.32}} = \frac{8.2}{3.2125}$$

$$= 2.55$$

$$t_3 = \frac{\hat{\psi_3}}{\sqrt{MS_W \sum \frac{C_j^2}{N}}} = \frac{6.4 - (1.4)}{\sqrt{12.9\left(\frac{2}{5}\right)}} = \frac{7.8}{\sqrt{5.16}} = \frac{7.8}{2.27} = 3.436$$

비교의 수가 세 개이고 집단 내 평균제곱의 자유도는 24이므로 실험군 제1종 오차 .05에 대한 임계값은 부록의 Bonferroni t누적확률분포표(표 8)로부터 $t_\alpha(c, df_W) = t_{.05}(3, 24) = 2.57$임을 알 수 있다. t_2 통계량이 2.55로 임계값보다 작으므로 두 번째 연구문제는 통계적으로 유의한 차이가 있다는 결론은 유보하게 된다. 반면 첫째와 셋째 연구문제를 다룬 t_1과 t_3 통계량은 임계값보다 크므로 이 두 가설은 기각된다. 즉, 실험집단과 통제집단간에는 평균 간에 유의한 차이가 존재하며, 영화와 강연을 동시에 본 피험자는 영화와 강연을 전혀 접하지 않은 피험자 집단에 비하여 유의한 태도변화를 보였다는 결론을 내릴 수 있다.

Bonferroni t검정은 집단의 수는 많으나 비교하는 가설의 수가 비교적 적은 실험상황에서 실험군 제1종 오차를 유의수준 아래로 통제하면서 검정력을 높일 수 있는 방법 중 하나이다.

SPSS 실습 12.3.1은 보기 12.3.1 자료를 가지고 본문에서 설명한 Bonferroni t 검정을 하는 SPSS 시행 절차와 결과물이다.

SPSS 실습 12.3.1　Bonferroni t검정(보기 12.3.1 자료)

종속변수: 태도변화점수, 독립변수: 처치(영화=1, 강연=2, 영화 · 강연=3, 무처치=4, 관계없는 영화=5, 관계없는 강연=6)

1. 분석 창 ①

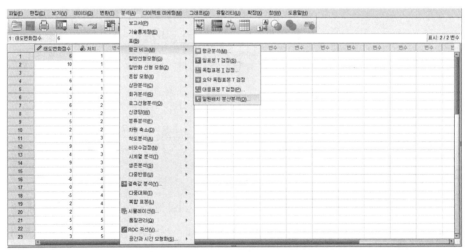

'분석(A)' → '평균 비교(M)' → '일원배치 분산분석(O)' 클릭

2. 분석 창 ②

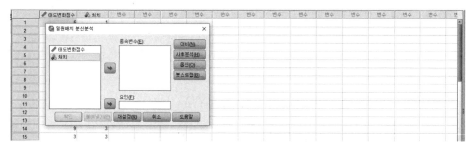

'태도변화점수' → '종속변수(E)' 상자로, '처치' → '요인(E)' 상자로 옮김

3. 분석 창 ③

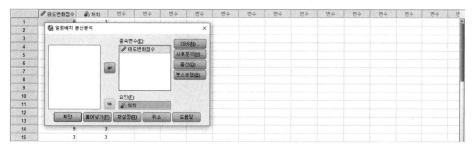

'대비(N)' 클릭

4. 분석 창 ④

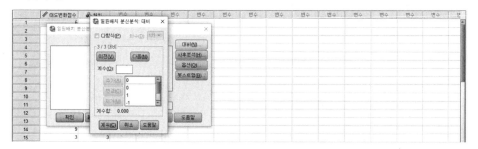

'계수(Q)' 상자에 직교계수 입력

1 1 1 -1 -1 -1

1 1 0 0 -1 -1

0 0 1 -1 0 0

'계속(C)' 클릭

5. 분석 창 ⑤

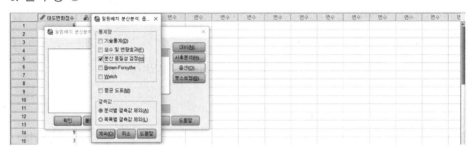

'분산 동질성 검정(H)' 클릭, '계속(C)' 클릭, '확인' 클릭

6. 결과물

분산의 동질성 검정

태도변화점수

Levene 통계량	자유도1	자유도2	유의확률
1.370	5	24	.270

ANOVA

태도변화점수

	제곱합	자유도	평균제곱	F	유의확률
집단-간	256.267	5	51.253	3.973	.009
집단-내	309.600	24	12.900		
전체	565.867	29			

대비 계수

대비	처치					
	1	2	3	4	5	6
1	1	1	1	-1	-1	-1
2	1	1	0	0	-1	-1
3	0	0	1	-1	0	0

대비검정

		대비	대비 값	표준오차	t	자유도	유의확률 (양측)
태도변화점수	등분산 가정	1	16.00	3.934	4.067	24	.000
		2	8.20	3.212	2.553	24	.017
		3	7.80	2.272	3.434	24	.002
	등분산을 가정하지 않습니다.	1	16.00	3.934	4.067	20.142	.001
		2	8.20	3.311	2.477	13.203	.028
		3	7.80	2.126	3.669	7.300	.007

Levene의 검정 결과 등분산을 가정할 수 있으며, 직교비교 검정값(t값)은 본문에서 계산한 값과 일치한다.

12.1 다음은 7개의 집단의 평균을 비교하려고 하는 사전비교의 가중치이다.
직교비교를 만족하는 나머지 세 비교의 가중치를 결정하라.

Ψ	C_1	C_2	C_3	C_4	C_5	C_6	C_r
Ψ_1	4	4	4	−3	−3	−3	−3
Ψ_2	1	1	−2	0	0	0	0
Ψ_3	0	0	0	1	1	1	−3
Ψ_4							
Ψ_5							
Ψ_6							

12.2 표본의 크기가 각각 10인 다섯 개 집단의 평균이 다음과 같다.

$$\overline{Y}_{.1} \quad \overline{Y}_{.2} \quad \overline{Y}_{.3} \quad \overline{Y}_{.4} \quad \overline{Y}_{.5}$$

86   95   92   80   104

$MS_W = 40$이라고 하고 다음과 같은 일련의 계획비교에 대하여 유의도를 검정(F검정)하라.

C_1	C_2	C_3	C_4	C_5
1	−1	0	0	0
0	0	0	1	−1
−1	−1	0	1	1
1	1	−4	1	1

12.3 (1) 연습문제 12.2에 대하여 전체적 F검정을 실시하라(최대평균 대 최소평균간 q검정 적용)

(2) 가능한 모든 평균의 짝에 대하여 Scheffé 방법에 의하여 사후검정을 하라.

12.4 다음의 자료에 대하여 다음의 세 가설을 동시에 검정하라.

집단 1   10, 9, 5

집단 2   11, 16, 9

집단 3   13, 8, 9

집단 4   18, 23, 25

H_{01} : $\mu_1 + \mu_4 = \mu_2 + \mu_3$

H_{02} : $\mu_1 = \mu_4$

H_{03} : $\mu_2 = \mu_3$

12.5 연습문제 12.4의 자료에 대하여 Bonferroni t 검정 방법으로 다음의 세 가설을 동시에 검정하라.

H_{01} : $\mu_1 + \mu_4 = \mu_2 + \mu_3$

H_{02} : $\mu_1 + \mu_2 = \mu_3 + \mu_4$

H_{03} : $\mu_2 = \mu_3$

12.6 다음 분산분석표를 완성하라.

SV	df	SS	MS	F
집단간	4	478		
Ψ_1	1	203		
Ψ_2	1	25		
rem.	2	250		
집단내	45	715.5		

12.7 다음 자료에 대하여 분산분석을 하고 Tukey HSD를 이용하여 모든 평균의 짝에 대한 사후검정을 하라.

I	II	III	IV	V	VI
20	32	70	95	83	100
19	25	65	90	75	96
18	24	59	84	75	95
11	20	55	80	71	94
10	19	50	76	62	80
10	18	47	75	62	78
7	15	40	60	50	78
6	14	38	59	48	72
5	10	31	40	40	72
5	8	27	38	39	71

12.8 (1) 연습문제 12.6의 자료에 대하여 여섯 개의 직교비교 계수를 정하라.

(2) 각 직교비교에 대한 제곱합을 계산하고 표 12.3.2와 같은 형태의 분산분석표를 작성하시오.

(3) 각 직교비교에 대응하는 영가설의 기각 여부를 결정하고 결론을 내리시오.

제13장 | 이원분산분석

한 개의 독립변수(실험처치 또는 집단효과)와 한 개의 종속변수 사이의 관계를 취급하는 일원분산분석의 논리는 두 개의 독립변수를 동시에 취급하는 이원분산분석으로 확대될 수 있다. 실험연구의 상황에서 독립변수는 연구자가 종속변수에 미치는 효과를 연구하기 위하여 조작하는 실험 처치변수일 수도 있고 연구자가 통제하려는 잡음변수(nuisance variable)가 될 수도 있다.

예를 들어 상이한 두 가지 교수방법과 세 가지 동기유형이 학업성취도에 미치는 영향을 연구하려고 한다면 여섯 가지 실험조건(2×3)의 조합이 성립한다. 이 경우에 교수방법과 동기유형은 독립변수가 된다. 각 실험조건에 10명의 연구대상을 임의로 배치한다면 전체 사례수는 2×3×10=60이 된다. 또 다른 예에서 보면, 학업성취도가 성별(남녀)과 학습과정 조건(A조건, B조건, C조건, D조건)에 따라 차이가 있는지를 조사하려고 한다면 연구대상을 남녀와 학습과정 조건별로 분류하는 이원분류표 (2×4 table)를 작성하여 자료를 정리하고 분석하게 된다.

13.1 이원분산분석의 자료 구성과 가설검정 절차

이 절에서는 이원분산분석(two−way ANOVA)의 자료 구성과 이를 활용한 가설검정 절차를 살펴보고자 한다. J개의 종렬실험처치(column treatment)와 K개의 횡렬실험처치(row treatment)로 구성되는 JK개 실험조건에 각각 N개의 표본을 임의로 배치하였다고 하면 표본자료는 표 13.1.1과 같은 구조를 갖는다. 일원분산분석의 경우는 하나의 독립변수로 J개의 종렬실험처치만 있는 경우로 볼 수 있다. 이원분산분석은 여기에 또 하나의 독립변수인 K개의 횡령실험처치가 추가된 형태로 이해될 수 있다.

〈표 13.1.1〉 이원분산분석의 일반적인 표본자료구조

종렬 횡렬	1 ················· j ················· J			횡렬합	횡렬평균
1	Y_{111} ⋮ $\left.\begin{array}{}\\\\\end{array}\right] Y_{.11}$ Y_{i11} ⋮ $\overline{Y}_{.11}$ Y_{N11}	Y_{1j1} ⋮ $\left.\begin{array}{}\\\\\end{array}\right] Y_{.j1}$ Y_{ij1} ⋮ $\overline{Y}_{.j1}$ Y_{Nj1}	Y_{1J1} ⋮ $\left.\begin{array}{}\\\\\end{array}\right] Y_{.J1}$ Y_{iJ1} ⋮ $\overline{Y}_{.J1}$ Y_{NJ1}	$Y_{..1}$	$\overline{Y}_{..1}$
⋮	⋮	⋮	⋮		
k	Y_{11k} ⋮ $\left.\begin{array}{}\\\\\end{array}\right] Y_{.1k}$ Y_{i1k} ⋮ $\overline{Y}_{.1k}$ Y_{N1k}	Y_{1jk} ⋮ $\left.\begin{array}{}\\\\\end{array}\right] Y_{.jk}$ Y_{ijk} ⋮ $\overline{Y}_{.jk}$ Y_{Njk}	Y_{1Jk} ⋮ $\left.\begin{array}{}\\\\\end{array}\right] Y_{.Jk}$ Y_{iJk} ⋮ $\overline{Y}_{.Jk}$ Y_{NJk}	$Y_{..k}$	$\overline{Y}_{..k}$
⋮	⋮	⋮	⋮		
K	Y_{11K} ⋮ $\left.\begin{array}{}\\\\\end{array}\right] Y_{.1K}$ Y_{i1K} ⋮ $\overline{Y}_{.1K}$ Y_{N1K}	Y_{1jK} ⋮ $\left.\begin{array}{}\\\\\end{array}\right] Y_{.jK}$ Y_{ijK} ⋮ $\overline{Y}_{.jK}$ Y_{NjK}	Y_{1JK} ⋮ $\left.\begin{array}{}\\\\\end{array}\right] Y_{.JK}$ Y_{iJK} ⋮ $\overline{Y}_{.JK}$ Y_{NJK}	$Y_{..K}$	$\overline{Y}_{..K}$
종렬합	$Y_{.1.}$	$Y_{.j.}$	$Y_{.J.}$	$Y_{...}$ (전체합)	
종렬평균	$\overline{Y}_{.1.}$	$\overline{Y}_{.j.}$	$\overline{Y}_{.J.}$	$\overline{Y}_{...}$ (전체평균)	

$i = 1, 2, \cdots\cdots, N$: 각 조합(cell)내의 표본
$j = 1, 2, \cdots\cdots, J$: 종렬의 분류
$k = 1, 2, \cdots\cdots, K$: 횡렬의 분류

   $Y_{ijk} = jk$조합의 i번째 대상의 측정값

$$Y_{.jk} = Y_{1jk} + Y_{2jk} + \cdots\cdots + Y_{Njk} = \sum_i Y_{ijk} : jk\text{조합의 측정값 합}$$

$$\overline{Y}_{.jk} = \frac{Y_{ijk}}{N} = \frac{\sum_i Y_{ijk}}{N} : jk\text{조합의 측정값 평균}$$

$$Y_{.j.} = \sum_k \sum_i Y_{ijk} : j\text{종렬의 측정값 합}$$

$$\overline{Y}_{.j.} = \frac{\sum_k \sum_i Y_{ijk}}{KN} : j\text{종렬의 측정값 평균}$$

$$Y_{..k} = \sum_j \sum_i Y_{ijk} : k\text{횡렬의 측정값 합}$$

$$\overline{Y}_{..k} = \frac{\sum_j \sum_i Y_{ijk}}{JN} : k\text{횡렬의 측정값 평균}$$

$$Y_{...} = \sum_k \sum_j \sum_i Y_{ijk} : \text{전체 측정값 합}$$

$$\overline{Y}_{...} = \frac{\sum_k \sum_j \sum_i Y_{ijk}}{JKN} : \text{전체 측정값 평균}$$

이 표본자료를 활용한 이원분산분석의 7단계 가설검정절차는 다음과 같다.

1) 표 13.1.1의 표본자료에 대응하는 모집단의 자료구조가 표 13.1.2와 같을 때 이원분산분석에서 검정하려고 하는 영가설은 다음과 같다.

   ① $H_0 : \mu_{1.} = \mu_{2.} = \cdots\cdots = \mu_{J.}$

   ② $H_0 : \mu_{.1} = \mu_{.2} = \cdots\cdots = \mu_{.K}$

   ③ $H_0 :$ 종렬과 횡렬효과의 상호작용효과는 0이다.

표 13.1.2에서 각 jk조합의 모집단의 크기는 N'로 표기하고 $N' \gg N$으로 전체 모집단의 크기는 JKN'이다. 즉, 표본자료는 전체모집단 JKN'에서 JKN만큼을 임의로 선택하여 JK개의 실험조건에 각각 N개의 표본을 임의로 배치하였다고 가정한다.

〈표 13.1.2〉 이원분산분석의 모집단 자료구조

횡렬 \ 종렬	1 ··························	j ··························	J	횡렬모평균
1	$\left. \begin{matrix} Y_{111} \\ \vdots \\ Y_{i11} \\ \vdots \\ Y_{N'11} \end{matrix} \right\rbrace \mu_{11}$ ······	$\left. \begin{matrix} Y_{1j1} \\ \vdots \\ Y_{ij1} \\ \vdots \\ Y_{N'j1} \end{matrix} \right\rbrace \mu_{j1}$ ······	$\left. \begin{matrix} Y_{1J1} \\ \vdots \\ Y_{iJ1} \\ \vdots \\ Y_{N'J1} \end{matrix} \right\rbrace \mu_{J1}$	$\mu_{.1}$
⋮	⋮	⋮	⋮	
k	$\left. \begin{matrix} Y_{11k} \\ \vdots \\ Y_{i1k} \\ \vdots \\ Y_{N'1k} \end{matrix} \right\rbrace \mu_{1k}$ ······	$\left. \begin{matrix} Y_{1jk} \\ \vdots \\ Y_{ijk} \\ \vdots \\ Y_{N'jk} \end{matrix} \right\rbrace \mu_{jk}$ ······	$\left. \begin{matrix} Y_{1Jk} \\ \vdots \\ Y_{iJk} \\ \vdots \\ Y_{N'Jk} \end{matrix} \right\rbrace \mu_{Jk}$	$\mu_{.k}$
⋮	⋮	⋮	⋮	
K	$\left. \begin{matrix} Y_{11K} \\ \vdots \\ Y_{i1K} \\ \vdots \\ Y_{N'1K} \end{matrix} \right\rbrace \mu_{1K}$ ······	$\left. \begin{matrix} Y_{1jK} \\ \vdots \\ Y_{ijK} \\ \vdots \\ Y_{N'jK} \end{matrix} \right\rbrace \mu_{Jk}$ ······	$\left. \begin{matrix} Y_{1JK} \\ \vdots \\ Y_{iJK} \\ \vdots \\ Y_{N'JK} \end{matrix} \right\rbrace \mu_{JK}$	$\mu_{.K}$
종렬모평균	$\mu_{1.}$	$\mu_{j.}$	$\mu_{J.}$ $\quad \mu_{..} = \mu$(전체모평균)	

2) 유의수준: $\alpha = .05$

3) 검정통계량

① $H_0 : \mu_{1.} = \mu_{2.} = \cdots\cdots = \mu_{J.}$의 검정통계량

$$F_A = \frac{MS_A}{MS_{S(AB)}} = \frac{SS_A / df_A}{SS_{S(AB)} / df_{S(AB)}}$$

MS_A: 종렬 간(A수준 간) 평균제곱

$MS_{S(AB)}$: 조합 내(오차) 평균제곱

SS_A: 종렬 간 제곱합

$SS_{S(AB)}$: 조합 내 제곱합

df_A: 종렬 간 제곱합의 자유도$(J-1)$

$df_{S(AB)}$: 조합 내 제곱합의 자유도$[JK(N-1)]$

② $H_0 : \mu_{.1} = \mu_{.2} = \cdots\cdots = \mu_{.K}$의 검정통계량

$$F_B = \frac{MS_B}{MS_{S(AB)}} = \frac{SS_B / df_B}{SS_{S(AB)} / df_{S(AB)}}$$

MS_B: 횡렬 간(B수준 간) 평균제곱

SS_B: 횡렬 간 제곱합

df_B: 횡렬 간 제곱합의 자유도$(K-1)$

③ H_0 : '상호작용은 없다'의 검정통계량

$$F_{AB} = \frac{MS_{AB}}{MS_{S(AB)}} = \frac{SS_{AB} / df_{AB}}{SS_{S(AB)} / df_{S(AB)}}$$

MS_{AB}: 상호작용의 평균제곱

SS_{AB}: 상호작용의 제곱합

df_{AB}: 상호작용 제곱합의 자유도$[(J-1)(K-1)]$

4) H_0가 각각 참이라고 하면 대응하는 F검정통계량의 임의표집분포는 각각 다음과 같다.

$$F_A \sim F[(J-1), JK(N-1)]$$
$$F_B \sim F[(K-1), JK(N-1)]$$
$$F_{AB} \sim F[(J-1)(K-1), JK(N-1)]$$

5) H_0의 기각영역은 각각 다음과 같다.

$$F_A > F_{.95}[(J-1), JK(N-1)]$$
$$F_B > F_{.95}[(K-1), JK(N-1)]$$
$$F_{AB} > F_{.95}[(J-1)(K-1), JK(N-1)]$$

6) 분산분석표의 작성

〈표 13.1.3〉 이원분산분석표

분산원(SV)	자유도(df)	제곱합(SS)	평균제곱(MS)	F
종렬간(A)	$J-1$	SS_A	MS_A	$MS_A/MS_{S(AB)}$
횡렬간(B)	$K-1$	SS_B	MS_B	$MS_B/MS_{S(AB)}$
상호작용(AB)	$(J-1)(K-1)$	SS_{AB}	MS_{AB}	$MS_{AB}/MS_{S(AB)}$
조합내 또는 오차[$S(AB)$]	$JK(N-1)$	$SS_{S(AB)}$	$MS_{S(AB)}$	
전　체(T)	$JKN-1$	SS_T		

이 표를 완성하는데 SS만 구하면 나머지 값들의 계산은 용이하다. SS는 표 13.1.1의 표본자료로부터 계산이 가능하며 다음 관계가 성립한다.

$$SS_T = SS_A + SS_B + SS_{AB} + SS_{S(AB)} \qquad (13.1.1)$$

7) 의사결정

$F_A > F_{.95}[(J-1), JK(N-1)]$이면,

$H_0 : \mu_{1.} = \mu_{2.} = \cdots\cdots = \mu_{J.}$를 기각한다.

$F_B > F_{.95}[(K-1), JK(N-1)]$이면,

$H_0 : \mu_{.1} = \mu_{.2} = \cdots\cdots = \mu_{.K}$를 기각한다.

$F_{AB} > F_{.95}[(J-1)(K-1), JK(N-1)]$이면,

$H_0 :$ '종렬과 횡렬효과 사이에 상호작용이 없다'를 기각한다.

13.2 이원분산분석 가설검정 예시

이원분산분석을 적용한 가설검정절차를 설명하기 위해 11장의 일원분산분석을

설명하며 제시한 보기 11.4.1에서 출발해 보자. 이 실험연구의 목적은 서로 다른 다섯 가지 학습방법[① 문자의 수, ② 리듬, ③ 형용사, ④ 이미지, ⑤ 의미]의 효과를 분석하는 것이다. 성인 10명을 각각 학습방법 집단에 배정한 후 세 차례에 걸쳐 학습을 시행하고, 27개의 단어 중 기억하는 단어를 적게 해서 종속변수로 사용하였다.

　　이제 다섯 가지 학습방법 변인(종렬실험처치)에 두 가지 연령대 변인(횡렬실험처치)를 포함하는 이원분산분석이 적용되는 실험설계를 고려해 보자. 앞의 학습방법 변인에서 5가지 처치로 구분하고, 이와 함께 50명의 피험자는 연령이 55세와 65세

〈표 13.2.1〉 학습방법과 연령에 따라 기억된 단어의 수에 관한 이원분산분석 자료

자료						
	학습방법(J)					
	문자의 수	리듬	형용사	이미지	의미	총합
어르신 (k_1)	9	7	11	12	10	
	8	9	13	11	19	
	6	6	8	16	14	
	8	6	6	11	5	
	10	6	14	9	10	
	4	11	11	23	11	
	6	6	13	12	14	
	5	3	13	10	15	
	7	8	10	19	11	
	7	7	11	11	11	
	70	69	110	134	120	503
청년 (k_2)	8	10	14	20	21	
	6	7	11	16	19	
	4	8	18	16	17	
	6	10	14	15	15	
	7	4	13	18	22	
	6	7	22	16	16	
	5	10	17	20	22	
	7	6	16	22	22	
	9	7	12	14	18	
	7	7	11	19	21	
	65	76	148	176	193	658
총합	135	145	258	310	313	1161

사이로 어르신 집단으로 구분하고, 또 다른 50명의 피험자는 18세에서 30세까지의 연령 집단으로 청년 집단으로 구분한다. 즉, 연령에 따른 2개 집단 구분을 사용하여, 학습방법 변인과 연령 변인을 동시에 고려하는 실험설계로 실제 수집된 자료는 표 13.2.1과 같다.

11장에서 일원분산분석을 설명하며, 일원분산분석의 가설검정절차는 결국 분산분석표를 작성하는 것으로 완성된다는 것을 보였다. 마찬가지로 이원분산분석의 가설검정절차도 이원분산분석을 위한 분산분석표를 작성하는 것으로 완성될 수 있다. 분산분석표를 완성하는 것은 제곱 합(sum of square: SS)를 구하면 나머지 통계량은 그 계산이 간단하다. 표 13.2.1의 표본자료를 활용한 제곱 합의 계산은 다음과 같이 이루어질 수 있다.

$$\sum_k \sum_j \sum_i Y_{ijk}^2 = 16,147$$

$$\frac{Y_{...}^2}{JKN} = \frac{1161^2}{100} = 13,479.21$$

$$SS_T = \sum_k \sum_j \sum_i Y_{ijk}^2 - \frac{Y_{...}^2}{JKN} = 16,147 - 13,479.21 = 2667.79$$

$$SS_A = \frac{\sum_j Y_{.j.}^2}{KN} - \frac{Y_{...}^2}{JKN} = \frac{135^2 + 145^2 + 258^2 + 310^2 + 313^2}{20} - \frac{1161^2}{100}$$
$$= 14,994.15 - 13,479.21 = 1514.94$$

$$SS_B = \frac{\sum_k Y_{..k}^2}{JN} - \frac{Y_{...}^2}{JKN} = \frac{503^2 + 658^2}{50} - \frac{1161^2}{100}$$
$$= 13,719.46 - 13,479.21 = 240.25$$

$$SS_{cell} = \frac{\sum_k \sum_j Y_{.jk}^2}{N} - \frac{Y_{...}^2}{JKN}$$
$$= \frac{70^2 + 69^2 + 110^2 + 134^2 + 120^2 + 65^2 + 76^2 + 148^2 + 176^2 + 193^2}{10}$$
$$- \frac{1161^2}{100} = 15,424.70 - 13,479.21 = 1,945.49$$

$$SS_{AB} = SS_{cell} - SS_A - SS_B$$
$$= 1,945.49 - 1,514.94 - 240.25 = 190.30$$
$$SS_{S(AB)} = SS_T - SS_{cell} = 2,667.79 - 1,945.49 = 722.30$$

이원분산분석에서도 일원분산분석에서의 제곱합 계산법이 동일하게 적용된다. SS_T의 계산은 일원분산분석에서와 그 계산방법이 동일하며, 독립변수가 두 개 이상인 다원분산분석에서도 모두 동일하다. 즉 모든 값을 제곱하여 더한 후 $Y^2_{..}/N$을 빼 주면 된다.

학습방법을 고려하지 않으면 청년 50명과 어르신 50명 두 집단만 있으므로 SS_B(연령요인)의 제곱합은 일원분산분석에서 집단간 제곱합($SS_{Between}$)과 동일하게 계산하면 된다. 마찬가지로 연령집단을 무시하고 각 학습방법에 20명씩의 피험자가 배치되었다고 생각하고 일원분산분석에서 집단간 제곱합을 구하듯이 학습방법 변인의 제곱합을 구하면 된다. 일원분산분석에서와 다른 점은 연령과 학습방법의 상호작용에 대한 제곱합을 구하는 방법이다. 먼저 SS_{cell}을 구한다. 연령(어르신과 청년 두 집단)과 학습방법(다섯 집단)이 서로 교차하는 조합의 수는 열 개가 있다. 열 개의 조합을 마치 열 개의 집단으로 생각하며 SS를 구하면 SS_{cell}이 된다. SS_{cell}을 구한 후 SS_{cell}에서 SS_A(학습방법)와 SS_B(연령)를 빼 주면 두 독립변수(학습과정, 연령)간 상호작용의 제곱합이 된다.

집단 내 제곱합($SS_{S(AB)}$)은 일원분산분석에서와 마찬가지로 각 조합의 제곱합을 구하여 열 개 조합의 제곱합을 모두 더해주면 된다. 조합 11은 '어르신' 중 '문자의 수'에 속한 조합이며, 조합 21은 '어르신' 중 '리듬'에 속한 집단이고 조합 52는 청년 중 의미학습을 한 집단이다. $SS_{S(AB)}$를 쉽게 계산하는 방법이 있는데 SS_T에서 $SS_{cell}(= SS_A + SS_B + SS_{cell})$을 빼 주는 것이다.

표 13.1.1의 자료를 7단계 가설검정 절차를 이용하여 이원분산분석을 시행하는 과정은 다음과 같다.

1) 영가설

$$H_0 : \mu_{1.} = \mu_{2.} = \mu_{3.} = \mu_{4.} = \mu_{5.}$$

$$H_0 : \mu_{.1} = \mu_{.2}$$

H_0 : 학습과정과 연령 간 상호작용은 없다.

2) 유의수준: $\alpha = .05$

3) 검정통계량

$$F_A = \frac{MS_A}{MS_{S(AB)}}, \ F_B = \frac{MS_B}{MS_{S(AB)}}, \ F_{AB} = \frac{MS_{AB}}{MS_{S(AB)}}$$

4) H_0가 각각 참이라고 하면 검정통계량의 임의표집분포는 다음과 같다.

$$F_A \sim F[(J-1) = 4, \ JK(N-1) = 90]$$

$$F_B \sim F[(K-1) = 1, \ JK(N-1) = 90]$$

$$F_{AB} \sim F[(J-1)(K-1) = 4, \ JK(N-1) = 90]$$

5) H_0의 기각영역

$$F_A > F_{.95}(4, 90) \fallingdotseq F_{.95}(4, 60) = 2.53$$

$$F_B > F_{.95}(1, 90) \fallingdotseq F_{.95}(1, 60) = 4.00$$

$$F_{AB} > F_{.95}(4, 90) \fallingdotseq F_{.95}(4, 60) = 2.53$$

분모의 자유도 90에 대한 임계값은 부록의 표에 나와 있지 않으므로 분모의 자유도 60과 120에 대한 임계값 중 더 기각하기 어려운 큰 값인(보수적인) 자유도 60에 대한 임계값을 여기에서 제시하였다.

6) 분산분석표의 작성

앞에서 계산된 제곱합을 이용하여 이원분산분석표를 작성하면 다음과 같다.

〈표 13.2.1〉 학습과정과 연령대에 따른 기억된 단어 수의 이원분산분석표

SV	df	SS	MS	F
A(학습과정)	4	1514.94	378.735	47.19*
B(연령대)	1	240.25	240.250	29.94*
AB(상호작용)	4	190.30	47.575	5.93*
S(AB)	90	722.30	8.026	
T	99	2667.79		

* $p < .05$

7) 결론

$H_0 : \mu_{1.} = \mu_{2.} = \mu_{3.} = \mu_{4.} = \mu_{5.}$ 는 .05 수준에서 기각된다. 따라서 학습방법은 인간이 기억하는 단어의 수에 영향을 미친다는 결론을 내리게 된다.

$H_0 : \mu_{.1} = \mu_{.2}$ 역시 .05 수준에서 기각된다. 연령대는 기억하는 단어의 수에 영향을 미친다는 결론을 내리게 된다.

H_0: "연령대와 학습방법간 상호작용은 없다"는 .05 수준에서 역시 기각된다. 기억해 내는 단어의 수에 학습방법과 연령대의 상호작용이 존재한다는 결론을 내릴 수 있다.

분산분석표를 참고해 보면 연령집단 주효과, 학습방법 주효과와 연령과 학습방법 간 상호작용에서 모두 통계적으로 유의한 차이가 있다는 것을 알 수 있다. 연령집단 주효과에 유의한 차가 있다는 의미는 청년집단과 어르신집단 간에는 기억해 내는 단어의 수에 의미 있는 차이가 있다는 것이다. 즉, 청년 피험자가 기억해 낸 단어의 수가 어르신 피험자가 기억해 낸 수보다 통계적으로 유의하게 더 많다는 의미이다. 학습방법에 따라 집단이 기억하는 단어의 수가 다른 것으로 나타났으며 그 차이도 유의한 것으로 나타났다.

상호작용이 유의하다는 의미는 한 독립변수의 효과가 다른 독립변수의 수준에 따라 달라진다는 의미이다. 예를 들면, '문자의 수'나 '리듬' 학습방법과 같이 단순과업을 요구하는 조건에서는 어르신집단과 청년집단 간 차이가 적은 반면, '이미지'나 '의미학습'과 같은 복잡한 과업을 요구하는 조건에서는 두 연령집단 간 차이가 큰 것으로 나타났다. 또 다른 관점에서 보면 어르신집단에서는 그 합이 최소 70, 최대

120으로 다섯 학습방법 간 차이는 50에 불과하지만, 청년집단에서는 최소 135, 최대 313으로 그 차이가 178이나 되어 다섯 개의 학습방법 간 차이는 청년집단이 어르신 집단보다 훨씬 더 큰 것으로 나타났다.

SPSS 실습 13.2.1은 표 13.1.1 자료를 가지고 이원분산분석을 시행한 SPSS 시행 절차와 결과물이다.

SPSS 실습 13.2.1 이원분산분석(표 13.2.1 자료)

종속변수: 기억된 단어수, 독립변수: 학습방법(문자의수=1, 리듬=2, 형용사=3, 이미지=4, 의미=5), 연령(어르신=1, 청년=2)

1. 분석 창 ①

'분석(A)' → '일반선형모형(G)' → '일변량(U)' 클릭

2. 분석 창 ②

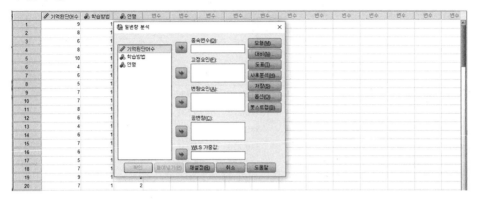

'기억된단어수' → '종속변수(D)' 상자로, '학습방법'과 '연령' → '고정요인(F)' 상자로 옮김

3. 분석 창 ③

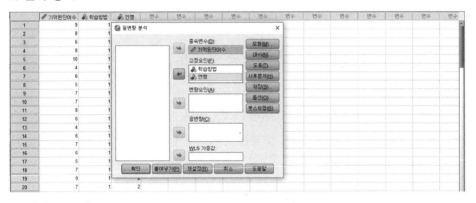

'확인' 클릭

4. 결과물

개체-간 효과 검정

종속변수: 기억된단어수

소스	제 III 유형 제 곱합	자유도	평균제곱	F	유의확률
수정된 모형	1945.490ª	9	216.166	26.935	.000
절편	13479.210	1	13479.210	1679.536	.000
학습방법	1514.940	4	378.735	47.191	.000
연령	240.250	1	240.250	29.936	.000
학습방법 * 연령	190.300	4	47.575	5.928	.000
오차	722.300	90	8.026		
전체	16147.000	100			
수정된 합계	2667.790	99			

a. R 제곱 = .729 (수정된 R 제곱 = .702)

※ 결과물의 분산분석표와 본문에서 산출한 분산분석표는 일치한다.

13.3 이원분산분석의 수리 모형과 제곱합의 분할

이원분산분석에서는 두 개의 독립변수(A, B)와 두 독립변수 간 상호작용이 존재한다. 주효과 A, B와 상호작용 효과는 수리모형에서 각각 α, β, $\alpha\beta$로 표기되며, 그 수리모형은 다음과 같다.

$$Y_{ijk} = \mu + \alpha_j + \beta_k + \alpha\beta_{jk} + e_{ijk} \tag{13.3.1}$$

$Y_{ijk} = jk$ 조합의 i번째 피험자의 관찰치

$\mu =$ 전체 모평균

$\alpha_j =$ 요인 A의 효과 $\alpha_j = \mu_{j.} - \mu$

$\beta_k =$ 요인 B의 효과 $\beta_k = \mu_{.k} - \mu$

$\alpha\beta_{jk} =$ 요인 A_j와 요인 B_k의 상호작용효과

$\qquad = \mu_{jk} - \mu_{j.} - \mu_{.k} + \mu$

$$e_{ijk} = \text{관찰값 } Y_{ijk}\text{와 관련된 오차}$$
$$= Y_{ijk} - \mu_{jk}$$
$$= Y_{ijk} - \alpha_j - \beta_k - \alpha\beta_{jk} - \mu$$

식 13.3.1에 대하여 다음 등식이 성립한다.

$$\sum \alpha_j = 0$$
$$\sum \beta_k = 0 \qquad\qquad\qquad (13.3.2)$$
$$\sum_j \alpha\beta_{jk} = 0$$
$$\sum_k \alpha\beta_{jk} = 0$$

이원분산분석에서 jk조합 내의 i번째 측정값 Y_{ijk}는 전체 모평균 μ, 종렬효과 α_j, 횡렬효과 β_k, 상호작용효과 $\alpha\beta_{jk}$, 관계된 오차 e_{ijk}의 합이라고 가정한다. 상호작용효과 $\alpha\beta_{jk}$는 jk조합 모평균에서 j 종렬모평균 $\mu_{j.}$과 k 횡렬모평균 $\mu_{.k}$를 빼고 전체 모평균 μ를 더한 것과 같다. 오차효과 e_{ijk}는 jk 조합 내 i번째 측정값 Y_{ijk}에서 jk 조합 모평균 μ_{jk}를 뺀 값이다. 또한 이 값은 측정값으로부터 처치효과, 상호작용효과, 전체 모평균을 뺀 나머지 부분이다.

종렬효과가 존재하지 않는다고 하면 A 처치효과 즉 종렬효과 α_j가 모두 0이어야 한다. 즉 모든 j에 대하여 다음 식을 만족하여야 한다.

$$\alpha_j = 0 \qquad\qquad\qquad (13.3.3)$$

이 식은 A처치 모평균(종렬모평균)이 동일하다($H_0 : \mu_{1.} = \mu_{2.} = \cdots\cdots = \mu_{J.}$)는 영가설과 동일한 의미를 갖는다.

마찬가지로 횡렬효과가 존재하지 않는다고 하면 B처치효과 즉 횡렬효과 β_k가 모두 0이어야 한다. 따라서 모든 k에 대하여 다음 식을 만족하여야 한다.

$$\beta_k = 0 \qquad\qquad\qquad (13.3.4)$$

이 식은 B처치 모평균(횡렬모평균)이 동일하다($H_0 : \mu_{.1} = \mu_{.2} = \cdots\cdots = \mu_{.K}$)는 영가설과 동일한 의미를 가진다.

상호작용효과가 존재하지 않는다는 영가설은 식으로 다음과 같이 표현된다.

$$\alpha\beta_{jk} = 0 \tag{13.3.5}$$

이 식은 모든 j와 k에 대하여 성립하여야 하므로 다음과 같은 의미를 갖는다.

$$\alpha\beta_{11} = \alpha\beta_{12} = \cdots\cdots = \alpha\beta_{jk} = \cdots\cdots \alpha\beta_{JK} = 0 \tag{13.3.6}$$

이원분산분석의 수리 모형인 식 13.3.1을 변형하면, 다음과 같은 편차점수의 합으로 수리 모형을 표현할 수 있다.

$$Y_{ijk} - \mu = (\mu_{j.} - \mu) + (\mu_{.k} - \mu) + (\mu_{jk} - \mu_{j.} - \mu_{.k} + \mu) + (Y_{ijk} - \mu_{jk}) \tag{13.3.7}$$

이 식을 표본자료의 불편추정량으로 나타내면 다음과 같다.

$$Y_{ijk} - \overline{Y}_{...} = (\overline{Y}_{.j.} - \overline{Y}_{...}) + (\overline{Y}_{..k} - \overline{Y}_{...}) + (\overline{Y}_{.jk} - \overline{Y}_{.j.} - \overline{Y}_{..k} + \overline{Y}_{...}) + (Y_{ijk} - \overline{Y}_{.jk}) \tag{13.3.8}$$

양변을 제곱하고 모든 조합 jk 내에 있는 모든 측정값 i에 대하여 합을 취하면,

$$\sum_k \sum_j \sum_i (Y_{ijk} - \overline{Y}_{...})^2 = KN\sum_j (\overline{Y}_{.j.} - \overline{Y}_{...})^2 + JN\sum_k (\overline{Y}_{..k} - \overline{Y}_{...})^2$$
$$+ N\sum_k \sum_j (\overline{Y}_{.jk} - \overline{Y}_{.j.} - \overline{Y}_{..k} + \overline{Y}_{...})^2$$
$$+ \sum_k \sum_j \sum_i (Y_{ijk} - \overline{Y}_{.jk})^2 \tag{13.3.9}$$

여기에서 괄호의 제곱을 풀고 정리하면 제곱합의 계산 공식이 다음과 같이 유도된다.

$$SS_A = KN\sum_j (\overline{Y}_{.j.} - \overline{Y}...)^2 = \frac{\sum_j Y_{.j.}^2}{KN} - \frac{Y...^2}{JKN}$$

$$SS_B = JN\sum_k (\overline{Y}_{..k} - \overline{Y}...)^2 = \frac{\sum_k Y_{..k}^2}{JN} - \frac{Y...^2}{JKN}$$

$$SS_{AB} = N\sum_k \sum_j (\overline{Y}_{.jk} - \overline{Y}_{.j.} - \overline{Y}_{..k} + \overline{Y}...)^2$$

$$= \frac{\sum_k \sum_j Y_{.jk}^2}{N} - \frac{\sum_j Y_{.j.}^2}{KN} - \frac{\sum_k Y_{..k}^2}{JN} + \frac{Y...^2}{JKN}$$

$$SS_{S(AB)} = \sum_k \sum_j \sum_i (Y_{ijk} - \overline{Y}_{.jk})^2$$

$$= \sum_k \sum_j \sum_i Y_{ijk}^2 - \frac{\sum_k \sum_j Y_{.jk}^2}{N}$$

$$SS_T = \sum_k \sum_j \sum_i (Y_{ijk} - \overline{Y}...)^2$$

$$= \sum_k \sum_j \sum_i Y_{ijk}^2 - \frac{Y...^2}{JKN}$$

그러므로

$$SS_T = SS_A + SS_B + SS_{AB} + SS_{S(AB)}$$

결국, 전체 제곱합은 각각의 주효과과 상호작용효과 그리고 집단 내 효과의 제곱합으로 분할됨을 알 수 있다.

13.4 이원분산분석에서의 상호작용효과

이원분산분석의 장점은 독립변수 간 상호작용을 관찰할 수 있다는 것이다. 그림

[그림 13.4.1] 표 13.1.1 자료의 평균값을 이용한 상호작용 도표

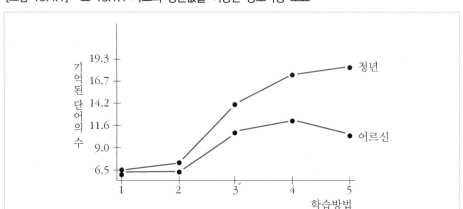

13.4.1은 표 13.2.1의 평균값을 이용하여 그린 도표이다. 두 꺾은선 그래프는 두 연령집단을 나타내며 X축은 다섯 개의 학습방법을 나타내고, Y축은 종속변수인 피험자들이 기억해 낸 단어 수의 평균이다.

　　그림 13.4.1을 참고하여 보면 다섯 개의 학습방법에 따라 어르신집단보다 청년집단의 피험자들이 기억해 낸 단어의 수가 더 많다는 것을 알 수 있다. 두 연령 집단을 나타내는 두 선이 평행하지 않으므로 상호작용이 존재한다고 할 수 있다. 다섯 개의 학습방법 각각에 대하여 두 연령 집단의 차이가 동일하다면 두 연령 집단을 나타내는 두 선은 평행하게 될 것이며, 상호작용(연령과 학습방법)은 존재하지 않게 되고, 청년집단의 선이 어르신집단의 선보다 위에 있게 되므로 연령 집단간의 유의한 차는 연령의 주효과가 유의한 결과로 나타나며, 학습방법간 유의한 차이는 학습방법의 주효과가 유의한 차이 있음으로 나타나게 되어 일원분산분석과 마찬가지로 해석하면 된다.

　　이원분산분석에서 각 조합의 평균값을 이용하여 상호작용 도표를 그려보면 상호작용의 존재 여부를 이해하는데 도움이 된다. 가상적인 상황에 따라 그림 13.4.2에 제시된 여러 개의 도표를 참고해 보자.

　　그림 13.4.2(a)의 세 도표는 상호작용이 존재하지 않는 것을 보여주는 도표이다. 세 도표 모두 B_1과 B_2의 직선이 서로 평행하다. 이 상호작용 도표를 참고해보면

[그림 13.4.2] 이원분산분석에서 상호작용 여부를 나타내주는 도표의 예

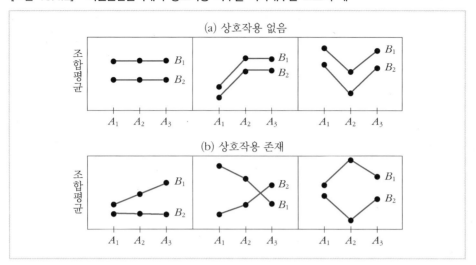

B_1과 B_2의 차이가 A_1, A_2, A_3 각각에서 모두 동일하다는 것을 알 수 있다. 각 A 수준에서 B_1과 B_2의 차이가 동일하므로 B_1과 B_2가 평행하게 된다. 그림 13.4.2(b)의 세 도표는 B_1과 B_2가 서로 평행하지 않다. 그림 13.4.2(b)의 왼쪽 도표의 B_2는 X축에 평행하지만 B_1은 A 수준이 증가함에 따라 조합의 평균값도 증가하는 직선이다. 중간에 있는 도표는 서로 교차하며, 오른쪽 도표는 교차하지는 않으나, 서로 반대쪽으로 움직이는 것을 볼 수 있다. 세 경우 모두 A의 각 수준에서 B의 차이가 동일하지 않으므로 B_1과 B_2가 평행하지 않고 상호작용이 존재한다고 할 수 있다.

대부분의 연구자들은 상호작용이 유의하다는(상호작용이 존재한다) 결과를 발견하면, 주효과의 해석은 할 필요가 없다고 주장한다. 그러나 상호작용효과가 유의하다고 해도 주효과 분석을 해야 할 필요도 있을 수 있다. 그림 13.4.1에서 유의한 상호작용효과를 발견하였으나 청년집단과 어르신집단 모두에서 학습방법에 복잡한 과업이 부여될수록 더 많은 단어를 기억한다는 것을 알게 되었다. 청년집단에서 그 효과가 더 높다는 사실은 어르신집단에도 효과가 있다는 사실을 부인하는 것은 아니다. 여기에서는 상호작용효과가 유의하여도 학습조건의 주효과에 대한 언급을 하는

것이 필요할 수 있다. 즉, 주효과가 현저한 의미를 지니고 있다면 상호작용효과의 존재 여부에 관계없이 주효과를 해석할 수 있다. 그러나 주효과가 그다지 큰 의미가 없는 상황이면 상호작용효과만을 언급하고 주효과의 해석은 보류하여도 무방하다.

13.5 단순주효과

한 독립변수의 특정 수준에 대해서 다른 독립변수간 효과를 비교하는 것을 단순주효과(simple effect)라고 한다. 단순주효과는 다른 독립변수는 고려하지 않고 한 독립변수의 효과만을 비교하는 방법이다. 독립변수가 두 개 이상인 다원분석에서는 주효과와 단순주효과의 개념을 구분하는 것이 중요하다(Howell, 1987).

두 개 이상의 독립변수를 포함하고 있을 때, 어떤 한 요인의 각 수준에서 다른 요인의 효과를 보는 단순주효과 분석을 앞의 13.2절의 예에 적용해 보자. 즉, 청년집단에서 학습방법의 차이를 보거나, 어르신집단에서 학습방법의 차이를 보는 것과 같은 방식으로 자료를 나누는 것이다. 상호작용효과가 유의미한 결과를 얻었을 때, 자료를 분석하는데 단순주효과 분석은 중요한 기법이다. 표 13.2.1의 자료를 이용하여 단순주효과를 계산하고 그 결과를 해석해 보기로 하자. 표 13.5.1에는 각 조합(연령과 학습조건)에서 할당된 10명의 피험자 점수 총합 자료가 제시되어 있다.

이를 이용하여 자료를 연령집단으로 분할하여, 어르신집단과 청년집단 각각에 대해 학습방법의 단순주효과를 알아보기 위한 제곱합 계산과 분산분석표는 다음과 같다.

〈표 13.5.1〉 학습방법과 연령대에 따른 점수 총합법(표 13.1.1 자료 이용)

조합의 표본크기($N = 10$)	문자의 수 ($a1$)	리듬($a2$)	형용사($a3$)	이미지($a4$)	의미($a5$)	총 합
어르신($b1$)	70	69	110	134	120	503
청년($b2$)	65	76	148	176	193	658
총합	135	145	258	310	313	1161

제곱합의 계산방법

① A at b1의 제곱합

$$SS_{A \ at \ b_1} = \sum_j N(\overline{Y}_{.j1} - \overline{Y}_{..1})^2 = \frac{\sum_j Y_{.j1}^2}{N} - \frac{Y_{..1}^2}{JN}$$

$$SS_{A \ at \ b_1} = \frac{70^2 + 69^2 + 110^2 + 134^2 + 120^2}{10} - \frac{503^2}{50} = 351.52$$

② A at b2의 제곱합

$$SS_{A \ at \ b_2} = \sum_j N(\overline{Y}_{.j2} - \overline{Y}_{..2})^2 = \frac{\sum_j Y_{.j2}^2}{N} - \frac{Y_{..2}^2}{JN}$$

$$SS_A = \frac{65^2 + 76^2 + 148^2 + 176^2 + 193^2}{10} - \frac{658^2}{50} = 1353.72$$

그 외의 제곱합인 SS_B, $SS_{S(AB)}$, SS_T의 계산은 13.2절의 이원분산분석 가설 검정 예시의 결과와 동일하다. 이러한 결과로부터 다음이 성립함을 확인할 수 있다.

$$\sum_K SS_{A \ at \ b_k} = SS_A + SS_{AB}$$

단순주효과 분산분석표

앞에서 계산된 제곱합을 이용하여 분산분석표를 작성하면 다음과 같다.

SV	SS	df	MS	F
B(연령)	240.25	1	240.250	29.94
A(학습방법) at B(연령)				
A(학습방법) at b_1(어르신)	351.52	4	87.880	10.95
A(학습방법) at b_2(청년)	1,353.72	4	338.430	42.17
$S(AB)$	722.30	90	8.026	
T	2,667.79	499		

단순주효과를 검정할 때의 오차항은 $MS_{S(AB)}$가 된다. 연령대로 자료를 분할하여 어르신집단과 청년집단 각각에 대해 다섯 가지 학습방법의 단순주효과 분석에서 F값은 각각 10.95, 42.16으로 $\alpha = .05$(자유도 4, 90)에서 영가설이 기각되었다. 즉, 각 연령집단 내에서 학습방법간 유의미한 차이가 있는 것으로 나타났다.

일반적으로 상호작용효과가 유의하지 않으면 단순주효과를 검정하지 않는다. 그러나 상호작용효과가 유의하지 않은 많은 자료에서 단순주효과 분석이 필요하거나, 실험 연구에서 단순주효과를 보는 것이 주된 목적인 상황이 있을 수 있다. 단순주효과와 관련하여 강조하고 싶은 점은 연구자는 그가 수집한 자료를 주의깊게 관찰해야 한다는 것이다. 자료를 분석함에 있어 자료를 도표화(plotting) 하는 일과 그 자료가 무엇을 의미하는지 주의깊게 고려하는 작업은 매우 중요하다.

SPSS 실습 13.5.1은 각 연령 집단 내에서 학습방법의 단순주효과를 분석한 SPSS 시행 절차와 결과물이다.

 SPSS 실습 13.5.1 각 연령 집단 내에서 학습방법의 단순주효과분석(표 13.2.1 자료)

1. 분석 창 ①

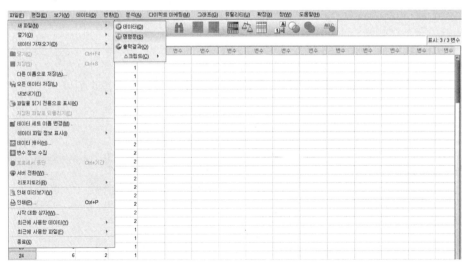

SPSS에서 연령 내의 어르신집단(연령＝1)과 청년집단(연령＝2)에 대한 학습방법의 단순주효과분석을 하기 위해서는 명령문 편집기를 사용해야 한다. 저장되어 있는 표 13.2.1 자료 파일을 열고 메뉴 바의 '파일(F)' → '새 파일(N)' → '명령문(S)' 클릭

2. 분석 창 ②

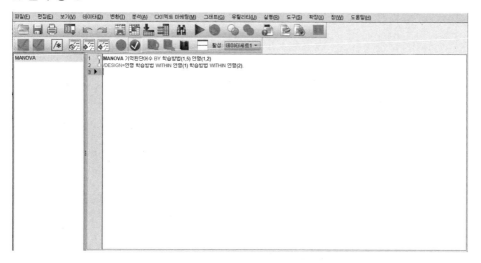

　명령문 편집기에서 위와 같이 명령문을 입력한다. '/DESIGN=' 이후에 분석하고자 하는 변산원이 정의된다. 여기서 '학습방법 WITHIN 연령(1)'은 어르신집단(연령＝1) 내의 학습 방법의 단순주효과를 의미하는 명령문이며 '학습방법 WITHIN 연령(2)'는 청년집단(연령＝2) 내의 학습 방법의 단순주효과를 의미하는 명령문이다.

3. 분석 창 ③

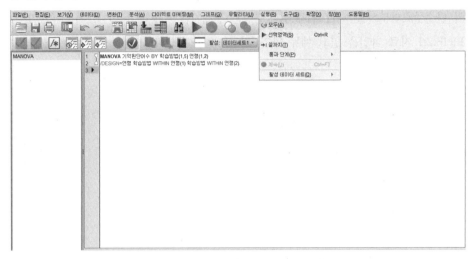

명령문 작성이 완료되면 '실행(R)' → '모두(A)'를 클릭

4. 결과물

MANOVA의 기본값 오차항이 WITHIN CELLS에서 WITHIN+RESIDUAL로 변경되었습니다. 모든 완전요인계획에서 동일합니다.

* * * * * * * * * * * * * * * * * * Analysis of Variance * * * * * * * * * * * * * * * * * *

```
    100 cases accepted.
      0 cases rejected because of out-of-range factor values.
      0 cases rejected because of missing data.
     10 non-empty cells.

      1 design will be processed.
```

- -

◆ * * * * * * * * * * * * * * * * * Analysis of Variance -- Design 1 * * * * * * * * * * * * * * * * *

Tests of Significance for 기억된단어수 using UNIQUE sums of squares

Source of Variation	SS	DF	MS	F	Sig of F
WITHIN+RESIDUAL	722.30	90	8.03		
연령	240.25	1	240.25	29.94	.000
학습방법 WITHIN 연령(1)	351.52	4	87.88	10.95	.000
학습방법 WITHIN 연령(2)	1353.72	4	338.43	42.17	.000

(Model)	1945.49	9	216.17	26.93	.000
(Total)	2667.79	99	26.95		

R-Squared = .729
Adjusted R-Squared = .702

※ 결과물의 분산분석표와 본문에서 산출한 분산분석표는 일치한다.

※ 영가설 "어르신들이 기억하는 단어 수는 5개 학습방법에 따라 차이가 없다"는 유의수준 .000($F = 10.95$)에서 기각된다. 어르신들이 기억하는 단어 수는 학습방법에 따라 차이가 있다고 결론을 내릴 수 있다.

※ 영가설 "청년들이 기억하는 단어 수는 5개 학습방법에 따라 차이가 없다"는 유의수준 .000($F = 42.17$)에서 기각된다. 청년들이 기억하는 단어 수는 학습방법에 따라 차이가 있다고 결론을 내릴 수 있다.

13.6 고정효과, 임의효과, 혼합효과모형

처치효과나 상호작용 효과에 대한 F값을 구할 때 F비의 분모는 연구자가 고려하기 원하는 모형(고정효과 모형, 임의효과 모형)에 따라 달라진다. 일원분산분석에서는 집단간 차이를 검정하는 통계량 F는 고정효과모형이나 임의효과모형에서 모두 동일하다. 이원 이상의 다원분산분석에서는 F비를 구할 때 분모가 항상 집단 내 평균제곱(MS_W)이 되지는 않는다.

처치효과가 고정되었다고 보면, 즉 J개의 처치수준을 모두 실험분석에 포함시키며 실험을 반복하여도 동일한 J개의 처치수준만 실험에 포함된다면 고정변수이며(고정효과모형), 가능한 모든 처치효과 중에서 임의로 선택하였다면 즉, J개의 처치수준은 J'개의 가능한 처치수준($J' \gg J$)에서 임의로 표집되었다고 보면 임의 변수가 된다(임의효과모형). 따라서 고정효과 모형의 실험결과는 J개의 처치수준에만 제한되는 반면, 임의효과 모형의 실험결과는 J'개의 처치수준의 모집단에 확대된다.

처치효과에 따라서는 고정모형만 적용될 수 있는 효과(집단)가 있는 반면 임의모형만 적용될 수 있는 효과가 있다. 처치수준을 남녀로 구분한다든지, 학년별(1−6학년)로 구분할 때는 남녀 외에 다른 성이 존재하지 않으며, 학년도 1−6년으로 고정되어 있으므로 고정효과모형만 적용될 수 있다.

학교와 같은 처치수준은 고정효과모형을 적용할 수도 있고 임의효과모형을 적용할 수도 있다. 예를 들어 많은 학교 중에서 다섯 개의 학교를 임의로 선택하고 어떤 문제에 있어서 학교간의 차이를 분석하여 그 결과를 모든 학교에 일반화하려고 한다면 임의효과모형을 적용하여야 한다. 그러나 해당 연구문제에 관심이 있는 5개 학교를 선택하여 연구결과를 다섯 개 학교에만 제한하려 한다면 고정효과모형을 적용하여야 한다. 한 개 요인 이상은 고정효과이고 나머지 요인은 임의효과라면 혼합효과모형 설계가 된다.

F비의 분모가 되는 오차항을 결정하기 위하여 평균제곱(Mean Square: MS)의 기대값, $E(MS)$를 알아야 한다. 여기서는 실제적으로 $E(MS)$를 유도하는 과정을 생략하고, 이원분산분석의 경우, 각 분산원에 해당하는 $E(MS)$ 결과를 활용하여 F비의 분모에 해당하는 적절한 오차항(Appropriate Error Term: AET)을 어떻게 선택하는지 논의하기로 한다. 표 13.6.1은 고정효과모형, 임의효과모형에서, 표 13.6.2는 혼합효과모형에서 각 분산원의 $E(MS)$값과 이에 상응하는 AET를 보여주고 있다.

표 13.6.1의 고정모형에서는 F비를 구할 때 $MS_{S(AB)}$가 적절한 오차항이 된다는 것을 알 수 있다. 그 이유는 각 변산원의 $E(MS)$는 오차의 $E(MS)$ 외에 분석하고자 하는 효과의 정도를 파악할 수 있는 항을 포함하고 있기 때문이다. 예를 들

〈표 13.6.1〉 고정, 임의모형에서의 $E(MS)$와 적절한 오차항(AET)

| 분 산 원 | A 고정, B 고정 | | A 임의, B 임의 | |
	E(MS)	AET	E(MS)	AET
A	$\sigma_e^2 + KN\sigma_A^2$	$MS_{S(AB)}$	$\sigma_e^2 + N\sigma_{AB}^2 + KN\sigma_A^2$	MS_{AB}
B	$\sigma_e^2 + JN\sigma_B^2$	$MS_{S(AB)}$	$\sigma_e^2 + N\sigma_{AB}^2 + JN\sigma_B^2$	MS_{AB}
AB	$\sigma_e^2 + N\sigma_{AB}^2$	$MS_{S(AB)}$	$\sigma_e^2 + N\sigma_{AB}^2$	$MS_{S(AB)}$
$S(AB)$	σ_e^2		σ_e^2	

변산원	A 임의, B 고정		A 고정, B 임의	
	E(MS)	AET	E(MS)	AET
A	$\sigma_e^2 + KN\sigma_A^2$	$MS_{S(AB)}$	$\sigma_e^2 + N\sigma_{AB}^2 + KN\sigma_A^2$	MS_{AB}
B	$\sigma_e^2 + N\sigma_{AB}^2 + JN\sigma_B^2$	MS_{AB}	$\sigma_e^2 + JN\sigma_B^2$	$MS_{S(AB)}$
AB	$\sigma_e^2 + N\sigma_{AB}^2$	$MS_{S(AB)}$	$\sigma_e^2 + N\sigma_{AB}^2$	$MS_{S(AB)}$
$S(AB)$	σ_e^2		σ_e^2	

면 주효과 A의 F비는 다음과 같이 계산된다. $\sigma_A^2 \neq 0$이라면 위의 F값은 1보다 커진다.

$$\frac{E(MS_A)}{E(MS_{S(AB)})} = \frac{\sigma_e^2 + KN\sigma_A^2}{\sigma_e^2}$$

반면, 임의모형에서 A, B 주효과를 검정할 때 $MS_{S(AB)}$는 적절한 오차항이 아니다. 예를 들어 임의모형에서 주효과 A를 검정할 때 $MS_{S(AB)}$를 분모로 사용하면,

$$\frac{E(MS_A)}{E(MS_{S(AB)})} = \frac{\sigma_e^2 + N\sigma_{AB}^2 + KN\sigma_A^2}{\sigma_e^2}$$

분자에 σ_e^2 외에 두 개의 항($N\sigma_{AB}^2$, $KN\sigma_A^2$)이 있으므로 주효과 A를 검정하는데 $MS_{S(AB)}$는 적절한 오차항이 될 수 없다. 위의 비율은 σ_A^2과 σ_{AB}^2가 0보다 크면 1보다 커지게 되어, 위의 F값이 유의하면 어느 효과 때문인지 명확하지 않다. 반면, 임의모형에서 주효과 A를 검정하는 데 상호작용 항(AB)의 $E(MS)$를 분모로 하면,

$$\frac{E(MS_A)}{E(MS_{AB})} = \frac{\sigma_e^2 + N\sigma_{AB}^2 + KN\sigma_A^2}{\sigma_e^2 + N\sigma_{AB}^2}$$

분자는 분모보다 $KN\sigma_A^2$(A 주효과에 대한) 항 한 개만 더 포함하므로 적절한 오차항이 된다. 이 경우 F값이 유의하면 주효과의 A에 대한 H_0이 기각된다는 해석이 가능해진다. 그러므로 임의모형(A임의, B임의) 주효과 A, B를 검정하는데 MS_{AB}를 분모로 사용하는 것이 적절하다. 마찬가지 논리로 임의모형에서 $MS_{S(AB)}$는 상호작용효과 AB을 검정할 때 분모가 된다.

$$\frac{E(MS_{AB})}{E(MS_{S(AB)})} = \frac{\sigma_e^2 + N\sigma_{AB}^2}{\sigma_e^2}$$

A가 임의효과이고 B는 고정효과인 혼합모형에서 주효과 A를 검정하는 적절한 오차항은 $MS_{S(AB)}$가 되며, 주효과 B를 검정하는 적절한 오차항은 MS_{AB}가 되고, AB 상호작용효과를 검정하는 적절한 오차항은 $MS_{S(AB)}$가 된다. 혼합모형에서 고정효과변수를 검정하고자 할 때 MS_{AB}가 적절한 오차항이 되며 임의효과 변수의 검정은 $MS_{S(AB)}$가 적절한 오차항이 된다.

이원분산분석에서 적용된 원리들은 삼원 이상의 설계에도 동일하게 적용된다. 독립변수가 세 개인 삼원분산분석을 수행하는 데 개념적인 어려움은 없지만 독립변수가 한 개씩 더 증가함에 따라 분산분석표를 작성하는(특히 제곱합) 계산 과정은 복잡해진다. 예를 들어, 이원분산분석에는 상호작용항(AB)이 한 개만 있지만 삼원분산분석에는 한 개의 삼원상호작용항(ABC)와 3개의 이원상호작용항(AB, AC, BC)이 존재하여 급격히 증가한다. 또한 관련된 수리모형이나 단순주효과 분석, 그리고 고정, 임의, 혼합모형효과에 따른 적절한 오차항의 선택의 문제도 복잡해진다.

13.1 다음 자료는 성취도에 영향을 미치는 두 변수를 연구하기 위하여 설계된 동물(쥐)실험에서 수집된 자료이다. 적절한 ANOVA표를 작성하라.

		혈	통	
		상	중	하
환 경	자 유	10 8 7 5	6 4 7 7	5 4 6 5
	제 한	4 6 2 7	3 2 5 3	2 1 1 3

13.2 교육부는 시골, 중도시, 대도시 지역별로 초등학교 학생들의 체력에 차가 있는가, 또 학교에 따라 차가 있는가를 알아보려고 한다. 다음 표는 세 개 지역의 네 개 학교로부터 각각 3명의 임의표본을 추출하여 턱걸이를 한 횟수를 기록한 것이다.

		지역(A)		
		시 골	중도시	대도시
학 교 (B)	I	8 8 5	4 2 6	2 1 1
	II	9 3 6	8 3 1	3 2 3
	III	7 6 9	6 3 3	5 1 3
	IV	8 4 3	7 2 4	2 2 2

(1) 적절한 분산분석표를 작성하라.

(2) 단순주효과 분산분석표를 작성하라.

13.3 다음 표는 원자료에서 요약된 종렬, 횡렬, 조합 내 측정치의 합과 합의 제곱이다. 분산분석표를 작성하라. 조합 내 사례 수는 6이다.

	A_1	A_2	A_3	합
B_1	203	214	224	641
	41209	45796	50176	410881
B_2	247	291	228	776
	61009	84681	51984	586756
합	450	505	452	1407
	202500	255025	204304	1979649

$$\sum_k \sum_j \sum_i Y_{ijk}^2 = 66435$$

13.4 면접에 사용된 방의 크기와 벽의 색깔이 피면접자와 불안수준에 미치는 효과를 연구하려는 실험에서 얻은 결과는 다음과 같다. 방의 크기와 벽의 색깔을 임의효과로 하는 이원분산분석을 하라.

<table>
<tr><th colspan="5">벽의 색깔</th></tr>
<tr><th></th><th>1</th><th>2</th><th>3</th><th>4</th></tr>
<tr><td rowspan="3">방
의

크
기   1</td><td>160</td><td>134</td><td>104</td><td>86</td></tr>
<tr><td>155</td><td>139</td><td>175</td><td>71</td></tr>
<tr><td>170</td><td>144</td><td>96</td><td>112</td></tr>
<tr><td rowspan="3">2</td><td>175</td><td>150</td><td>83</td><td>110</td></tr>
<tr><td>152</td><td>156</td><td>89</td><td>87</td></tr>
<tr><td>167</td><td>159</td><td>79</td><td>100</td></tr>
<tr><td rowspan="3">3</td><td>180</td><td>170</td><td>84</td><td>105</td></tr>
<tr><td>154</td><td>133</td><td>86</td><td>93</td></tr>
<tr><td>141</td><td>128</td><td>83</td><td>85</td></tr>
</table>

13.5 다음은 3×2 요인실험에서 수집된 자료이다($N = 6$). A요인은 임의효과, B 요인은 고정효과라고 할 때 적절한 분산분석을 하라.

	A_1		A_2		A_3	
	29	31	23	62	17	32
B_1	26	50	31	60	18	49
	42	25	18	20	50	58
	17	62	35	83	17	28
B_2	27	62	50	42	14	58
	50	29	62	19	49	62

제14장 범주형 자료에 관한 추리

앞 장에서 평균과 분산에 관한 추리문제를 다루었다. 평균과 분산을 산출하기 위해서는 변수의 측정수준이 최소 등간척도가 되어야 한다. 그러나 사회과학 연구에서 수집한 자료의 대부분은 측정수준이 명명척도와 서열척도이다. 종속변수와 독립변수가 모두 명명척도인 범주형 자료라고 하면 비율(또는 백분율)이나 도수를 가지고 그 관계를 추리하게 된다. 범주형 자료에 관한 추리 문제는 단일, 두 개, 두 개이상의 표본으로 분류하고 다시 독립과 종속표본으로 분류할 수 있다. 이 장에서는 그 중에서 독립표본의 통계방법을 다룬다. 또한 범주만으로 분류할 수 있는 두 변수간의 상관의 통계량을 소개한다. 이 장에서 다루는 종속변수가 명명척도인 자료를 분석하는 통계방법과 서열척도인 자료를 분석하는 통계방법을 비모수적 통계방법(Nonparametric statistical methods)이라고 한다.

14.1 단일표본도수에 대한 χ^2검정: 적합도 검정

이 절에서는 J개 범주로 분류할 수 있는 모집단의 분포를 표본도수와 비교하여 검정하는 적합도 검정(goodness of fit test)을 다루고자 한다. 모집단 분포의 적합도 검정은 모집단이 어떠한 특정 형태의 표본인가를 검정하는 방법과 정규분포와 같은 이론적 분포인가를 검정하는 방법으로 나누어 생각할 수 있다.

먼저 모집단이 어떠한 특정 형태의 분포인가를 검정하는 문제를 살펴보자. 예를 들어 연구자는 현재 25세 남자의 학력 분포를 20년 전에 25세 남자의 학력과 비교해 보려고 한다. 20년 전에 25세 남자의 학력 분포에 대한 조사 결과가 표 14.1.1과 같았다.[1]

⟨표 14.1.1⟩ 20년 전 25세 남자의 학력 분포

범주분류	상대도수
1. 대졸	.18
2. 대퇴	.17
3. 중등졸	.32
4. 중등퇴	.13
5. 초등졸	.17
6. 초등퇴	.03
	1.00

현재 25세 남자 모집단으로부터 200명의 임의표본을 추출하여 학력별 범주로 분류하여 학력을 조사한 결과 다음과 같은 도수분포표를 구하였다.

⟨표 14.1.2⟩ 25세 남자의 학력 범주별 도수분포표

범 주	관찰도수(O_j)	기대도수(E_j)
1	35	36(200×.18)
2	40	34(200×.17)
3	83	64(200×.32)
4	16	26(200×.13)
5	26	34(200×.17)
6	0	6(200×.03)

이 표에서 관찰도수(observed frequency) O_j는 표본으로부터 수집한 도수이고 기대도수(expected frequency) E_j는 앞에서 제시한 모집단에 해당하는 20년 전 남자 학력이 범주별 비율로 분포되었다고 할 때 200명에 대응하는 이론적 도수이다.

---

1) 이 자료는 가상적인 자료임.

즉,

$$E_j = N\pi_j \qquad\qquad (14.1.1)$$

이 식에서 π_j는 주어진 j 범주의 비율이다.

표본을 추출한 모집단(현재 25세 남자)의 분포가 주어진 특정 분포(20년 전 25세 남자의 학력 분포)와 동일한가를 검정하는 문제를 7단계 절차에 의하여 설명해 보기로 한다.

(1) 연구문제는 표본을 추출한 모집단의 분포가 주어진 비율로 분포되어 있는가를 검정하는 것이다. 주어진 각 범주의 비율을 π_j로 나타내면 가설은 다음과 같이 설정할 수 있다.

H_o: 기대도수와 관찰도수 사이에는 차이가 없다.

또는,

H_o: $\pi_1 = .18$

$\pi_2 = .17$

$\pi_3 = .32$

$\pi_4 = .13$

$\pi_5 = .17$

$\pi_6 = .03$

H_1: H_o는 참이 아니다.

(2) $\alpha = .05$

(3) 모집단의 분포가 H_o와 같다고 하면 N개의 무선독립표본의 표집분포는 이론적으로 다항분포이지만 실제 검정에서는 근사적으로 다음과 같은 χ^2검정통계량을 사용한다.

$$\chi^2 = \sum \frac{(O_j - E_j)^2}{E_j} \tag{14.1.2}$$

O_j: 표본으로부터 수집한 j 범주의 관찰도수

E_j: H_o로 주어진 j 범주의 기대도수

(4) χ^2은 Pearson(1900)의 χ^2통계량이라고 한다. 표본의 표집분포가 다항분포를 이루고 N이 크다고 하면 H_o가 참일 때 Pearson의 χ^2통계량의 표집분포는 자유도가 $J-1$인 근사적 χ^2분포를 이룬다. 이를 기호로 다음과 같이 나타낸다.

$$\chi^2 \overset{\sim}{\to} \chi^2(J-1) \quad J : \text{모집단의 범주 수}$$

(5) 도수에 대한 Pearson의 χ^2검정에서 H_o의 기각영역은 항상 χ^2분포의 우측에 있다.

[그림 14.1.1] 도수에 대한 Pearson의 χ^2검정의 기각영역

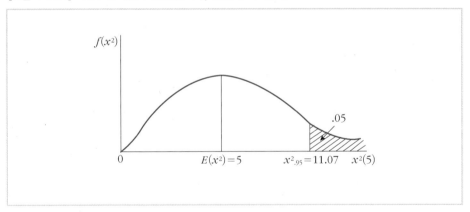

기각영역은 $\chi^2 > \chi^2_{.95}(5) = 11.07$

(6) 수집한 자료로부터 χ^2를 계산한다.

[표 14.1.3] χ^2 계산 절차

유 목	O_j	E_j	$(O_j - E_j)^2/E_j$
1	35	36	.028
2	40	34	1.059
3	83	64	5.641
4	16	26	3.846
5	26	34	1.882
6	0	6	6.000

$$\chi^2 = \sum \frac{(O_j - E_j)^2}{E_j} = .028 + 1.059 + \cdots + 6.000 = 18.456$$

(7) H_o는 기각된다. 현재 25세 남자의 학력분포는 20년 전에 비하여 차이가 있다고 결론을 내릴 수 있다.

보기 14.1.2

평균과 분산에 관한 추리는 모집단이 정규분포라는 가정을 전제로 하였다. Pearson의 χ^2적합도 검정은 표본을 추출한 모집단이 정규분포와 같은 이론적 분포인가를 검정하는 데 이용된다. 예를 들어 지능검사점수는 일반적으로 정규분포라고 가정하는 경우가 많다. 어느 초등학교에서 학생들의 지능검사점수가 정규분포를 이루는지를 검정하려고 한다면 무선표본의 지능검사 점수분포와 정규분포를 χ^2방법에 의하여 비교함으로써 전교생의 지능검사 점수분포에 대하여 정규분포의 적합도를 검정할 수 있다.

정규분포에 대한 적합도 검정을 하기 위해서는 먼저 정규분포를 만족하는 이론적(기대) 도수분포표를 작성하여야 한다. 정규분포는 연속적인 분포이므로 분포의 비율(확률)이 동일하도록 Z 점수로 계급을 정하여 정규분포를 몇 개의 범주로 분류한다. 전 분포를 8개 범주로 분류하고 400명의 표본을 추출한다면 정규분포는 표 14.1.4와 같은 기대도수표로 나타낼 수 있다.

〈표 14.1.4〉 확률이 동일하도록 8개 범주로 분류한 정규분포의 기대도수표 $(N=400)$

범주 z점수의 상한점과 하한점	확률 π_i	기대도수 E_j
1.15~	1/8	50
.68~ 1.15	1/8	50
.32~ .68	1/8	50
.00~ .32	1/8	50
$-$.32~ .00	1/8	50
$-$.68~$-$.32	1/8	50
$-$1.15~$-$.68	1/8	50
~$-$1.15	1/8	50
	1.00	400

7단계의 절차를 χ^2적합도 검정에 적용하면 다음과 같다.

(1) 표본을 추출한 모집단은 정규분포라고 영가설을 설정한다. 즉,

$$H_o : \pi_1 = 1/8, \pi_2 = 1/8, \pi_3 = 1/8, \pi_4 = 1/8, \pi_5 = 1/8$$
$$\pi_6 = 1/8, \pi_7 = 1/8, \pi_8 = 1/8$$

$H_1 : H_o$는 참이 아니다.

(2) $\alpha = .05$

(3) 검정통계량은,

$$\chi^2 = \sum \frac{(O_i - E_j)^2}{E_j}$$

(4) H_o가 참이라고 하면 χ^2의 표집분포는 자유도가 $(J-3)$인 χ^2분포를 이룬다.

$$\chi^2 \stackrel{\sim}{\rightharpoondown} \chi^2(J-3)$$

일반적인 χ^2적합도 검정에 비하여 정규분포에 대한 적합도 검정은 μ_Y와 σ^2_Y을 추정하여야 하므로 자유도는 $J-1-2 = J-3 = 8-3 = 5$가 된다.

(5) H_o의 기각영역은,

$$\chi^2 > \chi^2_{.95}(5) = 11.070$$

(6) 수집된 지능검사점수의 $\overline{Y}$와 s를 산출하여 지능검사점수를 Z점수로 전환한 후에 8개 범주로 분류된 관찰 도수표를 작성한다.

〈표 14.1.5〉 지능검사 결과 8개의 범주로 분류된 관찰도수표와 기대도수표

유 목	O_j	E_j	$(O_j - E_j)^2 / E_j$
1	14	50	25.92
2	17	50	21.78
3	76	50	13.52
4	105	50	60.50
5	71	50	8.82
6	76	50	13.52
7	31	50	7.22
8	10	50	32.00

$$\chi^2 = \sum \frac{(O_j - E_j)^2}{E_j} = 183.28$$

(7) H_o는 기각된다. 따라서 모집단은 정규적으로 분포되어 있지 않다고 결론을 내릴 수 있다.

모집단 분포에 대한 χ^2적합도 검정은 모집단 분포가 이산적이거나 연속적인 경우에도 몇 개의 범주로 분류할 수 있을 때는 어떠한 분포에도 적용할 수 있다. 그러나 χ^2적합도 검정은 다음과 같은 가정을 전제로 한다(Lewis & Burke, 1949; Delucchi, 1983).

1) 주어진 표본 관찰값은 한 범주에만 분류되어야 한다.
2) N개의 표본 관찰값은 서로 독립이어야 한다.
3) 표본의 크기 N이 충분히 커야 한다.

1)과 2)는 다항표집분포의 가정과 동일하며 표본의 표집분포가 다항분포의 근사값이 되기 위하여 요구되는 가정이다. N이 충분히 클 때만이 Pearson의 χ^2 통계량은 χ^2 분포를 이룬다. χ^2 적합도 검정을 허용하는 표본의 크기에 대하여는 여러 가지 주장이 있으나 일반적으로 각 범주의 기대도수는 5 이상이어야 한다는 것이다. 즉 $E \geq 5$이어야 한다. 좀 더 엄밀하게는 $df = 1$일 때는 각 범주의 기대도수는 10 이상이어야 하며, $df > 1$일 때는 각 범주의 기대 도수는 5 이상이어야 한다. 즉,

$$df = 1 \text{일 때 } E \geq 10$$
$$df > 1 \text{일 때 } E > 5$$

14.2 두 독립표본 비율(도수)의 차에 대한 근사적 검정: 2×2 분할표에 대한 검정

두 독립표본 비율의 반응이나 특성을 각각 두 범주로 분류할 수 있을 때 표 14.2.1과 같은 2×2 분할표(contingency table) 또는 이원도수표(two way frequency table)를 작성할 수 있다.

〈표 14.2.1〉 2×2 분할표

	찬성	반대	
집단 I (남자)	a	b	$a+b$
집단 II (여자)	c	d	$c+d$
	$a+c$	$b+d$	$a+b+c+d=N$

이 표에서 두 독립표본은 실험집단과 통제집단, 남자와 여자, 내국인과 외국인 등과 같이 분류되는 독립변수에 해당되며 두 범주는 성공과 실패, 찬성과 반대, 합격과 불합격 등과 같이 이분변수로 되어 있는 종속변수에 해당된다. 예를 들어 남녀

각각 100명에 대하여 의견조사를 한 결과 다음과 같은 2×2 분할표를 작성하였다고 하자. $N > 30$인 경우에는 Pearson의 χ^2통계량을 근사적 검정통계량으로 사용할 수 있다.

	찬성	반대	
남	32	18	50
여	22	28	50
	54	46	100

이 예에서 검정하려는 영가설은 다음과 같이 설정된다.

H_o: 남·녀 의견의 차는 없다.

H_o: 의견 사이에는 관계가 없다.

H_o: $\pi_1 = \pi_2$(π_1: 남자가 찬성할 모집단 비율, π_2: 여자가 찬성할 모집단 비율)

위의 영가설을 검정하기 위하여 Pearson의 χ^2통계량을 근사적 검정통계량으로 사용할 수 있다.

$$\chi^2 = \sum \frac{(O-E)^2}{E} \fallingdotseq \chi^2(1) \tag{14.2.1}$$

이 식에서 O는 분할표에서 각 조합의 관찰도수이고 각 조합의 기대도수 E는 다음과 같이 구한다.

관찰도수				기대도수	
a	b	$a+b$		$\dfrac{(a+b)(a+c)}{N}$	$\dfrac{(a+b)(b+d)}{N}$
c	d	$c+d$		$\dfrac{(c+d)(a+c)}{N}$	$\dfrac{(c+d)(b+d)}{N}$
$a+c$	$b+d$	$a+b+c+d=N$			

2×2 분할표에서 기대도수를 구하지 않고 관찰도수로부터 직접 구할 때는 다음

의 χ^2의 통계량을 근사적 검정통계량으로 사용할 수 있다.

$$\chi^2 = \frac{N(ad-bc)^2}{(a+b)(c+d)(a+c)(b+d)} \,\overrightarrow{\sim}\, \chi^2(1) \tag{14.2.2}$$

이 식에서 a, b, c, d는 각 조합의 관찰도수이고, $(a+b)$, $(c+d)$, $(a+c)$, $(b+d)$는 주변관찰도수이다.

연속성을 유지하도록 Yates 교정(yates, 1934)을 하면 χ^2는 더 근사적인 검정통계량이 된다.

$$\chi^2 = \frac{N(|ad-bc|-N/2)^2}{(a+b)(c+d)(a+c)(b+d)} \,\overrightarrow{\sim}\, \chi^2(1) \tag{14.2.3}$$

보기 **14.2.1**

검사문항의 변별도를 측정하는 데는 일반적으로 전체 피검자를 외적 준거나 내적으로 검사 총점에 따라 상위집단과 하위집단으로 분류하여 정답 비율의 차를 양호도의 지수로 사용한다. 어느 검사문항의 변별도 분석을 위한 2×2 분할표가 다음과 같았다고 할 때 그 검사문항은 상위집단과 하위집단을 유의하게 변별한다고 할 수 있는가? 가설을 설정하고 Pearson의 χ^2 근사적 검정통계량을 이용하여 $\alpha = .05$ 수준에서 검정하라.

	정답	오답	
상위집단	32	18	50
하위집단	22	28	50
	54	46	100

풀이

(1) $H_0 : \pi_1 = \pi_2$

   $H_0 : \pi_1 \neq \pi_2$

(2) $\alpha = .05$

(3) 검정통계량 : $\chi^2 = \sum \frac{(O-E)^2}{E}$ 또는 $\chi^2 = \frac{N(ad-bc)^2}{(a+b)(c+d)(a+c)(b+d)}$

(4) $\chi^2 \,\overrightarrow{\sim}\, \chi^2(df=1)$

(5) $\chi^2 > 3.84$

(6)

관찰도수			기대도수	
32	18	50	27	23
22	28	50	27	23
54	46	100		

$$\chi^2 = \sum \frac{(O-E)^2}{E} = \frac{(32-27)^2}{27} + \frac{(18-23)^2}{23} + \frac{(22-27)^2}{27} + \frac{(28-23)^2}{23}$$

$$= .926 + 1.087 + .926 + 1.087$$

$$= 4.026$$

$$\chi^2 = \frac{N(ad-bc)^2}{(a+b)(c+d)(a+c)(b+d)} = \frac{100(32 \times 28 - 18 \times 22)^2}{(50)(50)(54)(56)}$$

$$= \frac{25000000}{6210000}$$

$$= 4.026$$

(7) H_0는 기각된다. 상위집단과 하위집단의 정답비율에는 유의한 차이가 있다. 따라서 검사 문항은 상위집단과 하위집단을 유의하게 변별한다고 말할 수 있다.

14.3 J개의 독립표본도수의 차에 대한 χ^2 검정

두 개의 독립표본과 두 범주로 분류되는 2×2 분할표에 대한 검정통계량 식 14.2.1은 J개의 독립표본과 K개의 범주로 분류되는 $J \times K$ 분할표에 대한 검정에 확대 적용된다. 검정통계량의 자유도는 $(J-1)(K-1)$이 된다.

$$\chi^2 = \sum_k \sum_j \frac{(O_{jk} - E_{jk})^2}{E_{jk}} \overset{\cdot}{\sim} \chi^2[(J-1)(K-1)] \tag{14.3.1}$$

또한 이 검정통계량을 적용하는 데는 14.1에서 언급한 가정이 만족되어야 한다.

교수에 대한 학생들의 태도와 학년 간에는 관계가 있는지(또는 교수에 대한 학생들의 태도는 학년별로 차이가 있는지)를 알아보기 위하여 1, 2, 3, 4학년 각각 25명의 무선표본 대하여 존경하는 정도를 4단계로 구분하는 Likert형의 척도에 따라 학생들의 반응을 조사한 결과 다음과 같은 도수분포를 얻었다. 이 결과로부터 학생의 태도와 학년 간에는 관계가 없다는 영가설을 $\alpha = .05$ 수준에서 검정하라.

반응 \ 학년	1	2	3	4	전체
1	5	8	6	4	23
2	10	7	8	6	31
3	5	4	7	8	24
4	5	6	4	7	22
전　체	25	25	25	25	100

풀이

(1) H_0 : 학생들의 태도와 학년간에는 관계가 없다.

　　H_1 : 학생들의 태도와 학년간에는 관계가 있다.

(2) $\alpha = .05$

(3) $\chi^2 = \sum_k \sum_j \dfrac{(O_{jk} - E_{jk})^2}{E_{jk}}$

(4) $\chi^2 \overset{\sim}{} \chi^2[(J-1)(K-1) = 9]$

(5) $\chi^2 > 16.919$

(6) 기대 도수분포표

반응 \ 학년	1	2	3	4	
1	5.75	5.75	5.75	5.75	23
2	7.75	7.75	7.75	7.75	31
3	6.00	6.00	6.00	6.00	24
4	5.50	5.50	5.50	5.50	22
	25.00	25.00	25.00	25.00	100

$$\chi^2 = \frac{(5-5.75)^2}{5.75} + \frac{(8-5.75)^2}{5.75} + \cdots\cdots + \frac{(7-5.5)^2}{5.5} = 5.23$$

(7) H_0는 기각되지 않는다. 연구자는 학년과 학생들의 반응간에는 관계가 있다는 충분한 증거를 얻지 못했다.

분할표(이원도수표)에 대한 검정 결과 두 범주형 변수간에 유의한 관계가 있었다고 하면 그 관계의 강도(strength of association)를 추정해 볼 필요가 있다. 두 범주형 변수간의 관계 강도는 명명척도인 독립변수와 등간척도인 종속변수간의 관계 강도를 나타내는 지수, 즉 두 독립표본 평균의 차에 대한 t검정의 ω^2과 같은 의미를 갖는다.

6장에서 설명한 바 있는 ϕ(phi)계수는 4칸 분할표(2×2 분할표)에서 두 이분변수 간에 상관의 측정값이다.

$$\phi = \frac{(bc - ad)}{\sqrt{(a+b)(c+d)(a+c)(b+d)}} \tag{14.4.1}$$

이 식과 식 14.2.2를 비교하면 ϕ와 χ^2의 관계는,

$$\chi^2 = N\phi^2 \tag{14.4.2}$$

$$\phi = \sqrt{\frac{\chi^2}{N}} \tag{14.4.3}$$

2×2 분할표의 종렬변수를 X, 횡렬변수를 Y라고 하고 각 범주에 1과 0의 값을 부여하면 분할표는 다음과 같다.

		Y	
		0	1
X	1	a	b
	0	c	d

이 표에서 Pearson의 상관계수 r은

$$r = \frac{N\sum XY - \sum X \sum Y}{\sqrt{[N\sum X^2 - (\sum X)^2][N\sum Y^2 - (\sum Y)^2]}} \tag{14.4.4}$$

$$= \frac{bc - ad}{\sqrt{(a+b)(c+d)(a+c)(b+d)}}$$

따라서 식 14.4.1로 계산하는 ϕ 계수는 X와 Y의 값이 1과 0의 값을 갖는 이분변수일 때 X와 Y 사이의 Pearson 상관계수 r과 동일하다.

2×2 분할표에서 관계의 강도 ϕ는 $J \times K$ 분할표에 확대 적용될 수 있다. 이때 ϕ계수는 0과 1 사이의 값을 가질 수 있도록 교정이 필요하다.

$$\phi' = \sqrt{\frac{\phi^2}{L-1}} = \sqrt{\frac{\chi^2}{N(L-1)}} \tag{14.4.5}$$

이 식에서 L은 종렬과 횡렬의 범주 중에서 작은 쪽의 범주수이다. Cramer의 계수(Cramér, 1946)라고도 하는 ϕ'는 $J \times K$ 분할표에서 종렬과 횡렬변수 사이의 관계 강도를 나타내는 지수이다.

$J \times K$ 분할표에서 종렬과 횡렬변수 사이의 관계 강도를 나타내는 또 다른 지수는 분할계수(contingency coefficient)이다.

$$C = \sqrt{\frac{\chi^2}{N + \chi^2}} \tag{14.4.6}$$

분할계수의 단점은 J와 K가 무한대가 아니라면 1이 되지 않는다는 점이다. 따라서 C보다는 ϕ'가 더 좋은 지수가 된다.

$J \times K$ 분할표에서 평균에 대한 t검정의 ω^2과 같은 의미를 갖는 관계 강도를 나타내는 지수는 λ(lambda)계수이다. $J \times K$ 분할표에서 종렬을 나타내는 변수를 X, 횡렬을 나타내는 변수를 Y라고 하면 일반적인 이원도수표는 다음과 같다.

$$
\begin{array}{c|ccccccc|c}
& & & & Y & & & & \\
& 1 & 2 & \cdots & j & \cdots & J & & \\
\hline
1 & f_{11} & f_{21} & \cdots & f_{j1} & \cdots & f_{J1} & & f_{.1} \\
2 & f_{12} & f_{22} & \cdots & f_{j2} & \cdots & f_{J2} & & f_{.2} \\
\vdots & \vdots & \vdots & & \vdots & & \vdots & & \vdots \\
k & f_{1k} & f_{2k} & \cdots & f_{jk} & \cdots & f_{Jk} & & f_{.k} \\
\vdots & \vdots & \vdots & & \vdots & & \vdots & & \vdots \\
K & f_{1K} & f_{2K} & \cdots & f_{jK} & \cdots & f_{JK} & & f_{.K} \\
\hline
& f_{1.} & f_{2.} & \cdots & f_{j.} & \cdots & f_{J.} & &
\end{array}
$$

(with X labeling the rows and Y labeling the columns)

이원도수표에서 X를 독립변수, Y를 종속변수라고 하면 X로부터 Y를 예측하는 예측력, 또는 X로 설명할 수 있는 Y의 분산의 비율 λ_X는 다음 식으로 구할 수 있다.

$$
\lambda_X = \frac{\sum_j \max_k f_{jk} - \max_k f_{.k}}{N - \max_k f_{.k}} \tag{14.4.7}
$$

f_{jk}: jk 조합의 관찰 도수

$\sum_j \max_k f_{jk}$: 각 종렬에서 도수가 가장 높은 수의 합

$\max_k f_{.k}$: 각 횡렬도수 합(횡렬주변도수) 중에서 가장 높은 도수

λ_X는 X로부터 Y를 예측하는 비대칭측정값(asymetric measure)이고 X와 Y 사이의 예측력의 대칭측정값(symmetric measure of predictive power) λ_{XY}는,

$$
\lambda_{XY} = \frac{\sum_j \max_k f_{jk} + \sum_k \max_j f_{jk} - \max_k f_{.k} - \max_j f_{j.}}{2N - \max_k f_{.k} - \max_j f_{j.}} \tag{14.4.8}
$$

지금까지 소개한 관계 강도의 지수는 χ^2검정에 부수되는 유용한 통계량이다. χ^2검정 결과의 유의수준은 관계의 유무만을 나타낼 뿐이며 관계의 정도는 나타내지

않는다. 따라서 χ^2검정 결과 유의하였다면 두 변수 사이에 관계의 강도를 추정함으로써 추가 정보를 수집할 수 있다.

보기 14.4.1

X는 세 범주, Y는 네 범주로 분류할 수 있는 이원도수표가 다음과 같을 때 X와 Y 사이의 관계에 대한 χ^2검정을 하고 ϕ, ϕ', C, λ_X, λ_{XY}를 구하라.

X\Y	1	2	3	4	
1	12	6	5	2	25
2	6	9	7	4	26
3	1	4	7	13	25
	19	19	19	19	76

풀이

(1) H_0 : X와 Y는 독립이다.

　　H_1 : X와 Y는 관계가 있다.

(2) $\alpha = .05$

(3) $\chi^2 = \sum_k \sum_j \dfrac{(O_{jk} - E_{jk})^2}{E_{jk}}$

(4) $\chi^2 \overset{\sim}{\leftrightarrows} \chi^2(6)$

(5) $\chi^2 > \chi^2_{.95}(6) = 12.592$

(6) 기대 도수표

X\Y	1	2	3	4	
1	6.25	6.25	6.25	6.25	25
2	6.50	6.50	6.50	6.50	26
3	6.25	6.25	6.25	6.25	25
	19	19	19	19	76

$$\chi^2 = \frac{(12 - 6.25)^2}{6.25} + \cdots\cdots + \frac{(13 - 6.25)^2}{6.25} = 23.04$$

(7) H_0는 기각이 된다. X와 Y는 관계가 있다.

$$\phi = \sqrt{\frac{\chi^2}{N}} = .55$$

$$\phi' = \sqrt{\frac{\chi^2}{N(L-1)}} = \sqrt{\frac{\phi^2}{L-1}} = .3893$$

$$C = \sqrt{\frac{\chi^2}{N+\chi^2}} = .4823$$

$$\lambda_X = \frac{(12+9+7+13)-26}{76-26} = .3$$

X로부터 Y를 예측할 수 있는 Y분산의 비율은 30%이다.

$$\lambda_{XY} = \frac{(12+9+7+13)+(12+9+13)-26-19}{2 \times 76-26-19} = \frac{30}{107} = .28$$

X로부터 Y를 예측하거나 Y로부터 X를 예측할 수 있는 분산의 비율은 28%이다.

 SPSS 실습 14.1 단일표본 도수에 대한 검정(One Sample Chi-Square Test in Nonparametric Tests: 보기 14.1.1 자료)

1. 14.1 자료 입력창

교과서에 나타나 있는 자료는 변수의 값인 학력별로 도수분포를 작성한 요약된 것이다. 조사 대상 200명에 대한 학력을 원자료 그대로 입력한 창의 끝부분은 다음과 같다.

	🔒학력	변수	변수	변수	변수	변수	변수	변수	변수	변수	변수	변수	변수	변수	변수	
178	5															
179	5															
180	5															
181	5															
182	5															
183	5															
184	5															
185	5															
186	5															
187	5															
188	5															
189	5															
190	5															
191	5															
192	5															
193	5															
194	5															
195	5															
196	5															
197	5															
198	5															
199	5															
200	5															

2. 분석 창 ①

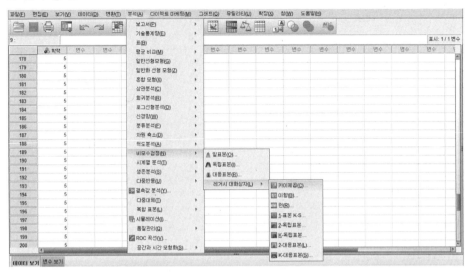

'분석(A)' → '비모수검정(N)' → '레거시 대화상자(L)' → '카이제곱(C)' 클릭

3. 분석 창 ②

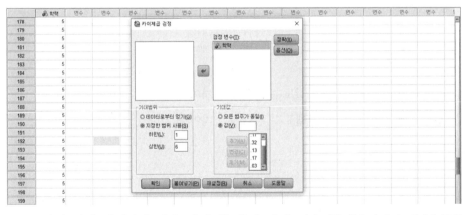

분석 창이 나타나면 다음 분석 창 ②와 같이 변수 '학력'을 '검정 변수(T)'에 옮기고, '기대범위'의 '지정한 범위 사용(S)'에 ⊙, '하한(L)'상자에 '1', '상한(U)' 상자에 '6'을 입력하고, '값(V)'에 ⊙, 검정하려는 모집단 비율(π 값) .18, .17, .32, .13, .17, .03을 차례로 입력 추가함. '확인' 클릭

4. 결과물과 5단계 가설검정

빈도

학력

	범주	관측빈도	기대빈도	잔차
1	1	35	36.0	-1.0
2	2	40	34.0	6.0
3	3	83	64.0	19.0
4	4	16	26.0	-10.0
5	5	26	34.0	-8.0
6		0	6.0	-6.0
전체		200		

검정 통계량

	학력
카이제곱	18.456[a]
자유도	5
근사 유의확률	.002

a. 0개의 셀 (0.0%)은 (는) 5보다 작은 기대빈도를 가집니다. 기대 빈도 셀 값 중 최소값은 6.0입니다.

5단계 가설검정

① 가 설

H_o: 기대도수와 관찰도수 사이에는 차이가 없다.

H_1: 기대도수와 관찰도수 사이에는 차이가 있다.

② 검정통계량

$$\chi^2 = \sum \frac{(O-E)^2}{E}$$

③ 검정통계량의 표집분포: $\chi^2 \rightsquigarrow \chi^2 \sim \chi^2 (J-1=5)$

④ 검정통계값(Chi–Square) $\chi^2 = 18.456$

⑤ 유의수준(Asymp. Sig: Asymptotic Significance 점근적 유의수준) = .002

※ 영가설은 1% 유의수준에서 기각된다. 즉 "20년 전과 비교하여 현재 학력분포는 차이가 있다"고 결론을 내릴 때 오차는 1% 미만이다.

SPSS 실습 14.2 χ^2검정(chi-square Test in 2×2 Crosstabs: 보기 14.2.1 자료)

1. 자료입력창

교과서 자료는 수집한 자료를 2×2 분할표에 요약한 것이다. 수집한 자료의 변수는 '집단'과 '답'이다. 상위집단=1, 하위집단=2, 정답=1, 오답=2로 입력하였음.

2. 분석 창 ①

'분석(A)' → '기술통계량(E)' → '교차분석(C)' 클릭

3. 분석 창 ②

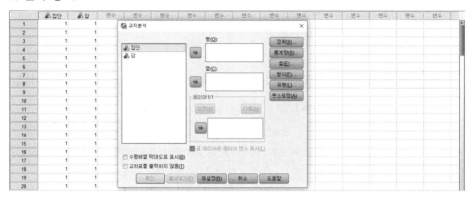

'집단' → '행(O)' 상자로, '답' → '열(C)' 상자로 옮김.

4. 분석 창 ③

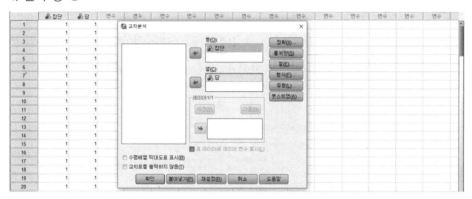

'통계량(S)' 상자 클릭

5. 분석 창 ④

'카이제곱(H)'과 '파이 및 크레이머의 V(P)'에 ☑

'계속(C)' 클릭, '셀(E)' 클릭

6. 분석 창 ⑤

'관측빈도(O)'에 ☑, '계속(C)' 클릭, '확인' 클릭

7. 결과물과 5단계 가설검정

집단 * 답 교차표

빈도

		답 1	답 2	전체
집단	1	32	18	50
	2	22	28	50
전체		54	46	100

카이제곱 검정

	값	자유도	근사 유의확률 (양측검정)	정확 유의확률 (양측검정)	정확 유의확률 (단측검정)
Pearson 카이제곱	4.026[a]	1	.045		
연속성 수정[b]	3.261	1	.071		
우도비	4.054	1	.044		
Fisher의 정확검정				.070	.035
선형 대 선형결합	3.986	1	.046		
유효 케이스 수	100				

a. 0 셀 (0.0%)은(는) 5보다 작은 기대 빈도를 가지는 셀입니다. 최소 기대빈도는 23.00입니다.

b. 2x2 표에 대해서만 계산됨

대칭적 측도

		값	근사 유의확률
명목척도 대 명목척도	파이	.201	.045
	Cramer의 V	.201	.045
유효 케이스 수		100	

5단계 가설검정

① 가 설

$H_o : \pi_1 = \pi_2$ (상위집단과 하위집단의 정답 비율은 같다)

$H_1 : \pi_1 \neq \pi_2$ (상위집단과 하위집단의 정답 비율은 같지 않다)

② 검정통계량

$$\chi^2 = \sum \frac{(O-E)^2}{E}$$

③ $\chi^2 \rightleftarrows \chi^2(df=1)$

④ 4.026(Pearson Chi−Square)

⑤ 유의수준 (Asymp. Sig.)=.045

※ "상위집단과 하위집단의 정답 비율은 같다"는 영가설은 5% 유의수준에서 기각된
다. 연구자는 "상위집단과 하위집단의 정답 비율은 같지 않다" 또는 "검사문항은
상위집단과 하위집단을 변별하고 있다"라고 결론을 내린다. 이 경우 변별도를 나
타내는 지수는 표 대칭적 측도의 파이(ϕ)=.201(Sig.=.045)와 Cramer's $V(\phi')$
=.201(Sig.=.045)이다.

SPSS 실습 14.3 J개의 독립표본 도수의 차에 대한 χ^2검정(chi-square Test in $J \times K$ Crosstabs: 보기 14.3.1 자료)

1. 자료 입력창

보기 14.3.1 자료는 요약된 것임. 자료 입력창은 수집한 자료를 그대로 입력한
형식임.

2. 분석 창 ①

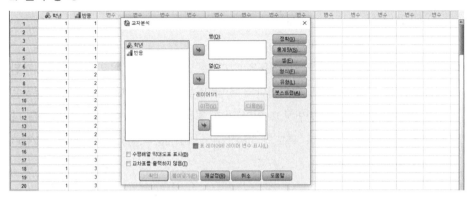

'분석(A)' → '기술통계량(E)' → '교차분석(C)' 순으로 클릭

'학년' → '열(C)' 상자로, '반응' → '행(O)' 상자로 옮김.

3. 분석 창 ②

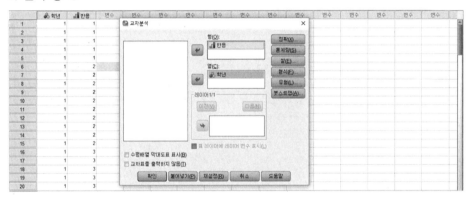

'통계량(S)' 상자 클릭

4. 분석창 ③

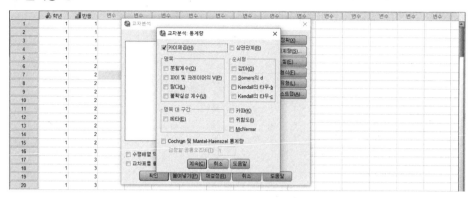

'카이제곱(H)'에 체크

'계속(C)' → '셀(E)' 클릭

5. 분석 창 ④

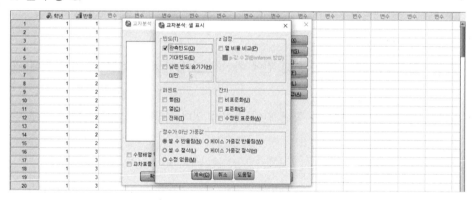

'관측빈도(O)' 체크, '계속(C)' 클릭, '확인' 클릭

6. 결과물과 5 단계 가설검정

반응 * 학년 교차표

빈도

		학년				전체
		1	2	3	4	
반응	1	5	8	6	4	23
	2	10	7	8	6	31
	3	5	4	7	8	24
	4	5	6	4	7	22
전체		25	25	25	25	100

카이제곱 검정

	값	자유도	근사 유의확률 (양측검정)
Pearson 카이제곱	5.227[a]	9	.814
우도비	5.217	9	.815
선형 대 선형결합	1.078	1	.299
유효 케이스 수	100		

a. 0 셀 (0.0%)은(는) 5보다 작은 기대 빈도를 가지는 셀입니다. 최소 기대빈도는 5.50입니다.

5 단계 가설검정

① H_o: 학생들의 태도는 학년 간에 차이가 없다(학생들의 태도와 학년 간에 관계가 없다).

H_1: 학생들의 태도는 학년 간에 차이가 있다(학생들의 태도와 학년 간에 관계가 있다).

② $\chi^2 = \sum \dfrac{(O-E)^2}{E}$

③ $\chi^2 \leadsto \chi^2[(J-1)(K-1)=9]$

④ $\chi^2 = 5.227$

⑤ 유의수준 $= .814$

※ 영가설은 5% 유의수준에서 기각되지 않는다. 연구자는 "학생들의 태도와 학년 간에 관계가 있다"는 충분한 증거를 발견하지 못한다. 연구자는 항상 "관계가 있는지?" 또는 "차이가 있는지?"와 같은 질문을 연구한다. 연구자의 질문이 대립 가설이 된다.

범주형 자료의 관계 강도(Strength of Association Test in Crosstabs: 보기 14.4.1 자료)

1. 분석 창 ①

'분석(A)' → '기술통계량(E)' → '교차분석(C)' 클릭

2. 분석 창 ②

'X' → '행(O)' 상자로, 'Y' → '열(C)' 상자로 옮김.

'통계량(S)' 클릭

3. 분석 창 ③

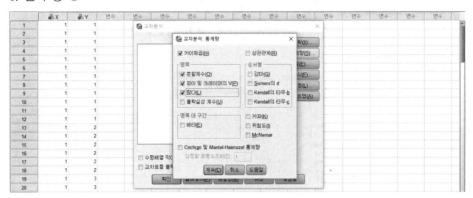

'카이제곱(H)', '분할계수(O)', '파이 및 크레이머의 V(P)', '람다(L)'에 체크하고 '계속(C)' 클릭, '확인' 클릭

4. 결과물과 해석

카이제곱 검정

	값	자유도	근사 유의확률 (양측검정)
Pearson 카이제곱	23.040ª	6	.001
우도비	23.820	6	.001
선형 대 선형결합	19.342	1	.000
유효 케이스 수	76		

a. 0 셀 (0.0%)은(는) 5보다 작은 기대 빈도를 가지는 셀입니다. 최소 기대빈도는 6.25입니다.

방향성 측도

			값	근사 표준오차ª	근사 T 값ᵇ	근사 유의확률
명목척도 대 명목척도	람다	대칭적	.280	.083	3.160	.002
		X 종속	.300	.099	2.650	.008
		Y 종속	.263	.081	2.940	.003
	Goodman과 Kruskal 타우	X 종속	.150	.055		.001ᶜ
		Y 종속	.101	.040		.001ᶜ

a. 영가설을 가정하지 않음.
b. 영가설을 가정하는 점근 표준오차 사용
c. 카이제곱 근사값을 기준으로

대칭적 측도

		값	근사 유의확률
명목척도 대 명목척도	파이	.551	.001
	Cramer의 V	.389	.001
	분할계수	.482	.001
유효 케이스 수		76	

※ $\chi^2 = 23.04$이고, 유의수준= .001로 "X와 Y 사이에는 관계가 없다"는 영가설은 기각된다.

파이계수$(\phi) = .551\,(sig. = .001)$, $\phi'\,(Cramer's\ V) = .389\,(Sig. = .001)$,

C(Contingency Coefficient) $= .482$ (Sig.$=.001$),

λ_X(Lamda X dependent)$=.300$ (Sig.$=.008$), λ_{XY}(Lamda Symmetric)$=.280$ (Sig.$=.002$)

2×2 분할표 자료는 파이계수나 Cramer's V 계수 사용이 적절하며, $J \times K$ 분할표 자료는 분할계수(Contingency Coefficient)가 적절하며, X가 독립변수이고 Y가 종속변수인 경우에는 λ_X가 적절하며, X와 Y가 대칭관계인 경우에는 λ_{XY}(Lambda Symmetric)이 적절하다.

※ 보기문제는 3×4 분할표이고 X가 독립변수이고 Y가 종속변수로 보면 $C = .482$, $\lambda_X = .300$이 유용한 통계값이다.

※ 모든 계산 문제는 그 해답을 SPSS 시행 결과와 비교 확인하시오.

14.1 다음 자료는 남녀 각각 100명을 무선으로 표집하여 전공 영역을 조사한 결과이다. 남·여 학생에 따라 대학에서의 전공 영역에 차이가 있는지 분석한 SPSS 결과물도 제시되어 있다. 이 결과를 보고 5단계 가설검정 절차를 이용하여 대학의 전공 선택과 성별과는 관계가 없다는 영가설을 검정하라.

	사회과학	자연과학	인문과학	전체
남자	30	50	20	100
여자	20	30	50	100
전체	50	80	70	200

카이제곱 검정

	값	자유도	근사 유의확률 (양측검정)
Pearson 카이제곱	19.857[a]	2	.000
우도비	20.350	2	.000
선형 대 선형결합	13.492	1	.000
유효 케이스 수	200		

a. 0 셀 (0.0%)은(는) 5보다 작은 기대 빈도를 가지는 셀입니다. 최소 기대빈도는 25.00입니다.

14.2 50명의 성인 남자를 대상으로 하루에 소비하는 열량 칼로리를 조사한 결과 다음과 같은 도수분포를 얻었다. 이 분포는 정규분포를 이룬다는 가설을 검정하라.

열량(100cal)	도 수
50.00~54.99	1
45.00~49.99	2
40.00~44.99	4
35.00~39.99	16
30.00~34.99	12
25.00~29.99	7
20.00~24.99	5
15.00~19.99	2
10.00~14.99	1

14.3 두 문화권의 가정교육을 비교하기 위하여 각각 100세대를 무선으로 추출하여 아버지 주도형과 어머니 주도형으로 분류한 결과가 다음과 같았다. 두 문화권 사이에는 가정교육의 주도에 있어서 차이가 있다고 할 수 있는가? 5단계 검정절차를 적용하라.

	I 문화권	II 문화권
아버지 주도	53	37
어머니 주도	47	63

14.4 기초통계학과정에서 33명의 남자 중 15명이, 36명의 여자 중 9명이 A학점을 받았다. 성과 성적 사이에는 관계가 없다는 가설을 $\alpha = .05$ 수준에서 검정하라(근사적 χ^2검정을 하라).

14.5 어느 대학의 남·녀별 전공분포는 다음 표와 같다. 성과 전공분야 사이에는 유의한 관계가 있다고 할 수 있는가?

	전공 분야			
	사회과학	자연과학	인문과학	기 타
남	59	128	100	87
여	43	81	87	73

14.6 무선표본 600명의 교사를 대상으로 조사한 결과, 40%가 A 수업방법을 선호하고 있다고 하였다. 교사 모집단 중에서 A 수업방법을 선호하는 비율은 .45라는 영가설을 검정하라. 근사적 χ^2검정을 적용하라.

14.7 연습문제 14.3에 대하여 ϕ 계수를 구하라.

14.8 112명의 장교를 대상으로 지도력에 대한 자아평가와 직속상관에 의한 평가 결과는 다음과 같았다. 자아평가와 직속상관의 평가 사이에는 유의한 관계가 있는가?

		직속상관에 의한 평가			
		아주 낮다	낮다	높다	아주 높다
	아주 높다	1	9	7	6
자아평가	높다	2	5	8	12
	낮다	4	12	15	3
	아주 낮다	5	10	8	5

14.9 연습문제 14.8에 대하여 ϕ' 계수와 분할계수를 구하라.

14.10 교사와 학부모들이 초등학교 1학년 학생의 무선표본을 대상으로 행한 사회성 발달에 대한 평정 결과는 다음의 표와 같았다. 이 결과로부터 λ_X와 λ_{XY}를 구하라.

		부모의 평정			
		양	미	우	수
	양	33	48	113	209
교사의 평정	미	41	100	202	255
	우	39	58	70	61
	수	17	13	22	10

제15장

단순회귀모형

이 장에서는 상관계수를 이용하여 두 변수간의 선형함수관계를 탐구하는 통계방법으로서 단순회귀모형(Simple Regression Model)을 다룬다. 단순회귀모형은 두 변수 사이의 선형함수관계인데, 함수관계가 밝혀지면, 이후에 한 변수의 정보에 기초하여 다른 변수의 정보를 추리, 또는 예측하는데 유용하므로 사회과학연구에서 보편적으로 사용되는 통계모형이다. 일반적으로 회귀모형은 복수의 독립변수와 종속변수와의 선형함수관계를 의미하는데, 단순회귀모형은 한 개의 독립변수만을 포함하므로 가장 간단한 형태의 회귀모형이면서, 동시에 회귀모형의 원리를 체계적으로 설명하는데 유용하다. 복수의 독립변수와 종속변수의 선형함수관계를 나타내는 회귀모형은 중다회귀모형(Multiple Regression Model)이라고 하며, 16장에서 서술한다.

15.1 단순회귀분석의 개요

단순회귀모형으로 자료를 분석하는 행위를 단순회귀분석(simple regression analysis)이라 한다. 통계학이 학문으로서 수행하는 가장 중요한 기능 중의 하나는 표본자료에서 얻은 정보에서 모집단의 정보를 추리하는 것이다. 단순회귀분석도 표본자료에서 두 변수의 선형함수 관계에 기초하여 모집단에서의 두 변수간의 관계를 추리하는 것이다. 다음과 같은 연구문제는 단순회귀분석이 요청되는 경우의 한 예이다.

1) 학생들의 가정배경이 대학수학능력시험점수를 예측하는데 의미가 있는가?
2) 가정배경이 좋은 학생들은 대학수학능력시험점수가 높은가?

위의 두 질문은 모두 가정배경변수와 대학수학능력시험점수의 상관관계에 대한 것이다. 그러나 질문의 맥락은 학생의 가정배경 정보만으로 미래의 대학수학능력시험점수를 예측하는 상황인 것을 알 수 있다. 여기서 가정배경변수(예, 부모의 학력)는 독립변수, 예측변수 또는 예언변수(predictor), 또는 설명변수(explanatory variable)로 불리우고, 대학수학능력시험점수는 종속변수, 준거변수(criterion variable), 또는 성과변수(outcome variable)라고 한다.

다른 한편에서 위의 질문은 가정배경과 대학수학능력시험점수가 상관이 있는지를 묻는 것이기도 하다. 통계학에서 두 변수의 상관관계를 검정하는데 동원하는 기본원리는 두 변수의 동시분포인 이변량정규분포(bivariate normal distribution)의 특성을 이용하는 것이다. 그림 15.1.1로 보여주는 이변량정규분포는 X변수와 Y변수의 분포가 모두 정규분포를 갖는다면 예상할 수 있는 X변수와 Y변수의 동시분포이다.

[그림 15.1.1] 이변량정규분포

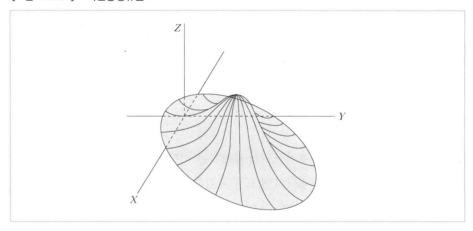

이제 이변량정규분포의 주어진 X값에서 XY평면에 직각이 되도록 절단을 하면

절단면은 정규분포를 이룬다. 또한 주어진 Y값에서 XY평면에 직각이 되도록 절단을 하면 절단면은 정규분포를 이룬다. 앞에 말한 분포를 주어진 특정 X값에 대한 Y의 조건분포(conditional distribution)라고 하며 뒤에 말한 분포를 주어진 특정 Y값에 대한 X의 조건분포라고 한다. X에 관계 없이 Y의 모든값(또는 Y에 관계 없이 X의 모든값)의 분포를 Y의 주변분포(marginal distribution)라고 한다. 이변량정규분포에서 조건분포와 주변분포는 정규분포를 이룬다. 이변량정규분포의 중요한 특징은 X와 Y가 이변량정규분포를 이루고 $r = 0$이면 X와 Y는 독립이라는 점이다. 반면에 $r \neq 0$이면 두 변수는 선형관계를 갖는다. 상관에 관한 추리는 결국 이변량정규분포를 갖는 모집단을 가정할 때 두 변수가 독립이냐 아니면 종속이냐에 관한 추리와 같다.

한걸음 나아가, $r \neq 0$일 때 두 변수가 선형관계를 갖는다는 이변량정규분포의 특성은 두 가지 정보를 제공한다. 하나는 두 변수가 상관이 있다는 것이며, 둘째는 두 변수가 선형관계에 있다는 점이다. 이러한 특징은 단순회귀모형의 개발에 기초가 된다. 단순회귀모형의 목적은 두 변수의 선형관계를 확인하여, 변수 X로부터 Y값을 추리하기 위한 것이다. 두 변수의 선형관계는 이변량정규분포에서 확인이 된다. 그러나 변수 X로부터 Y값을 추리하는 것은 주어진 X변수로부터 불확실한 Y값을 추리하는 것이다. 따라서 단순회귀모형의 맥락에서 X변수는 주어진 고정변수(fixed variable)이며, Y변수는 확률변수(random variable)이다. 이때 X를 예측변수(prediction variable) 또는 독립변수라고 하며, Y는 준거변수(criterion variable) 또는 종속변수라고 한다. 상관을 다루는 문제에서는 X와 Y는 모두 확률변수(random variable)이다. 실험을 반복할 때마다 X와 Y는 상이한 값을 갖는다. 반면에, 회귀를 다루는 문제에서는 Y는 확률변수이지만 X는 고정변수(fixed variable)이다. 회귀에서 X의 값은 연구를 반복하여도 연구자에 의해 결정된 고정된 값을 갖는다. 회귀는 주어진 X값에 대응하는 Y값을 예측하는 통계 방법이다.

이 장에서는 한 개의 X와 한 개의 Y만을 다루는 단순회귀모형(simple regression model)만을 다룬다. 두 개 이상의 독립변수를 포함하는 중다회귀모형(multiple regression model)은 16장에서 설명할 것이다. 여기서 다루는 회귀는 X와 Y의 관계가 곡선이 아닌 선형관계라는 가정에서 문제를 다루기 때문에 정확하게는 단순선형회귀모형(simple linear regression model)이라고 하여야 정확한 표현이 된다.

15.2 통계모형으로서의 단순회귀모형

한 변수의 점수로부터 다른 한 변수의 점수를 예측하려면 두 변수의 관계를 알아야 한다. 따라서 한 변수의 점수만 알고, 다른 한 변수의 점수를 예측하기 전에 먼저 두 변수의 점수를 모두 알고 있는 집단을 대상으로 상관계수의 값을 구하여야 한다. 이 장에서 취급할 예측과정의 기초가 되는 중요한 가정은, 두 변수의 관계는 선형(linear)이며 산포도로 볼 때 두 변수의 관계를 직선으로 가장 적합하게 나타낼 수 있다는 점이다. 완벽한 상관관계(예, $r = 1.0$)를 갖는 두 변수 X와 Y 사이의 관계는 다음과 같은 직선방정식으로 나타낼 수 있다. $Y = a + bX$ 방정식에서 a는 직선의 절편, 즉 $X = 0$일 때의 Y값에 해당하며, b는 직선의 기울기, 즉 X가 변함에 따라 Y가 변하는 비율이다. $a = -3$, $b = 2$라고 하면, 이 때의 직선의 방정식은 $Y = -3 + 2X$이고, 그 그래프는 그림 15.2.1과 같다.

[그림 15.2.1] 직선방정식과 그래프

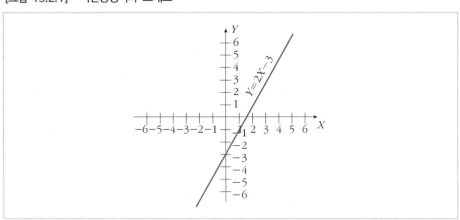

이 직선방정식은 두 변수가 완전상관을 가질 때, X값이 주어지면 Y값을 예측할 수 있는 회귀방정식(regression equation)이다. X로부터 Y를 예측하는 회귀방정식을 구하는 문제는 $Y = a + bX$의 b와 a를 결정하는 것이다.

그림 15.2.1과 같이 두 변수 X와 Y 사이에 완전한 상관이 있어서 두 변수의 분포를 나타내는 산포도의 모든 점들이 직선상에 위치할 때, b와 a를 구하는 문제는 간단하다. 그러나 사회과학에서 취급하는 두 변수 사이의 관계가 완전한 상관을 갖는 경우는 거의 없다. 앞 절에서 제시한 연구질문에 응답하기 위해서는 학생의 가정배경과 대학수학능력시험의 상관을 알아야 하는데, 두 변수의 상관관계는 완벽하지 않다. 따라서 불확실성을 갖는 Y변수를 예측하는 회귀방정식의 일반식은 언제나 오차항을 갖는다.

다음의 그림 15.2.2는 회귀분석의 맥락에서 설명변수 X와 종속변수 Y의 산포도와 이를 요약하는 회귀방정식을 도해한 것이다.

[그림 15.2.2] 산포도와 회귀방정식

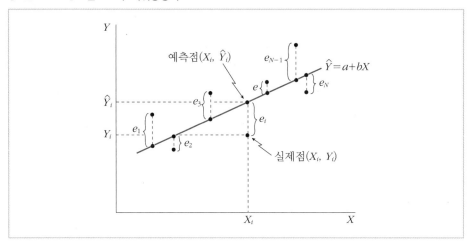

위의 그림에서 $\hat{Y} = a + bX$는 두 변수의 관계를 대표하는 하나의 직선방정식이다. 이제 회귀방정식을 이용하여 주어진 X값$(X = X_i)$에서 Y값을 예측하면, 예측된 Y값$(\hat{Y}_i)$은 실제 Y값과 다르다. 즉, $\hat{Y}_i - Y_i = e_i$의 오차가 발생한다. 따라서 통계모형으로서 회귀모형은 언제나 오차항을 포함한다. 즉, $Y = a + bX + e$ 이다.

통계모형은 모집단의 정보를 표본정보로부터 추리하기 위한 확률모형이므로, 통계모형은 언제나 모집단모형(population model, parameter model)과 표본모형 (sample model, 또는 fitted model)으로 대별된다. 표본모형은 표본자료의 분석에 모집단모형을 적용하여 얻은 결과이다. 모집단모형은 위의 그림 15.2.2와 같은 상황 이 모집단에 존재한다는 이론적 가정에 기초하여 두 변수의 선형함수관계를 다음과 같이 표현한 통계모형이다.

$$단순회귀모형: \ Y_i = \beta_0 + \beta_1 X_i + e_i, \qquad e_i \sim N(0, \sigma^2) \qquad (15.2.1)$$

여기서, Y_i : i 번째 사람의 종속변수 Y의 값

$\quad\quad\quad X_i$: i 번째 사람의 설명변수 X의 값

$\quad\quad\quad \beta_0$: 절편 회귀계수, $X = 0$일 때 Y값의 평균값

$\quad\quad\quad \beta_1$: 기울기 회귀계수, X가 한 단위 증가할 때 Y값의 평균변화량

$\quad\quad\quad e_i$: 오차항, 확률변수로서 정규성, 등분산성, 독립성의 가정을 가짐

위의 식은 직선방정식에 오차항을 더하고, 절편계수와 기울기계수를 회귀계수로 명칭을 바꾸어 표현한 것으로 회귀모형을 일반적인 통계학 용어로 제시한 것이다. 식 (15.2.1)의 단순회귀모형은 모집단에 포함된 모든 개인들의 Y_i값과 X_i값의 관계 를 표현한 것이다.

실제로 학술연구에서 관심이 있는 것은 모집단에 있는 모든 개인들의 Y값을 예측하는데 있지 않고, 두 변수 X와 Y의 관계정보이다. 따라서 식 (15.2.1)의 모형 에 근거하여, 두 변수 X와 Y의 관계를 요약하는 대표적인 직선방정식으로 표현한 단순회귀모형은 아래와 같다.

$$E(Y_i \mid X_i) = \beta_0 + \beta_1 X_i \qquad\qquad\qquad\qquad (15.2.2)$$

$$Var(Y \mid X) = \sigma^2 \qquad\qquad\qquad\qquad\qquad (15.2.3)$$

위의 식에서 $E(Y \mid X)$의 표현은 X값이 정해지면 기대되는 Y값을 의미한다. 식 (15.2.2)와 식 (15.2.3)은 모집단에서 X값과 Y값의 관계를 반영하는 회귀선은

$E(Y \mid X) = \beta_0 + \beta_1 X$이며, X값으로 Y를 예측할 때, 평균오차규모인 분산은 $Var(Y \mid X) = \sigma^2$이라는 것을 나타낸다. 즉, $E(Y \mid X) = \beta_0 + \beta_1 X$는 모집단에 존재한다고 가정하는 회귀선이며, $Var(Y \mid X) = \sigma^2$는 모집단에서 발생하는 예측오차의 크기이다. 식 (15.2.1)과 식 (15.2.2) 및 식 (15.2.3)은 모두 모집단 모형이다.

실제연구에서는 모집단의 전체 자료를 확보하여 두 변수의 관계를 밝히는 것이 가능하지 않으므로, 모집단에 존재하는 회귀선 $E(Y \mid X) = \beta_0 + \beta_1 X$을 표본자료에서 추정하여 제시한다. 마찬가지로 모집단에서 발생하는 예측오차의 규모인 σ^2도 추정한다. 이 추정된 회귀방정식을 표본 회귀모형 또는 추정된 회귀모형(fitted regression model)이라고 한다. 만일 β_0와 β_1을 추정한 값이 각각 230, 2.5였고, σ^2의 추정값은 450이라면, 추정된 회귀모형은 아래와 같다.

$$\widehat{Y_i} = 230 + 2.5 X_i, \qquad \hat{\sigma}^2 = 450$$

위의 추정된 회귀모형은 표본자료에서 변수 X와 Y변수의 선형관계를 나타낸 것이다. 즉, 식 (15.2.2)에 제시된 회귀모형을 표본자료에 적용하여 얻은 표본회귀모형이다. 표본회귀모형을 일반식으로 다음과 같이 표현한다.

$$E(\widehat{Y \mid X}) = \hat{Y}_i = \hat{\beta}_0 + \hat{\beta}_1 X_i, \qquad \widehat{Var}(Y \mid X) = \hat{\sigma}^2 \qquad (15.2.4)$$

표본회귀모형은 모집단 모형을 자료분석에 적용하여 얻은 결과이므로, 여기서 $\hat{\beta}_0$, $\hat{\beta}_1$, $\hat{\sigma}^2$는 모두 구체적인 수치이다. 식 (15.2.4)로 얻은 표본회귀모형이 모형을 평가하는 통계적 기준들을 만족한다면, 연구자가 제기한 이론모형인 $Y_i = \beta_0 + \beta_1 X_i + e_i$, $e_i \sim N(0, \sigma^2)$는 모집단에서 두 변수가 의미 있는 관계임을 경험적으로 증명하는 셈이다.

연구자가 통계모형을 자료분석에 사용하는 이유는 모집단의 정보를 탐구하기 위한 것이다. 단순회귀모형으로 자료를 분석하는 이유는 모집단에서 두 변수 X와 Y가 다음의 관계를 가질 것으로 연구자가 가정하는데서 출발한다. 즉,

$$Y_i = \beta_0 + \beta_1 X_i + e_i, \quad e_i \sim N(0, \sigma^2)$$

연구자는 모집단에 두 변수가 어떠한 선형함수관계를 가질 것으로 가정하고 있으며, 선형함수관계를 결정하는 회귀계수인 β_0와 β_1, 그리고 오차분산인 σ^2의 값을 알고 싶어한다. 따라서 X와 Y변수의 표본자료를 확보하여 $\hat{\beta}_0$, $\hat{\beta}_1$, $\hat{\sigma}^2$의 값을 구하고, 이를 검정하여 이들 추정된 값들이 통계적으로 유의한지를 평가한다. 이때 $\hat{\beta}_0$, $\hat{\beta}_1$, $\hat{\sigma}^2$의 값을 산출하는 방법을 추정법이라고 하며, 회귀모형의 추정법은 보편적으로 많이 쓰이는 것이므로 이를 구체적으로 최소자승추정법(Ordinary Least Square Estimation Method: OLS 추정법)이라 한다.

회귀계수의 추정

회귀모형의 추정에 적용하는 OLS 추정법의 원리는 예측오차를 최소화하는 회귀선을 탐구하는 원리이다. 이제 모집단의 회귀선은 $E(Y_i \mid X_i) = \beta_0 + \beta_1 X_i$이라고 하면, 이 회귀선으로 Y_i의 값을 예측한다면, 연구자가 범하는 오차의 크기는 아래와 같다.

$$Y_i - E(Y_i \mid X_i) = (\beta_0 + \beta_1 X_i + e_i) - (\beta_0 + \beta_1 X_i) = e_i$$

모집단에서 회귀선을 이용하여 X값으로 Y값을 예언한다면, 연구자가 범하는 오차는 e_i이다. 이 오차는 회귀선의 모수 β_0와 β_1을 정하기에 따라 클 수도 있고 작을 수도 있을 것이다. 최소자승법은 e_i의 총합이 최소화하도록 β_0와 β_1을 추정하는 방법이다. 그러나 $\sum e_i = 0$이므로, $\sum e_i^2$를 최소화하는 직선의 방정식에서 구한

절편과 기울기 계수를 β_0와 β_1의 추정값으로 제시한다. 이를 전개하면 아래와 같다.

$$\text{우선 } \sum e_i^2 = \sum [Y_i - (\beta_0 + \beta_1 X_i)]^2$$

$$= \sum [Y_i^2 + \beta_0^2 + \beta_1^2 X_i^2 + 2\beta_0 \beta_1 X_i - 2\beta_0 Y_i - 2\beta_1 X_i Y_i] \quad (15.3.1)$$

오차의 제곱합을 최소화하는 β_0와 β_1은 식 (15.3.1)를 β_0와 β_1에 대하여 각각 편미분을 한 도함수가 0이 되는 지점에서의 값들이다. 각각의 도함수는 아래와 같다.

$$\frac{\partial}{\partial \beta_0} \sum [Y_i^2 + \beta_0^2 + \beta_1^2 X_i^2 + 2\beta_0 \beta_1 X_i - 2\beta_0 Y_i - 2\beta_1 X_i Y_i]$$

$$= 2N\beta_0 + 2\beta_1 \sum X_i - 2 \sum Y_i \quad (15.3.2)$$

$$\frac{\partial}{\partial \beta_1} \sum [Y_i^2 + \beta_0^2 + \beta_1^2 X_i^2 + 2\beta_0 \beta_1 X_i - 2\beta_0 Y_i - 2\beta_1 X_i Y_i]$$

$$= 2\beta_1 \sum X_i^2 + 2\beta_0 \sum X_i - 2 \sum X_i Y_i \quad (15.3.3)$$

따라서 식 (15.3.2)과 식 (15.3.3)이 0이 되는 β_0와 β_1값이 회귀계수 추정값인 $\hat{\beta}_0$와 $\hat{\beta}_1$이 된다. 이를 요약하여 정리하면 두 개의 미지수를 가진 연립방정식이 성립된다.

$$N\hat{\beta}_0 + \hat{\beta}_1 \sum X_i - \sum Y_i = 0 \quad (15.3.4)$$

$$\hat{\beta}_1 \sum X_i^2 + \hat{\beta}_0 \sum X_i - \sum X_i Y_i = 0 \quad (15.3.5)$$

식 (15.3.4)과 식 (15.3.5)을 정규방정식(normal equation)이라고 하며, 이 연립방정식을 만족하는 회귀계수가 $\hat{\beta}_0$와 $\hat{\beta}$이다. 이를 풀면,

$$\hat{\beta}_1 = \frac{N\sum XY - \sum X \sum Y}{N\sum X^2 - (\sum X)^2} = \frac{s_{XY}}{s_X^2} = r \frac{s_Y}{s_X} \quad (15.3.6)$$

$$\hat{\beta}_0 = \frac{\sum Y - \hat{\beta}_1 \sum X}{N} = \overline{Y} - \hat{\beta}_1 \overline{X} = \overline{Y} - r\frac{s_Y}{s_X}\overline{X} \tag{15.3.7}$$

이다.

오차분산의 추정

모집단 회귀모형에서 오차항은 $e_i \sim N(0, \sigma^2)$의 분포를 갖는다고 가정한다. 여기서 오차항 e_i는 무선변수이며, 오차분산 σ^2는 예측오차분산(prediction error variance) 또는 X값으로 Y값을 예측하는 모형이 설명하지 못하는 잔차분산(residual variance)이라고 한다. 오차분산을 추정하는 방법은 추정된 오차항에 근거한다. 즉,

$$\hat{e}_i = Y_i - \hat{Y}_i$$

이다. 여기서 $\hat{Y}_i = \hat{\beta}_0 + \hat{\beta}_1 X_i$이다. 따라서 오차분산의 추정식은 아래와 같다.

$$\hat{\sigma}^2 = s_{Y \mid X}^2 = \frac{\sum \hat{e}_i^2}{N-2} = \frac{\sum (Y_i - \hat{Y}_i)^2}{N-2} = \frac{SS_{res}}{N-2} \tag{15.3.8}$$

오차분산은 회귀모형으로 Y_i의 값을 예측할 때 범하는 오차이므로, 예측오차의 표준편차를 특별히 추정의 표준오차(standard error of estimation)라고 한다. 즉,

$$\hat{\sigma} = s_{Y \mid X} = \sqrt{\frac{\sum (Y_i - \hat{Y}_i)^2}{N-2}} \tag{15.3.9}$$

범하는 오차회귀방정식을 이용하여 X로부터 Y를 예측할 때 예측오차의 개념으로 다음 식으로 주어지는 추정의 표준오차(standard errors of estimate)를 도입한다. 추정의 표준오차는 회귀선 $\hat{Y}_i = \hat{\beta}_0 + \hat{\beta}_1 X_i$로 Y_i를 추정할 때 범하는 평균오차의 개념이며, 추정의 정밀도를 알려준다. $\hat{\sigma}$의 값이 작으면 Y_i값을 추정하는데 정밀도가 높은 것이며, 이 값이 크면 추정에 오차가 크다는 것을 의미한다.

회귀모형에서 오차분산 σ^2는 주어진 X값에서의 Y변수의 분산이므로 조건분산

(conditional variance)이다. 따라서 $\sigma^2_{Y\,|\,X}$로 표기하기도 한다. 이변량정규분포에서 조건분산 $\sigma^2_{Y\,|\,X}$는 주변분산(marginal variance) σ^2_Y와 다음의 관계를 갖는다.

$$\sigma^2_{Y\,|\,X} = \sigma^2_Y(1-\rho^2) \tag{15.3.10}$$

여기서 $\rho = corr(X, Y)$이다. 식 (15.3.10)에서 $\sigma^2_{Y\,|\,X}$은 X와 Y의 상관관계가 높을수록 작은 값을 갖는다. 또한 X와 Y의 상관이 0이라면, $\sigma^2_{Y\,|\,X} = \sigma^2_Y$이다.

따라서 표본이 충분히 크다면 식 (15.3.10)에 제시된 조건분산과 추정의 표준오차의 표본통계량은 다음 식으로 표현된다.

$$s^2_{Y\,|\,X} = s^2_Y(1-r^2) \tag{15.3.11}$$

$$s_{Y\,|\,X} = s_Y\sqrt{(1-r^2)} \tag{15.3.12}$$

따라서 추정의 표준오차는 식 (15.3.11) 또는 식 (15.3.12)으로 계산될 수 있다. 아래의 그림 15.3.1은 회귀분석의 맥락에서 회귀모형, 종속변수 Y의 분산, 그리고

[그림 15.3.1] 회귀모형, 종속변수의 분산, 예측오차분산의 관계

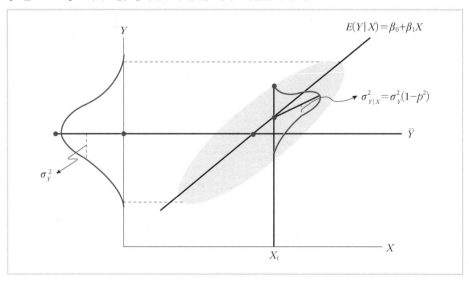

예측오차분산의 관계를 도해한 것이다.

위의 그림에서 $\sigma^2_{Y|X}$은 $X = X_i$일 때 Y값의 분산이므로, 주어진 X에서 Y의 조건분산이다. $\sigma^2_{Y|X}$의 크기는 $\rho = corr(X, Y)$의 값이 클수록 작아지는 것을 알 수 있으며, 추정의 표준오차인 $\sigma_{Y|X}$도 작아지게 된다.

15.4 회귀모형의 평가와 결정계수

상관계수를 해석하는 또 한 가지의 방법은 예측할 수 있는 분산의 비율로 해석하는 것이다. 두 변수 X와 Y의 상관이 $r = 0.5$라면, $r^2 = 0.25$이다. r^2의 크기를 해석하는 방법은 X변수가 Y변수의 변산을 25% 설명한다는 것이다. 역으로 Y변수도 X변수의 변산을 25% 설명한다. 상관계수의 이러한 성질을 이용하여 회귀모형으

[그림 15.4.1] 편차점수$(Y_i - \overline{Y})$의 분할

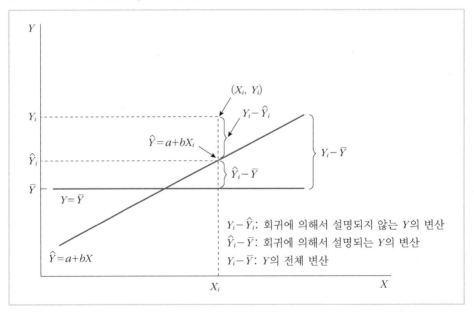

로 추정한 $\hat{Y}_i$값과 실제 관찰값 Y_i의 상관을 $Corr(Y_i, \hat{Y}_i) = R$로 표기한다. 여기서 R을 중다상관계수(multiple correlation coefficient)라고 한다. 상관계수의 경우와 마찬가지로 R^2은 추정된 모형 $\hat{Y}_i = \hat{\beta}_0 + \hat{\beta}_1 X_i$이 Y_i의 변산을 설명하는 규모이다. R^2의 해석은 추정된 회귀모형이 종속변수의 변산을 설명한 비율이다. 이와 같은 개념을 효과적으로 설명하는 방법은 그림 15.4.1에 제시한 편차점수의 관계를 이용하는 것이다.

그림 15.4.1에서는 직선의 식은 추정된 회귀선으로 회귀모형 $\hat{Y}_i = \hat{\beta}_0 + \hat{\beta}_1 X_i$로 추정한 $\hat{Y}_i$값을 나타낸다. 또한 그림 15.4.1는 세 가지 편차점수를 나타내고 있다. 만일 연구자가 X변수의 정보를 사용하지 않고, Y_i값을 추정한다면 연구자는 $\overline{Y}$로 추정을 하게 된다. 즉, X변수의 정보가 없다면, 연구자가 범하는 오차는 $(Y_i - \overline{Y})$이다. 그러나 $\hat{Y}_i = \hat{\beta}_0 + \hat{\beta}_1 X_i$의 모형으로 추정하면, 연구자가 범하는 오차는 $e_i = Y_i - \hat{Y}_i$이다. 따라서 X변수를 활용하여 회귀모형으로 Y값을 추정하면, 연구자가 범하는 오차는 $(Y_i - \overline{Y}) - (Y_i - \hat{Y}_i) = (\hat{Y}_i - \overline{Y})$로 줄어든다. 세 가지 편차를 다음과 같이 명명할 수 있다.

전체 오차: $(Y_i - \overline{Y})$

회귀모형 덕택에 줄어든 오차(설명된 오차): $(\hat{Y}_i - \overline{Y})$

회귀모형을 적용한 이후에도 여전히 남아 있는 오차(잔차): $(Y_i - \hat{Y}_i)$

위의 세 가지 오차의 관계를 다시 정리하면,

$$(Y_i - \overline{Y}) = (Y_i - \hat{Y}_i) + (\hat{Y}_i - \overline{Y}) \tag{15.4.1}$$

이다. 위의 식에서 자승합을 구하면 다음의 결과를 얻을 수 있다.

$$\sum(Y_i - \overline{Y})^2 = \sum(Y_i - \hat{Y}_i)^2 + \sum(\hat{Y}_i - \overline{Y})^2 \tag{15.4.2}$$

각 각의 자승합 용어로 표현하면, 식 (15.4.2)는 다음의 관계를 나타낸 것이다.

$$SST = SSE + SSR \qquad (15.4.3)$$

$$\text{여기서, } SST = \sum (Y_i - \overline{Y})^2 : \text{종속변수 } Y \text{의 전체 변산}$$

$$SSE = \sum (Y_i - \widehat{Y}_i)^2 : \text{잔차 변산}$$

$$SSR = \sum (\widehat{Y}_i - \overline{Y})^2 : \text{설명된 변산}$$

이다. 식 (15.4.3)의 관계를 이용하면, 중다상관계수의 제곱인 R^2은 다음과 같이 나타낼 수 있다.

$$R^2 = \frac{SSR}{SST} \qquad (15.4.4)$$

즉, 중다상관계수의 제곱은 종속변수의 전체 변산에서 회귀모형 $\widehat{Y}_i = \hat{\beta}_0 + \hat{\beta}_1 X_i$로 설명한 변산의 비율이다. R^2은 회귀모형에서 결정계수(coefficient of determination)라고 한다. 식 (15.4.4)은 다음 식으로 전환이 가능하다.

$$SSR - R^2 SST \text{ 이므로,}$$
$$SSE = SST - SSR = SST(1 - R^2) \qquad (15.4.5)$$

식 (15.4.3)에서 식 (15.4.5)는 전체 변산(SST), 잔차 변산(SSE), 설명된 변산(SSR)의 관계를 나타내는 식들이다. 결정계수 R^2는 추정된 회귀모형이 Y_i의 변산을 설명하는 비율정보이며, 추정된 회귀모형의 실제적 유용성 정보를 제공한다. 이에 따라, 결정계수를 $\widehat{Y}_i = \hat{\beta}_0 + \hat{\beta}_1 X_i$ 모형의 Y_i에 대한 예측력(predictive power)이라고도 해석한다.

15.5 단순회귀모형의 가설검정

단순회귀모형은 종속변수와 설명변수의 선형함수관계를 나타낸다. 연구자가 회귀모형으로 자료를 분석하는 목적은 종속변수 Y를 예측하는 변수로서 연구자가 선정한 설명변수 X가 유의한 효과를 갖는지 알기 위한 것이다. 이를 위해 연구자가 두 가지 맥락에서 회귀모형에 대한 가설검정을 수행한다. 첫째는 연구자가 설정한 회귀모형이 종속변수 Y를 예측하는데 유용한 모형인지를 가설검정하는 것이다. 회귀모형의 예측력은 앞 절에서 설명한 결정계수(R^2)이므로, 연구자는 $H_0 : R^2 = 0$, $H_A : R^2 > 0$의 가설을 검정하여 모형의 통계적 유의도를 검정한다. 둘째는 연구자가 선정한 설명변수 X가 종속변수 Y를 예측하는데 통계적으로 유의한지를 검정하는 것이다. 이 경우 연구자는 설명변수 X의 효과인 회귀계수가 통계적으로 유의한지를 검정하는 것이며, 연구자의 가설은 가설은 $H_0 : \beta_1 = 0$, $H_A : \beta_1 \neq 0$이다. 단순회귀모형에서는 설명변수가 하나뿐이므로, 궁극적으로 모형을 평가하는 것이나, 설명변수의 효과를 평가하는 것이나 같은 의미를 갖는다. 그러나 다음 장에 나오는 중다회귀모형에서는 복수의 설명변수가 모형에 포함되므로, 모형 전체의 유의도를 검정하는 경우와 각 개별 설명변수의 효과인 회귀계수를 검정하는 것은 다른 문제이다.

회귀모형의 유의도 검정

회귀모형에 대한 유의도 검정은 연구자가 종속변수 Y와 설명변수 X의 선형함수관계로 제시한 모형이 통계적으로 의미 있는지 검정하는 것이다. 즉, 회귀모형 전체에 대한 가설검정이다. 회귀모형에 의한 분석결과를 전체적으로 요약하는 것은 분산분석표이다. 분산분석표는 $F-$검정을 하기 위하여 분석결과를 요약한 표이다. 연구자는 $F-$검정통계량을 이용하여 $H_0 : R^2 = 0$, $H_A : R^2 > 0$의 가설을 검정한다. 회귀모형 전체를 평가하는 방법은 단순회귀모형이나 중다회귀모형이나 분산분석표를 사용하여 같은 가설을 검정한다. $F-$검정통계량을 산출하기 위하여 분산분석표를 구성하는데 필수적인 것은 자승합(SS)과 자유도(degrees of freedom)이다. 회귀분석에서 자승합의 분할은 식 (15.2.18)과 같이 이루어진다.

$$\sum (Y_i - \overline{Y})^2 = \sum (\widehat{Y}_i - \overline{Y})^2 + \sum (Y_i - \widehat{Y}_i)^2$$

이를 식 (15.2.19)에서 처럼 자승합 용어로 표현하면,

$$SST(\text{전체 변산}) = SSR(\text{모형으로 설명된 변산}) + SSE(\text{설명되지 않은 잔차})$$
변산)

이다. 따라서 회귀모형에서의 분산분석표는 다음의 구조를 갖는다.

⟨표 15.5.1⟩ 단순회귀분석의 분산분석표

변산원	지승합	자유도	평균지승합	F
모형(regression)	SSR	1	$MSR = SSR/1$	MSR/MSE
잔차(residual)	SSE	$N-2$	$MSE = SSE/(N-2)$	
	SST	$N-1$		

위의 표에서 SSR의 자유도는 회귀모형에 포함된 설명변수의 수이다. 단순회귀모형에서는 SSR의 자유도는 1이다. SSE의 자유도는 전체 자료에서 모형에 포함된 회귀계수의 수 만큼 감소한다. 즉, $SSE = \sum(Y_i - \widehat{Y}_i)^2$에서 $\widehat{Y}_i = \widehat{\beta}_0 + \widehat{\beta}_1 X_i$이므로, $\widehat{Y}_i$를 추정하려면, 두 개의 모수 추정값인 $\widehat{\beta}_0$, $\widehat{\beta}_1$를 추정하는 것이 우선이다. 두 개의 모수를 추정했으므로 자유도는 $(N-2)$이다. 위의 분산분석표에서 $R^2 = SSR/SST$ 이다. 따라서 $SSR = R^2 SST$이며, $SSE = (1-R^2)SST$로 표현해도 무방하다.

이제 회귀모형의 유의도 검정절차를 효과적으로 서술하기 위하여 다음의 예시자료를 사용한다.

보기 15.5.1

연구자는 대학생들의 연간 탈락률에 관한 연구를 하려고 한다. 특히 대학의 규모(학생수)와 연간 탈락률은 관계가 있을 것으로 가정하고 대학의 총학생수를 사용하여 탈락 학생수를 예측하려고 한다. 다음 표는 10개의 대학을 임의로 추출하여 학생수(X)와 연간 탈락 학생수 (Y)를 조사한 결과이다. 상관계수는 상수를 곱하거나 나누어 주어도 변하지 않으므로 계산을 간편하게 하기 위하여 학생수는 천단위, 연간 탈락 학생수는 백단위로 하였다. 따라서 추정된 회귀방정식으로부터 예측된 Y값에 100을 곱하면 탈락 학생수가 된다.

대학 i	학생수 (1,000) X	탈락학생수 (100) Y	X^2	Y^2	XY
1	4	1	16	1	4
2	10	4	100	16	40
3	15	5	225	25	75
4	12	4	144	16	48
5	8	3	64	9	24
6	16	4	256	16	64
7	5	2	25	4	10
8	7	1	49	1	7
9	9	4	81	16	36
10	10	2	100	4	20
Σ	96	30	1060	108	328

위의 자료는 계산상의 편의를 위하여 각 대학 별로 X^2, Y^2, 그리고 XY의 값을 표에 포함하였다.

① 가설의 제기

$$H_0 : R^2 = 0$$

$$H_A : R^2 > 0$$

위의 가설은 대학의 규모(학생수, X)와 연간 탈락 학생수(Y)가 관계가 있다는 가설을 검정하기 위한 것이다. R^2는 종속변수 Y의 전체 변산 중에서 몇 %가 연구자가 제기한 회귀모형에 의하여 설명되었는지를 나타내는 통계량이다. 가설검정 결과 $H_0 : R^2 = 0$의 가설을 기각하지 못한다면, 연구자의 이론을 반영한 회귀모형은 실제 자료의 분석에 의한 검정결과 탈락 학생수의 대학간 변산을 설명하는데 유의하다는 충분한 증거가 없는 것으로 해석한다. 반면에 영가설을 기각하고 $H_A : R^2 > 0$을 받아들인다면, 연구자의 모형은 대학의 규모가 연간 탈락 학생수와 유의한 상관을 갖는다는 충분한 증거가 있는 것으로 해석한다. 그러나 이 해석은 모집단에서 $H_0 : R^2 = 0$을 기각할 만한 충분한 증거가 표본에서 발견되었다는 의미이며, R^2의 크기가 실제로 어느 정도 실효성 있는지를 나타내지는 않는다.

② 일종오류의 유의수준 제기

$$\alpha = 0.05$$

일종오류의 의미는 영가설이 잘못 기각될 확률을 의미한다. 일종오류의 유의수준을 정하는 이유는 모집단에서 $R^2 = 0$이라고 하더라도, 표본자료에서 구한 통계량은 $\hat{R}^2 > 0$이므로, 영가설을 잘못 기각할 확률이 언제나 존재한다. 따라서 그 허용범위를 5% 이내로 제한하는 것이다. 즉, 연구자가 영가설을 기각할 때 그 의사결정이 잘못 되었을 가능성은 5% 이내로 하겠다는 의미이다. 반대로 영가설을 기각할 때 확신수준은 95% 이상으로 하겠다는 의사결정 기준이기도 하다.

③ 검정통계량의 결정

$$F = \frac{MSR}{MSE} \sim F(1,8)$$

영가설 $H_0 : R^2 = 0$을 검정하는 방법은 분산분석표에서 산출되는 F통계량의 값을 이용한다. 여기서 df_b는 회귀모형의 자유도이며 모형에 포함된 설명변수의 수이므로 $df_b = 1$이다. df_e는 오차항의 자유도로서 $df_e = N-2$이다.

④ 임계값 결정

임계값(critical value)은 일종오류의 유의수준에 대응하는 검정통계량의 값이다. 즉 검정통계량 $F(1,8)$이 $\alpha = 0.05$ 수준에서의 값은 $F_{.95}(1,8) = 5.32$이다. 이 임계값을 가설검정에서 의사결정의 기준으로 사용한다. 즉, 연구자는 다음의 규칙을 세운다.

"만일 $F(1,8) > 5.32$이면, $H_0 : R^2 = 0$을 기각한다."

⑤ 분산분석표의 구성

지금까지 ①의 가설에서 ④의 임계값 결정까지는 자료를 수집하고 분석하기 이전에 연구자가 수립한 가설검정 절차이다. 이제 이 절차에 따라 가설검정을 하는 것은 표 15.5.1의 구조로 분산분석표를 구성하여 F값을 산출하는 것이다. 분산분석표는 기본적으로 자승합(SS)과 자유도(df)가 정확하면 구성할 수 있다. 보기 15.5.1의 자료에서 각 각의 자승합과 더불어 분산분석표를 구성하는 것은 이 장의 후반부에 제시한 "SPSS 실습 15.6.1"에서와 같이 컴퓨터 통계프로그램(예, $SPSS$, SAS)을 이용하면 <표 15.5.1>과 같은 양식의 분산분석표를 구할 수 있다. 여기서는 통계프로그램에 의존하지 않고 간편계산법으로 자승합을 구하는 과정을 설명한다.

$$SST = \sum(Y_i - \overline{Y})^2 = \sum Y^2 - (\sum Y)^2/N = 108 - \frac{30^2}{10} = 18$$

$SSE = SST - SSR$이다.

SSR을 계산하는 방법은 다양하지만 여기서는 $F-$분포와 $t-$분포의 관계를 이용한다. 즉, $F(1, N-2) = t^2(N-2)$의 관계이다. 따라서 다음의 관계를 유도할 수 있다.

$$t^2 = \left[\frac{\hat{\beta_1}}{Se_{\hat{\beta_1}}}\right]^2 = \frac{\hat{\beta_1}^2}{\hat{\sigma}^2/SS_X} = \frac{\hat{\beta_1}^2 SS_X}{MSE} = \frac{MSR}{MSE} = \frac{SSR}{MSE}$$

단순회귀모형에서 모형의 자유도는 1이므로 $MSR = SSR$이다.

$$여기서 \ \hat{\beta_1} = \frac{s_{XY}}{s_X^2} = \frac{\sum(XY - N\overline{X}\,\overline{Y})}{\sum X^2 - N\overline{X}^2} = \frac{\sum(XY - N\overline{X}\,\overline{Y})}{SS_X} \ 이다.$$

이에 따라 SSR은 다음 식으로 계산이 가능하다.

$$SSR = \hat{\beta_1}^2 SS_X = \left[\frac{(\sum XY - N\overline{X}\,\overline{Y})^2}{SS_X}\right] = \left[\frac{(\sum XY - \sum X \sum Y/N)^2}{\sum X^2 - (\sum X)^2/N}\right]$$

$$= \frac{(328 - 96 \times 30/10)^2}{1060 - 96^2/10} = 11.56$$

이에 따라 $SSE = SST - SSR = 6.44$이다.

지금까지 구한 SST, SSR, SSE에 기초하여 분산분석표를 구성하면 아래와 같다.

분산분석표

변산원	자유도	자승합	평균자승합	F	p
모형	1	11.56	11.56	14.4	$p < .01$
잔차	8	6.44	.805		
전체	9	18.00			

⑥ 가설검정

위의 분산분석표에서 $\widehat{R}^2 = 11.56/18.00 = .64$이다. 그리고 $F = 14.4 > F_{.95}(1,8)$ $= 5.32$이므로 영가설 $H_0 : R^2 = 0$을 기각할 만한 충분한 증거가 발견되었다.

⑦ 결론

대학의 학생수 규모와 탈락 학생수는 정적인 상관이 있다.

가설검정의 7단계는 가설검정의 논리체계를 상세히 서술하기 위한 것이다. 컴퓨터가 발달한 현대에는 연구자의 가설만 정확히 수립하면, 자료를 분석하고 분산분석표의 완성까지 컴퓨터의 통계프로그램이 다 수행한다. 따라서 통계방법을 학습할 때 컴퓨터 통계프로그램의 학습도 병행할 필요가 있다.

회귀계수의 유의도 검정

$H_0 : \beta_1 = 0$의 검정:

두 변수 사이의 선형관계를 밝히기 위한 회귀분석에서는 연구자가 설정한 모형의 유의도와 더불어 모형에 포함된 설명변수의 효과에 대한 유의도 검정도 가능하다. 연구자의 단순회귀모형이 $Y_i = \beta_0 + \beta_1 X_i + e_i, \quad e_i \sim N(0, \sigma^2)$ 라면, 설명변수의 종속변수에 대한 효과는 기울기 회귀계수 β_1 이다. 따라서 연구자가 검정하는 가설은 모집단 모형에서의 회귀계수인 β_1 에 대한 것이다. 앞의 경우처럼 보기 15.5.1 자료분석에 근거하여 회귀계수의 가설검정절차를 설명한다.

① 가설의 제기

$$H_0 : \beta_1 = 0$$
$$H_A : \beta_1 \neq 0$$

이 가설은 모집단에서 $\beta_1 = 0$ 이라는 영가설을 검정하는 것이다. $\beta_1 = 0$ 이라는 의미는 설명변수 X 의 정보가 종속변수 Y 를 예측하는데 아무 소용이 없다는 의미이며, 모평균 μ_Y 의 추정값인 $\overline{Y}$ 로 Y 변수의 값을 예측하는 것과 같다는 것이다. 즉, $Y_i = \beta_0 + \beta_1 X_i + e_i$ 의 모형에서 $\beta_1 = 0$ 이면, $Y_i = \beta_0 + e_i = \mu_Y + e_i$ 이다.

② 일종오류의 유의수준 제기

$$\alpha = 0.05$$

영가설을 잘못 기각할 확률의 수준을 5% 이하로 한다는 것으로, 영가설을 기각할 때의 확신수준은 95% 이상으로 한다는 의미이다.

③ 검정통계량의 결정

$$t = \frac{\widehat{\beta_1}}{Se_{\widehat{\beta_1}}} \sim t(8)$$

영가설 $H_0 : \beta_1 = 0$ 을 검정하는 확률분포는 $t-$분포이다. 검정통계량 t 는 정규분포를 갖는 모든 추정값의 유의도 검정에 사용되며, 모수의 추정값과 표준오차의 비로 나타난다. t-분포는 분포족(family of distributions)이고 자유도에 따라 다른 분포를 갖는다. 따라서 반드시 자유도를 결정해야 정확한 t-분포를 사용할 수 있다. t-분포의 자유도는 오차항의 자유도로서 $df_e = N - 2 = 8$이다.

④ 임계값 결정

임계값(critical value)은 일종오류의 유의수준에 대응하는 검정통계량의 값이며, 가설검정에서 의사결정의 기준으로 사용한다. 즉, 연구자는 다음의 규칙을 세운다.

"만일 $t > t_{.95}(8) = 2.306$이면, $H_0 : \beta_1 = 0$을 기각한다."

⑤ t-값의 계산

검정통계량 t-값을 계산하는 것은 컴퓨터의 통계프로그램을 이용하면 된다. 여기서는 t-검정통계량의 개념을 학습하므로, t-값을 구성하는 $\hat{\beta}_1$과 $\widehat{Se}_{\beta_1}$의 계산 방법을 설명한다. 앞에서 설명한 바와 같이, $\hat{\beta}_1 = \dfrac{s_{XY}}{s_X^2} = r_{XY} \dfrac{s_Y}{s_X}$이다. 보기 15.5.1 의 자료의 통계량을 이용하여 계산하면,

$$SS_X = \sum (X_i - \overline{X})^2 = \sum X^2 - \frac{1}{N}(\sum X)^2 = 1060 - 0.1(96)^2 = 138.4,$$

$$s_X^2 = \frac{138.4}{9} = 15.38$$

$$SS_Y = \sum (Y_i - \overline{Y})^2 = \sum Y^2 - \frac{1}{N}(\sum Y)^2 = 108 - 0.1(30)^2 = 18,$$

$$s_Y^2 = \frac{18}{9} = 2$$

$$SS_{XY} = \sum (X_i - \overline{X})(Y_i - \overline{Y}) = \sum XY - \frac{1}{N}(\sum X)(\sum Y)$$

$$= 328 - 0.1(96)(30) = 40,$$

$$s_{XY} = \frac{40}{9} = 4.444, \text{ 따라서 } \hat{\beta}_1 = \frac{s_{XY}}{s_X^2} = 0.29 \text{이다.}$$

회귀계수의 표준오차는 $\sqrt{Var(\hat{\beta_1})} = \sqrt{\dfrac{\sigma^2}{SS_X}} = \dfrac{\sigma}{\sqrt{(N-1)\sigma_X^2}}$ 이므로, 다음의 대응값으로 대체한다. $\hat{\sigma} = s_{Y\mid X} = \sqrt{s_Y^2(1-r^2)} = 0.9,\ \hat{\sigma}_X^2 = s_X^2 = 15.38.$ 따라서 $t = \dfrac{\hat{\beta_1}}{Se_{\hat{\beta_1}}} = 3.8$ 이다.

⑥ 가설검정

$t = 3.8$ 이므로 ④단계에서 결정한 임계값을 사용하면, $t > t_{.95}(8) = 2.306$ 으로서 영가설 $H_0 : \beta_1 = 0$ 을 기각할 만한 충분한 증거가 발견되었다.

⑦ 결론

단순회귀분석에서는 설명변수가 한 개이므로, $H_0 : R^2 = 0$ 와 $H_0 : \beta_1 = 0$ 의 가설검정은 같은 결과를 갖는다. 다만 β_1 은 회귀계수이므로, 설명변수의 효과로 해석한다. 대학의 학생수 규모가 탈락 학생수를 예측한다. 대학의 학생수 규모와 탈락 학생수는 정적인 상관이 있다.

$H_0 : \beta_0 = 0$ 의 검정:

회귀모형 $Y_i = \beta_0 + \beta_1 X_i + e_i,\ e_i \sim N(0, \sigma^2)$ 에서 β_0 는 절편계수인데, 더 정확한 의미는 $X = 0$ 일때 Y값의 평균이다. 즉, $E(Y \mid X = 0) = E(\beta_0 + e_i) = \beta_0$ 이다. 따라서 $X = 0$ 의 조건이 의미 있을 때는 $H_0 : \beta_0 = 0$ 의 가설검정은 의미가 있으나, 일반적으로 β_0 는 절편계수의 의미를 갖고 가설검정을 수행하지 않는다. 그러나 다음의 모형에서는 절편계수가 의미가 있다.

$$Y_i = \beta_0 + \beta_1(X_i - \overline{X}) + e_i,\ e_i \sim N(0, \sigma^2)$$

위의 모형에서는 $\beta_0 = \mu_Y$ 이며, 추정값인 $\hat{\beta_0} = \overline{Y}$ 이다. 즉 β_0 가 단순한 절편계수가 아니라 종속변수의 평균의 의미를 갖는다. 만일 종속변수의 평균이 0인가에 관심이 있다면 $H_0 : \beta_0 = 0$은 의미가 있으며, 앞에서 β_1의 가설검정과 동일한 절차로 검정할 수 있다.

15.6 단순회귀모형의 신뢰구간

추리통계학에서 모수를 추정하는 방법은 점추정(point estimation)과 구간추정 (interval estimation)의 두 가지 방법이 있는 것으로 8장에서 서술하였다. 단순회귀 모형에서는 회귀계수의 모수 값과 종속변수의 값에 대한 구간추정법으로 신뢰구간을 구할 수 있다.

회귀계수의 신뢰구간

회귀모형에서 추정된 회귀계수 $\hat{\beta}_0$와 $\hat{\beta}_1$은 모두 표집분포를 갖는다. 두 회귀계수 추정치의 표집분포를 이용하여, 모수 β_0와 β_1의 신뢰구간을 구할 수 있다. 우선 설명변수 X의 회귀계수 추정치인 $\hat{\beta}_1$의 표집분포의 평균과 분산은 아래와 같다.

$$E(\hat{\beta}_1) = \beta_1, \quad Var(\hat{\beta}_1) = \sigma^2 / \sum (X_i - \overline{X})^2 = \sigma^2 / SS_X \tag{15.6.1}$$

따라서 회귀계수 추정값 $\hat{\beta}_1$에 근거하여, 모수 β_1의 95% 신뢰구간을 구하면

β_1의 95% 신뢰구간

$$= [\hat{\beta}_1 - t_{.95}(N-2)\sqrt{Var(\hat{\beta}_1)} \le \beta_1 \le \hat{\beta}_1 + t_{.95}(N-2)\sqrt{Var(\hat{\beta}_1)}]$$

$$= \hat{\beta}_1 - t_{.95}(N-2)\frac{s_{Y|X}}{\sqrt{SS_X}} \le \beta_1 \le \hat{\beta}_1 + t_{.95}(N-2)\frac{s_{Y|X}}{\sqrt{SS_X}}$$

이다. 이를 더 간단하게 일반식으로 표현하면,

β_1의 95% 신뢰구간$= [\hat{\beta}_1 \pm t_{.95}(df)s_{\hat{\beta}_1}]$ \hfill (15.6.2)

이다. 여기서 $s_{\hat{\beta}_1} = \dfrac{s_{Y\,|\,X}}{\sqrt{SS_X}}$ 이며, $t-$분포의 자유도는 단순회귀모형에서 $df = N - 2$ 이다. β_1의 95% 신뢰구간의 의미는, 위의 식 (15.6.2)에 제시된 구간을 무수히 반복하여 구하면, 95%의 구간이 모수 β_1을 포함한다는 것이다. 역으로 위의 구간에 모수 β_1이 포함될 가능성이 95%이라고 해석하여도 무방하다. 연구자는 실제 추정값을 식 (15.6.2)에 대입하여 95% 신뢰구간을 제시할 수 있다.

다음으로 β_0의 신뢰구간도 $\hat{\beta}_0$의 표집분포를 이용하면 구할 수 있다.

$$E(\hat{\beta}_0) = \beta_0, \ \ Var(\hat{\beta}_0) = Var(\hat{Y}_i \mid X = 0) = \sigma^2 \left(\frac{\sum X^2}{NSS_X} \right) \tag{15.6.3}$$

이제 모수 β_0의 95% 신뢰구간을 구하면,

$$\beta_0 \text{의 } 95\% \text{ 신뢰구간} = [\hat{\beta}_0 \pm t_{.95}(df) s_{\hat{\beta}_0}] \tag{15.6.4}$$

이다. 식 (15.6.4)와 식 (15.6.2)는 모든 신뢰구간을 구하는 일반식이다. 추정량의 표집분포 또는 표준오차를 알면 모수의 신뢰구간을 구할 수 있다.

Y의 신뢰구간

회귀분석에서는 회귀계수에 대한 신뢰구간도 중요하지만 경우에 따라서는 종속변수의 관찰값에 대한 신뢰구간 정보도 필요하다. 이 경우, 특정한 X값에 대응하는 Y_i의 값을 예측하는데 연구자가 범하는 오차는 $Y_i - \hat{Y}_i = e_i$이다. 앞에서 추정의 표준오차 $\sigma_{Y\,|\,X} = \sigma_Y \sqrt{1 - r^2}$ 는 모든 값에 대응하는 예측오차의 추정값으로는 유용하지만 특정한 X값에 대응하는 Y_i의 값을 예측하는데는 유용하지 않다. 즉 회귀모형 $\hat{Y}_i = \hat{\beta}_0 + \hat{\beta}_1 X_i$는 자료가 상대적으로 밀집한 $\overline{X}$ 근처에서는 예측오차가 적지만, $|X_i - \overline{X}|$의 값이 커질수록 $Y_i - \hat{Y}_i = e_i$의 예측오차는 커진다.

따라서 $Y_i = \hat{Y}_i + e_i$의 관계를 이용하여, 관찰점수 Y_i의 신뢰구간을 구한다.

$$Var(Y_i) = Var(\hat{Y}_i) + Var(e_i) = Var[\hat{\beta}_0 + \hat{\beta}_1 X_i] + \sigma^2_{Y|X}$$

$$= Var(E(\widehat{Y|X=\overline{X}}) + \hat{\beta}_1(X_i - \overline{X})] + \sigma^2_{Y|X}$$

이를 요약하면,

$$Var(Y_i) = \sigma^2_{Y|X}\left[1 + \frac{1}{N} + \frac{(X_i - \overline{X})^2}{(N-1)\sigma^2_X}\right] \tag{15.6.5}$$

이다. 따라서 특정한 X_i에서 예측한 관찰값 Y_i에 대한 신뢰구간은 아래와 같다.

$$X_i에서\ Y의\ 95\%\ 신뢰구간\ = \left[\hat{Y}_i \pm t_{.95}(df)\sqrt{\widehat{Var(Y_i)}}\right] \tag{15.6.6}$$

식 (15.6.6)에서 t의 자유도는 $(N-2)$이며, $\widehat{Var(Y_i)}$는 식 (15.6.5)의 추정값으로 구할 수 있다. 식 (15.6.6)에서 주목할 사항은 이 값이 고정된 값이 아니며 X_i의 위치에 따라 크기가 달라진다는 것이다. 즉, X_i가 $\overline{X}$에서 멀어질수록 예측오차인 $\widehat{Var(Y_i)}$은 커진다.

SPSS 실습 15.6.1 단순회귀와 분산분석

보기 15.5.1의 자료를 분석하여 다음 과제를 수행한다.

(1) X와 Y 사이에 선형관계가 있는지 산포도를 작성하라.

(2) Y를 예측하는 회귀방정식을 구하라.

(3) $H_0 : \beta_1 = 0$을 검정하는 검정통계값과 유의수준 그리고 β_1의 95% 신뢰구간을 구하라.

　　$H_0 : \beta_0 = 0$을 검정하는 검정통계값과 유의수준, β_0의 95% 신뢰구간을 구하라.

(4) $X = 12$일때 Y의 95% 신뢰구간을 구하라.

1. 자료입력창

X(학생수: 1/1000로 입력), Y(탈락 학생수: 1/100로 입력)

	X	Y	변수	변수	변수	변수	변수	변수	변수	변수	변수	변수	변수	변수	변수
1	4	1													
2	10	4													
3	15	5													
4	12	4													
5	8	3													
6	16	4													
7	5	2													
8	7	1													
9	9	4													
10	10	2													
11															
12															
13															

(1) X와 Y 사이에 선형관계가 있는지 산포도를 작성하라.

2. 산포도 작성 창 ①

'그래프(G)' → '레거시 대화 상자(L)' → '산점도/점도표(S)' 클릭

3. 산포도 작성 창 ②

'단순 산점도' 클릭, '정의' 클릭

4. 산포도 작성 창 ③

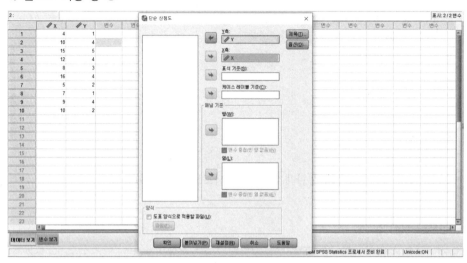

'X' → 'X축' 상자로, 'Y' → 'Y축' 상자로 옮기고 '확인' 클릭

5. 산포도 결과물

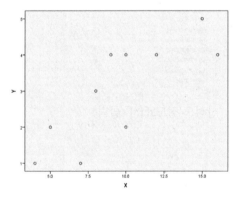

산포도는 X와 Y사이에 선형관계가 있음을 보이고 있다.

6. 회귀분석 창 ①

'분석(A)' → '회귀분석(R)' → '선형(L)' 클릭

7. 회귀분석 창 ②

'X' → '독립변수(I)' 상자로, 'Y' → '종속변수(D)' 상자로 옮김

8. 회귀분석 창 ③

'통계량(S)' 클릭

9. 회귀분석 창 ④

필요한 통계량에 체크. 여기서는 '추정값(E)', '신뢰구간(N)', '모형 적합(M)', 'R 제곱 변화량(S)', '기술통계(D)'에 클릭. '계속(C)' 클릭, '확인' 클릭

10. 회귀분석 결과물

기술통계량

	평균	표준편차	N
Y	3.00	1.414	10
X	9.60	3.921	10

상관계수

		Y	X
Pearson 상관	Y	1.000	.801
	X	.801	1.000
유의확률 (단측)	Y	.	.003
	X	.003	.
N	Y	10	10
	X	10	10

모형 요약

모형	R	R 제곱	수정된 R 제곱	추정값의 표준 오차	통계량 변화량				
					R 제곱 변화량	F 변화량	자유도1	자유도2	유의확률 F 변화량
1	.801ᵃ	.642	.598	.897	.642	14.363	1	8	.005

a. 예측자: (상수), X

ANOVAᵃ

모형		제곱합	자유도	평균제곱	F	유의확률
1	회귀	11.561	1	11.561	14.363	.005ᵇ
	잔차	6.439	8	.805		
	전체	18.000	9			

a. 종속변수: Y

b. 예측자: (상수), X

계수ᵃ

모형		비표준화 계수		표준화 계수			B에 대한 95.0% 신뢰구간	
		B	표준오차	베타	t	유의확률	하한	상한
1	(상수)	.225	.785		.287	.781	-1.585	2.036
	X	.289	.076	.801	3.790	.005	.113	.465

a. 종속변수: Y

(2) Y를 예측하는 회귀방정식을 구하라.

$$\hat{Y} = .289X + .225$$

(3) $H_0 : \beta_1 = 0$을 검정하는 검정통계값과 유의수준 그리고 β_1의 95% 신뢰구간을 구하라.

$H_0 : \beta_0 = 0$을 검정하는 검정통계값과 유의수준, β_0의 95% 신뢰구간을 구하라.

$H_0 : \beta_1 = 0.\ t = 3.790,$ 유의수준$= .005,$

β_1의 95% 신뢰구간$= .113 \sim .465$

$H_0 : \beta_0 = 0.\ t = .287,$ 유의수준$= .781,$

β_0의 95% 신뢰구간$= -1.585 \sim 2.036$

(4) $X = 12$일때 Y의 95% 신뢰구간을 구하라.

이 문제는 SPSS 프로그램으로 직접 해결할 수 없다.

1) $X = 12$에 대응하는 $\hat{Y}$값을 구함.

$$\hat{Y} = .289X + .225 = .289(12) + .225 = .3468 + .225 = 3.693$$

2) 추정의 표준오차$(\hat{\sigma}_{Y|X})$는 식 (15.6.5)로 교정하여야 함.

$$\hat{\sigma}_{Y|X} = .897$$

$$\hat{\sigma}_{Y|X_i = 12} = \hat{\sigma}_{Y|X} \sqrt{1 + \frac{1}{N} + \frac{(X_i - \overline{X})^2}{(N-1)s_X^2}} = .897 \sqrt{1 + \frac{1}{10} + \frac{(12 - 9.6)^2}{(10-1)3.921^2}}$$

$$= (.897)(1.068) = .958$$

3) Y의 95% 신뢰구간은 식 (15.6.6)으로 구함.

교과서 부록 표 t분포의 누적 확률 표에서 $t_{.975}(N-2=8) = 2.306$

Y의 95% 신뢰구간: $\hat{Y} \pm t_{.975}(N-2=8)\hat{\sigma}_{Y|X} = 3.693 \pm (2.306)(.958)$

$$= 3.693 \pm 2.210 \Rightarrow 1.483 \sim 5.903$$

학생수(X)는 1/1000, 탈락 학생수(Y)는 1/100로 데이터를 입력하였으므로 $X = 12$, 즉 학생수가 12,000명인 대학에서는 산출한 Y의 95% 신뢰구간에 100을 곱해 주면 최하 148.3명, 최고 590.3명의 탈락 학생이 있을 것으로 예측한다. 다르게 표현하면 최하 약 148명에서 최고 약 590명의 학생이 탈락할 것으로 예측한다.

※ 보기 15.5.1의 분산분석표와 결과물의 ANOVA 표의 산출내용이 일치함을 볼 수 있다. 즉, $H_0 : \rho = 0$을 검정하는 검정 통계 값과 유의수준은,

	보기 15.5.1 분산분석표	결과물 ANOVA 표
F	14.4	14.363
P(Sig.)	$p < .01$	.005

※ 단순선형회귀분석에서는 $H_0 : \beta = 0$와 $H_0 : \rho = 0$(X와 Y 사이에는 선형 관계가 없다)는 같은 검정이다. 결과물의 표 '계수'의 회귀계수의 유의수준과 표 ANOVA 의 유의수준이 동일하게 .005임을 볼 수 있다. 또한 두 표에서 $F(1, N-2)$ $= t^2 (N-2)$가 성립함을 알 수 있다. 즉, $F = 14.363$이고, $t = 3.790$이므로 $3.790^2 = 14.363$이다.

15.1 15명의 표본을 대상으로 하여 A, B, C 세 가지 심리검사를 시행한 결과 다음과 같은 자료를 수집하였다.

(1) r_{AB}, r_{AC}, r_{BC}를 구하라.

(2) B검사로부터 A검사점수, A검사점수로부터 C검사점수, C검사점수로부터 B검사점수를 예측하는 회귀방정식을 구하라.

(3) 각 회귀방정식에 대하여 추정의 표준오차를 구하라.

(4) 회귀방정식을 z점수형태로 나타내고 추정의 표준오차를 구하라.

(5) SPSS시행결과와 비교하라.

대상＼검사	A	B	C
1	5	5	6
2	11	11	9
3	6	8	5
4	12	14	11
5	8	6	6
6	5	8	6
7	7	7	5
8	5	8	4
9	12	14	9
10	8	8	4
11	5	8	4
12	6	8	5
13	7	7	8
14	6	7	7
15	7	9	13

15.2 연습문제 15.1에서 B점수로부터 A를 예측하는 회귀방정식에 대하여

(1) 표본회귀계수의 유의수준을 구하라.

(2) 모회귀계수의 95% 신뢰구간을 구하라.

(3) B=9일 때와 A의 95% 신뢰구간을 구하라.

(4) $H_0 = \rho_{AB} = 0$을 검정할 수 있는 분산분석표를 작성하라.

(5) SPSS 시행결과와 비교하라.

15.3 다음 자료는 25명의 표본으로부터 수집한 수학시험성적(X)과 적성검사점수 (Y)이다.

학 생	X	Y
1	75	84
2	77	94
3	75	90
4	76	90
5	75	91
6	76	86
7	73	87
8	75	95
9	74	83
10	75	85
11	76	88
12	74	91
13	72	80
14	75	85
15	73	87
16	75	82
17	78	86
18	76	83
19	74	85
20	74	88
21	77	100
22	75	98
23	76	89
24	74	91
25	75	99

(1) X와 Y 사이에 선형관계가 있는가?

(2) Y로부터 X를 예측하는 회귀방정식을 구하라.

(3) β의 95% 신뢰구간을 구하라.

(4) $Y = 80$일 때 X의 95% 신뢰구간을 구하라.

(5) $H_0 : \rho = 0$을 검정하는 분산분석표를 작성하라.

(6) SPSS 시행결과와 비교하라.

15.4 발달 심리학의 이론에 따르면 정상아동이 말을 하기 시작하는 연령은 완전한 문장을 사용하기 시작하는 연령과 관계가 있다. 임의로 추출한 33명의 정상아동을 대상으로 말하기를 시작한 연령(X)과 완전한 문장을 사용하기 시작한 연령(Y)을 기록한 결과(월수)는 다음과 같다.

아동	X	Y	아동	X	Y	아동	X	Y
1	15.1	25.2	12	14.3	25.7	23	13.6	24.3
2	12.7	24.3	13	11.5	23.4	24	15.2	26.3
3	11.7	22.1	14	13.4	25.7	25	12.1	23.4
4	13.1	23.3	15	13.7	24.5	26	12.6	24.5
5	13.0	24.1	16	13.5	26.0	27	14.1	26.2
6	11.2	23.6	17	12.8	24.6	28	11.2	23.0
7	13.3	25.5	18	13.2	25.4	29	14.0	24.3
8	12.3	24.3	19	14.7	26.3	30	13.1	25.3
9	13.7	25.5	20	12.2	25.2	31	11.5	24.2
10	12.2	23.2	21	14.7	26.4	32	14.9	27.2
11	13.3	27.1	22	14.6	25.8	33	13.8	26.3

(1) X로부터 Y를 예측하는 회귀방정식을 구하라.

(2) 추정의 표준오차를 구하라.

(3) β의 95% 신뢰구간을 구하라.

(4) $X = 13.0$, 14.6, 12.2인 아동에 대한 Y의 95% 신뢰구간을 구하라.

(5) SPSS 시행결과와 비교하라.

15.5 다음 자료는 20명을 대상으로 한 통계방법 중간시험성적(Y)과 입학시험성적 (X)이다. 이 자료로부터 물음에 답하여라.

대상	1	2	3	4	5	6	7	8	9	10
X	18	17	23	19	40	22	28	31	38	40
Y	10	20	15	12	22	31	16	17	30	31

대상	11	12	13	14	15	16	17	18	19	20
X	41	40	25	45	50	51	15	17	20	23
Y	18	22	35	37	41	30	11	16	19	25

(1) 산포도를 그려라. $\overline{X}$, $\overline{Y}$, SS_X, SS_Y, SP_{XY}를 구하라.

(2) 상관계수를 산출하라.

(3) X로부터 Y를 예측하는 회귀방정식을 구하라.

(4) X와 Y 사이에는 관계가 없다는 영가설을 7단계 t검정 절차를 적용하여 $\alpha = .05$ 수준에서 검정하라.

(5) $X = 31$인 학생의 실제 Y점수와 예측 Y점수를 비교하라.

(6) $H_0 : \rho = 0$를 검정하는 분산분석표를 작성하고, F값을 (4)번에서 산출한 t값과 비교하라($F = t^2$이 성립하는가).

(7) 분산분석표로부터 추정의 표준오차를 구하라.

(8) β의 95% 신뢰구간을 구하라.

(9) $X = 31$인 학생의 Y점수의 95% 신뢰구간을 구하라.

(10) 상기계산결과를 SPSS 결과물과 비교하라.

제16장 중다회귀모형

이 장에서는 여러 개의 예측변수로부터 한 개의 준거변수를 예측하는 중다회귀모형을 다룬다. 이미 15장에서 한 개의 예측변수(X)로부터, 한 개의 준거변수(Y)를 예측하는 단순회귀모형을 다루었는데, 단순회귀모형은 중다회귀모형에서 예측변수가 하나인 특수한 형태로 이해할 수 있다. 즉, 두 모형의 일반원리는 동일하다.

16.1 중다회귀모형의 개념

회귀모형은 예측변수(X)로 종속변수(Y)의 값을 예측하기 위한 통계모형이다. 이를 달리 표현하면, 예측변수(X)와 종속변수(Y)의 선형함수관계를 밝히는 모형이라고 할 수 있다. 예측변수와 종속변수의 함수관계를 알고 나면, 이후에 예측변수(X)만 알면 종속변수의 값을 예측할 수 있기 때문이다. 모형에 포함된 예측변수(X)가 하나이면 단순회귀모형(simple regression model)이며, 예측변수가 여러 개인 경우는 중다회귀모형(multiple regression model)이다. 사회과학자들이 관심을 갖는 사회현상, 인간행동을 반영하는 변수들은 다른 여러 변수들과 상관을 갖는 것이 일반적이다. 교육학에서도 학생들의 학업성취도, 일탈행동, 또래관계, 학업동기, 자기존중감 등 수 많은 변수들이 단 하나의 외부요인에 의하여 결정된다는 이론보다는 여러 변수가 관련된 것으로 이해하며, 이를 설명하기 위한 모형 또는 이론의 개발이 요청된다. 따라서 여러 변수간의 함수관계를 밝히는 중다회귀모형은 실제 연구에서 많이 활용되는 통계모형이다.

예를 들어, 어느 연구자가 대학에서의 성취도(Y)를 예측하는 작업은, 고교내신성적(X_1), 대학수학능력시험점수(X_2)와 Y의 함수관계를 밝히면 가능하다고 가정하였다. 연구자의 관심은 모집단에 존재하는 세 변수간의 관계이므로, 모집단에서 X_1, X_2와 Y의 함수관계를 결정짓는 대표적인 회귀선(regression line)이 있는 것을 가정한다.

$$Y = \beta_0 + \beta_1 X_1 + \beta_2 X_2 \qquad\qquad (16.1.1)$$

식 (16.1.1)은 연구자의 세 변수간의 관계에 대한 이론적 관점을 수학식으로 표현한 것이다. 이제 연구자들은 위의 선형함수에서 β_0, β_1, β_2의 값을 알면, 회귀선을 결정할 수 있다. 이를 위해, 표본자료의 분석에 식 (16.1.1)의 모형을 적용하여 추정된 선형함수를 구한다. 회귀모형에 의한 분석결과 다음의 방정식을 얻었다고 가정하자.

$$\hat{Y}_i = 3.3 - 0.3 X_{1i} + 0.02 X_{2i} \qquad\qquad (16.1.2)$$

위의 식 (16.1.2)에서 추정된 회귀계수의 값은 $\hat{\beta}_0 = 3.3$, $\hat{\beta}_1 = -0.3$, $\hat{\beta}_2 = 0.02$이다. 식 (16.1.2)를 이용하면 i번째 사람의 X_1과 X_2의 값을 알면, 어느 정도 오차를 범하지만, 그 사람의 $\hat{Y}_i$값을 예측할 수 있다. 식 (16.1.1)은 모집단에 존재하는 것으로 연구자가 가정한 회귀선, 또는 회귀모형이며, 식 (16.1.2)는 연구자의 모형을 실제 자료에 적용하여 얻은 표본모형이다.

중다회귀모형은 사회과학 전반에 걸쳐서 매우 광범위하게 활용되는 통계모형이다. 즉, 수 많은 사회과학의 연구문제들은 변수들 사이의 선형함수관계로 표현할 수 있는 것이다. 다음의 질문을 고려해보자.

① 초등학생의 지능과 교과흥미도는 학업성취도에 어느 정도 영향을 미치는가?
② 주택의 면적과 위치 중에 어느 변수가 더 주택가격에 영향을 미치는가?
③ 학교 규모, 학교의 소재지, 교장의 리더십은 학교의 평균 성취도와 상관있는가?

위의 질문들에서 ①, ②는 모두 식 (16.1.1)과 같은 모형을 세워서 표본자료에 적용하면 응답할 수 있다. 한 걸음 나아가, ③의 연구질문은 다음과 같은 회귀모형을 설정하여 표본에 적용하면 변수간의 관계를 구체적으로 확인할 수 있다.

$$Y = \beta_0 + \beta_1 X_1 + \beta_2 X_2 + \beta_3 X_3$$

여기서 Y는 각 학교의 평균성취도이다. 이제 X_1 =학교 규모(재적 학생수), X_2 =학교소재지(1: 대도시, 0: 중소도시 및 읍면), X_3 =교장지도성 척도의 자료를 수집하여, 위의 모형을 적용하면 추정된 회귀계수, $\hat{\beta}_0$, $\hat{\beta}_1$, $\hat{\beta}_2$, $\hat{\beta}_3$의 값을 알 수 있다.

16.2 중다회귀모형의 수리모형

중다회귀모형은 복수의 예측변수와 한 개의 종속변수간의 선형함수관계라도 하였다. 추리통계에서 모든 통계모형들은 모집단에서의 변수간의 관계를 이론적으로 표현한 것이며, 회귀모형도 종속변수와 복수의 예측변수와의 관계를 선형함수로 요약하는 회귀선이 모집단에 존재한다고 가정한다. 모집단에 N명이 존재하고, 종속변수 Y와 K개의 예측변수(X)가 선형함수관계를 갖는다면, 다음의 모집단 모형을 가정할 수 있다.

$$Y_i = \beta_0 + \beta_1 X_{1i} + \beta_2 X_{2i} + \cdots + \beta_K X_{Ki} + e_i, \ e_i \sim N(0, \ \sigma^2) \qquad (16.2.1)$$

또는

$$E(Y|X_1, X_2, \cdots X_K) = \beta_0 + \beta_1 X_{1i} + \beta_2 X_{2i} + \cdots + \beta_K X_{Ki}, \ e_i \sim N(0, \sigma^2) \ (16.2.2)$$

위의 식 (16.2.1)은 모집단에 있는 모든 개인의 Y_i값을 예측하는 모형이며, 식 (16.2.2)는 모집단에 존재하는 회귀선이다. 회귀선은 종속변수와 예측변수간의 관계를 요약하는 대표적인 직선이다. 따라서 회귀선으로 개인값을 예측하면, e_i만큼의 오차가 개인마다 발생한다.

통계모형은 직접관찰이 어려운 모집단에서 변수간 관계에 대한 모형이므로, 일정한 조건이 충족되어야 모집단을 설명할 수 있다. 이 조건을 통계적 가정이라고 한다. 회귀모형은 다음의 통계적 가정을 갖는다.

① $e_i \sim N(0, \sigma^2)$이다. 이 표현은 다음의 의미를 갖는다:

　오차항은 정규분포를 갖는다.

　오차항의 평균은 0이다($E(e_i) = 0$).

　오차항은 등분산성을 갖고 분포한다($Var(e_i) = \sigma^2$)

　오차항은 상호 독립이다.

② e_i와 마찬가지로 종속변수 Y_i는 정규분포를 갖고 등분산성을 가지며, 상호 독립적으로 관찰된 변수값이다.

③ 설명변수 X들은 측정의 오차없이 관찰된 변수들이다.

위의 가정이 충족되면, 식 (16.2.1)은 모집단에서 종속변수 Y와 예측변수 X들과의 선형함수관계를 나타낸다. 또한 회귀계수 $\beta_0, \beta_1, \cdots \beta_K$의 값을 구하면, 오차를 고려하면서 각 개인의 종속변수값 Y_i를 예측할 수 있다. 위의 모형에서 회귀계수 $\beta_0, \beta_1, \cdots \beta_K$와 오차항의 분산 σ^2는 모집단에 존재하는 모수(parameter)이다. 회귀계수는 고정효과 모수이며, 오차항의 분산은 무선효과 모수이다. 따라서 위의 모형은 모수모형(parameter model)이라고도 한다.

연구자들은 모수모형에 있는 회귀계수(β)와 오차분산(σ^2)의 값을 알기 위해서 위의 모형을 표본자료에 적용한다. 그 결과 얻은 모형을 표본모형(sample model) 혹은 추정모형(fitted model)이라고 한다. 표본모형에서 $\hat{\beta}_0, \hat{\beta}_1, \cdots \hat{\beta}_K$의 값과 $\hat{\sigma}^2$의 값이 얻어진다. 표본모형은 표본마다 구해지는 것이므로, 이를 일반식으로 다음과 같이 표현한다.

$$\hat{Y}_i = \hat{\beta}_0 + \hat{\beta}_1 X_{1i} + \hat{\beta}_2 X_{2i} + \cdots + \hat{\beta}_K X_{Ki}, \hat{\sigma}^2$$

중다회귀모형에서 회귀계수의 해석은 단순회귀모형의 경우와 차이가 있다. 다음은 단순회귀모형과 중다회귀모형에서 회귀계수 β_1에 대한 해석방법이다.

단순회귀모형($\hat{\beta}_1 = 3$)의 의미:

"설명변수 X_1이 한 단위 증가할 때 Y값은 평균 3점 변한다."

중다회귀모형($\hat{\beta}_1 = 3$)의 의미:

"다른 설명변수들($X_2, \ \cdots \ X_K$)의 조건이 동등한 상태에서 X_1만 한 단위 증가하면, Y값은 평균 3점 변한다."

즉, 중다회귀모형에서 각 회귀계수는 다른 변수들의 조건을 통제한 상태에서 각 변수의 종속변수에 대한 고유효과(net effect) 정보를 제공한다. 이를 반영하여, 중다회귀모형에서의 회귀계수를 편회귀계수(partial regression coefficient)라고도 한다. 무선효과 모수인 오차항의 분산 σ^2의 해석법은 유사하다. 즉, Y변수의 변산을 회귀모형으로 설명한 이후에 여전히 남아 있는 진차분산(residual variance)이다. 즉, 식 (16.2.2)의 회귀모형으로 개인 값을 예측하는데 범하는 평균오차분산이다.

16.3 중다회귀모형의 모수추정

앞의 식 (16.2.1)의 모형에서 회귀선을 결정하는 것은 회귀계수들이다. 이 회귀계수를 추정하는 일반원리는 15장의 단순회귀분석과 동일하다. 즉, 최소자승추정법(OLS estimation)을 사용한다. 연구자가 회귀선으로 Y_i값을 예측하면 범하는 오차의 총량은 아래와 같다.

$$\begin{aligned} \sum e_i^2 &= \sum [Y_i - E(Y \mid X_1, \ X_2, \ \cdots \ X_K)]^2 \\ &= \sum [Y_i - (\beta_0 + \beta_1 X_{1i} + ... + \beta_K X_{Ki})]^2 \end{aligned} \qquad (16.3.1)$$

식 (16.3.1)에서 회귀계수 β_0, β_1, $\cdots$ β_K를 추정하는 것은, $\sum e_i^2$의 값을 최소화 하는 직선방정식의 회귀계수를 구하는 것이다. 이를 각 회귀계수별로 편미분하여 생성된 $K+1$개의 연립방정식이 "0"인 조건에서의 회귀계수가 $\hat{\beta}_0$, $\hat{\beta}_1$, $\cdots$ $\hat{\beta}_K$이다. 이처럼 다변량과제를 풀이하는 것은 복잡하고 노동도 많이 소요되므로, 통계학에서는 이를 행렬대수(linear algebra)로 해결한다. 행렬수학식에 의한 추정과정은 이 교재의 범위를 넘어서므로 생략한다. 다만 그 결과인 회귀계수의 추정식은 아래와 같다(Cohen and Cohen, 1975; Darlington, 1990; Draper and Smith, 1981).

$$\hat{\beta}_0 = \overline{Y} - [\hat{\beta}_1 \overline{X}_1 + \cdots + \hat{\beta}_K \overline{X}_K] \tag{16.3.2}$$

또한 β_1에서 β_K까지의 추정값은 다음의 식으로 구한다.

$$\hat{\beta}_k = \frac{Cov(Y, X_k \mid X_{k'})}{Var(X_k \mid X_{k'})} = r_{YX_k \mid X_{k'}} \frac{S_{Y \mid X_{k'}}}{S_{X_k \mid X_{k'}}} \tag{16.3.3}$$

여기서 $X_{k'}$은 K개의 설명변수 중에서 k가 아닌 다른 모든 변수들을 지칭한 것이다. 즉, $k \neq k'$이다. 예를 들어, 모형에 포함된 예측변수가 5개($K=5$)이고 $k=3$인 X_3의 효과인 $\hat{\beta}_3$를 추정한다면, $X_{k'} = [X_1, X_2, X_4, X_5]$의 네 개의 변수를 통칭한 것이다. 보다 구체적으로 식 (16.3.3)을 적용하면, $\hat{\beta}_3 (k=3)$는 다음 식으로 표현할 수 있다.

$$\hat{\beta}_3 = r_{Y3 \cdot 1245} \frac{S_{Y \mid 1245}}{S_{X_3 \mid 1245}} \tag{16.3.4}$$

식 (16.3.4)에서 상관계수인 $r_{YX_3 \cdot 1245}$는 편상관계수(partial correlation coefficient)라고 하며, 다른 변수들(즉, X_1, X_2, X_4, X_5)의 조건을 통제한 이후에 두 변수 Y와 X_3의 고유상관계수를 나타낸다. 편상관계수의 상세한 설명은 다음 절에서 서술한다. $S_{Y \mid X_{k'}}$과 $S_{X_k \mid X_{k'}}$도 다른 변수들의 조건이 주어진 상태에서 Y의 표준편차와 X_k의 표준편차이다.

모형의 무선효과 모수는 $Var(e_i) = \sigma^2$이고, $\hat{e}_i = Y_i - \hat{Y}_i$이므로, 다음의 추정량을 갖는다.

$$\hat{\sigma}^2 = s^2_{Y \cdot 12 \cdots K} = \frac{\sum(Y_i - \hat{Y}_i)^2}{N - K - 1} \tag{16.3.4}$$

보기 **16.1.1**

다음 자료는 라디오광고와 TV광고의 효과를 알아보기 위해 임의로 선택한 시청자 10명을 대상으로 라디오광고의 청취 횟수와 TV광고의 시청 횟수에 대한 광고 내용의 기억 정도를 측정한 결과이다. 라디오광고 횟수(X_1)와 TV광고 횟수(X_2)를 예측변수로 광고내용의 기억정도(Y)를 준거변수로 하는 회귀방정식을 구하라.

대 상	1	2	3	4	5	6	7	8	9	10
라디오광고 횟수(X_1)	3	4	9	4	5	5	2	6	5	3
TV광고 횟수(X_2)	1	3	4	1	4	1	4	2	4	2
기억정도(Y)	5	1	6	2	8	3	4	9	7	4

📖풀이

(1) $\sum Y = 49$, $\sum X_1 = 46$, $\sum X_2 = 26$, $\sum Y^2 = 301$, $\sum X_1^2 = 246$, $\sum X_2^2 = 84$,

$\sum X_1 Y = 245$, $\sum X_2 Y = 139$, $\sum X_1 Y_2 = 126$, $\overline{X}_1 = 4.6$, $\overline{X}_2 = 2.6$, $\overline{Y} = 4.9$,

$SS_Y = 60.9$, $SS_{X_1} = 34.4$, $SS_{X_2} = 16.4$, $SP_{X_1 Y} = 19.6$, $SP_{X_2 Y} = 11.6$, $SP_{X_1 X_2} = 6.4$,

$s_Y^2 = 6.77$, $s_{X_1}^2 = 3.82$, $s_{X_2}^2 = 1.82$, $r_{YX_1} = .43$, $r_{YX_2} = .37$, $r_{X_1 X_2} = .27$, $s_Y = 2.60$,

$s_{X_1} = 1.95$, $s_{X_2} = 1.35$

(2) $b_1 = \dfrac{SP_{YX_1}(SS_{X_2}) - SP_{YX_2}(SP_{X_1 X_2})}{SS_{X_1}(SS_{X_2}) - SP_{X_1 X_2}^2} = \dfrac{19.6(16.4) - 11.6(6.4)}{34.4(16.4) - 6.4^2} = .472$

$b_2 = \dfrac{SP_{YX_2}(SS_{X_1}) - SP_{YX_1}(SP_{X_1 X_2})}{SS_{X_1}(SS_{X_2}) - SP_{X_1 X_2}^2} = \dfrac{11.6(34.4) - 19.6(6.4)}{34.4(16.4) - 6.4^2} = .523$

$a = \overline{Y} - b_1 \overline{X}_1 - b_2 \overline{X}_2 = 4.9 - .472(4.6) - .523(2.6) = 1.37$

회귀방정식은,

$\hat{Y} = 1.37 + .472 X_1 + .523 X_2$

(3) $b_1^* = \dfrac{r_{YX_1} - r_{YX_2} r_{X_1 X_2}}{1 - r_{X_1 X_2}^2} = \dfrac{19.6(16.4) - 11.6(6.4)}{34.4(16.4) - 6.4^2} = .355$

$$b_2^* = \frac{r_{YX_2} - r_{YX_1}r_{X_1X_2}}{1 - r_{X_1X_2}^2} = \frac{19.6(16.4) - 11.6(6.4)}{34.4(16.4) - 6.4^2} = .271$$

표준회귀방정식은

$$\hat{z}_Y = .36z_1 + .27z_2$$

16.4 중다상관계수

중다상관계수 $R_{Y \mid X_1, X_2, \cdots X_K} = R_{Y \cdot 12 \cdots K}$는 준거변수 Y와 예측변수의 최선 선형조합($\hat{Y} = \hat{\beta}_0 + \hat{\beta}_1 X_1 + \cdots \hat{\beta}_K X_K$) 사이의 Pearson상관계수로 정의된다.

$$R_{Y \cdot 1, 2, \cdots K} = r_{Y\hat{Y}}$$

단순상관계수와 같이 중다상관계수는 R보다는 결정계수인 R^2으로 해석한다. 즉, 예측변수에 의해서 설명할 수 있는 준거변수의 분산의 비율 또는 예측력으로 해석한다. 단순상관과 단순회귀에서와 같이 준거변수(Y)의 제곱합(SS_Y)은 회귀제곱합(SS_{reg})과 잔차제곱합(SS_{res})으로 분할된다.

$$SS_Y = SS_{reg} + SS_{res} \tag{16.4.1}$$

또한 단순회귀에서와 같이 중다회귀분석에서도 다음 관계가 성립한다.

$$SS_{reg} = R^2 SS_Y \tag{16.4.2}$$

$$SS_{res} = (1 - R^2)SS_Y \tag{16.4.3}$$

여기서, $R^2 = \dfrac{SS_{reg}}{SS_Y} = \dfrac{SS_Y - SS_{res}}{SS_Y}$ \hfill (16.4.4)

결정계수인 R^2의 값은 중다회귀분석에서는 설명변수의 수가 증가함에 따라 실제 이상으로 부풀려지는 경향이 있다. 따라서 사례수가 작고 설명변수의 수가 많은 경우에는 교정된 값인 R^2_{adj}를 사용한다.

$$R^2_{adj} = 1 - \frac{(1-R^2)(N-1)}{N-K-1} \tag{16.4.5}$$

위의 식에서 만일 $K=0$이면, $R^2_{adj} = R^2$이 된다. 그러나 예측변수 수인 K가 증가할수록 $R^2_{adj} < R^2$관계로 변화한다. 따라서 N이 작고 K가 큰 경우는 R^2_{adj}을 사용한다.

16.5 편상관, 부분상관, 결정계수

이 절에서는 중다회귀방정식에 예측변수를 추가하거나 제거함에 따라 일어나는 예측력의 변화를 살펴보려고 한다. 중다회귀분석에서 중다상관계수는 준거변수에 대한 예측변수의 전체적 예측기여도라고 볼 수 있으며 편회귀계수는 다른 예측변수를 통제하였을 때 준거변수에 대한 각 예측변수의 예측기여도라고 볼 수 있다.

준거변수의 분산에 대한 개별기여도를 직접 측정할 수 있는 다른 두 가지 통계량은 부분상관계수(part correlation coefficient)와 편상관계수(partial correlation)이다. 다음은 X_2의 영향을 제거한 X_1과 Y와의 부분상관계수와 편상관계수이다.

$$\text{부분상관계수: } r_{Y(1\cdot2)} = \frac{r_{Y1} - r_{Y2}r_{12}}{\sqrt{1-r_{12}^2}} \tag{16.5.1}$$

$$\text{편상관계수: } r_{Y1\cdot2} = \frac{r_{Y1} - r_{Y2}r_{12}}{\sqrt{1-r_{Y2}^2}\sqrt{1-r_{12}^2}} \tag{16.5.2}$$

위의 두 식을 보면, 분자는 같고, 분모에서만 차이가 있다. 또한 모두 X_2 변수의 영향을 제거한 이후에 X_1과 Y변수의 상관을 구하는 통계량이다. 그러나 부분상관 계수는 X_2 변수가 X_1 변수와 갖는 상관만 제거하며, 편상관계수는 X_2 변수가 X_1과 Y변수에 대한 영향을 모두 제거한 이후에 X_1과 Y변수의 상관정보를 제공한다.

상관의 벤 다이어그램에 의한 해석

그림 16.5.1은 상관계수의 의미를 나타내는 벤 다이어그램이다. 세 개의 원은 Y, X_1, X_2의 변산을 나타내며 그 크기를 1이라고 하면, 각종 상관계수의 제곱은 면적으로 나타낼 수 있다.

1. 단순상관의 제곱

$$r_{Y1}^2 = B + D, \ r_{Y2}^2 = E + D, \ r_{12}^2 = D + F$$

2. 중다상관의 제곱

$$R_{Y \cdot 12}^2 = B + D + E, \ A = 1 - R_{Y \cdot 12}^2$$

3. 부분상관계수의 제곱

$$r_{Y(1 \cdot 2)}^2 = B, \ r_{Y(2 \cdot 1)}^2 = E$$

4. 편상관의 제곱

$$r_{Y1 \cdot 2}^2 = \frac{B}{A + B}, \ r_{Y2 \cdot 1}^2 = \frac{E}{A + E} = \frac{r_{Y(2 \cdot 1)}^2}{1 - r_{Y1}^2}$$

[그림 16.5.1] 상관을 나타내는 벤 다이어그램의 위치

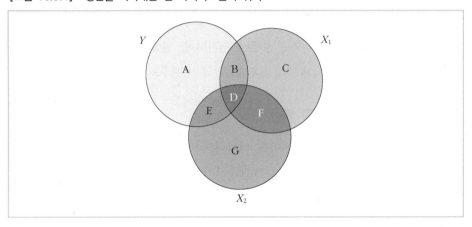

부분상관과 편상관의 개념은 중다회귀문제에서 예측변수를 추가함에 따라 준거변수에 대한 예측력의 증가를 판단하는 데 이용된다. 먼저 중다상관, 부분상관, 편상관 사이의 관계를 알아보자. X_1과 X_2에 의해서 설명될 수 있는 Y분산의 비율은 X_1에만 기인된 분산의 비율과 X_2로부터 X_1의 영향을 제거한 X_2에 기인된 분산의 비율이라고 볼 수 있다.

$$R^2_{Y \cdot 12} = r^2_{Y1} + r^2_{Y(2 \cdot 1)} \tag{16.5.3}$$

이 식에서 $r^2_{Y(2 \cdot 1)}$은 X_1의 영향을 제거한 X_2와 Y 사이의 부분상관이다. 이 식을 다음과 같이 바꾸어 쓰면 부분상관에 대한 또 다른 정의를 할 수 있다.

$$r^2_{Y(2 \cdot 1)} = R^2_{Y \cdot 12} - r^2_{Y1} \tag{16.5.4}$$

즉 X_1을 통제한 X_2와 Y 사이의 부분상관계수의 제곱은 Y를 예측하는 회귀방정식 $\widehat{Y}_i = \widehat{\beta}_0 + \widehat{\beta}_1 X_{1i}$에 X_2를 추가함으로써 예측변수가 설명할 수 있는 Y분산비율의 증분과 같다. 다시 말해서 X_1이 이미 포함된 회귀방정식에 X_2를 추가함으로써 나타난 예측력, R^2의 증분이다.

동일한 논리에 따라

$$R_{Y \cdot 12}^2 = r_{Y2}^2 + r_{Y(1 \cdot 2)}^2 \tag{16.5.5}$$

$$r_{Y(1 \cdot 2)}^2 = R_{Y \cdot 12}^2 - r_{Y2}^2 \tag{16.5.6}$$

X_2를 통제한 X_1과 Y 사이의 부분상관계수의 제곱은 Y를 예측하는 회귀방정식 $\widehat{Y_i} = \widehat{\beta_0} + \widehat{\beta_2}X_{2i}$에 X_1을 추가함으로써 예측변수가 설명할 수 있는 Y 분산비율의 증분과 같다. 즉 X_1을 추가함으로써 나타난 R^2의 증분이다.

동일한 논리를 세 개의 예측 변수에 확대하면 X_1, X_2, X_3에 의해서 설명될 수있는 Y분산의 비율과 X_1과 X_2를 통제한 X_3에 의해서 설명될 수 있는 Y분산의 비율로 나눌 수 있다.

$$R_{Y \cdot 123}^2 = R_{Y \cdot 12}^2 + r_{Y(3 \cdot 12)}^2 \tag{16.5.7}$$

$$r_{Y(3 \cdot 12)}^2 = R_{Y \cdot 123}^2 - R_{Y \cdot 12}^2 \tag{16.5.8}$$

즉, X_1과 X_2를 통제한 X_3와 Y 사이의 부분상관제곱은 회귀방정식 $\widehat{Y_i} = \widehat{\beta_0} + \widehat{\beta_1}X_{1i} + \widehat{\beta_2}X_{2i}$에 X_3를 추가함으로써 얻은 R^2의 증분과 같다.

전체적인 예측력을 이와 같이 분할하는 것은 각 단계마다 예측변수를 회귀방정식에 추가하거나 제거하는 단계별회귀분석(stepwise regression analysis)에서 이용하는 대단히 유용한 방법이다. 지금까지 설명한 예측력의 증분과 부분상관의 관계는 예측변수가 K개인 일반적인 중다회귀방정식에 확대된다.

16.6 중다회귀모형의 가설검정

표본자료에 대한 회귀분석의 결과는 모집단에 존재하는 회귀모형을 추정한 결과이다. 이를 달리 표현하면, 모집단에 존재한다고 가정한 연구자의 이론모형을 표본에 적용하여 얻은 것으로, 연구자의 모형에 대한 경험적 증거이다. 이 증거에 기초하여 연구자의 모형에 대한 가설검정을 한다. 연구자의 모형은 크게 두 가지로 구분하여 검정을 한다. 하나는 회귀모형 전체에 대한 모형의 적합도(goodness of fit)를 검정하는 것으로서 $H_0 : R^2 = 0$에 대한 검정이고, 다른 하나는 연구자가 선정한 예측변수들이 효과가 있는지를 검정하는 것으로 $H_0 : \beta_k = 0$에 대한 검정이다.

모형의 적합도 검정

회귀모형의 적합도는 연구자가 모집단에서의 변수간의 선형함수관계로 제시한 모수 회귀모형의 유용성을 의미한다. 즉, 연구자의 모형은 종속변수 Y에 대한 설명력이 통계적으로 충분한지를 검정한다. 다음은 모형의 적합도에 대한 연구자의 가설이다.

> $H_0 : R^2 = 0$, 연구자의 회귀모형은 종속변수 Y의 변산을 설명하지 못한다.
> $H_0 : R^2 > 0$, 연구자의 모형은 종속변수 Y의 변산을 설명한다.

위의 가설에서 $R^2 = 0$이라는 의미는 회귀모형에 포함된 모든 예측변수가 종속변수를 예측하는데 효과가 없다는 가설과 동일하다. 즉, 위의 가설은 다음 같이 표현할 수도 있다.

> $H_0 : \beta_1 = \beta_2 = \cdots = \beta_K = 0$, 연구자가 제시한 회귀모형에서 모든 예측변수는 종속변수를 예측하는 효과가 없다.
> $H_A : H_0$는 참이 아니다. 즉 적어도 한 예측변수의 회귀계수는 $\beta_k \neq 0$이다.

이상의 가설검정에서 H_0를 기각한다는 것은 연구자가 제시한 회귀모형에서 적어도 한 변수는 종속변수 Y를 예측하는 효과가 있다는 것이며, H_0를 기각하지 못하면, 연구자가 제시한 모집단 모형이 종속변수에 대한 예측효과가 있다는 충분한 증거가 없다는 의미이다.

$H_0 : R^2 = 0$이 참이라면, 이에 대한 검정통계량 F는 다음과 같이 다양하게 표현할 수 있다.

$$F = \frac{MS_{reg}}{MS_{res}} = \frac{SS_{reg}/K}{SS_{res}/(N-K-1)}$$

$$= \frac{R^2/K}{(1-R^2)/(N-K-1)} \sim F(K, N-K-1) \qquad (16.6.1)$$

위의 식에서 SS_{reg}, SS_{res} 의 통계량은 단순회귀모형에서와 동일한 방법으로 산출한다. 즉,

$$SS_{reg} = \sum(\widehat{Y}_i - \overline{Y})^2, \ SS_{res} = \sum(Y_i - \widehat{Y}_i)^2$$

이다. 중다회귀모형에서 모형의 적합도를 검정하는 절차는 단순회귀모형의 경우와 같으므로, 여기서도 분산분석표를 작성하여 F값을 계산한다. 다음은 중다회귀모형의 적합도 검정을 위한 분산분석표이다.

〈표 16.6.1〉 중다회귀모형의 분산분석표 위치

SV	df	SS	MS	F
reg	K	$R^2(SS_Y)$	$R^2(SS_Y)/K$	$\dfrac{R^2/K}{(1-R^2)/(N-K-1)}$
res	$N-K-1$	$(1-R^2)(SS_Y)$	$(1-R^2)(SS_Y)/(N-K-1)$	
Total	$N-1$	SS_Y		

표 16.6.1의 분산분석표에서 산출된 F값에서, $F \geq F_{.95}(K, \ N-K-1)$이면 H_0을 기각한다.

회귀계수에 대한 가설검정

회귀방정식의 적합도에 관한 귀무가설 $H_0 : R^2 = 0$은 모회귀계수가 모두 0이라는 영가설 $H_0 : \beta_1 = \beta_2 = \cdots = \beta_K = 0$과 동일한 의미를 갖는다고 앞에서 지적하였다. $H_0 : R^2 = 0$이 기각되면 K개의 회귀계수 중에서 어느 회귀계수가 유의한지 알아보기 위하여 $H_0 : \beta_k = 0$에 대한 추가적인 가설검정을 하게 된다. $H_0 : \beta_k = 0$에 대한 검

정은 평균에 대한 중다비교 검정에서 사후비교와 같은 논리이다. 검정결과에 따라 회귀방정식에서는 어느 변수를 제거할 것인가를 결정하거나 β_k의 신뢰구간을 추정하게 된다.

회귀계수 $\hat{\beta}_k$의 표준오차는 다음 식으로 추정할 수 있다.

$$s_{\hat{\beta}_k} = \sqrt{\frac{MS_{res}}{SS_k(1 - R^2_{k \cdot k'})}} \tag{16.6.2}$$

여기서 $k' = 1, 2, \cdots K(k \neq k')$이다. 위 식에서 SS_k는 예측변수 X_k의 제곱합이고, $R^2_{k \cdot k'}$은 예측변수 X_k와 나머지 $(K-1)$개의 예측변수 사이의 중다상관계수이다. $(1 - R^2_{k \cdot k'})$은 공차 혹은 중다공선허용치(tolerance)라고 한다. 공차는 예측변수를 선정할 때 고려하는 통계량인데, 최선의 회귀방정식을 구하는 문제에서 설명될 것이다. $\hat{\beta}_k$의 표준오차를 추정할 수 있으므로 $H_0 : \beta_k = 0$을 검정하는 검정통계량은 자유도가 $N - K - 1$인 t검정 통계량이 된다.

$$t = \frac{\hat{\beta}_k}{s_{\hat{\beta}_k}} \sim t(N - K - 1) \tag{16.6.3}$$

이 식에서 $(N - K - 1)$은 t분포의 자유도를 나타내며 N은 사례수, K는 예측변수의 개수이다.

β_k의 95% 신뢰구간은,

$$\hat{\beta}_k - t_{.975}(N - K - 1)s_{\hat{\beta}_k} \leq \beta_k \leq \hat{\beta}_k + t_{.975}(N - K - 1)s_{\hat{\beta}_k} \tag{16.6.4}$$

이다. 위 식에서 $t_{.975}$는 일종오류 $\alpha = .05$에 따른 가설검정의 임계값인 $t_{1 - \alpha/2}$를 의미한다. 이 식에서 $(N - K - 1)$은 t분포의 자유도를 나타낸다.

SPSS 실습 16.6.1

지금까지 회귀계수(β_k), 결정계수(R^2), 부분상관계수, 편상관계수를 추정하고, 아울러 가설검정 방법을 공부하였다. 이제 $SPSS$ 프로그램을 이용하여 회귀분석에서 제기되는 다양한 문제들에 답하는 방법을 예시한다. 다음은 분석에 사용될 예시 자료이다.

실습자료

다음 자료는 라디오광고와 TV광고의 효과를 알아보기 위해 임의로 선택한 시청자 10명을 대상으로 라디오광고의 청취 횟수와 TV광고의 시청 횟수에 대한 광고 내용의 기억 정도를 측정한 결과이다. 라디오광고 횟수(X_1)와 TV광고 횟수(X_2)를 예측변수로 광고내용의 기억정도 (Y)를 준거변수로 하는 회귀방정식을 구하라.

대 상	1	2	3	4	5	6	7	8	9	10
라디오광고 횟수(X_1)	3	4	9	4	5	5	2	6	5	3
TV광고 횟수(X_2)	1	3	4	1	4	1	4	2	4	2
기억정도(Y)	5	1	6	2	8	3	4	9	7	4

$SPSS$를 이용하여 회귀분석법으로 위의 자료를 분석하면 다음의 정보를 구할 수 있다.

1. 회귀계수와 회귀방정식, 2. R^2, R_{adj}^2, $\hat{\sigma}^2$,   3. R^2의 증분과 부분상관계수
4. $H_0 : R^2 = 0$의 검정   5. $H_0 : \beta_k = 0$의 검정 및 β_k의 95% 신뢰구간

$SPSS$의 중다선형회귀(multiple linear regression)

1. 자료입력창

	X1	X2	Y	변수	변수	변수	변수	변수	변수	변수	변수	변수	변수	변수
1	3	1	5											
2	4	3	1											
3	9	4	6											
4	4	1	2											
5	5	4	8											
6	5	1	3											
7	2	4	4											
8	6	2	9											
9	5	4	7											
10	3	2	4											
11														
12														

위의 자료입력창은 예시자료가 행렬로 입력되어 있음을 보이고 있다. 행(row)은 사례(case)이며, 열(column)은 변수를 나타낸다.

2. 분석 창 ①

*SPSS*의 자료화면의 상단에 메뉴바가 있는데, 회귀모형으로 통계분석을 하려면 [분석(A) 단추 → 회귀분석(R) → 선형(L)]을 순서대로 클릭하면, 다음 화면이 나타난다.

3. 분석 창 ②

이 화면은 회귀분석을 위한 창이다. 화면의 구성은 자료의 모든 변수에서 종속변수와 독립변수를 선택하고, 필요한 경우에 사용하는 선택사항들을 보이고 있다. 여기서 X_1과 X_2는 '독립변수(I)' 상자로, Y는 '종속변수(D)' 상자로 옮긴다.

4. 분석 창 ③

회귀분석창에서 종속변수(Y)와 독립변수(X_1, X_2)를 왼편의 적절한 위치로 옮긴 화면이다. 변수 선정이 끝나면, '방법(M)'을 선택하는데, "입력"은 연구자가 지정한 변수만 모형에 포함하는 방법이다. 여기서는 연구자가 X_1과 X_2만 모형에 포함하겠다는 것이므로 "입력"은 그대로 둔다. 화면의 오른편과 아래쪽에 다양한 선택사항이 있는데, 오른쪽의 선택사항에서 '통계량(S)' 상자를 클릭하면, 분석결과에 포함해야 하는 통계량들을 선택할 수 있다.

5. 분석 창 ④

앞에서 '통계량(S)' 상자를 클릭한 이후 나타난 화면이다. 연구자가 원하는 통계량을 선택할 수 있다. 화면에서는 1. 추정값(E), 2. 신뢰구간(N), 3. 모형 적합(M), 4. R 제곱 변화량(S), 5. 기술통계(D), 6. 부분상관 및 편상관계수(P)를 선택하였다.

6. 결과물

기술통계량

	평균	표준편차	N
Y	4.90	2.601	10
X1	4.60	1.955	10
X2	2.60	1.350	10

상관계수

		Y	X1	X2
Pearson 상관	Y	1.000	.428	.367
	X1	.428	1.000	.269
	X2	.367	.269	1.000
유의확률 (단측)	Y	.	.108	.148
	X1	.108	.	.226
	X2	.148	.226	.
N	Y	10	10	10
	X1	10	10	10
	X2	10	10	10

모형 요약

모형	R	R 제곱	수정된 R 제곱	추정값의 표준 오차	통계량 변화량				
					R 제곱 변화량	F 변화량	자유도1	자유도2	유의확률 F 변화량
1	.502ᵃ	.252	.038	2.552	.252	1.177	2	7	.363

a. 예측자: (상수), X2, X1

ANOVAᵃ

모형		제곱합	자유도	평균제곱	F	유의확률
1	회귀	15.327	2	7.663	1.177	.363ᵇ
	잔차	45.573	7	6.510		
	전체	60.900	9			

a. 종속변수: Y
b. 예측자: (상수), X2, X1

계수ᵃ

모형		비표준화 계수		표준화 계수			B에 대한 95.0% 신뢰구간		상관계수		
		B	표준오차	베타	t	유의확률	하한	상한	0차	편상관	부분상관
1	(상수)	1.367	2.441		.560	.593	-4.405	7.139			
	X1	.472	.452	.355	1.046	.330	-.596	1.541	.428	.368	.342
	X2	.523	.654	.271	.799	.450	-1.024	2.070	.367	.289	.261

a. 종속변수: Y

※ 결과물의 표는 표 '계수'의 '상관계수'를 제외하고는 예시 15.1의 결과물과 그 형식이 동일하다.

표 '계수'의 '상관계수':

0차 상관(Zero-order correlations): $r_{YX1} = .428$, $r_{YX2} = .367$

편상관(Partial correlations): $r_{YX1 \cdot X2} = .368$, $r_{YX2 \cdot X1} = .289$

부분상관(Part correlations): $r_{Y(X1 \cdot X2)} = .342$, $r_{Y(X2 \cdot X1)} = .261$

교과서에서 나타낸 표기로 바꾸면: $r_{YX1} = r_{Y1}$, $r_{YX2} = r_{Y2}$

$$: r_{YX1 \cdot X2} = r_{Y1 \cdot 2}, \ r_{YX2 \cdot X1} = r_{Y2 \cdot 1}$$

$$: r_{Y(X1 \cdot X2)} = r_{Y(1 \cdot 2)}, \ r_{Y(X2 \cdot X1)} = r_{Y(2 \cdot 1)}$$

이제 $SPSS$를 이용한 회귀분석에서 다음의 연구문제에 응답을 할 수 있다.

(1) 라디오광고 횟수와 TV광고 횟수로부터 광고내용의 기억정도를 예측하는 회

귀방정식을 구하라.

비 표준화 회귀방정식: $\hat{Y} = 1.367 + .472X_1 + .523X_2$

표준화 회귀방정식: $\widehat{z_Y} = .355z_1 + .271z_2$

(2) R^2, R_{adj}^2, $s_{Y.12}^2$를 구하라.

R^2(예측력)$= .252$, R_{adj}^2 (조정된 예측력) $= .038$,

$s_{Y.12}^2$(추정의 표준오차)$= 2.552$

(3) $R_{Y \cdot 12}^2 = r_{Y1}^2 + r_{Y(2 \cdot 1)}^2 = r_{Y2}^2 + r_{Y(1 \cdot 2)}^2$가 성립함을 보여라.

$r_{Y1}^2 = (.428)^2 = .183$, $r_{Y(2 \cdot 1)}^2 = (.289)^2 = .084$, $r_{Y2}^2 = (.367)^2 = .135$,

$r_{Y(1 \cdot 2)}^2 = (.368)^2 = .135$

$R_{Y \cdot 12}^2 = .252$, $.183 + .084 = .267$, $.135 + .135 = .270$

※ 소수점 이하 두 자리에서 오차가 있음은 소수점 이하 세 자리에서 반올림에 기인

(4) $H_0 : \rho_{Y.12} = 0$를 검정하는 분산분석표를 작성하라.

결과물의 표 ANOVA ($F = 1.177$ 보기에서 $F = 1.194$: $.017$ 차이는 계산과정의 오차)

(5) $H_0 : \beta_1 = 0$, $H_0 : \beta_2 = 0$, $H_0 : \beta_1^* = 0$, $H_0 : \beta_2^* = 0$를 각각 검정하는 검정 통계값과 유의수준, 그리고 95% 신뢰구간을 구하라.

※ 해답은 표 '계수'에 모두 포함되어 있음.

		95% 신뢰구간		
	검정통계값(t값)	유의수준(Sig.)	하한계	상한계
$H_0 : \beta_1 = 0$	1.046	.330	$-.596$	1.541
$H_0 : \beta_2 = 0$	.799	.450	-1.024	2.070
$H_0 : \beta_1^* = 0$	1.046	.330		
$H_0 : \beta_2^* = 0$	.799	.450		

※ 표준화 회귀계수의 검정통계값과 유의수준은 비표준화 회귀계수와 같으며, 95%
신뢰구간은 SPSS 결과물에 나타나 있지 않음.

16.7 SS_{reg}의 분할

분산분석의 중다비교검정에서 집단간 제곱합이 자유도의 수만큼 분할될 수 있음
을 보였다. 회귀의 제곱합(SS_{reg})도 자유도의 수($N - K - 1$)만큼 분할될 수 있다. 분
할하는 방법에는 표준회귀방법(standard regression method)과 위계적회귀방법(hierachi-
cal regression method)이 있다. 이 방법은 최적한 회귀방정식을 구하기 위해 예측
변수를 제거하거나 선택하는 데 이용된다.

표준회귀방법은 다른 모든 예측변수가 회귀방정식에 포함되어 있는데 한 개의
예측변수가 추가될 때 R^2의 증분과 대응하는 회귀계수를 검정하는 데 이용하는 분
할 방법이다. 예측변수가 세 개인 회귀방정식 $\widehat{Y} = \widehat{\beta_0} + \widehat{\beta_1} X_1 + \widehat{\beta_2} X_2 + \widehat{\beta_3} X_3$를 예로
들면, $H_0 : \beta_1 = 0$의 검정 논리는 회귀방정식 $\widehat{Y} = \widehat{\beta_0} + \widehat{\beta_2} X_2 + \widehat{\beta_3} X_3$에 X_1이 추가
되었을 때 회귀방정식이 β_1은 유의한지를 검정하는 것이다. 두 모형의 결정계수 R^2
를 각각 비교하면, 다음의 관계가 성립한다.

예측변수가 X_1, X_2, X_3인 경우: $R^2 = R_{Y \cdot 123}^2$

예측변수가 X_2, X_3인 경우: $R^2 = R_{Y \cdot 23}^2$

따라서 $R_{Y \cdot 123}^2 = R_{Y \cdot 12}^2 + r_{Y(1 \cdot 23)}^2$이다. 즉, $H_0 : \beta_1 = 0$의 가설검정은 $H_0 : \Delta R^2 = \rho_{Y(1 \cdot 23)}^2 = 0$의 검정과 같다.

이제 $R_{Y \cdot 12 \cdots K}^2 = \dfrac{SS_{reg}}{SS_Y}$이므로, 이 관계를 이용하면, 회귀모형에 예측변수가 하나 추가됨에 따라 SS_{reg}는 다음과 같이 분할된다.

$$SS_{reg} = R_{Y \cdot 12 \cdots K}^2 SS_Y$$
$$= R_{Y \cdot 12 \cdots K-1}^2 SS_Y + r_{Y(K \cdot 12 \cdots K-1)}^2 SS_Y \tag{16.7.1}$$

식 (16.7.1)의 원리를 이용하여, 회귀모형 $\hat{Y} = \hat{\beta}_0 + \hat{\beta}_1 X_1 + \hat{\beta}_2 X_2 + \hat{\beta}_3 X_3$의 SS_{reg}가 각 예측변수별로 분할되는 경우를 분산분석표로 정리한 것이 표 16.7.1이다.

〈표 16.7.1〉 표준회귀방법에 의한 SS_{reg}의 분할과 분산분석표

SV	df	SS	MS	F	H_0
reg	3	$R^2 SS_Y$	$R^2 SS_Y / 3$	$\dfrac{R^2}{3} / \dfrac{(1-R^2)}{N-3-1}$	$\rho_{Y \cdot 123}^2 = 0$
$X_1 \cdot X_2 X_3$	1	$r_{Y(1 \cdot 23)}^2 SS_Y$	$r_{Y(1 \cdot 23)}^2 SS_Y$	$r_{Y(1 \cdot 23)}^2 / \dfrac{(1-R^2)}{N-3-1}$	$\beta_1 = 0 (\rho_{Y(1 \cdot 23)}^2 = 0)$
$X_2 \cdot X_1 X_3$	1	$r_{Y(2 \cdot 13)}^2 SS_Y$	$r_{Y(2 \cdot 13)}^2 SS_Y$	$r_{Y(2 \cdot 13)}^2 / \dfrac{(1-R^2)}{N-3-1}$	$\beta_2 = 0 (\rho_{Y(2 \cdot 13)}^2 = 0)$
$X_3 \cdot X_1 X_2$	1	$r_{Y(3 \cdot 12)}^2 SS_Y$	$r_{Y(3 \cdot 12)}^2 SS_Y$	$r_{Y(3 \cdot 12)}^2 / \dfrac{(1-R^2)}{N-3-1}$	$\beta_3 = 0 (\rho_{Y(1 \cdot 12)}^2 = 0)$
res	$N-3-1$	$(1-R^2) SS_Y$	$\dfrac{(1-R^2) SS_Y}{N-3-1}$		

위의 분산분석표에서 SS_{reg}의 자유도는 예측변수의 수=3이다. 따라서 각 예측변수에 할당되는 SS_{reg}의 자유도는 1이다. 아울러 모든 F-검정의 오차항은 MS_{res}가 된다. 표 16.7.1에 의한 F-검정과 t-검정통계량을 이용한 $H_0 : \beta_1 = 0$의 가설검정은 같은 것이지만, t-검정이 구간추정이 간단하므로, 회귀계수에 대한 검정은 대부분의 컴퓨터 통계 패키지에서 t-검정을 이용하고 있다.

위계적 회귀방법에서는 예측변수 X_1, X_2, $\cdots$, X_K가 순서적으로 한 개씩 회귀

방정식에 추가함에 따라 R^2가 증가하는 형식으로 SS_{reg}을 분할한다.

$$R^2_{Y \cdot 12 \cdots K} = r^2_{Y \cdot 1} + r^2_{Y \cdot (2 \cdot 1)} + r^2_{Y \cdot (3 \cdot 12)} + \cdots + r^2_{Y \cdot (K \cdot 12 \cdots K-1)}$$

이므로,

SS_{reg}의 분할은 다음과 같다.

$$\begin{aligned} SS_{reg} &= R^2_{Y \cdot 12 \cdots K} SS_Y \\ &= r^2_{Y \cdot 1} SS_Y + r^2_{Y \cdot (2 \cdot 1)} SS_Y + r^2_{Y \cdot (3 \cdot 12)} SS_Y + \cdots + r^2_{Y \cdot (K \cdot 12 \cdots K-1)} SS_Y \end{aligned}$$

$$(16.7.2)$$

회귀방정식 $\widehat{Y} = \widehat{\beta_0} + \widehat{\beta_1} X_1 + \widehat{\beta_2} X_2 + \widehat{\beta_3} X_3$에서 위계적 회귀방법에 의한 SS_{reg}의 분할을 자유도와 함께 분산분석표로 나타내면 표 16.7.2와 같다.

〈표 16.7.2〉 위계적 회귀방법에 의한 SS_{reg}의 분할과 분산분석표

SV	df	SS	MS	F	H_0
reg	3	$R^2 SS_Y$	$R^2 SS_Y / 3$	$\dfrac{R^2}{3} \Big/ \dfrac{(1-R^2)}{N-3-1}$	$\rho^2_{Y \cdot 123} = 0$
X_1	1	$r^2_{Y1} SS_Y$	$r^2_{Y1} SS_Y$	$r^2_{Y1} \Big/ \dfrac{(1-r^2_{Y1})}{N-1-1}$	$\rho^2_{Y1} = 0$
$X_2 \cdot X_1$	1	$r^2_{Y(2 \cdot 1)} SS_Y$	$r^2_{Y(2 \cdot 1)} SS_Y$	$r^2_{Y(2 \cdot 1)} \Big/ \dfrac{(1-R^2_{Y \cdot 12})}{N-2-1}$	$\rho^2_{Y(2 \cdot 1)} = 0$
$X_3 \cdot X_1 X_2$	1	$r^2_{Y(3 \cdot 12)} SS_Y$	$r^2_{Y(3 \cdot 12)} SS_Y$	$r^2_{Y(3 \cdot 12)} \Big/ \dfrac{(1-R^2_{Y \cdot 123})}{N-3-1}$	$\rho^2_{Y(3 \cdot 12)} = 0$
res	$N-3-1$	$(1-R^2) SS_Y$	$\dfrac{(1-R^2) SS_Y}{N-3-1}$		

표 16.7.2는 세 개의 독립변수를 X_1, X_2, X_3 순으로 회귀방정식에 추가할 때 최종 회귀방정식 $\widehat{Y} = \widehat{\beta_0} + \widehat{\beta_1} X_1 + \widehat{\beta_2} X_2 + \widehat{\beta_3} X_3$의 적합도검정과 독립변수 추가에 따른 R^2의 증분에 대한 검정통계량과 영가설을 보이고 있다.

위계적 회귀방법에서는 통계적 영가설을 $H_0 : \beta_K = 0$이라고 표기하기 보다는

$H_0 : \rho^2_{Y(K\cdot12\cdots K-1)} = 0$이라고 표기하는 것이 더욱 정확한 의미를 나타내는 표기방법이 된다. 왜냐하면 표준회귀방법에서는 회귀계수에 관심이 있고 위계적 회귀방법에서는 R^2의 증분에 관심이 있기 때문이다. SPSS에서는 R^2의 증분에 대한 검정은 F값으로 나타내고, 회귀계수에 대한 검정은 t값으로 나타내고 있다.

회귀계수에 대한 위계적 검정방법은 K개의 예측변수 중에서 J개의 예측 변수에 의한 예측력 R^2의 증분(ΔR^2)을 검정할 수 있다. J개의 예측변수에 기인된 예측력의 증분은,

$$R^2_{Y\cdot12\cdots J} = R^2_{Y\cdot12\cdots K} - R^2_{Y\cdot J+1\cdots K} \tag{16.7.3}$$

이다. J개의 예측변수의 설명력에 대한 가설, $H_0 : R^2_{Y\cdot12\cdots J} = 0$을 검정하기 위한 통계량은 아래와 같다.

$$
\begin{aligned}
F &= \frac{R^2_{Y\cdot12\cdots J}/J}{(1-R^2)/(N-K-1)} \\
&= \frac{(R^2_{Y\cdot12\cdots K} - R^2_{Y\cdot J+1\cdots K})/J}{(1-R^2)/(N-K-1)} \sim F(J,\ N-K-1)
\end{aligned}
\tag{16.7.4}
$$

예를 들어 $\hat{Y} = \hat{\beta}_0 + \hat{\beta}_1 X_1 + \hat{\beta}_2 X_2 + \hat{\beta}_3 X_3 + \hat{\beta}_4 X_4$에서 X_3와 X_4에 기인된 예측력의 증분에 대한 검정통계량, 즉 $H_0 : \Delta R^2 = 0$에 대한 검정통계량은,

$$F = \frac{(R^2_{Y\cdot1234} - R^2_{Y\cdot12})/2}{(1-R^2)/(N-4-1)}$$

이다. 예측력의 증분에 대한 검정을 하기 위해서 표준회귀방법과 위계적 방법에 대한 선택 기준은 예측변수간의 관계에 좌우된다. 만일에 예측변수간의 관계가 위계적이라면 위계적 회귀방법이 적절하고 비위계적이라면 표준회귀방법이 적절하다.

대상	1	2	3	4	5	6	7	8	9	10
Y	12	14	14	18	22	15	11	10	14	13
X_1	1	2	1	3	4	5	1	2	6	4
X_2	2	5	4	8	9	1	9	4	3	2
X_3	7	4	8	5	3	4	1	1	9	3

다음의 SPSS 실습 16.5.1은 위의 자료를 가지고 표준회귀방법과 위계적 회귀방법의 하나인 단계적 회귀분석(stepwise regression)을 시행한 SPSS 시행절차와 결과물의 일부이다. 결과물을 보고 다음 물음에 답하여라.

(1) $H_0 : \rho^2_{Y \cdot 123} = 0$(회귀방정식은 적합하지 않다)을 5단계 절차를 적용하여 검정하라.

(2) <표 16.7.1>과 <표 16.7.2>를 완성하라.

(3) 산출된 각 통계값으로부터 $R^2 = r^2_{Y(1 \cdot 23)} + r^2_{Y(2 \cdot 13)} + r^2_{Y(3 \cdot 12)} +$ 잔차와 $R^2 = r^2_{Y2} + r^2_{Y(1 \cdot 2)}$ $r^2_{Y(3 \cdot 12)}$을 계산하고 비교하라.

 SPSS 실습 16.5.1 표준 회귀분석방법과 단계적 회귀분석방법(standard

regression method and stepwise regression method)

A. 표준 회귀분석 방법

1. 자료입력창

	Y	X1	X2	X3	변수	변수	변수	변수	변수	변수	변수	변수	변수	변수	변수
1	12	1	2	7											
2	14	2	5	4											
3	14	1	4	8											
4	18	3	8	5											
5	22	4	9	3											
6	15	5	1	4											
7	11	1	9	1											
8	10	2	4	1											
9	14	6	3	9											
10	13	4	2	3											
11															
12															
13															

2. 분석 창 ①

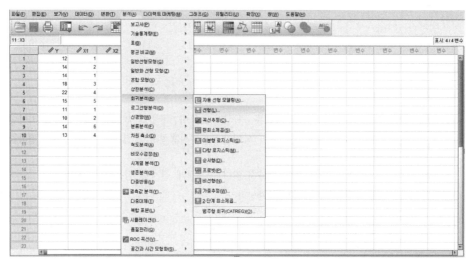

    '분석(A)' → '회귀분석(R)' → '선형(L)' 클릭, 종속변수 'Y' → '종속변수(D)' 상자로, 독립변수 'X1', 'X2', 'X3' → '독립변수(I)' 상자로 옮김.

3. 분석 창 ②

    '통계량(S)' 클릭하고, 필요한 통계량['추정값(E)'(기본설정), '신뢰구간(N)', '모형 적합(M)', 'R 제곱 변화량(S)', '부분상관 및 편상관계수(P)', '공선성 진단(L)']에 체크

4. 분석 창 ③

'계속(C)' 클릭, '확인' 클릭

5. 표준회귀분석 결과물

입력/제거된 변수[a]

모형	입력된 변수	제거된 변수	방법
1	X3, X1, X2[b]	.	입력

a. 종속변수: Y
b. 요청된 모든 변수가 입력되었습니다.

모형 요약

모형	R	R 제곱	수정된 R 제곱	추정값의 표준 오차	통계량 변화량				
					R 제곱 변화량	F 변화량	자유도1	자유도2	유의확률 F 변화량
1	.752[a]	.565	.347	2.826	.565	2.596	3	6	.148

a. 예측자: (상수), X3, X1, X2

ANOVA[a]

모형		제곱합	자유도	평균제곱	F	유의확률
1	회귀	62.193	3	20.731	2.596	.148[b]
	잔차	47.907	6	7.984		
	전체	110.100	9			

a. 종속변수: Y
b. 예측자: (상수), X3, X1, X2

계수[a]

모형		비표준화 계수		표준화 계수	t	유의확률	B에 대한 95.0% 신뢰구간		상관계수			공선성 통계량	
		B	표준오차	베타			하한	상한	0차	편상관	부분상관	공차	VIF
1	(상수)	5.823	3.353		1.737	.133	-2.382	14.029					
	X1	1.046	.547	.536	1.913	.104	-.292	2.383	.413	.615	.515	.925	1.082
	X2	.812	.349	.693	2.326	.059	-.042	1.667	.446	.689	.626	.818	1.223
	X3	.361	.372	.285	.972	.369	-.549	1.271	.121	.369	.262	.843	1.187

a. 종속변수: Y

B. 단계적 회귀분석 방법

같은 자료를 가지고 단계적 회귀분석을 하려면 분석 창 ②에서 '방법(M)' 상자에 기본설정 값(default) '입력'을 '단계 선택'(Stepwise)으로 바꾸기 위해 분석 창 ③에서 '확인'을 클릭하기 전에 '계속(C)'만을 클릭하고 '방법(M)' 상자의 '입력'을 '단계 선택'(Stepwise)으로 바꿈.

1. 단계적 회귀분석 창 ①

16.8절에서 설명하는 중다회귀모형의 예측변수 선택방법이 있는데 여기서는 그 것을 '방법(M)' 상자에 '입력'(기본설정: 표준회귀방법), '단계 선택'(단계적 방법: Stepwise), '제거'(제거 방법: Removal), '후진'(순차적 제거 법: Backward), '전진'(순차적 추가 법: Forward) 등이 포함되어 있다.

'옵션(O)' 클릭.

2. 단계적 회귀분석 창 ②

'F-확률 사용(O)'란에 '진입(E)'의 기본 설정값 .05(변수를 추가할 때 R^2 증분에 대한 F검정값의 유의수준이 .05 이하인 변수만 추가)를 .98로 수정(연습문제이므로 모든 변수가 추가되도록). '제거(M)'의 기본 설정값 .10(변수를 제거할 때 R^2 증분에 대한 F검정값의 유의수준이 .10 이상인 변수는 제거)을 .99로 수정(연습문제이므로 모든 변수가 포함되도록).

'진입(E)' 유의수준보다 '제거(M)' 유의수준을 높게 설정하여야 함.

'계속(C)' 클릭, '확인' 클릭

3. 단계적 회귀분석 결과물

모형 요약

모형	R	R 제곱	수정된 R 제곱	추정값의 표준 오차	통계량 변화량				
					R 제곱 변화량	F 변화량	자유도1	자유도2	유의확률 F 변화량
1	.446[a]	.199	.099	3.320	.199	1.988	1	8	.196
2	.705[b]	.496	.352	2.815	.297	4.132	1	7	.082
3	.752[c]	.565	.347	2.826	.069	.945	1	6	.369

a. 예측자: (상수), X2
b. 예측자: (상수), X2, X1
c. 예측자: (상수), X2, X1, X3

ANOVA^a

모형		제곱합	자유도	평균제곱	F	유의확률
1	회귀	21.918	1	21.918	1.988	.196^b
	잔차	88.182	8	11.023		
	전체	110.100	9			
2	회귀	54.649	2	27.325	3.449	.091^c
	잔차	55.451	7	7.922		
	전체	110.100	9			
3	회귀	62.193	3	20.731	2.596	.148^d
	잔차	47.907	6	7.984		
	전체	110.100	9			

a. 종속변수: Y
b. 예측자: (상수), X2
c. 예측자: (상수), X2, X1
d. 예측자: (상수), X2, X1, X3

계수^a

모형		비표준화 계수 B	표준오차	표준화 계수 베타	t	유의확률	B에 대한 95.0% 신뢰구간 하한	상한	상관계수 0차	편상관	부분상관	공선성 통계량 공차	VIF
1	(상수)	11.841	2.035		5.818	.000	7.148	16.535					
	X2	.523	.371	.446	1.410	.196	-.332	1.379	.446	.446	.446	1.000	1.000
2	(상수)	7.855	2.612		3.007	.020	1.678	14.031					
	X2	.692	.325	.590	2.128	.071	-.077	1.461	.446	.627	.571	.935	1.070
	X1	1.101	.542	.564	2.033	.082	-.180	2.381	.413	.609	.545	.935	1.070
3	(상수)	5.823	3.353		1.737	.133	-2.382	14.029					
	X2	.812	.349	.693	2.326	.059	-.042	1.667	.446	.689	.626	.818	1.223
	X1	1.046	.547	.536	1.913	.104	-.292	2.383	.413	.615	.515	.925	1.082
	X3	.361	.372	.285	.972	.369	-.549	1.271	.121	.369	.262	.843	1.187

a. 종속변수: Y

제외된 변수^a

모형		베타 입력	t	유의확률	편상관계수	공선성 통계량 공차	VIF	최소공차
1	X1	.564^b	2.033	.082	.609	.935	1.070	.935
	X3	.343^b	1.002	.350	.354	.852	1.174	.852
2	X3	.285^c	.972	.369	.369	.843	1.187	.818

a. 종속변수: Y
b. 모형내의 예측자: (상수), X2
c. 모형내의 예측자: (상수), X2, X1

결과물의 필요 없는 부분은 삭제하였음.

중다회귀방정식의 예측력이 높기 위해서는 준거변수(Y)와 각 예측변수(X_1, X_2, $\cdots$, X_K)간에 상관은 높고, 예측변수 사이에 상관은 낮아야 한다. 최적의 중다회귀 방정식을 결정하기 위해 주어진 예측변수 중에서 필요한 예측변수만을 선택하는 방법을 설명하기 전에 공선성통계량, 즉 예측변수간에 관계를 나타내는 두 가지 통계량을 소개한다. 그 하나는 공차(tolerance)라는 개념이다. 공차는 하나의 예측변수를 다른 예측변수들로 설명할 수 없는 정도를 말한다. K번째 변수의 공차를 식으로 나타내면,

$$Tolerance = 1 - R^2_{K \cdot 12 \cdots K-1}$$

이다. 공차가 높으면 예측변수 사이에 중복되는 정보가 적고 독립적임을 보인다. 공차가 .00이라면 다른 예측변수와 완전한 상관을 갖는다. 즉, $R^2_{K \cdot 12 \cdots K-1} = 1.0$이며 X_K는 다른 변수들과 다중공선성(multicollinearity)을 갖는다. 이 경우에는 적어도 하나의 예측변수는 회귀방정식에서 제거해야 한다. 이러한 관계는 한 개의 예측변수가 다른 예측변수들과 선형함수관계를 가질 때 나타난다.

다중공선성 통계량의 또 하나는 분산팽창계수(variance inflation factor: VIF)이다. 분산팽창계수는 공차의 역수이다.

$$VIF = \frac{1}{1 - R^2_{K \cdot 12 \cdots K-1}}$$

보기 16.7.1에서의 VIF는 각각 1.223, 1.082, 1.187임을 찾아 볼 수 있다. 분산팽창계수는 예측변수 X_K가 다른 예측변수들과 상관이 있기 때문에 회귀계수 $\hat{\beta}_K$의 표준오차가 증가하는 정도를 나타낸다. $\hat{\beta}_K$의 표준오차가 높으면 회귀계수의 추정치는 불안정하게 된다. 회귀계수의 추정치가 안정되기 위해서는 VIF는 낮고 공차는 높아야 한다. 그렇게 되기 위해서는 회귀방정식으로부터 불필요한 변수는 빼야 된다.

예측변수 선택방법

　예측변수들 중에서 필요한 변수만을 골라 최적의 회귀방정식을 구하는 여러 가지 통계적 방법이 있다. 그러나 이 방법이 모든 상황에서 적절한 것은 아니다. 통계적 방법이 교육학이나 심리학의 이론을 우선하지는 못한다. 예컨대, 학생의 학업성취도를 건강상태, 가정환경, 사회성으로부터 예측하려고 할 때 R^2 최대가 되고 MS_{res} 이 최소가 되도록 회귀방정식을 결정하는 것은 타당한 방법이 아니다. 같은 맥락에서 SS_{reg} 을 분할할 때 예측변수 사이에 위계적 관계가 성립할 때는 위계적 회귀방법을 사용하고 그렇지 않을 때는 표준회귀방법을 사용하는 것 이 좋다고 간단하게 언급한 바 있다. 가장 흔하게 사용하는 단계적 회귀방법에서 아무런 이론적 근거없이 두 예측변수 중에서 준거변수와의 상관이 높다는 이유만으로 회귀방정식에 먼저 포함하여 허구적 형식을 추가하는 위험이 있다는 점을 강조하면서(Huberty, 1989; Henderson and Denison, 1989) 변수를 선택하는 네 가지 통계적 방법을 소개한다(Draper and Smith, 1981).

가능한 모든 회귀

　주어진 예측변수로 가능한 모든 회귀방정식을 구성하여 R^2 나 MS_{res} 을 준거로 회귀방정식을 선택한다. 예컨대 예측변수가 X_1, X_2, X_3 라고 하면 가능한 회귀방정식은 다음과 같다.

$$\hat{Y} = \hat{\beta}_0 + \hat{\beta}_1 X_1$$

$$\hat{Y} = \hat{\beta}_0 + \hat{\beta}_2 X_2$$

$$\hat{Y} = \hat{\beta}_0 + \hat{\beta}_3 X_3$$

$$\hat{Y} = \hat{\beta}_0 + \hat{\beta}_1 X_1 + \hat{\beta}_2 X_2$$

$$\hat{Y} = \hat{\beta}_0 + \hat{\beta}_1 X_1 + \hat{\beta}_3 X_3$$

$$\hat{Y} = \hat{\beta}_0 + \hat{\beta}_2 X_2 + \hat{\beta}_3 X_3$$

$$\hat{Y} = \hat{\beta}_0 + \hat{\beta}_1 X_1 + \hat{\beta}_2 X_2 + \hat{\beta}_3 X_3$$

이 방정식들의 R^2을 비교하여 최적의 회귀방정식 하나를 선택한다. 모든 가능한 회귀방정식을 자료에 적합시키므로 최종적으로 선택한 회귀방정식은 특정 자료에 적합한 것이 될 수 있으며 최종 R^2은 대응하는 모집단의 모수의 불편추정값이라고 볼 수 없다는 단점을 갖는다.

순차적 변수제거 절차

순차적 변수제거 절차(backward elimination procedure)는 가능한 모든 회귀방정식을 고려하는 절차를 개선한 방법으로 모든 회귀방정식을 고찰하지 않고 일정한 예측변수가 포함된 최선의 회귀방정식을 고찰한다. 예측변수가 X_1, X_2, X_3인 회귀방정식을 예로 들어 단계별로 설명해 보자.

① $\hat{Y} = \hat{\beta}_0 + \hat{\beta}_1 X_1 + \hat{\beta}_2 X_2 + \hat{\beta}_3 X_3$를 분석한다.
② 표준회귀방법에 따라 $\hat{\beta}_1$, $\hat{\beta}_2$, $\hat{\beta}_3$를 검정한다. 즉, $H_0 : \beta_1 = 0$, $H_0 : \beta_2 = 0$, $H_0 : \beta_3 = 0$를 검정한다.
③ 연구자가 정한 유의수준에 미달하는 회귀계수에 대응하는 변수를 제거하고 회귀방정식을 구성한다. $H_0 : \beta_1 = 0$가 유의하지 않았다면 $\hat{Y} = \hat{\beta}_0 + \hat{\beta}_2 X_2 + \hat{\beta}_3 X_3$에 대해 1단계 절차를 반복한다.
④ $\hat{\beta}_2$, $\hat{\beta}_3$에 대해 2단계 절차를 반복한다.

이 단계에서 $H_0 : \beta_2 = 0$와 $H_0 : \beta_3 = 0$가 모두 유의하였다면 최종적으로 선택할 회귀방정식은 $\hat{Y} = \hat{\beta}_0 + \hat{\beta}_2 X_2 + \hat{\beta}_3 X_3$가 된다. $H_0 : \beta_2 = 0$만이 유의하였다면 $\hat{Y} = \hat{\beta}_0 + \hat{\beta}_2 X_2$를 최종회귀방정식으로 선택하게 된다. 대부분의 컴퓨터 프로그램에는 예측변수를 제거하거나 선택할 유의수준을 정하도록 되어 있으며, 정해주지 않을 때는 미리 정해 놓은 유의수준이 있다. 예측변수를 제거할 때 유의수준은 FOUT 또는 POUT이라는 약자가 사용되는 데 각각 "F to remove"와 "P to remove"의 약자로 변수를 제거할 기준이 되는 F값과 P값을 나타낸다. 변수를 선택할 때 유의수준은 FIN 또는 PIN이라는 약자가 사용되는 데 각각 "F to enter"와 "P to enter"의 약자로 변수를 선택할 기준이 되는 F값과 P값을 나타낸다. 참고로 SPSS에서는 컴퓨터에 미리 정해 놓은 유의수준은 PIN $=.05$, POUT $=.10$에 따라 처리한다. 보기 16.7.1에서 PIN $=.998$, POUT $=.999$로 지정한 것은 예측변수를 선택할 목적이 아니고 모든 예측변수가 회귀방정식에 포함되도록 하기 위해서였다. POUT는 PIN보다 높게 지정하여야 한다. 순차적 변수 제거절차의 단점은 처음부터 많은 변수로 시작한다는 점과 변수 사이에 허구적 상관이 존재할 때 낭비점이 발생한다는 점이다 (Draper and Smith, 1981; Mclntyre, Montgomery, Srinwason, and Weitz, 1983).

순차적 변수추가 절차

순차적 변수추가 절차(forward selection procedure)는 순차적 변수제거 절차와는 반대로 회귀방정식이 만족스러울 때까지 변수를 하나하나 선택하여 추가하는 방법이다. 세 개의 예측변수 X_1, X_2, X_3 로 구성된 회귀방정식을 예로 들어 단계별로 설명해 보자.

① 예측변수와 준거변수간의 단순상관계수를 산출하여 상관이 가장 높은 예측변수를 회귀방정식에 포함시킨다. $r_{Y1} > r_{Y2} > r_{Y3}$ 라고 하면 최초 회귀방정식은 $\hat{Y} = \hat{\beta}_0 + \hat{\beta}_1 X_1$ 이 되며, 이 모형에 대한 적합도를 검정한다.

② 1단계 검정결과 유의하지 않았다면 X_1, X_2, X_3는 모두 종속변수를 예측하는 효과가 없는 것이므로 다른 모형을 고려하게 된다. 반면 유의하였다면 2단계 절차를 진행한다. $r^2_{Y(2 \cdot 1)}$ 과 $r^2_{Y(3 \cdot 1)}$ 를 계산하여 $r^2_{Y(3 \cdot 1)} > r^2_{Y(2 \cdot 1)}$ 라고 하면 회귀방정식 $\hat{Y} = \hat{\beta}_0 + \hat{\beta}_1 X_1 + \hat{\beta}_3 X_3$의 적합도 $H_0 : R^2_{Y \cdot 13} = 0$과 예측력의 증분($H_0 : \beta_3 = 0$, 또는 $H_0 : \rho^2_{Y(3 \cdot 1)} = 0$)에 대한 검정을 한다.

③ 만일 예측력의 증분이 유의하지 않았다면 회귀방정식으로 $\hat{Y} = \hat{\beta}_0 + \hat{\beta}_1 X_1$을 택하고 유의하였다면 $\hat{Y} = \hat{\beta}_0 + \hat{\beta}_1 X_1 + \hat{\beta}_2 X_2 + \hat{\beta}_3 X_3$에 대한 적합도와 예측력의 증분에 대한 검정을 하게 된다.

④ 새로 추가된 X_2에 의한 예측력의 증분이 유의하지 않다면 최종회귀방정식으로 $\hat{Y} = \hat{\beta}_0 + \hat{\beta}_1 X_1 + \hat{\beta}_3 X_3$를 택하고, 유의하다면 $\hat{Y} = \hat{\beta}_0 + \hat{\beta}_1 X_1 + \hat{\beta}_2 X_2 + \hat{\beta}_3 X_3$를 최종회귀방정식으로 택한다.

순차적 변수추가 절차는 순차적 변수제거절차에 비해 경제적인 절차라고 할 수 있다. 그러나, 변수를 추가함에 따라 전 단계에 추가된 변수에 미치는 효과를 고찰하지는 않는다는 단점을 갖는다. 이 단점을 극복한 절차가 다음에 설명하는 단계적 회귀절차이다.

단계적 회귀절차

단계적 회귀절차(stepwise regression procedure)는 순차적 변수추가 절차를 개선한 방법이다. 단계적 회귀절차는 순차적 변수추가 절차의 두 번째 단계부터 새로 추가되는 변수가 먼저 추가된다면 예측력의 증분은 어떠한지를 고찰하는 것 이외는 두 절차는 동일하다.

1단계: $r_{Y2} > r_{Y1} > r_{Y3}$ 라고 하면, $\hat{Y} = \hat{\beta}_0 + \hat{\beta}_2 X_2$ 의 적합도를 검정한다.

2단계: $r_{Y(1·2)} > r_{Y(3·2)}$ 라고 하면, $\hat{Y} = \hat{\beta}_0 + \hat{\beta}_1 X_1 + \hat{\beta}_2 X_2$ 의 적합도와 예측력의 증분에 대한 검정을 한다.

이 단계에서 $H_0 : \rho^2_{Y(1·2)} = 0$에 대한 검정만이 아니라 $H_0 : \rho^2_{Y(2·1)} = 0$에 대한 검정을 한다는 점에서 순차적 변수추가절차와 차이가 있다.

3 단계: $H_0 : \rho^2_{Y(1·2)} = 0$와 $H_0 : \rho^2_{Y(2·1)} = 0$가 유의하다면 $\hat{Y} = \hat{\beta}_0 + \hat{\beta}_1 X_1 + \hat{\beta}_2 X_2 + \hat{\beta}_3 X_3$의 적합도와 예측력의 증분에 대한 검정을 한다. 이 단계에서도 예측력의 증분에 대한 검정뿐만 아니라 $H_0 : \rho^2_{Y(1·23)} = 0$, $H_0 : \rho^2_{Y(2·13)} = 0$에 대한 검정을 하고 유의수준에 따라 최종회귀방정식을 결정한다.

단계적 회귀방법은 가장 널리 사용되는 방법이다. 그러나 예측변수의 위계적 관계를 고려하지 않고 컴퓨터에만 의존하여 회귀방정식을 결정하게 되면 오류를 범할 가능성이 높다.

보기 16.5.1에서 예시한 단계적 회귀절차에 의한 컴퓨터 결과물을 보고 단계적 회귀절차의 1단계, 2단계, 3단계 분산분석표를 완성하라. 그리고 표의 유의수준{sig} 옆에 검정하는 영가설을 기록하라.

풀이

① 1단계 분산분석표는 모형 1의 분산분석표이다.

SV	df	SS	MS	F	sig	H_0
$reg(X_2)$	1	21.918	21.918	1.988	.196^a	$\rho^2_{Y2} = 0$
res	8	88.182	11.023			

a: 유의수준이 .196이므로 최초 회귀방정식 $\hat{Y} = a + b_2 X_2$부터 적합하지 않다. 그러나 예시를 목적으로 유의수준을 PIN=.998로 설정하였기 때문에 유의수준에 관계없이 컴퓨터는 분석 절차를 진행시킨다.

② 2단계 분산분석표

SV	df	SS	MS	F	sig	H_0
$reg(X_2 X_1)$	2	54.649	27.325	3.499	.091	$\rho^2_{Y21} = 0$
$X_1 \cdot X_2$	1	32.732	32.732	4.132	.082	$\rho^2_{Y(1 \cdot 2)} = 0$
res	7	55.451	7.922			

③ 3단계 분산분석표

SV	df	SS	MS	F	sig	H_0
$reg(X_2 X_1 X_3)$	3	62.193	20.731	2.596	.148	$\rho^2_{Y \cdot 213} = 0$
$X_3 \cdot X_1 X_2$	1	37.543	7.543	.945	.369	$\rho^2_{Y(3 \cdot 12)} = 0$
res	6	47.907	37.984			

※ 다음 자료를 가지고 SPSS를 활용하여 표준 회귀분석을 하고 물음(16.1 – 16.7)에 답
하여라.

대상	X_1	X_2	Y
1	11	38	10
2	7	42	16
3	12	38	18
4	13	36	15
5	14	40	15
6	15	32	11
7	5	20	13
8	14	44	18
9	14	34	12
10	10	28	16
11	8	24	10
12	16	30	16
13	15	26	15
14	14	24	12
15	10	26	12
16	9	18	14
17	11	30	16
18	9	26	13
19	7	18	11
20	10	10	17
21	9	12	8
22	10	32	18
23	10	18	14
24	16	20	15
25	10	18	12

16.1 X_1과 X_2로부터 Y를 예측하는 회귀방정식은?

16.2 X_1과 X_2로부터 Y를 예측하는 표준회귀방정식은?

16.3 $R^2_{Y \cdot 12}$, $S^2_{Y \cdot 12}$, R^2_{adj}는?

16.4 $R^2_{Y \cdot 12} = r^2_{Y1} + r^2_{Y(2 \cdot 1)}$과 $R^2_{Y \cdot 12} = r^2_{Y2} + r^2_{Y(2 \cdot 1)}$이 성립함을 요약표를 만들어 보여라.

16.5 5단계 절차를 적용하여 $H_0 : \rho^2_{Y \cdot 12} = 0$을 검정하라.

16.6 5단계 절차를 적용하여 $H_0 : \beta_1 = 0$과 $H_0 : \beta_2 = 0$를 검정하라.

16.7 β_1과 β_2의 95% 신뢰구간을 구하라.

※ 다음 자료를 가지고 SPSS를 활용하여 단계별 회귀분석을 하고 물음(16.8 - 16.15)에
  답하여라.

대상	X_1	X_2	X_3	Y
1	11	38	10	15
2	7	42	16	18
3	12	38	18	17
4	13	36	15	16
5	14	40	15	17
6	15	32	11	14
7	5	20	13	10
8	14	44	18	21
9	14	34	12	17
10	10	28	16	11
11	8	24	10	13
12	16	30	16	18
13	15	26	15	16
14	14	24	12	15
15	10	26	12	14
16	9	18	14	13
17	11	30	16	16
18	9	26	13	13
19	7	18	11	11
20	10	10	17	6
21	9	12	8	12
22	10	32	18	18
23	10	18	14	12
24	16	20	15	16
25	10	18	12	15

16.8 X_1, X_2, X_3로부터 Y를 예측하는 회귀방정식은?

16.9 5단계 절차를 적용하여 $H_0 : \rho^2_{Y \cdot 123} = 0$를 검정하라.

16.10 본문의 표 16.5.3과 표 16.5.4를 완성하라.

16.11 독립변수를 한 개 줄인다면 어느 변수를 줄이겠는가?

16.12 독립변수를 한 개 줄인 형태의 회귀방정식은?

16.13 독립변수가 한 개뿐인 형태의 회귀방정식의 적합도를 5단계 절차를 적용하여 검정하라.

16.14 $\hat{Y} = a + b_1 X_1 + b_2 X_2 + b_3 X_3$ 형식의 회귀방정식에서 5단계 절차를 적용하여 회귀상수와 회귀계수를 검정하라.

16.15 $R^2_{Y \cdot 123} = r^2_{Y(1 \cdot 23)} + r^2_{Y(2 \cdot 13)} + r^2_{Y(3 \cdot 12)} +$ 잔차와 $R^2_{Y \cdot 123} = r^2_{Y2} + r^2_{Y(1 \cdot 2)} + r^2_{Y(3 \cdot 12)}$ 를 계산하고 비교하라.

16.16 앞에서 제시한 두 가지 자료를 프로그램을 시행하고 앞에서 제시한 결과물과 비교하라.

부 록

표

연습문제 풀이(홀수번호)

〈표 1〉 표준정규분포의 누적확률표

$0 \leq z \leq 5.50$

$$F(z) = \int_{-\infty}^{z} \frac{1}{\sqrt{2\pi}} e^{-z^2/2} dz,$$

$z < 0$에 대하여는 $F(z) = 1 - F(-z)$

보기: $F(1.12) = .8686431$

$$F(-.67) = 1 - F(.67) = 1 - .7485711 = .2514289$$

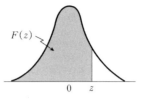

z	$F(z)$	z	$F(z)$	z	$F(z)$	z	$F(z)$
.00	.5000000	.36	.6405764	.72	.7642375	1.08	.8599289
.01	.5039894	.37	.6443088	.73	.7673049	1.09	.8621434
.02	.5079783	.38	.6480273	.74	.7703500	1.10	.8643339
.03	.5119665	.39	.6517317	.75	.7733726	1.11	.8665005
.04	.5159534	.40	.6554217	.76	.7763727	1.12	.8686431
.05	.5199388	.41	.6590970	.77	.7793501	1.13	.8707619
.06	.5239222	.42	.6627573	.78	.7823046	1.14	.8728568
.07	.5279032	.43	.6664022	.79	.7852361	1.15	.8749281
.08	.5318814	.44	.6700314	.80	.7881446	1.16	.8769756
.09	.5358564	.45	.6736448	.81	.7910299	1.17	.8789995
.10	.5398278	.46	.6772419	.82	.7938919	1.18	.8809999
.11	.5437953	.47	.6808225	.83	.7967306	1.19	.8829768
.12	.5477584	.48	.6843863	.84	.7995458	1.20	.8849303
.13	.5517168	.49	.6879331	.85	.8023375	1.21	.8868606
.14	.5556700	.50	.6914625	.86	.8051055	1.22	.8887676
.15	.5596177	.51	.6949743	.87	.8078498	1.23	.8906514
.16	.5635595	.52	.6984682	.88	.8105703	1.24	.8925123
.17	.5674949	.53	.7019440	.89	.8132671	1.25	.8943502
.18	.5714237	.54	.7054015	.90	.8159399	1.26	.8961653
.19	.5753454	.55	.7088403	.91	.8185887	1.27	.8979577
.20	.5792597	.56	.7122603	.92	.8212136	1.28	.8997274
.21	.5831662	.57	.7156612	.93	.8238145	1.29	.9014747
.22	.5870604	.58	.7190427	.94	.8263912	1.30	.9031995
.23	.5909541	.59	.7224047	.95	.8289439	1.31	.9049021
.24	.5948349	.60	.7257469	.96	.8314724	1.32	.9065825
.25	.5987063	.61	.7290691	.97	.8339768	1.33	.9082409
.26	.6025681	.62	.7323711	.98	.8364569	1.34	.9098773
.27	.6064199	.63	.7356527	.99	.8389129	1.35	.9114920
.28	.6102612	.64	.7389137	1.00	.8413447	1.36	.9130850
.29	.6140919	.65	.7421539	1.01	.8437524	1.37	.9146565
.30	.6179114	.66	.7453731	1.02	.8461358	1.38	.9162067
.31	.6217195	.67	.7485711	1.03	.8484950	1.39	.9177356
.32	.6255158	.68	.7517478	1.04	.8508300	1.40	.9192433
.33	.6293000	.69	.7549029	1.05	.8531409	1.41	.9207302
.34	.6330717	.70	.7580363	1.06	.8554277	1.42	.9221962
.35	.6368307	.71	.7611479	1.07	.8576903	1.43	.9236415

표 487

z	$F(z)$	z	$F(z)$	z	$F(z)$	z	$F(z)$
1.44	.9250663	1.77	.9616364	2.10	.9821356	2.43	.9924506
1.45	.9264707	1.78	.9624620	2.11	.9825708	2.44	.9926564
1.46	.9278550	1.79	.9632730	2.12	.9829970	2.45	.9928572
1.47	.9292191	1.80	.9640697	2.13	.9834142	2.46	.9930531
1.48	.9305634	1.81	.9648521	2.14	.9838226	2.47	.9932443
1.49	.9318879	1.82	.9656205	2.15	.9842224	2.48	.9934309
1.50	.9331928	1.83	.9663750	2.16	.9846137	2.49	.9936128
1.51	.9344783	1.84	.9671159	2.17	.9849966	2.50	.9937903
1.52	.9357445	1.85	.9678432	2.18	.9853713	2.51	.9939634
1.53	.9369916	1.86	.9685572	2.19	.9857379	2.53	.9941323
1.54	.9382198	1.87	.9692581	2.20	.9860966	2.53	.9942969
1.55	.9394292	1.88	.9699460	2.21	.9864474	2.54	.9944574
1.56	.9406201	1.89	.9706210	2.22	.9867906	2.55	.9946139
1.57	.9417924	1.90	.9712834	2.23	.9871263	2.56	.9947664
1.58	.9429466	1.91	.9719334	2.24	.9874545	2.57	.9949151
1.59	.9440826	1.92	.9725711	2.25	.9877755	2.58	.9950600
1.60	.9452007	1.93	.9731966	2.26	.9880894	2.59	.9952012
1.61	.9463011	1.94	.9738102	2.27	.9883962	2.60	.9953388
1.62	.9473839	1.95	.9744119	2.28	.9886962	2.70	.9965330
1.63	.9484493	1.96	.9750021	2.29	.9889893	2.80	.9974449
1.64	.9494974	1.97	.9755808	2.30	.9892759	2.90	.9981342
1.65	.9505285	1.98	9761482	2.31	.9895559	3.00	.9986501
1.66	.9515428	1.99	.9767045	2.32	.9898296	3.20	.9993129
1.67	.9525403	2.00	.9772499	2.33	.9900969	3.40	.9996631
1.68	.9535213	2.01	.9777844	2.34	.9903581	3.60	.9998409
1.69	.9544860	2.02	.9783083	2.35	.9906133	3.80	.9999277
1.70	.9554345	2.03	.9788217	2.36	.9908625	4.00	.9999683
1.71	.9563671	2.04	.9793248	2.37	.9911060	4.50	.9999966
1.72	.9572838	2.05	.9798178	2.38	.9913437	5.00	.9999997
1.73	.9581849	2.06	.9803007	2.39	.9915758	5.50	.9999999
1.74	.9590705	2.07	.9807738	2.40	.9918025		
1.75	.9599408	2.08	.9812372	2.41	.9920237		
1.76	.9607961	2.09	.9816911	2.42	.9922397		

〈표 2〉 t 분포의 누적확률표

$$\int_{-\infty}^{t} f(t\backslash\nu)dt = F(t)$$

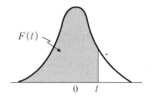

$F(t)$

ν	$F(t)$							
	.60	.75	.90	.95	.975	.99	.995	.999
1	0.325	1.000	3.078	6.314	12.706	31.821	63.657	318.31
2	.289	0.816	1.886	2.920	4.303	6.965	9.925	22.326
3	.277	.765	1.638	2.353	3.182	4.541	5.841	10.213
4	.271	.741	1.533	2.132	2.776	3.747	4.604	7.173
5	0.267	0.727	1.476	2.015	2.571	3.365	4.032	5.893
6	.265	.718	1.440	1.943	2.447	3.143	3.707	5.208
7	.263	.711	1.415	1.895	2.365	2.998	3.499	4.785
8	.262	.706	1.397	1.860	2.306	2.896	3.355	4.501
9	.261	.703	1.383	1.833	2.262	2.821	3.250	4.297
10	0.260	0.700	1.372	1.812	2.228	2.764	3.169	4.144
11	.260	.697	1.363	1.796	2.201	2.718	3.106	4.025
12	.259	.695	1.356	1.782	2.179	2.681	3.055	3.930
13	.259	.694	1.350	1.771	2.160	2.650	3.012	3.852
14	.258	.692	1.345	1.761	2.145	2.624	2.977	3.787
15	0.258	0.691	1.341	1.753	2.131	2.602	2.947	3.733
16	.258	.690	1.337	1.746	2.120	2.583	2.921	3.686
17	.257	.689	1.333	1.740	2.110	2.567	2.898	3.646
18	.257	.688	1.330	1.734	2.101	2.552	2.878	3.610
19	.257	.688	1.328	1.729	2.093	2.539	2.861	3.579
20	0.257	0.687	1.325	1.725	2.086	2.528	2.845	3.552
21	.257	.686	1.323	1.721	2.080	2.518	2.831	3.527
22	.256	.686	1.321	1.717	2.074	2.508	2.819	3.505
23	.256	.685	1.319	1.714	2.069	2.500	2.807	3.485
24	.256	.685	1.318	1.711	2.064	2.492	2.797	3.467
25	0.256	0.684	1.316	1.708	2.060	2.485	2.787	3.450
26	.256	.684	1.315	1.706	2.056	2.479	2.779	3.435
27	.256	.684	1.314	1.703	2.052	2.473	2.771	3.421
28	.256	.683	1.313	1.701	2.048	2.467	2.763	3.408
29	.256	.683	1.311	1.699	2.045	2.462	2.756	3.396
30	0.256	0.683	1.310	1.697	2.042	2.457	2.750	3.385
40	.255	.681	1.303	1.684	2.021	2.423	2.704	3.307
60	.254	.679	1.296	1.671	2.000	2.390	2.660	3.232
120	.254	.677	1.289	1.658	1.980	2.358	2.617	3.160
∞	.253	.674	1.282	1.645	1.960	2.326	2.576	3.090

표 489

<표 3> χ^2 분포의 누적확률표

$$F(\chi^2) = \int_0^{\chi^2} f(\chi^2 \rfloor \nu) d\chi^2$$

보기 : $\chi^2_{.025}(14) = 5.62872$

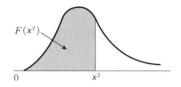

ν	$F(\chi^2)$						
	.005	.01	.025	.05	.10	.25	.50
1	$392704 \cdot 10^{-10}$	$157088 \cdot 10^{-9}$	$982069 \cdot 10^{-9}$	$393214 \cdot 10^{-8}$	0.0157908	0.1015308	0.45493
2	0.0100251	0.0201007	0.0506356	0.102587	0.210720	0.575364	1.38629
3	0.0717212	0.114832	0.215795	0.351846	0.584375	1.212534	2.36597
4	0.206990	0.297110	0.484419	0.710721	1.063623	1.92255	3.35670
5	0.411740	0.554300	0.831211	1.145476	1.61031	2.67460	4.35146
6	0.675727	0.872085	1.237347	1.63539	2.20413	3.45460	5.34812
7	0.989265	1.239043	1.68987	2.16735	2.83311	4.25485	6.34581
8	1.344419	1.646482	2.17973	2.73264	3.48954	5.07064	7.34412
9	1.734926	2.087912	2.70039	3.32511	4.16816	5.89883	8.34283
10	2.15585	2.55821	3.24697	3.94030	4.86518	6.73720	9.34182
11	2.60321	3.05347	3.81575	4.57481	5.57779	7.58412	10.3410
12	3.07382	3.57056	4.40379	5.22603	6.30380	8.43842	11.3403
13	3.56503	4.10691	5.00874	5.89186	7.04150	9.29906	12.3398
14	4.07468	4.66043	5.62872	6.57063	7.78953	10.1653	13.3393
15	4.60094	5.22935	6.26214	7.26094	8.54675	11.0365	14.3389
16	5.14224	5.81221	6.90766	7.96164	9.31223	11.9122	15.3385
17	5.69724	6.40776	7.56418	8.67176	10.0852	12.7919	16.3381
18	6.26481	7.01491	8.23075	9.39046	10.8649	13.6753	17.3379
19	6.84398	7.63273	8.90655	10.1170	11.6509	14.5620	18.3376
20	7.43386	8.26040	9.59083	10.8508	12.4426	15.4518	19.3374
21	8.03366	8.89720	10.28293	11.5913	13.2396	16.3444	20.3372
22	8.64272	9.54249	10.9823	12.3380	14.0415	17.2396	21.3370
23	9.26042	10.19567	11.6885	13.0905	14.8479	18.1373	22.3369
24	9.88623	10.8564	12.4011	13.8484	15.6587	19.0372	23.3367
25	10.5197	11.5240	13.1197	14.6114	16.4734	19.9393	24.3366
26	11.1603	12.1981	13.8439	15.3791	17.2919	20.8434	25.3364
27	11.8076	12.8786	14.5733	16.1513	18.1138	21.7494	26.3363
28	12.4613	13.5648	15.3079	16.9279	18.9392	22.6572	27.3363
29	13.1211	14.2565	16.0471	17.7083	19.7677	23.5666	28.3362
30	13.7867	14.9535	16.7908	18.4926	20.5992	24.4776	29.3360
40	20.7065	22.1643	24.4331	26.5093	29.0505	33.6603	39.3354
50	27.9907	29.7067	32.3574	34.7642	37.6886	42.9421	49.3349
60	35.5346	37.4848	40.4817	43.1879	46.4589	52.2938	59.3347
70	43.2752	45.4418	48.7576	51.7393	55.3290	61.6983	69.3344
80	51.1720	53.5400	57.1532	60.3915	64.2778	71.1445	79.3343
90	59.1963	61.7541	65.6466	69.1260	73.2912	80.6247	89.3342
100	67.3276	70.0648	74.2219	77.9295	82.3581	90.1332	99.3341

ν	$F(x^2)$						
	.75	.90	.95	.975	.99	.995	.999
1	1.32330	2.70554	3.84146	5.02389	6.63490	7.87944	10.828
2	2.77259	4.60517	5.99147	7.37776	9.21034	10.5966	13.816
3	4.10835	6.25139	7.81473	9.34840	11.3449	12.8381	16.266
4	5.38527	7.77944	9.48773	11.1433	13.2767	14.8602	18.467
5	6.62568	9.23635	11.0705	12.8325	15.0863	16.7496	20.515
6	7.84080	10.6446	12.5916	14.4494	16.8119	18.5476	22.458
7	9.03715	12.0170	14.0671	16.0128	18.4753	20.2777	24.322
8	10.2188	13.3616	15.5073	17.5346	20.0902	21.9550	26.125
9	11.3887	14.6837	16.9190	19.0228	21.6660	23.5893	27.877
10	12.5489	15.9871	18.3070	20.4831	23.2093	25.1882	29.588
11	13.7007	17.2750	19.6751	21.9200	24.7250	26.7569	31.264
12	14.8454	18.5494	21.0261	23.3367	26.2170	28.2995	32.909
13	15.9839	19.8119	22.3621	24.7356	27.6883	29.8194	34.528
14	17.1170	21.0642	23.6848	26.1190	29.1413	31.3193	36.123
15	18.2451	22.3072	24.9958	27.4884	30.5779	32.8013	37.697
16	19.3688	23.5418	26.2962	28.8454	31.9999	34.2672	39.252
17	20.4887	24.7690	27.5871	30.1910	33.4087	35.7185	40.790
18	21.6049	25.9894	28.8693	31.5264	34.8053	37.1564	42.312
19	22.7178	27.2036	30.1435	32.8523	36.1908	38.5822	43.820
20	23.8277	28.4120	31.4104	34.1696	37.5662	39.9968	45.315
21	24.9348	29.6151	32.6705	35.4789	38.9321	41.4010	46.797
22	26.0393	30.8133	33.9244	36.7807	40.2894	42.7956	48.268
23	27.1413	32.0069	35.1725	38.0757	41.6384	44.1813	49.728
24	28.2412	33.1963	36.4151	39.3641	42.9798	45.5585	51.179
25	29.3389	34.3816	37.6525	40.6465	44.3141	46.9278	52.620
26	30.4345	35.5631	38.8852	41.9232	45.6417	48.2899	54.052
27	31.5284	36.7412	40.1133	43.1944	46.9630	49.6449	55.476
28	32.6205	37.9159	41.3372	44.4607	48.2782	50.9933	56.892
29	33.7109	39.0875	42.5569	45.7222	49.5879	52.3356	58.302
30	34.7998	40.2560	43.7729	46.9792	50.8922	53.6720	59.703
40	45.6160	51.8050	55.7585	59.3417	63.6907	66.7659	73.402
50	56.3336	63.1671	67.5048	71.4202	76.1539	79.4900	86.661
60	66.9814	74.3970	79.0819	83.2976	88.3794	91.9517	99.607
70	77.5766	85.5271	90.5312	95.0231	100.425	104.215	112.317
80	88.1303	96.5782	101.879	106.629	112.329	116.321	124.839
90	98.6499	107.565	113.145	118.136	124.116	128.299	137.208
100	109.141	118.498	124.342	129.561	135.807	140.169	149.449

표 491

〈표 4〉 F 분포의 누적확률표　$F_{.75}(\nu_1, \nu_2)$

ν_2 \ ν_1	1	2	3	4	5	6	7	8	9	10	12	15	20	24	30	40	60	120	∞
1	5.83	7.50	8.20	8.58	8.82	8.98	9.10	9.19	9.26	9.32	9.41	9.49	9.58	9.63	9.67	9.71	9.76	9.80	9.85
2	2.57	3.00	3.15	3.23	3.28	3.31	3.34	3.35	3.37	3.38	3.39	3.41	3.43	3.43	3.44	3.45	3.46	3.47	3.48
3	2.02	2.28	2.36	2.39	2.41	2.42	2.43	2.44	2.44	2.44	2.45	2.46	2.46	2.46	2.47	2.47	2.47	2.47	2.47
4	1.81	2.00	2.05	2.06	2.07	2.08	2.08	2.08	2.08	2.08	2.08	2.08	2.08	2.08	2.08	2.08	2.08	2.08	2.08
5	1.69	1.85	1.88	1.89	1.89	1.89	1.89	1.89	1.89	1.89	1.89	1.89	1.88	1.88	1.88	1.88	1.87	1.87	1.87
6	1.62	1.76	1.78	1.79	1.79	1.78	1.78	1.78	1.77	1.77	1.77	1.76	1.76	1.75	1.75	1.75	1.74	1.74	1.74
7	1.57	1.70	1.72	1.72	1.71	1.71	1.70	1.70	1.69	1.69	1.68	1.68	1.67	1.67	1.66	1.66	1.65	1.65	1.65
8	1.54	1.66	1.67	1.66	1.66	1.65	1.64	1.64	1.63	1.63	1.62	1.62	1.61	1.60	1.60	1.59	1.59	1.58	1.58
9	1.51	1.62	1.63	1.63	1.62	1.61	1.60	1.60	1.59	1.59	1.58	1.57	1.56	1.56	1.55	1.54	1.54	1.53	1.53
10	1.49	1.60	1.60	1.59	1.59	1.58	1.57	1.56	1.56	1.55	1.54	1.53	1.52	1.52	1.51	1.51	1.50	1.49	1.48
11	1.47	1.58	1.58	1.57	1.56	1.55	1.54	1.53	1.53	1.52	1.51	1.50	1.49	1.49	1.48	1.47	1.47	1.46	1.45
12	1.46	1.56	1.56	1.55	1.54	1.53	1.52	1.51	1.51	1.50	1.49	1.48	1.47	1.46	1.45	1.45	1.44	1.43	1.42
13	1.45	1.55	1.55	1.53	1.52	1.51	1.50	1.49	1.49	1.48	1.47	1.46	1.45	1.44	1.43	1.42	1.42	1.41	1.40
14	1.44	1.53	1.53	1.52	1.51	1.50	1.49	1.48	1.47	1.46	1.45	1.44	1.43	1.42	1.41	1.41	1.40	1.39	1.38
15	1.43	1.52	1.52	1.51	1.49	1.48	1.47	1.46	1.46	1.45	1.44	1.43	1.41	1.41	1.40	1.39	1.38	1.37	1.36
16	1.42	1.51	1.51	1.50	1.48	1.47	1.46	1.45	1.44	1.44	1.43	1.41	1.40	1.39	1.38	1.37	1.36	1.35	1.34
17	1.42	1.51	1.50	1.49	1.47	1.46	1.45	1.44	1.43	1.43	1.41	1.40	1.39	1.38	1.37	1.36	1.35	1.34	1.33
18	1.41	1.50	1.49	1.48	1.46	1.45	1.44	1.43	1.42	1.42	1.40	1.39	1.38	1.37	1.36	1.35	1.34	1.33	1.32
19	1.41	1.49	1.49	1.47	1.46	1.44	1.43	1.42	1.41	1.41	1.40	1.38	1.37	1.36	1.35	1.34	1.33	1.32	1.30
20	1.40	1.49	1.48	1.47	1.45	1.44	1.43	1.42	1.41	1.40	1.39	1.37	1.36	1.35	1.34	1.33	1.32	1.31	1.29
21	1.40	1.48	1.48	1.46	1.44	1.43	1.42	1.41	1.40	1.39	1.38	1.37	1.35	1.34	1.33	1.32	1.31	1.30	1.28
22	1.40	1.48	1.47	1.45	1.44	1.42	1.41	1.40	1.39	1.39	1.37	1.36	1.34	1.33	1.32	1.31	1.30	1.29	1.28
23	1.39	1.47	1.47	1.45	1.43	1.42	1.41	1.40	1.39	1.38	1.37	1.35	1.34	1.33	1.32	1.31	1.30	1.28	1.27
24	1.39	1.47	1.46	1.44	1.43	1.41	1.40	1.39	1.38	1.38	1.36	1.35	1.33	1.32	1.31	1.30	1.29	1.28	1.26
25	1.39	1.47	1.46	1.44	1.42	1.41	1.40	1.39	1.38	1.37	1.36	1.34	1.33	1.32	1.31	1.29	1.28	1.27	1.25
26	1.38	1.46	1.45	1.44	1.42	1.41	1.39	1.38	1.37	1.37	1.35	1.34	1.32	1.31	1.30	1.29	1.28	1.26	1.25
27	1.38	1.46	1.45	1.43	1.42	1.40	1.39	1.38	1.37	1.36	1.35	1.33	1.32	1.31	1.30	1.28	1.27	1.26	1.24
28	1.38	1.46	1.45	1.43	1.41	1.40	1.39	1.38	1.37	1.36	1.34	1.33	1.31	1.30	1.29	1.28	1.27	1.25	1.24
29	1.38	1.45	1.45	1.43	1.41	1.40	1.38	1.37	1.36	1.35	1.34	1.32	1.31	1.30	1.29	1.27	1.26	1.25	1.23
30	1.38	1.45	1.44	1.42	1.41	1.39	1.38	1.37	1.36	1.35	1.34	1.32	1.30	1.29	1.28	1.27	1.26	1.24	1.23
40	1.36	1.44	1.42	1.40	1.39	1.37	1.36	1.35	1.34	1.33	1.31	1.30	1.28	1.26	1.25	1.24	1.22	1.21	1.19
60	1.35	1.42	1.41	1.38	1.37	1.35	1.33	1.32	1.31	1.30	1.29	1.27	1.25	1.24	1.22	1.21	1.19	1.17	1.15
120	1.34	1.40	1.39	1.37	1.35	1.33	1.31	1.30	1.29	1.28	1.26	1.24	1.22	1.21	1.19	1.18	1.16	1.13	1.10
∞	1.32	1.39	1.37	1.35	1.33	1.31	1.29	1.28	1.27	1.25	1.24	1.22	1.19	1.18	1.16	1.14	1.12	1.08	1.00

$F_{.90}(\nu_1, \nu_2)$

ν_2 \ ν_1	1	2	3	4	5	6	7	8	9	10	12	15	20	24	30	40	60	120	∞
1	39.86	49.50	53.59	55.83	57.24	58.20	58.91	59.44	59.86	60.19	60.71	61.22	61.74	62.00	62.26	62.53	62.79	63.06	63.33
2	8.53	9.00	9.16	9.24	9.29	9.33	9.35	9.37	9.38	9.39	9.41	9.42	9.44	9.45	9.46	9.47	9.47	9.48	9.49
3	5.54	5.46	5.39	5.34	5.31	5.28	5.27	5.25	5.24	5.23	5.22	5.20	5.18	5.18	5.17	5.16	5.15	5.14	5.13
4	4.54	4.32	4.19	4.11	4.05	4.01	3.98	3.95	3.94	3.92	3.90	3.87	3.84	3.83	3.82	3.80	3.79	3.78	3.76
5	4.06	3.78	3.62	3.52	3.45	3.40	3.37	3.34	3.32	3.30	3.27	3.24	3.21	3.19	3.17	3.16	3.14	3.12	3.10
6	3.78	3.46	3.29	3.18	3.11	3.05	3.01	2.98	2.96	2.94	2.90	2.87	2.84	2.82	2.80	2.78	2.76	2.74	2.72
7	3.59	3.26	3.07	2.96	2.88	2.83	2.78	2.75	2.72	2.70	2.67	2.63	2.59	2.58	2.56	2.54	2.51	2.49	2.47
8	3.46	3.11	2.92	2.81	2.73	2.67	2.62	2.59	2.56	2.54	2.50	2.46	2.42	2.40	2.38	2.36	2.34	2.32	2.29
9	3.36	3.01	2.81	2.69	2.61	2.55	2.51	2.47	2.44	2.42	2.38	2.34	2.30	2.28	2.25	2.23	2.21	2.18	2.16
10	3.29	2.92	2.73	2.61	2.52	2.46	2.41	2.38	2.35	2.32	2.28	2.24	2.20	2.18	2.16	2.13	2.11	2.08	2.06
11	3.23	2.86	2.66	2.54	2.45	2.39	2.34	2.30	2.27	2.25	2.21	2.17	2.12	2.10	2.08	2.05	2.03	2.00	1.97
12	3.18	2.81	2.61	2.48	2.39	2.33	2.28	2.24	2.21	2.19	2.15	2.10	2.06	2.04	2.01	1.99	1.96	1.93	1.90
13	3.14	2.76	2.56	2.43	2.35	2.28	2.23	2.20	2.16	2.14	2.10	2.05	2.01	1.98	1.96	1.93	1.90	1.88	1.85
14	3.10	2.73	2.52	2.39	2.31	2.24	2.19	2.15	2.12	2.10	2.05	2.01	1.96	1.94	1.91	1.89	1.86	1.83	1.80
15	3.07	2.70	2.49	2.36	2.27	2.21	2.16	2.12	2.09	2.06	2.02	1.97	1.92	1.90	1.87	1.85	1.82	1.79	1.76
16	3.05	2.67	2.46	2.33	2.24	2.18	2.13	2.09	2.06	2.03	1.99	1.94	1.89	1.87	1.84	1.81	1.78	1.75	1.72
17	3.03	2.64	2.44	2.31	2.22	2.15	2.10	2.06	2.03	2.00	1.96	1.91	1.86	1.84	1.81	1.78	1.75	1.72	1.69
18	3.01	2.62	2.42	2.29	2.20	2.13	2.08	2.04	2.00	1.98	1.93	1.89	1.84	1.81	1.78	1.75	1.72	1.69	1.66
19	2.99	2.61	2.40	2.27	2.18	2.11	2.06	2.02	1.98	1.96	1.91	1.86	1.81	1.79	1.76	1.73	1.70	1.67	1.63
20	2.97	2.59	2.38	2.25	2.16	2.09	2.04	2.00	1.96	1.94	1.89	1.84	1.79	1.77	1.74	1.71	1.68	1.64	1.61
21	2.96	2.57	2.36	2.23	2.14	2.08	2.02	1.98	1.95	1.92	1.87	1.83	1.78	1.75	1.72	1.69	1.66	1.62	1.59
22	2.95	2.56	2.35	2.22	2.13	2.06	2.01	1.97	1.93	1.90	1.86	1.81	1.76	1.73	1.70	1.67	1.64	1.60	1.57
23	2.94	2.55	2.34	2.21	2.11	2.05	1.99	1.95	1.92	1.89	1.84	1.80	1.74	1.72	1.69	1.66	1.62	1.59	1.55
24	2.93	2.54	2.33	2.19	2.10	2.04	1.98	1.94	1.91	1.88	1.83	1.78	1.73	1.70	1.67	1.64	1.61	1.57	1.53
25	2.92	2.53	2.32	2.18	2.09	2.02	1.97	1.93	1.89	1.87	1.82	1.77	1.72	1.69	1.66	1.63	1.59	1.58	1.52
26	2.91	2.52	2.31	2.17	2.08	2.01	1.96	1.92	1.88	1.86	1.81	1.76	1.71	1.68	1.65	1.61	1.58	1.54	1.50
27	2.90	2.51	2.30	2.17	2.07	2.00	1.95	1.91	1.87	1.85	1.80	1.75	1.70	1.67	1.64	1.60	1.57	1.53	1.49
28	2.89	2.50	2.29	2.16	2.06	2.00	1.94	1.90	1.87	1.84	1.79	1.74	1.69	1.66	1.63	1.59	1.56	1.52	1.48
29	2.89	2.50	2.28	2.15	2.06	1.99	1.93	1.89	1.86	1.83	1.78	1.73	1.68	1.65	1.62	1.58	1.55	1.51	1.47
30	2.88	2.49	2.28	2.14	2.05	1.98	1.93	1.88	1.85	1.82	1.77	1.72	1.67	1.64	1.61	1.57	1.54	1.50	1.46
40	2.84	2.44	2.23	2.09	2.00	1.93	1.87	1.83	1.79	1.76	1.71	1.66	1.61	1.57	1.54	1.51	1.47	1.42	1.38
60	2.79	2.39	2.18	2.04	1.95	1.87	1.82	1.77	1.74	1.71	1.66	1.60	1.54	1.51	1.48	1.44	1.40	1.35	1.29
120	2.75	2.35	2.13	1.99	1.90	1.82	1.77	1.72	1.68	1.65	1.60	1.55	1.48	1.45	1.41	1.37	1.32	1.26	1.19
∞	2.71	2.30	2.08	1.94	1.85	1.77	1.72	1.67	1.63	1.60	1.55	1.49	1.42	1.38	1.34	1.30	1.24	1.17	1.00

표 493

$$F_{.95}(\nu_1, \nu_2)$$

ν_2 \ ν_1	1	2	3	4	5	6	7	8	9	10	12	15	20	24	30	40	60	120	∞
1	161.4	199.5	215.7	224.6	230.2	234.0	236.8	238.9	240.5	241.9	243.9	245.9	248.0	249.1	250.1	251.1	252.2	253.3	254.3
2	18.51	19.00	19.16	19.25	19.30	19.33	19.35	19.37	19.38	19.40	19.41	19.43	19.45	19.45	19.46	19.47	19.48	19.49	19.50
3	10.13	9.55	9.28	9.12	9.01	8.94	8.89	8.85	8.81	8.79	8.74	8.70	8.66	8.64	8.62	8.59	8.57	8.55	8.53
4	7.71	6.94	6.59	6.39	6.26	6.16	6.09	6.04	6.00	5.96	5.91	5.86	5.80	5.77	5.75	5.72	5.69	5.66	5.63
5	6.61	5.79	5.41	5.19	5.05	4.95	4.88	4.82	4.77	4.74	4.68	4.62	4.56	4.53	4.50	4.46	4.43	4.40	4.36
6	5.99	5.14	4.76	4.53	4.39	4.28	4.21	4.15	4.10	4.06	4.00	3.94	3.87	3.84	3.81	3.77	3.74	3.70	3.67
7	5.59	4.74	4.35	4.12	3.97	3.87	3.79	3.73	3.68	3.64	3.57	3.51	3.44	3.41	3.38	3.34	3.30	3.27	3.23
8	5.32	4.46	4.07	3.84	3.69	3.58	3.50	3.44	3.39	3.35	3.28	3.22	3.15	3.12	3.08	3.04	3.01	2.97	2.93
9	5.12	4.26	3.86	3.63	3.48	3.37	3.29	3.23	3.18	3.14	3.07	3.01	2.94	2.90	2.86	2.83	2.79	2.75	2.71
10	4.96	4.10	3.71	3.48	3.33	3.22	3.14	3.07	3.02	2.98	2.91	2.85	2.77	2.74	2.70	2.66	2.62	2.58	2.54
11	4.84	3.98	3.59	3.36	3.20	3.09	3.01	2.95	2.90	2.85	2.79	2.72	2.65	2.61	2.57	2.53	2.49	2.45	2.40
12	4.75	3.89	3.49	3.26	3.11	3.00	2.91	2.85	2.80	2.75	2.69	2.62	2.54	2.51	2.47	2.43	2.38	2.34	2.30
13	4.67	3.81	3.41	3.18	3.03	2.92	2.83	2.77	2.71	2.67	2.60	2.53	2.46	2.42	2.38	2.34	2.30	2.25	2.21
14	4.60	3.74	3.34	3.11	2.96	2.85	2.76	2.70	2.65	2.60	2.53	2.46	2.39	2.35	2.31	2.27	2.22	2.18	2.13
15	4.54	3.68	3.29	3.06	2.90	2.79	2.71	2.64	2.59	2.54	2.48	2.40	2.33	2.29	2.25	2.20	2.16	2.11	2.07
16	4.49	3.63	3.24	3.01	2.85	2.74	2.66	2.59	2.54	2.49	2.42	2.35	2.28	2.24	2.19	2.15	2.11	2.06	2.01
17	4.45	3.59	3.20	2.96	2.81	2.70	2.61	2.55	2.49	2.45	2.38	2.31	2.23	2.19	2.15	2.10	2.06	2.01	1.96
18	4.41	3.55	3.16	2.93	2.77	2.66	2.58	2.51	2.46	2.41	2.34	2.27	2.19	2.15	2.11	2.06	2.02	1.97	1.92
19	4.38	3.52	3.13	2.90	2.74	2.63	2.54	2.48	2.42	2.38	2.31	2.23	2.16	2.11	2.07	2.03	1.98	1.93	1.88
20	4.35	3.49	3.10	2.87	2.71	2.60	2.51	2.45	2.39	2.35	2.28	2.20	2.12	2.08	2.04	1.99	1.95	1.90	1.84
21	4.32	3.47	3.07	2.84	2.68	2.57	2.49	2.42	2.37	2.32	2.25	2.18	2.10	2.05	2.01	1.96	1.92	1.87	1.81
22	4.30	3.44	3.05	2.82	2.66	2.55	2.46	2.40	2.34	2.30	2.23	2.15	2.07	2.03	1.98	1.94	1.89	1.84	1.78
23	4.28	3.42	3.03	2.80	2.64	2.53	2.44	2.37	2.32	2.27	2.20	2.13	2.05	2.01	1.96	1.91	1.86	1.81	1.76
24	4.26	3.40	3.01	2.78	2.62	2.51	2.42	2.36	2.30	2.25	2.18	2.11	2.03	1.98	1.94	1.89	1.84	1.79	1.73
25	4.24	3.39	2.99	2.76	2.60	2.49	2.40	2.34	2.28	2.24	2.16	2.09	2.01	1.96	1.92	1.87	1.82	1.77	1.71
26	4.23	3.37	2.98	2.74	2.59	2.47	2.39	2.32	2.27	2.22	2.15	2.07	1.99	1.95	1.90	1.85	1.80	1.75	1.69
27	4.21	3.35	2.96	2.73	2.57	2.46	2.37	2.31	2.25	2.20	2.13	2.06	1.97	1.93	1.88	1.84	1.79	1.73	1.67
28	4.20	3.34	2.95	2.71	2.56	2.45	2.36	2.29	2.24	2.19	2.12	2.04	1.96	1.91	1.87	1.82	1.77	1.71	1.65
29	4.18	3.33	2.93	2.70	2.55	2.43	2.35	2.28	2.22	2.18	2.10	2.03	1.94	1.90	1.85	1.81	1.75	1.70	1.64
30	4.17	3.32	2.92	2.69	2.53	2.42	2.33	2.27	2.21	2.16	2.09	2.01	1.93	1.89	1.84	1.79	1.74	1.68	1.62
40	4.08	3.23	2.84	2.61	2.45	2.34	2.25	2.18	2.12	2.08	2.00	1.92	1.84	1.79	1.74	1.69	1.64	1.58	1.51
60	4.00	3.15	2.76	2.53	2.37	2.25	2.17	2.10	2.04	1.99	1.92	1.84	1.75	1.70	1.65	1.59	1.53	1.47	1.39
120	3.92	3.07	2.68	2.45	2.29	2.17	2.09	2.02	1.96	1.91	1.83	1.75	1.66	1.61	1.55	1.50	1.43	1.35	1.25
∞	3.84	3.00	2.60	2.37	2.21	2.10	2.01	1.94	1.88	1.83	1.75	1.67	1.57	1.52	1.46	1.39	1.32	1.22	1.00

$F_{.975}(\nu_1, \nu_2)$

ν_2 \ ν_1	1	2	3	4	5	6	7	8	9	10	12	15	20	24	30	40	60	120	∞
1	647.8	799.5	864.2	899.6	921.8	937.1	948.2	956.7	963.3	968.6	976.7	984.9	993.1	997.2	1001	1006	1010	1014	1018
2	38.51	39.00	39.17	39.25	39.30	39.33	39.36	39.37	39.39	39.40	39.41	39.43	39.45	39.46	39.46	39.47	39.48	39.49	39.50
3	17.44	16.04	15.44	15.10	14.88	14.73	14.62	14.54	14.47	14.42	14.34	14.25	14.17	14.12	14.08	14.04	13.99	13.95	13.90
4	12.22	10.65	9.98	9.60	9.36	9.20	9.07	8.98	8.90	8.84	8.75	8.66	8.56	8.51	8.46	8.41	8.36	8.31	8.26
5	10.01	8.43	7.76	7.39	7.15	6.98	6.85	6.76	6.68	6.62	6.52	6.43	6.33	6.28	6.23	6.18	6.12	6.07	6.02
6	8.81	7.26	6.60	6.23	5.99	5.82	5.70	5.60	5.52	5.46	5.37	5.27	5.17	5.12	5.07	5.01	4.96	4.90	4.85
7	8.07	6.54	5.89	5.52	5.29	5.12	4.99	4.90	4.82	4.76	4.67	4.57	4.47	4.42	4.36	4.31	4.25	4.20	4.14
8	7.57	6.06	5.42	5.05	4.82	4.65	4.53	4.43	4.36	4.30	4.20	4.10	4.00	3.95	3.89	3.84	3.78	3.73	3.67
9	7.21	5.71	5.08	4.72	4.48	4.32	4.20	4.10	4.03	3.96	3.87	3.77	3.67	3.61	3.56	3.51	3.45	3.39	3.33
10	6.94	5.46	4.83	4.47	4.24	4.07	3.95	3.85	3.78	3.72	3.62	3.52	3.42	3.37	3.31	3.26	3.20	3.14	3.08
11	6.72	5.26	4.63	4.28	4.04	3.88	3.76	3.66	3.59	3.53	3.43	3.33	3.23	3.17	3.12	3.06	3.00	2.94	2.88
12	6.55	5.10	4.47	4.12	3.89	3.73	3.61	3.51	3.44	3.37	3.28	3.18	3.07	3.02	2.96	2.91	2.85	2.79	2.72
13	6.41	4.97	4.35	4.00	3.77	3.60	3.48	3.39	3.31	3.25	3.15	3.05	2.95	2.89	2.84	2.78	2.72	2.66	2.60
14	6.30	4.86	4.24	3.89	3.66	3.50	3.38	3.29	3.21	3.15	3.05	2.95	2.84	2.79	2.73	2.67	2.61	2.55	2.49
15	6.20	4.77	4.15	3.80	3.58	3.41	3.29	3.20	3.12	3.06	2.96	2.86	2.76	2.70	2.64	2.59	2.52	2.46	2.40
16	6.12	4.69	4.08	3.73	3.50	3.34	3.22	3.12	3.05	2.99	2.89	2.79	2.68	2.63	2.57	2.51	2.45	2.38	2.32
17	6.04	4.62	4.01	3.66	3.44	3.28	3.16	3.06	2.98	2.92	2.82	2.72	2.62	2.56	2.50	2.44	2.38	2.32	2.25
18	5.98	4.56	3.95	3.61	3.38	3.22	3.10	3.01	2.93	2.87	2.77	2.67	2.56	2.50	2.44	2.38	2.32	2.26	2.19
19	5.92	4.51	3.90	3.56	3.33	3.17	3.05	2.96	2.88	2.82	2.72	2.62	2.51	2.45	2.39	2.33	2.27	2.20	2.13
20	5.87	4.46	3.86	3.51	3.29	3.13	3.01	2.91	2.84	2.77	2.68	2.57	2.46	2.41	2.35	2.29	2.22	2.16	2.09
21	5.83	4.42	3.82	3.48	3.25	3.09	2.97	2.87	2.80	2.73	2.64	2.53	2.42	2.37	2.31	2.25	2.18	2.11	2.04
22	5.79	4.38	3.78	3.44	3.22	3.05	2.93	2.84	2.76	2.70	2.60	2.50	2.39	2.33	2.27	2.21	2.14	2.08	2.00
23	5.75	4.35	3.75	3.41	3.18	3.02	2.90	2.81	2.73	2.67	2.57	2.47	2.36	2.30	2.24	2.18	2.11	2.04	1.97
24	5.72	4.32	3.72	3.38	3.15	2.99	2.87	2.78	2.70	2.64	2.54	2.44	2.33	2.27	2.21	2.15	2.08	2.01	1.94
25	5.69	4.29	3.69	3.35	3.13	2.97	2.85	2.75	2.68	2.61	2.51	2.41	2.30	2.24	2.18	2.12	2.05	1.98	1.91
26	5.66	4.27	3.67	3.33	3.10	2.94	2.82	2.73	2.65	2.59	2.49	2.39	2.28	2.22	2.16	2.09	2.03	1.95	1.88
27	5.63	4.24	3.65	3.31	3.08	2.92	2.80	2.71	2.63	2.57	2.47	2.36	2.25	2.19	2.13	2.07	2.00	1.93	1.85
28	5.61	4.22	3.63	3.29	3.06	2.90	2.78	2.69	2.61	2.55	2.45	2.34	2.23	2.17	2.11	2.05	1.98	1.91	1.83
29	5.59	4.20	3.61	3.27	3.04	2.88	2.76	2.67	2.59	2.53	2.43	2.32	2.21	2.15	2.09	2.03	1.96	1.89	1.81
30	5.57	4.18	3.59	3.25	3.03	2.87	2.75	2.65	2.57	2.51	2.41	2.31	2.20	2.14	2.07	2.01	1.94	1.87	1.79
40	5.42	4.05	3.46	3.13	2.90	2.74	2.62	2.53	2.45	2.39	2.29	2.18	2.07	2.01	1.94	1.88	1.80	1.72	1.64
60	5.29	3.93	3.34	3.01	2.79	2.63	2.51	2.41	2.33	2.27	2.17	2.06	1.94	1.88	1.82	1.74	1.67	1.58	1.48
120	5.15	3.80	3.23	2.89	2.67	2.52	2.39	2.30	2.22	2.16	2.05	1.94	1.82	1.76	1.69	1.61	1.53	1.43	1.31
∞	5.02	3.69	3.12	2.79	2.57	2.41	2.29	2.19	2.11	2.05	1.94	1.83	1.71	1.64	1.57	1.48	1.39	1.27	1.00

表 495

$F_{.99}(\nu_1, \nu_2)$

$\nu_2 \backslash \nu_1$	1	2	3	4	5	6	7	8	9	10	12	15	20	24	30	40	60	120	∞
1	4052	4999.5	5403	5625	5764	5859	5928	5982	6022	6056	6106	6157	6209	6235	6261	6287	6313	6339	6366
2	98.50	99.00	99.17	99.25	99.30	99.33	99.36	99.37	99.39	99.40	99.42	99.43	99.45	99.46	99.47	99.47	99.48	99.49	99.50
3	34.12	30.82	29.46	28.71	28.24	27.91	27.67	27.49	27.35	27.23	27.05	26.87	26.69	26.60	26.50	26.41	26.32	26.22	26.13
4	21.20	18.00	16.69	15.98	15.52	15.21	14.98	14.80	14.66	14.55	14.37	14.20	14.02	13.93	13.84	13.75	13.65	13.56	13.46
5	16.26	13.27	12.06	11.39	10.97	10.67	10.46	10.29	10.16	10.05	9.89	9.72	9.55	9.47	9.38	9.29	9.20	9.11	9.02
6	13.75	10.92	9.78	9.15	8.75	8.47	8.26	8.10	7.98	7.87	7.72	7.56	7.40	7.31	7.23	7.14	7.06	6.97	6.88
7	12.25	9.55	8.45	7.85	7.46	7.19	6.99	6.84	6.72	6.62	6.47	6.31	6.16	6.07	5.99	5.91	5.82	5.74	5.65
8	11.26	8.65	7.59	7.01	6.63	6.37	6.18	6.03	5.91	5.81	5.67	5.52	5.36	5.28	5.20	5.12	5.03	4.95	4.86
9	10.56	8.02	6.99	6.42	6.06	5.80	5.61	5.47	5.35	5.26	5.11	4.96	4.81	4.73	4.65	4.57	4.48	4.40	4.31
10	10.04	7.56	6.55	5.99	5.64	5.39	5.20	5.06	4.94	4.85	4.71	4.56	4.41	4.33	4.25	4.17	4.08	4.00	3.91
11	9.65	7.21	6.22	5.67	5.32	5.07	4.89	4.74	4.63	4.54	4.40	4.25	4.10	4.02	3.94	3.86	3.78	3.69	3.60
12	9.33	6.93	5.95	5.41	5.06	4.82	4.64	4.50	4.39	4.30	4.16	4.01	3.86	3.78	3.70	3.62	3.54	3.45	3.36
13	9.07	6.70	5.74	5.21	4.86	4.62	4.44	4.30	4.19	4.10	3.96	3.82	3.66	3.59	3.51	3.43	3.34	3.25	3.17
14	8.86	6.51	5.56	5.04	4.69	4.46	4.28	4.14	4.03	3.94	3.80	3.66	3.51	3.43	3.35	3.27	3.18	3.09	3.00
15	8.68	6.36	5.42	4.89	4.56	4.32	4.14	4.00	3.89	3.80	3.67	3.52	3.37	3.29	3.21	3.13	3.05	2.96	2.87
16	8.53	6.23	5.29	4.77	4.44	4.20	4.03	3.89	3.78	3.69	3.55	3.41	3.26	3.18	3.10	3.02	2.93	2.84	2.75
17	8.40	6.11	5.18	4.67	4.34	4.10	3.93	3.79	3.68	3.59	3.46	3.31	3.16	3.08	3.00	2.92	2.83	2.75	2.65
18	8.29	6.01	5.09	4.58	4.25	4.01	3.84	3.71	3.60	3.51	3.37	3.23	3.08	3.00	2.92	2.84	2.75	2.66	2.57
19	8.18	5.93	5.01	4.50	4.17	3.94	3.77	3.63	3.52	3.43	3.30	3.15	3.00	2.92	2.84	2.76	2.67	2.58	2.49
20	8.10	5.85	4.94	4.43	4.10	3.87	3.70	3.56	3.46	3.37	3.23	3.09	2.94	2.86	2.78	2.69	2.61	2.52	2.42
21	8.02	5.78	4.87	4.37	4.04	3.81	3.64	3.51	3.40	3.31	3.17	3.03	2.88	2.80	2.72	2.64	2.55	2.46	2.36
22	7.95	5.72	4.82	4.31	3.99	3.76	3.59	3.45	3.35	3.26	3.12	2.98	2.83	2.75	2.67	2.58	2.50	2.40	2.31
23	7.88	5.66	4.76	4.26	3.94	3.71	3.54	3.41	3.30	3.21	3.07	2.93	2.78	2.70	2.62	2.54	2.45	2.35	2.26
24	7.82	5.61	4.72	4.22	3.90	3.67	3.50	3.36	3.26	3.17	3.03	2.89	2.74	2.66	2.58	2.49	2.40	2.31	2.21
25	7.77	5.57	4.68	4.18	3.85	3.63	3.46	3.32	3.22	3.13	2.99	2.85	2.70	2.62	2.54	2.45	2.36	2.27	2.17
26	7.72	5.53	4.64	4.14	3.82	3.59	3.42	3.29	3.18	3.09	2.96	2.81	2.66	2.58	2.50	2.42	2.33	2.23	2.13
27	7.68	5.49	4.60	4.11	3.78	3.56	3.39	3.26	3.15	3.06	2.93	2.78	2.63	2.55	2.47	2.38	2.29	2.20	2.10
28	7.64	5.45	4.57	4.07	3.75	3.53	3.36	3.23	3.12	3.03	2.90	2.75	2.60	2.52	2.44	2.35	2.26	2.17	2.06
29	7.60	5.42	4.54	4.04	3.73	3.50	3.33	3.20	3.09	3.00	2.87	2.73	2.57	2.49	2.41	2.33	2.23	2.14	2.03
30	7.56	5.39	4.51	4.02	3.70	3.47	3.30	3.17	3.07	2.98	2.84	2.70	2.55	2.47	2.39	2.30	2.21	2.11	2.01
40	7.31	5.18	4.31	3.83	3.51	3.29	3.12	2.99	2.89	2.80	2.66	2.52	2.37	2.29	2.20	2.11	2.02	1.92	1.80
60	7.08	4.98	4.13	3.65	3.34	3.12	2.95	2.82	2.72	2.63	2.50	2.35	2.20	2.12	2.03	1.94	1.84	1.73	1.60
120	6.85	4.79	3.95	3.48	3.17	2.96	2.79	2.66	2.56	2.47	2.34	2.19	2.03	1.95	1.86	1.76	1.66	1.53	1.38
∞	6.63	4.61	3.78	3.32	3.02	2.80	2.64	2.51	2.41	2.32	2.18	2.04	1.88	1.79	1.70	1.59	1.47	1.32	1.00

p	q	y	pq/y	p	q	y	pq/y
.01	.99	.027	.372	.26	.74	.324	.593
.02	.98	.048	.405	.27	.73	.331	.596
.03	.97	.068	.428	.28	.72	.337	.599
.04	.96	.086	.446	.29	.71	.342	.602
.05	.95	.103	.461	.30	.70	.348	.604
.06	.94	.119	.474	.31	.69	.353	.606
.07	.93	.134	.485	.32	.68	.358	.609
.08	.92	.149	.495	.33	.67	.362	.612
.09	.91	.162	.504	.34	.66	.366	.612
.10	.90	.176	.513	.35	.65	.370	.614
.11	.89	.188	.521	.36	.64	.374	.616
.12	.88	.200	.528	.37	.63	.378	.617
.13	.87	.212	.535	.38	.62	.381	.619
.14	.86	.223	.541	.39	.61	.384	.620
.15	.85	.233	.547	.40	.60	.386	.621
.16	.84	.243	.552	.41	.59	.389	.622
.17	.83	.253	.558	.42	.58	.391	.623
.18	.82	.262	.563	.43	.57	.393	.624
.19	.81	.271	.567	.44	.56	.394	.625
.20	.80	.280	.572	.45	.55	.396	.625
.21	.79	.288	.576	.46	.54	.397	.626
.22	.78	.296	.580	.47	.53	.398	.626
.23	.77	.304	.583	.48	.52	.398	.626
.24	.76	.311	.587	.49	.51	.399	.627
.25	.75	.318	.590	.50	.50	.399	.627

표 **497**

<표 6> 사분상관계수

r_t	$\dfrac{bc}{ad}$	r_t	$\dfrac{bc}{ad}$	r_t	$\dfrac{bc}{ad}$
.00	0−1.00	.35	2.49−2.55	.70	8.50−8.90
.01	1.01−1.03	.36	2.56−2.63	.71	8.91−9.35
.02	1.04−1.06	.37	2.64−2.71	.72	9.36−9.82
.03	1.07−1.08	.38	2.72−2.79	.73	9.83−10.33
.04	1.09−1.11	.39	2.80−2.87	.74	10.34−10.90
.05	1.12−1.14	.40	2.88−2.96	.75	10.91−11.51
.06	1.15−1.17	.41	2.97−3.05	.76	11.52−12.16
.07	1.18−1.20	.42	3.06−3.14	.77	12.17−12.89
.08	1.21−1.23	.43	3.15−3.24	.78	12.90−13.70
.09	1.24−1.27	.44	3.25−3.34	.79	13.71−14.58
.10	1.28−1.30	.45	3.35−3.45	.80	14.59−15.57
.11	1.31−1.33	.46	3.46−3.56	.81	15.58−16.65
.12	1.34−1.37	.47	3.57−3.68	.82	16.66−17.88
.13	1.38−1.40	.48	3.69−3.80	.83	17.89−19.28
.14	1.41−1.44	.49	3.81−3.92	.84	19.29−20.85
.15	1.45−1.48	.50	3.93−4.06	.85	20.86−22.68
.16	1.49−1.52	.51	4.07−4.20	.86	22.69−24.76
.17	1.53−1.56	.52	4.21−4.34	.87	24.77−27.22
.18	1.57−1.60	.53	4.35−4.49	.88	27.23−30.09
.19	1.61−1.64	.54	4.50−4.66	.89	30.10−33.60
.20	1.65−1.69	.55	4.67−4.82	.90	33.61−37.79
.21	1.70−1.73	.56	4.83−4.99	.91	37.80−43.06
.22	1.74−1.78	.57	5.00−5.18	.92	43.07−49.83
.23	1.79−1.83	.58	5.19−5.38	.93	49.84−58.79
.24	1.84−1.88	.59	5.39−5.59	.94	58.80−70.95
.25	1.89−1.93	.60	5.60−5.80	.95	70.96−89.01
.26	1.94−1.98	.61	5.81−6.03	.96	89.02−117.54
.27	1.99−2.04	.62	6.04−6.28	.97	117.55−169.67
.28	2.05−2.10	.63	6.29−6.54	.98	169.68−293.12
.29	2.11−2.15	.64	6.55−6.81	.99	293.13−923.97
.30	2.16−2.22	.65	6.82−7.10	1.00	923.98
.31	2.23−2.28	.66	7.11−7.42		
.32	2.29−2.34	.67	7.43−7.75		
.33	2.35−2.41	.68	7.76−8.11		
.34	2.42−2.48	.69	8.12−8.49		

〈표 7〉 Studentized Range의 $q_{.95}$와 $q_{.99}$

$J(N-1)$	α	J									
		2	3	4	5	6	7	8	9	10	11
5	.05	3.64	4.60	5.22	5.67	6.03	6.33	6.58	6.80	6.99	7.17
	.01	5.70	6.98	7.80	8.42	8.91	9.32	9.67	9.97	10.24	10.48
6	.05	3.46	4.34	4.90	5.30	5.63	5.90	6.12	6.32	6.49	6.65
	.01	5.24	6.33	7.03	7.56	7.97	8.32	8.61	8.87	9.10	9.30
7	.05	3.34	4.16	4.68	5.06	5.36	5.61	5.82	6.00	6.16	6.30
	.01	4.95	5.92	6.54	7.01	7.37	7.68	7.94	8.17	8.37	8.55
8	.05	3.26	4.04	4.53	4.89	5.17	5.40	5.60	5.77	5.92	6.05
	.01	4.75	5.64	6.20	6.62	6.96	7.24	7.47	7.68	7.86	8.03
9	.05	3.20	3.95	4.41	4.76	5.02	5.24	5.43	5.59	5.74	5.87
	.01	4.60	5.43	5.96	6.35	6.66	6.91	7.13	7.33	7.49	7.65
10	.05	3.15	3.88	4.33	4.65	4.91	5.12	5.30	5.46	5.60	5.72
	.01	4.48	5.27	5.77	6.14	6.43	6.67	6.87	7.05	7.21	7.36
11	.05	3.11	3.82	4.26	4.57	4.82	5.03	5.20	5.35	5.49	5.61
	.01	4.39	5.15	5.62	5.97	6.25	6.48	6.67	6.84	6.99	7.13
12	.05	3.08	3.77	4.20	4.51	4.75	4.95	5.12	5.27	5.39	5.51
	.01	4.32	5.05	5.50	5.84	6.10	6.32	6.51	6.67	6.81	6.94
13	.05	3.06	3.73	4.15	4.45	4.69	4.88	5.05	5.19	5.32	5.43
	.01	4.26	4.96	5.40	5.73	5.98	6.19	6.37	6.53	6.67	6.79
14	.05	3.03	3.70	4.11	4.41	4.64	4.83	4.99	5.13	5.25	5.36
	.01	4.21	4.89	5.32	5.63	5.88	6.08	6.26	6.41	6.54	6.66
15	.05	3.01	3.67	4.08	4.37	4.59	4.78	4.94	5.08	5.20	5.31
	.01	4.17	4.84	5.25	5.56	5.80	5.99	6.16	6.31	6.44	6.55
16	.05	3.00	3.65	4.05	4.33	4.56	4.74	4.90	5.03	5.15	5.26
	.01	4.13	4.79	5.19	5.49	5.72	5.92	6.08	6.22	6.35	6.46
17	.05	2.98	3.63	4.02	4.30	4.52	4.70	4.86	4.99	5.11	5.21
	.01	4.10	4.74	5.14	5.43	5.66	5.85	6.01	6.15	6.27	6.38
18	.05	2.97	3.61	4.00	4.28	4.49	4.67	4.82	4.96	5.07	5.17
	.01	4.07	4.70	5.09	5.38	5.60	5.79	5.94	6.08	6.20	6.31
19	.05	2.96	3.59	3.98	4.25	4.47	4.65	4.79	4.92	5.04	5.14
	.01	4.05	4.67	5.05	5.33	5.55	5.73	5.89	6.02	6.14	6.25
20	.05	2.95	3.58	3.96	4.23	4.45	4.62	4.77	4.90	5.01	5.11
	.01	4.02	4.64	5.02	5.29	5.51	5.69	5.84	5.97	6.09	6.19
24	.05	2.92	3.53	3.90	4.17	4.37	4.54	4.68	4.81	4.92	5.01
	.01	3.96	4.55	4.91	5.17	5.37	5.54	5.69	5.81	5.92	6.02
30	.05	2.89	3.49	3.85	4.10	4.30	4.46	4.60	4.72	4.82	4.92
	.01	3.89	4.45	4.80	5.05	5.24	5.40	5.54	5.65	5.76	5.85
40	.05	2.86	3.44	3.79	4.04	4.23	4.39	4.52	4.63	4.73	4.82
	.01	3.82	4.37	4.70	4.93	5.11	5.26	5.39	5.50	5.60	5.69
60	.05	2.83	3.40	3.74	3.98	4.16	4.31	4.44	4.55	4.65	4.73
	.01	3.76	4.28	4.59	4.82	4.99	5.13	5.25	5.36	5.45	5.53
120	.05	2.80	3.36	3.68	3.92	4.10	4.24	4.36	4.47	4.56	4.64
	.01	3.70	4.20	4.50	4.71	4.87	5.01	5.12	5.21	5.30	5.37
∞	.05	2.77	3.31	3.63	3.86	4.03	4.17	4.29	4.39	4.47	4.55
	.01	3.64	4.12	4.40	4.60	4.76	4.88	4.99	5.08	5.16	5.23

표 **499**

$J(N-1)$	α	12	13	14	15	16	17	18	19	20
						J				
5	.05	7.32	7.47	7.60	7.72	7.83	7.93	8.03	8.12	8.21
	.01	10.70	10.89	11.08	11.24	11.40	11.55	11.68	11.81	11.93
6	.05	6.79	6.92	7.03	7.14	7.24	7.34	7.43	7.51	7.59
	.01	9.48	9.65	9.81	9.95	10.08	10.21	10.32	10.43	10.54
7	.05	6.43	6.55	6.66	6.76	6.85	6.94	7.02	7.10	7.17
	.01	8.71	8.86	9.00	9.12	9.24	9.35	9.46	9.55	9.65
8	.05	6.18	6.29	6.39	6.48	6.57	6.65	6.73	6.80	6.87
	.01	8.18	8.31	8.44	8.55	8.66	8.76	8.85	8.94	9.03
9	.05	5.98	6.09	6.19	6.28	6.36	6.44	6.51	6.58	6.64
	.01	7.78	7.91	8.03	8.13	8.23	8.33	8.41	8.49	8.57
10	.05	5.83	5.93	6.03	6.11	6.19	6.27	6.34	6.40	6.47
	.01	7.49	7.60	7.71	7.81	7.91	7.99	8.08	8.15	8.23
11	.05	5.71	5.81	5.90	5.98	6.06	6.13	6.20	6.27	6.33
	.01	7.25	7.36	7.46	7.56	7.65	7.73	7.81	7.88	7.95
12	.05	5.61	5.71	5.80	5.88	5.95	6.02	6.09	6.15	6.21
	.01	7.06	7.17	7.26	7.36	7.44	7.52	7.59	7.66	7.73
13	.05	5.53	5.63	5.71	5.79	5.86	5.93	5.99	6.05	6.11
	.01	6.90	7.01	7.10	7.19	7.27	7.35	7.42	7.48	7.55
14	.05	5.46	5.55	5.64	5.71	5.79	5.85	5.91	5.97	6.03
	.01	6.77	6.87	6.96	7.05	7.13	7.20	7.27	7.33	7.39
15	.05	5.40	5.49	5.57	5.65	5.72	5.78	5.85	5.90	5.96
	.01	6.66	6.76	6.84	6.93	7.00	7.07	7.14	7.20	7.26
16	.05	5.35	5.44	5.52	5.59	5.66	5.73	5.79	5.84	5.90
	.01	6.56	6.66	6.74	6.82	6.90	6.97	7.03	7.09	7.15
17	.05	5.31	5.39	5.47	5.54	5.61	5.67	5.73	5.79	5.84
	.01	6.48	6.57	6.66	6.73	6.81	6.87	6.94	7.00	7.05
18	.05	5.27	5.35	5.43	5.50	5.57	5.63	5.69	5.74	5.79
	.01	6.41	6.50	6.58	6.65	6.73	6.79	6.85	6.91	6.97
19	.05	5.23	5.31	5.39	5.46	5.53	5.59	5.65	5.70	5.75
	.01	6.34	6.43	6.51	6.58	6.65	6.72	6.78	6.84	6.89
20	.05	5.20	5.28	5.36	5.43	5.49	5.55	5.61	5.66	5.71
	.01	6.28	6.37	6.45	6.52	6.59	6.65	6.71	6.77	6.82
24	.05	5.10	5.18	5.25	5.32	5.38	5.44	5.49	5.55	5.59
	.01	6.11	6.19	6.26	6.33	6.39	6.45	6.51	6.56	6.61
30	.05	5.00	5.08	5.15	5.21	5.27	5.33	5.38	5.43	5.47
	.01	5.93	6.01	6.08	6.14	6.20	6.26	6.31	6.36	6.41
40	.05	4.90	4.98	5.04	5.11	5.16	5.22	5.27	5.31	5.36
	.01	5.76	5.83	5.90	5.96	6.02	6.07	6.12	6.16	6.21
60	.05	4.81	4.88	4.94	5.00	5.06	5.11	5.15	5.20	5.24
	.01	5.60	5.67	5.73	5.78	5.84	5.89	5.93	5.97	6.01
120	.05	4.71	4.78	4.84	4.90	4.95	5.00	5.04	5.09	5.13
	.01	5.44	5.50	5.56	5.61	5.66	5.71	5.75	5.79	5.83
∞	.05	4.62	4.68	4.74	4.80	4.85	4.89	4.93	4.97	5.01
	.01	5.29	5.35	5.40	5.45	5.49	5.54	5.57	5.61	5.65

〈표 8〉 Bonferroni 중다교검정의 임계값 α=.05

df	Number of Comparisons																	
	2	3	4	5	6	7	8	9	10	15	20	25	30	35	40	45	50	55
5	3.16	3.53	3.81	4.03	4.22	4.38	4.53	4.66	4.77	5.25	5.60	5.89	6.14	6.35	6.54	6.71	6.87	7.01
6	2.97	3.29	3.52	3.71	3.86	4.00	4.12	4.22	4.32	4.70	4.98	5.21	5.40	5.56	5.71	5.84	5.96	6.07
7	2.84	3.13	3.34	3.50	3.64	3.75	3.86	3.95	4.03	4.36	4.59	4.79	4.94	5.08	5.20	5.31	5.41	5.50
8	2.75	3.02	3.21	3.36	3.48	3.58	3.68	3.76	3.83	4.12	4.33	4.50	4.64	4.76	4.86	4.96	5.04	5.12
9	2.69	2.93	3.11	3.25	3.36	3.46	3.55	3.62	3.69	3.95	4.15	4.30	4.42	4.53	4.62	4.71	4.78	4.85
10	2.63	2.87	3.04	3.17	3.28	3.37	3.45	3.52	3.58	3.83	4.00	4.14	4.26	4.36	4.44	4.52	4.59	4.65
11	2.59	2.82	2.98	3.11	3.21	3.29	3.37	3.44	3.50	3.73	3.89	4.02	4.13	4.22	4.30	4.37	4.44	4.49
12	2.56	2.78	2.93	3.05	3.15	3.24	3.31	3.37	3.43	3.65	3.81	3.93	4.03	4.12	4.19	4.26	4.32	4.37
13	2.53	2.75	2.90	3.01	3.11	3.19	3.26	3.32	3.37	3.58	3.73	3.85	3.95	4.03	4.10	4.16	4.22	4.27
14	2.51	2.72	2.86	2.98	3.07	3.15	3.21	3.27	3.33	3.53	3.67	3.79	3.88	3.96	4.03	4.09	4.14	4.19
15	2.49	2.69	2.84	2.95	3.04	3.11	3.18	3.23	3.29	3.48	3.62	3.73	3.82	3.90	3.96	4.02	4.07	4.12
16	2.47	2.67	2.81	2.92	3.01	3.08	3.15	3.20	3.25	3.44	3.58	3.69	3.77	3.85	3.91	3.96	4.01	4.06
17	2.46	2.65	2.79	2.90	2.98	3.06	3.12	3.17	3.22	3.41	3.54	3.65	3.73	3.80	3.86	3.92	3.97	4.01
18	2.45	2.64	2.77	2.88	2.96	3.03	3.09	3.15	3.20	3.38	3.51	3.61	3.69	3.76	3.82	3.87	3.92	3.96
19	2.43	2.63	2.76	2.86	2.94	3.01	3.07	3.13	3.17	3.35	3.48	3.58	3.66	3.73	3.79	3.84	3.88	3.93
20	2.42	2.61	2.74	2.85	2.93	3.00	3.06	3.11	3.15	3.33	3.46	3.55	3.63	3.70	3.75	3.80	3.85	3.89
21	2.41	2.60	2.73	2.83	2.91	2.98	3.04	3.09	3.14	3.31	3.43	3.53	3.60	3.67	3.73	3.78	3.82	3.86
22	2.41	2.59	2.72	2.82	2.90	2.97	3.02	3.07	3.12	3.29	3.41	3.50	3.58	3.64	3.70	3.75	3.79	3.83
23	2.40	2.58	2.71	2.81	2.89	2.95	3.01	3.06	3.10	3.27	3.39	3.48	3.56	3.62	3.68	3.72	3.77	3.81
24	2.39	2.57	2.70	2.80	2.88	2.94	3.00	3.05	3.09	3.26	3.38	3.47	3.54	3.60	3.66	3.70	3.75	3.78
25	2.38	2.57	2.69	2.79	2.86	2.93	2.99	3.03	3.08	3.24	3.36	3.45	3.52	3.58	3.64	3.68	3.73	3.76
30	2.36	2.54	2.66	2.75	2.82	2.89	2.94	2.99	3.03	3.19	3.30	3.39	3.45	3.51	3.56	3.61	3.65	3.68
40	2.33	2.50	2.62	2.70	2.78	2.84	2.89	2.93	2.97	3.12	3.23	3.31	3.37	3.43	3.47	3.51	3.55	3.58
50	2.31	2.48	2.59	2.68	2.75	2.81	2.85	2.90	2.94	3.08	3.18	3.26	3.32	3.38	3.42	3.46	3.50	3.53
75	2.29	2.45	2.56	2.64	2.71	2.77	2.81	2.86	2.89	3.03	3.13	3.20	3.26	3.31	3.35	3.39	3.43	3.45
100	2.28	2.43	2.54	2.63	2.69	2.75	2.79	2.83	2.87	3.01	3.10	3.17	3.23	3.28	3.32	3.36	3.39	3.42
∞	2.24	2.39	2.50	2.58	2.64	2.69	2.73	2.77	2.81	2.94	3.02	3.09	3.14	3.19	3.23	3.26	3.29	3.32

표 501

α=.01

df	\multicolumn{18}{c}{Number of Comparisons}
	2	3	4	5	6	7	8	9	10	15	20	25	30	35	40	45	50	55
5	4.77	5.25	5.60	5.89	6.14	6.35	6.54	6.71	6.87	7.50	7.98	8.36	8.69	8.98	9.24	9.47	9.68	9.87
6	4.32	4.70	4.98	5.21	5.40	5.56	5.71	5.84	5.96	6.43	6.79	7.07	7.31	7.52	7.71	7.87	8.02	8.16
7	4.03	4.36	4.59	4.79	4.94	5.08	5.20	5.31	5.41	5.80	6.08	6.31	6.50	6.67	6.81	6.94	7.06	7.17
8	3.83	4.12	4.33	4.50	4.64	4.76	4.86	4.96	5.04	5.37	5.62	5.81	5.97	6.11	6.23	6.34	6.44	6.53
9	3.69	3.95	4.15	4.30	4.42	4.53	4.62	4.71	4.78	5.08	5.29	5.46	5.60	5.72	5.83	5.92	6.01	6.09
10	3.58	3.83	4.00	4.14	4.26	4.36	4.44	4.52	4.59	4.85	5.05	5.20	5.33	5.44	5.53	5.62	5.69	5.76
11	3.50	3.73	3.89	4.02	4.13	4.22	4.30	4.37	4.44	4.68	4.86	5.00	5.12	5.22	5.31	5.38	5.45	5.52
12	3.43	3.65	3.81	3.93	4.03	4.12	4.19	4.26	4.32	4.55	4.72	4.85	4.96	5.05	5.13	5.20	5.26	5.32
13	3.37	3.58	3.73	3.85	3.95	4.03	4.10	4.16	4.22	4.44	4.60	4.72	4.82	4.91	4.98	5.05	5.11	5.17
14	3.33	3.53	3.67	3.79	3.88	3.96	4.03	4.09	4.14	4.35	4.50	4.62	4.71	4.79	4.87	4.93	4.99	5.04
15	3.29	3.48	3.62	3.73	3.82	3.90	3.96	4.02	4.07	4.27	4.42	4.53	4.62	4.70	4.77	4.83	4.88	4.93
16	3.25	3.44	3.58	3.69	3.77	3.85	3.91	3.96	4.01	4.21	4.35	4.45	4.54	4.62	4.68	4.74	4.79	4.84
17	3.22	3.41	3.54	3.65	3.73	3.80	3.86	3.92	3.97	4.15	4.29	4.39	4.47	4.55	4.61	4.66	4.71	4.76
18	3.20	3.38	3.51	3.61	3.69	3.76	3.82	3.87	3.92	4.10	4.23	4.33	4.42	4.49	4.55	4.60	4.65	4.69
19	3.17	3.35	3.48	3.58	3.66	3.73	3.79	3.84	3.88	4.06	4.19	4.28	4.36	4.43	4.49	4.54	4.59	4.63
20	3.15	3.33	3.46	3.55	3.63	3.70	3.75	3.80	3.85	4.02	4.15	4.24	4.32	4.39	4.44	4.49	4.54	4.58
21	3.14	3.31	3.43	3.53	3.60	3.67	3.73	3.78	3.82	3.99	4.11	4.20	4.28	4.34	4.40	4.45	4.49	4.53
22	3.12	3.29	3.41	3.50	3.58	3.64	3.70	3.75	3.79	3.96	4.08	4.17	4.24	4.31	4.36	4.41	4.45	4.49
23	3.10	3.27	3.39	3.48	3.56	3.62	3.68	3.72	3.77	3.93	4.05	4.14	4.21	4.27	4.33	4.37	4.42	4.45
24	3.09	3.26	3.38	3.47	3.54	3.60	3.66	3.70	3.75	3.91	4.02	4.11	4.18	4.24	4.29	4.34	4.38	4.42
25	3.08	3.24	3.36	3.45	3.52	3.58	3.64	3.68	3.73	3.88	4.00	4.08	4.15	4.21	4.27	4.31	4.35	4.39
30	3.03	3.19	3.30	3.39	3.45	3.51	3.56	3.61	3.65	3.80	3.90	3.98	4.05	4.11	4.15	4.20	4.23	4.27
40	2.97	3.12	3.23	3.31	3.37	3.43	3.47	3.51	3.55	3.69	3.79	3.86	3.92	3.98	4.02	4.06	4.09	4.13
50	2.94	3.08	3.18	3.26	3.32	3.38	3.42	3.46	3.50	3.63	3.72	3.79	3.85	3.90	3.94	3.98	4.01	4.04
75	2.89	3.03	3.13	3.20	3.26	3.31	3.35	3.39	3.43	3.55	3.64	3.71	3.76	3.81	3.83	3.88	3.91	3.94
100	2.87	3.01	3.10	3.17	3.23	3.28	3.32	3.36	3.39	3.51	3.60	3.66	3.72	3.76	3.80	3.83	3.86	3.89
∞	2.81	2.94	3.02	3.09	3.14	3.19	3.23	3.26	3.29	3.40	3.48	3.54	3.59	3.63	3.66	3.69	3.72	3.74

Source: Bailey, B.(1977). Tables of the Bonferroni t statistic. Journal of the American Statistical Association, 72, pp. 469~478.

1.1 (1) 변수: 일정하지 않은 특성에 값을 부여하는 함수. 예 : 남자 여자에게값을부여
한것

상수: 어느 현상, 집단 또는 개인의 특성이 일정하여 단 한가지의 숫자로 표기
가 되는 것. 예: 여자 중학교의 학생들은 모두 여자이므로 이 학교의 학생들의
성은 상수이다.

(2) 측정의 가장 낮은 수준의 척도로서, 측정 결과를 범주로만 분류하는 것. 예 :
성별 출신 시·도

(3) 명명척도의 범주 분류에다 범주 사이의 순위를 나타낸다는 조건을 추가한 것
이다. 이를테면 대·중·소 또는 상·중·하로 사물을 분류하는 것은 상대적
양이나 질을 나타내는 서열척도이다. 예: 학력, 성적 순위

(4) 분류와 순위에 관한 정보만을 제공하는 서열척도의 속성에 척도의 단위가 동
간격이라는 조건을 만족해야 하는 척도이다. 예: 온도, 점수

(5) 등간척도의 속성에다 절대 영의 개념이 추가된 척도이다. 예: 길이, 몸무게 등

(6) 실험이나 조사 절차를 통해서 수집된 자료를 조직·요약·분석·해석 및 제시
하는 과정을 포함하는 것이다. 예: 백분율, 평균, 표준편차, 상관계수

(7) 모집단의 일부분인 표본에서 구한 통계치와 분포로부터 모집단의 통계치와 분
포를 추론하는 과정이다. 예: t 검정, F검정

2.1

자리 수	변수명	변 수	단 위	척 도	내 용
1−2	ID		없음	명명	연구대상 20명(01 - 20)
3	AREA	학교소재지	없음	명명	1 - 대도시 2 - 중·소도시 3 - 읍·면지역
4	LEVEL	학교급	없음	서열	1 - 초등학교

5	LINE	계열	없음	명명	2 - 중학교 3 - 고등학교 1 - 일반계 2 - 실업계
6	SEX	성별	없음	명명	1 - 남 2 - 여
7	V1	문항 1	없음	등간	1 - 전혀 그렇지 않다. 2 - 대체로 그렇지 않다. 3 - 보통이다. 4 - 대체로 그렇다. 5 - 매우 그렇다.
8	V2	문항 2	없음	등간	1 - 5
9	V3	문항 3	없음	등간	1 - 5
10	V4	문항 4	없음	등간	1 - 5
11	V5	문항 5	없음	등간	1 - 5
12	V6	문항 6	없음	등간	1 - 5
13	V7	문항 7	없음	등간	1 - 5
14	V8	문항 8	없음	등간	1 - 5
15	V9	문항 9	없음	등간	1 - 5
16	V10	문항 10	없음	등간	1 - 5

3.1 (1)

학 년	도 수
대학원	2
4학년	6
3학년	6
2학년	8
1학년	2

(2) 서열척도

(3) 높은 것에서 낮은 것으로

3.3

	구간의 크기	정확한계	각 구간 바로위 구간의 점수한계	정확한계
(1)	5	4.5~9.5	10~14	9.5~14.5
(2)	10	39.5~49.5	50~59	49.5~59.5
(3)	.5	1.95~2.45	2.5~2.9	2.45~2.95
(4)	20	55~75	80~90	75~79
(5)	.25	1.745~1.995	2.00~2.24	1.995~2.245

3.5   (1) 구간이 연속적이지 않다.

32−37 구간이 빠져 있다.

제일 윗구간이 개방형으로 되어 있다.

(2) 모든 구간의 크기가 같지 않다.

(3) 모든 구간의 크기가 같지 않다.

높은 점수가 위에 있어야 한다.

(1−3) 구간의 수가 적다. 10~20개 정도가 좋다.

3.7

점수	도수	점수	도수
62	1	40	1
61	0	39	1
60	0	38	12
59	1	37	3
58	1	36	1
57	1	35	5
56	2	34	2
55	0	33	2
54	1	32	3
53	0	31	1
52	1	30	1
51	1	29	6
50	1	28	0
49	1	27	0
48	5	26	4
47	3	25	0
46	0	24	2
45	0	23	1
44	3	22	0
43	2	21	0
42	1	20	2
41	8		

3.9

줄기	잎
2	0 0 3 4 4 6 6 6 6 9 9 9 9 9 9
3	0 1 2 2 2 3 3 4 4 5 5 5 5 5 6 7 7 7 8 8 8 8 8 8 8 8 8 9
4	0 1 1 1 1 1 1 1 1 2 3 3 4 4 4 7 7 7 8 8 8 8 8 9
5	0 1 2 4 6 6 7 8 9
6	2

3.11 (1)

점수	상대도수(%)	
	좋은 분위기	나쁜 분위기
155 – 159		2.0
150 – 154	1.33	4.0
145 – 149	2.67	14.0
140 – 144	4.67	24.0
135 – 139	8.00	20.0
130 – 134	9.33	14.0
125 – 129	16.67	8.0
120 – 124	15.33	6.0
115 – 119	12.00	0.0
110 – 114	13.33	4.0
105 – 109	8.00	2.0
100 – 104	5.33	0.0
95 – 99	2.00	2.0
90 – 94	1.33	
	99.99	100.0

(2) 나쁜 분위기의 비율이 더 높다. 각 분모에서 사례수가 다르기 때문에 원도수를 비교하는 것은 의미가 없다. 상대도수분포는 두 분포를 같은 근서에 놓기 때문에 사례수가 다른 두 분포를 비교하는 데 더 의미가 있다.

3.13 (1) 74.5 (2) 83.5 (3) 68.5 (4) 89.5 (5) 4 (6) 32% (7) 98 (8) 4%

3.15 (1) 91.32 (2) 62.321 (3) 112.63 (4) 122.11

3.17 (1) 3 (2) 11 (3) 9 (4) 4 (5) 1

3.19 (1) 2 (2) 6 (3) 8 (4) 3 (5) 1

3.21 수평축에 닿도록 하지 않고 중간점에 점을 그대로 둔다.
왜냐하면 다음 구간의 중간점의 점수는 존재하지 않기 때문이다

3.23

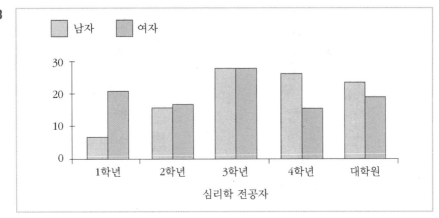

결론: 1학년은 여자의 비율이 남자의 비율보다 높으나 2학년과 3학년은 성별 비율이 비슷하고 4학년과 대학원은 남자의 비율이 높다.

3.25

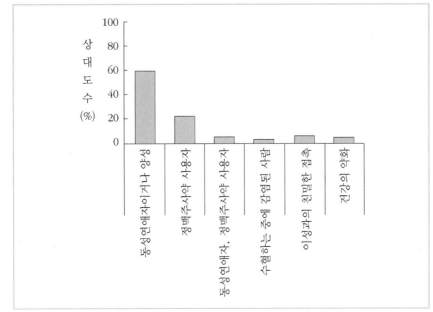

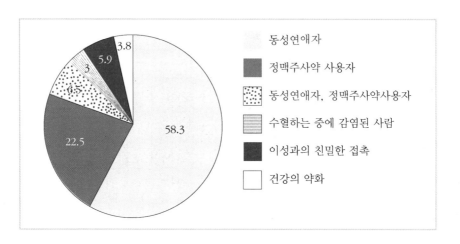

아래 범례:

동성연애자

정맥주사약 사용자

동성연애자, 정맥주사약사용자

수혈하는 중에 감염된 사람

이성과의 친밀한 접촉

건강의 약화

3.27 (1) − (3)

시 간	도 수	누적도수	누적백분율
300 − 319	3	150	100.00
280 − 299	6	147	98.00
260 − 279	10	141	94.00
240 − 259	18	131	87.33
220 − 239	25	113	75.33
200 − 219	35	88	58.67
180 − 199	28	53	35.00
160 − 179	16	25	16.67
140 − 159	7	9	.06
120 − 139	2	2	.01
합 계	$n = 150$		

(4)

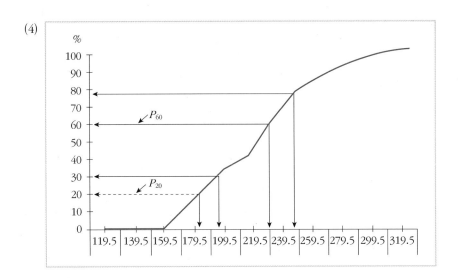

3.29 (1) ━━━ A ──── B

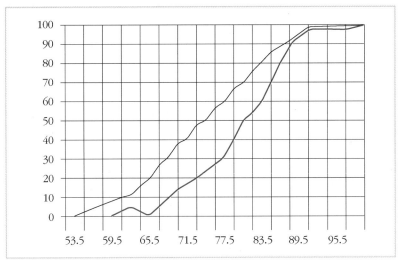

(2) A분포는 B분포의 오른쪽에 분포한다.

(3) B분포가 A분포보다 더 수평을 이루고 있다.

(4) 누적곡선이 더 완만하다.

(5) 상대도수다각형은 특정점수의 도수를 알려 주며 누적도수분포는 특정점수 아래에 있는 점수의 도수를 알려 주고 점수의 상대적인 위치를 알려 준다.

3.31 (1) 처음에는 빠르게 상승하나 다음에는 덜 빠르게 상승한다.

(2)  처음에는 느리게 상승하나 다음에는 빠르게 상승한다.

(3) 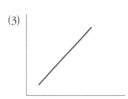 일정한 속도로 상승한다.

(4)  처음과 나중은 빠르게 상승하나 중간 부분은 덜 빨리 상승한다.

4.1
	중앙값	평균
(1)	중앙값 = 12.5	평균 = 12.25
(2)	중앙값 = 12	평균 = 12
(3)	중앙값 = 11	평균 = 11
(4)	중앙값 = 10	평균 = 9.67
(5)	중앙값 = 8	평균 = 7.17
(6)	중앙값 = 6	평균 = 6.5
(7)	중앙값 = 6.83	평균 = 6.5
(8)	중앙값 = 4.17	평균 = 3.5
(9)	중앙값 = 2	평균 = 2.62

4.3 가능하다. 최빈값은 9이다. 9는 3개 있으나, 다른 점수는 3개 이상이 아니기 때문이다.

4.5 할 수 없다. 평균은 분포에서 모든 점수의 합에 근거해야 하나 합을 알 수 없다.

4.7   (1) +   (2) 0   (3) −   (4) +   (5) −

4.9   부적 편포

4.11   중앙값

4.13   (1) 최빈값=12   (2) 중앙값=14.5   (3) 평균=14.75   (4) 중앙값

4.15   평균=$(Y_1 n_1 + Y_2 n_2)/(n_1 + n_2) = 43.33$

5.1   변산의 통계량은 수행의 퍼진 정도를 요약하는 것이다.

5.3   (1) 연수가 가장 좋은 성적
          승실이 가장 나쁜 성적
          (2) 연수: 평균의 오른쪽
          승철: 평균의 왼쪽
          혜숙: 평균

5.5   0

5.7   (1) 분산
          (2) 표준편차

5.9   (1) 2.8   (2) 1.9   (3) 3.6   (4) 1.9   (5) 3.6   (6) 원점수방법

5.11   (1) 반 학생들의 평균과 표준편차 그리고 전국 평균과 표준편차를 비교한다.
           (2) 반 학생들의 표준편차는 작으나 평균이 높은 데 반해서 전국표준편차는 크고
           평균이 낮으므로 반 학생들의 과학점수가 높다.

5.13   (1) 9.59   (2) 6.4684   (3) 17.776   (4) 11.9899   (5) 85.36   (6) 85.36 %
           (7) S가 변함에 따라 같은 정도로 변한다.

5.15   (1) 40,000   (2) 12,400(12,437)

5.17   (1) +1.00   (2) +2.00   (3) −2.00   (4) .00   (5) −1.33   (6) −.33
           (7) +.53   (8) −.87   (9) +1.47

5.19 영수. 영수는 평균보다 1.5 Z점수 더 받았고 수지는 평균보다 1.17 Z 높은 점수를 받았기 때문이다.

5.21
DATA LIST FREE/SCORE.
BEGIN DATA.
52 71 65 87 90 77 83 71 82 75 84 99 70 82 58 72 79 86 70 85 93 81 72 77
89 83 55 75 90 83 78 86 71 66 60 87 97 83 95 71 75 81 91 63 79 87 74 63
92 88
END DATA.
FREQUENCIES VARIABLES＝SCORE
　　　/NTILES＝4.
DESCRIPTIVES VARIABLES＝SCORE
　　　/SAVE.

빈도

통계량

SCORE

N	유효	50
	결측	0
백분위수	25	71.0000
	50	80.0000
	75	87.0000

SCORE

		빈도	퍼센트	유효 퍼센트	누적 퍼센트
유효	52.00	1	2.0	2.0	2.0
	55.00	1	2.0	2.0	4.0
	58.00	1	2.0	2.0	6.0
	60.00	1	2.0	2.0	8.0
	63.00	2	4.0	4.0	12.0
	65.00	1	2.0	2.0	14.0
	66.00	1	2.0	2.0	16.0
	70.00	2	4.0	4.0	20.0
	71.00	4	8.0	8.0	28.0
	72.00	2	4.0	4.0	32.0
	74.00	1	2.0	2.0	34.0
	75.00	3	6.0	6.0	40.0
	77.00	2	4.0	4.0	44.0
	78.00	1	2.0	2.0	46.0
	79.00	2	4.0	4.0	50.0
	81.00	2	4.0	4.0	54.0
	82.00	2	4.0	4.0	58.0
	83.00	4	8.0	8.0	66.0
	84.00	1	2.0	2.0	68.0
	85.00	1	2.0	2.0	70.0
	86.00	2	4.0	4.0	74.0
	87.00	3	6.0	6.0	80.0
	88.00	1	2.0	2.0	82.0
	89.00	1	2.0	2.0	84.0
	90.00	2	4.0	4.0	88.0
	91.00	1	2.0	2.0	90.0
	92.00	1	2.0	2.0	92.0
	93.00	1	2.0	2.0	94.0
	95.00	1	2.0	2.0	96.0
	97.00	1	2.0	2.0	98.0
	99.00	1	2.0	2.0	100.0
	전체	50	100.0	100.0	

기술통계

기술통계량

	N	최소값	최대값	평균	표준편차
SCORE	50	52.00	99.00	78.4600	10.99204
유효 N(목록별)	50				

Z점수는 '데이터 보기' 화면에 출력됨.

	SCORE	ZSCORE	변수	변수	변수	변수	변수	변수	변수	변수	변수	변수	변수
1	52.00	-2.40720											
2	71.00	-.67867											
3	65.00	-1.22452											
4	87.00	.77693											
5	90.00	1.04985											
6	77.00	-.13282											
7	83.00	.41303											
8	71.00	-.67867											
9	82.00	.32205											
10	75.00	-.31477											
11	84.00	.50400											
12	99.00	1.86863											
13	70.00	-.76965											
14	82.00	.32205											
15	58.00	-1.86135											
16	72.00	-.58770											
17	79.00	.04913											
18	86.00	.68595											
19	70.00	-.76965											
20	85.00	.59498											
21	93.00	1.32278											
22	81.00	.23108											
23	72.00	-.58770											
24	77.00	-.13282											
25	89.00	.96888											

	SCORE	ZSCORE	변수	변수	변수	변수	변수	변수	변수	변수	변수	변수	변수
26	83.00	.41303											
27	55.00	-2.13427											
28	75.00	-.31477											
29	90.00	1.04985											
30	83.00	.41303											
31	78.00	-.04185											
32	86.00	.68595											
33	71.00	-.67867											
34	66.00	-1.13355											
35	60.00	-1.67940											
36	87.00	.77693											
37	97.00	1.68668											
38	83.00	.41303											
39	95.00	1.50473											
40	71.00	-.67867											
41	75.00	-.31477											
42	81.00	.23108											
43	91.00	1.14083											
44	63.00	-1.40647											
45	79.00	.04913											
46	87.00	.77693											
47	74.00	-.40575											
48	63.00	-1.40647											
49	92.00	1.23180											
50	88.00	.86790											

6.1 (1)

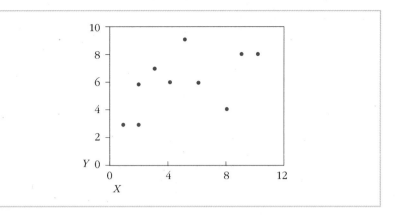

(2) $\overline{X}=5$, $\overline{Y}=6$ (3) $s_X=3.16$, $s_Y=2.11$ (4) $s_{XY}=3.44$
(5) $r=5.17$ (6) $r=.517$

6.3 $r=-.719$

6.5 $r=-.063$

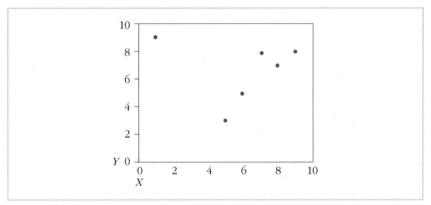

6.7 $r=.544$

6.9 $r_s=.2$

6.11 $r_{pb}=.535$

6.13 $r_{pi}=-.671$

7.1 (1) $z_{.01} = -z_{.99} = -2.33$ (3) $z_{.05} = -z_{.95} = -1.64$ (5) $z_{.50} = 0$

(7) $z_{.95} = 1.64$ (9) $z_{.99} = 2.33$

7.3 (1) $z(X = 110) = \dfrac{110 - 100}{15} = \dfrac{10}{15} = \dfrac{2}{3}$

$Pr(X \leq 110) = Pr(z \leq .66) = .745$

(3) $z(X = 100) = \dfrac{100 - 100}{15} = 0$

$Pr(X \leq 100) = Pr(z \leq .0) = .50$

(5) $z(X = 115) = \dfrac{115 - 100}{15} = 1.0$

$Pr(X \leq 115) = Pr(z \leq 1.0) = .841$

7.5 $X \sim n(\mu = 60, \sigma^2 = 8^2)$

(1) $z(X = 76) = \dfrac{76 - 60}{8} = \dfrac{16}{8} = 2$

$Pr(X \geq 76) = Pr(z \geq 2) = 1 - Pr(z \leq 2) = 1 - .977 = .023$

(3) $z(X = 50) = \dfrac{50 - 60}{8} = -1.2$

$Pr(X \geq 50) = Pr(z \geq -1.2) = Pr(z \leq 1.2) = .885$

(5) $Pr(48 \leq X \leq 52)$를 구하는 문제이다.

$z(X = 48) = \dfrac{48 - 60}{8} = \dfrac{12}{8} = 1.5, \ z(X = 52) = \dfrac{52 - 60}{8} = -1.0$

$Pr(48 \leq X \leq 52) = Pr(-1.5 \leq z \leq -1.0) = Pr(1.0 \leq z \leq 1.5)$

$= Pr(z \leq 1.5) - Pr(z \leq 1.0) = .933 - .841 = .092$

7.7 $z(X = 60) = 1, \ z(X = 30) = -1$

(1) $\dfrac{60 - \mu_x}{\sigma_X} = 1$이며, $\dfrac{30 - \mu_X}{\sigma_X} = -1$이다.

따라서 $\begin{cases} \mu_X + \sigma_X = 60 \\ \mu_X - \sigma_X = 30 \end{cases}$ 이다.

$\mu_X = 45, \ \sigma_X = 15$

(2) 생략

(3) 생략

7.9 (1) 5학년 학생의 점수$= X_1$, 6학년 학생의 점수$= X_2$

$$z(X_1 = 56) = \frac{56 - 48}{8} = \frac{8}{8} = 1.0$$

$$Pr(z > 1.0) = 1.6, \quad 500 \times .16 = 80명$$

(2) $z(X_2 = 48) = \frac{48 - 56}{12} = \frac{-8}{12} = -.66$

$$Pr(z \leftarrow .66) = .255 \quad 따라서 \ 800 \times .255 = 204명$$

7.11 (3)

7.13 변하지 않는다. (z점수는 선형전환 점수이다.)

8.1~8.3 교과서 본문 내용 중에서 용어 정의 참조

8.5 생략($N = 3$인 경우에 가능한 표본의 수는 125개임)

8.7 표집분포인 $\overline{Y}$의 분포는 $\overline{Y} \sim n(\mu_{\overline{Y}} = \mu = 100, \ \sigma_{\overline{Y}}^2 = \frac{\sigma^2}{N} = \frac{15^2}{15} = 15)$이다. z분포에

서 중앙 50%의 점수대는 다음의 그림과 같다.

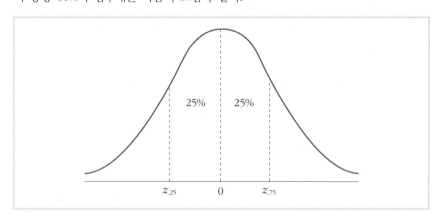

8.9 $Y \sim n(\mu, \ \sigma^2)$이라 하자.

$$\sigma_{\overline{Y}}^2 = \frac{\sigma^2}{N} = \frac{\sigma^2}{100} = 20 \quad 따라서 \ \sigma^2 = 2000이다.$$

$$\frac{\sigma^2}{N} = \frac{2000}{N} = 10이므로 \ N = 200이다.$$

8.11 $Y \sim n(\mu_{\overline{Y}} = 500, \sigma_{\overline{Y}}^2 = \frac{100^2}{10^2} = 10^2)$ 이다.

(1) $\overline{Y}_{.05} = 500 + (z_{.05} \times 10) = 500 - (1.64 \times 10) = 483.6$

(3) $\overline{Y}_{.975} = 500 + (z_{.975} \times 10) = 500 + (-1.96 \times 10) = 480.4$

(6) $\overline{Y}_{.99} = 500 + (z_{.99} \times 10) = 500 + (-2.33 \times 10) = 500 - 23.3 = 476.7$

8.13 (1) $\sigma_{\overline{Y}} = \dfrac{\sigma}{\sqrt{N}} = \dfrac{20}{\sqrt{16}} = \dfrac{20}{4} = 5$

(2) $\sigma_{\overline{Y}} = \dfrac{\sigma}{\sqrt{N}} = \dfrac{10}{\sqrt{25}} = 2$

(3) (a) $\sigma_{\overline{Y}} = \dfrac{\sigma}{\sqrt{N}} = \dfrac{48}{\sqrt{4}} = 24$

(b) $\sigma_{\overline{Y}} = \dfrac{\sigma}{\sqrt{N}} = \dfrac{48}{\sqrt{9}} = 16$

(c) $\dfrac{48}{\sqrt{16}} = \dfrac{48}{4} = 12$

(d) $\dfrac{48}{\sqrt{64}} = \dfrac{48}{8} = 6$

(4) (a) $90 - 1.96\dfrac{12}{\sqrt{36}} \leq \mu \leq 90 + 1.96\dfrac{12}{\sqrt{36}}$

$90 - 3.92 \leq \mu \leq 90 + 3.92$

$86.08 \leq \mu \leq 93.92$

(b) $90 - 2.58\dfrac{12}{\sqrt{36}} \leq \mu \leq 90 + 2.58\dfrac{12}{\sqrt{36}}$

$90 - 5.16 \leq \mu \leq 90 + 5.16$

$84.84 \leq \mu \leq 95.16$

8.15 $121 - 2.58\dfrac{\sqrt{116}}{\sqrt{30}} = \mu \leq 121 + 2.58\dfrac{\sqrt{116}}{\sqrt{30}}$

$121 - 5.08 \leq \mu \leq 121 + 5.08$

$115.92 \leq \mu \leq 126.08$

8.17 99%

$$117 - 2.58 \frac{36}{\sqrt{81}} \le \mu \le 117 + 2.58 \frac{36}{\sqrt{81}}$$

$$117 - 10.32 \le \mu \le 117 + 10.32$$

$$106.68 \le \mu \le 127.32$$

95%

$$117 - 1.96 \frac{36}{\sqrt{81}} \le \mu \le 117 + 1.96 \frac{36}{\sqrt{81}}$$

$$117 - 7.84 \le \mu \le 117 + 7.84$$

$$109.16 \le \mu \le 124.84$$

90%

$$117 - 1.645 \frac{36}{\sqrt{81}} \le \mu \le 117 + 1.645 \frac{36}{\sqrt{81}}$$

$$117 - 6.6 \le \mu \le 117 + 6.6$$

$$110.4 \le \mu \le 123.6$$

8.19 (1) $\sigma = 5$, 95% 신뢰구간, $d = 3$

$$N = \left(\frac{Z_{1 - \frac{\sigma}{2}} \sigma}{d} \right)^2 = \left(\frac{1.96 \times 5}{3} \right)^2 = \left(\frac{9.8}{3} \right)^2 = 10.67 \doteqdot 11$$

(2) $\sigma = 10$, $d = 3$

$$N = \left(\frac{1.96 \times 10}{3} \right)^2 = \left(\frac{19.6}{3} \right)^2 = 42.68 \doteqdot 43$$

(3) $\sigma = 20$, $d = 3$

$$N = \left(\frac{1.96 \times 20}{3} \right)^2 = \left(\frac{39.2}{3} \right)^2 = 170.74 \doteqdot 171$$

(4) $\sigma = 50$, $d = 3$

$$N = \left(\frac{1.96 \times 50}{3} \right)^2 = \left(\frac{98}{3} \right)^2 = 1067.11 \doteqdot 1068$$

8.21 $\sigma = 12$, $N = 25$, $\overline{Y} = 73$

90% 신뢰구간 $73 - 1.645 \frac{12}{\sqrt{25}} < u < 73 + 1.645 \frac{12}{\sqrt{25}}$

$$73 - 3.94 < u < 73 + 3.94$$

$$69.06 < u < 76.94$$

$$d = 1$$

$$N = \left(\frac{1.645(12)}{1} \right)^2 = 19.74^2 = 389.67 \fallingdotseq 390$$

9.1 $\quad \sigma = 5, \ N = 9, \ \overline{Y} = 109$

(1) $H_0 : \mu = 100, \ H_1 : \mu \neq 100$

$$z = \frac{109 - 100}{\dfrac{15}{\sqrt{9}}} = \frac{9}{5} = 1.8$$

$Pr(z \geq 1.8) = .036$

$Pr(z \leq -1.8 \ \text{또는} \ z \geq 1.8) = .072$

(2) $H_0 : \mu \leq 100, \ H_1 : \mu > 100$

기각영역은 우측에 있음

$Pr(z \geq +1.8) = .36$

(3) $H_0 : \mu \geq 100, \ H_1 : \mu < 100$

$Pr(z \leq +1.8) = .964$

9.3 $\quad \mu = 65, \ \sigma = 2, \ N = 12$

$$\overline{Y} = \frac{(55 + 62 + 54 + 58 + 65 + 64 + 60 + 62 + 59 + 67 + 62 + 61)}{12} = 60.75$$

(1) $H_0 : \mu \leq 65$

$\quad H_1 : \mu > 65$

(2) $\sigma = .10$

(3) $z = \dfrac{\overline{Y} - \mu}{\dfrac{\sigma}{\sqrt{N}}}$

(4) $z \sim n(0, 1)$

(5) 기각영역: $z > 1.28$

(6) $z = \dfrac{\overline{Y} - \mu}{\dfrac{\sigma}{\sqrt{N}}} = \dfrac{60.75 - 65}{\dfrac{2}{\sqrt{12}}} = \dfrac{-4.25}{.577} = -7.366$

(7) H_0는 기각되지 않는다. 특정한 먹이는 체중증가에 효과에 있다는 결론은 보류하게 된다.

9.5 $\quad \mu = 50, \ \sigma = 10, \ N = 30, \ \overline{Y} = 53$

(1) $H_0 : \mu = 50$

$H_1 : \mu \neq 50$

(2) $\alpha = .05$

(3) $z = \dfrac{\overline{Y} - \mu}{\dfrac{\sigma}{\sqrt{N}}}$

(4) $z \sim n(0, 1)$

(5) 기각영역: $z > 1.96$ 또는 $z < -1.96$

(6) $z = \dfrac{53 - 50}{\dfrac{10}{\sqrt{30}}} = \dfrac{3}{1.826} = 1.643$

(7) H_0는 기각되지 않는다. 초등학교 4학년 학생들의 독해력은 규준집단과 차이가 있다는 결론은 보류하게 된다.

9.7 $\mu = 500,\ \sigma = 100,\ N = 90,\ \overline{Y} = 506.7$

(1) $H_0 : \mu = 500$

$H_1 : \mu \neq 500$

(2) $z = \dfrac{\overline{Y} - \mu}{\dfrac{\sigma}{\sqrt{N}}}$

(3) $z \sim n(0, 1)$

(4) $z = \dfrac{\overline{Y} - \mu}{\dfrac{\sigma}{\sqrt{N}}} = \dfrac{506.7 - 500}{\dfrac{100}{\sqrt{90}}} = \dfrac{6.7}{10.54} = .64$

(5) $Pr(z \leq -.64)$ 또는 $Pr(z \geq +.64) = .261 + .261 = .522$

$P = .522 > .05$이므로 $H_0 : \mu = 500$은 기각되지 않는다.

9.9 (1) 감소

(2) 증가

(3) 증가

10.3 (1) $.25 < Pr[t(19) > .55] < .40$

(2) $.90 < Pr[t(24) > -1.60] < .95$

(3) $.25 < Pr[t(29) > -1.78] < .05$

(4) $.05 < Pr[t(29) > -1.78$ 또는 $t(29) > 1.78] < .10$

10.5 (1) 기각영역: $t > 2.132$ 또는 $t < -2.132$

   $t = 2.0$, H_0는 기각되지 않는다.

(2) 기각영역: $t < -1.735$

   $t = -1.67$, H_0는 기각되지 않는다.

10.7 (1) $H_0 : \mu \leq 0$, $H_1 : \mu > 0$

(2) $\alpha = .05$

(3) $t = \dfrac{\overline{Y} - \mu_0}{s / \sqrt{N}}$

(4) $t \sim t(N - 1 = 36df)$

(5) $t > 2.457$

(6) $t = \dfrac{2.35 - 0}{2.09 / \sqrt{37}}$

(7) H_0는 기각된다. $P < .001$

10.9 (1) $H_0 : \mu_1 = \mu_2$, $H_1 : \mu_1 \neq \mu_2$

(2) $\alpha = .05$

(3) $z = (\overline{Y}_1 - \overline{Y}_2) / \sqrt{\dfrac{\sigma_1^2}{N_1} + \dfrac{\sigma_2^2}{N_2}}$

(4) $z \sim n(0, 1)$

(5) $|z| > 1.96$

(6) $z = (37.87 - 31.78) / \sqrt{\dfrac{100}{75} + \dfrac{100}{75}} = 3.72$

(7) H_0는 기각된다. $(.00014 < p < .00032)$

   두 나라의 중 3 학생들의 과학학력에는 차가 있다고 결론을 내릴 수 있다.

10.13 (1) $H_0 : \mu_1 \leq \mu_2$, $H_1 : \mu_1 > \mu_2$

(2) $t = \dfrac{\overline{Y}_1 - \overline{Y}_2}{\sqrt{\dfrac{s_p^2}{N_1} + \dfrac{s_p^2}{N_2}}}$

(3) $t \sim t(N_1 + N_2 - 2 = 23df)$

(4) $\overline{Y}_1 = 40$　$s_1^2 = 96.43$　$\overline{Y}_2 = 37$　$s_2^2 = 137.78$　$s_p^2 = 112.61$

$$t = \frac{40-37}{\sqrt{\dfrac{112.61}{15} + \dfrac{112.61}{10}}} = .692$$

(5) $P > .05$. H_0는 기각되지 않는다. 5세 남자아동의 평균운동능력이 5세 여자아동보다 높다는 결론은 보류하게 된다.

10.15　$-11.965 \sim -7.045$

10.17　(1)　① $H_0 : \mu_1 = \mu_2$,　$H_1 : \mu_1 \neq \mu_2$

② $\alpha = .05$

③ $t = \dfrac{\overline{Y}_1 - \overline{Y}_2}{\sqrt{\dfrac{s_p^2}{N_1} + \dfrac{s_p^2}{N_2}}}$

④ $t \sim t(N_1 + N_2 - 2 = 30df)$

⑤ $|t| > 2.042$

⑥ $t = -4.80$

⑦ H_0는 기각된다.

(2) $\hat{\omega}^2 = \dfrac{t^2 - 1}{t^2 + N_1 + N_2 - 1} = \dfrac{(-4.80)^2 - 1}{(-4.80)^2 + 11 + 21 - 1}$

10.19　(1) $H_0 : \mu_1 \geq \mu_2$,　$H_1 : \mu_1 < \mu_2$

(2) $\alpha = .05$

(3) $t = \dfrac{\overline{Y}_1 - \overline{Y}_2}{\sqrt{\dfrac{s_1^2}{N_1} + \dfrac{s_2^2}{N_2} - \dfrac{2rs_1 s_2}{N}}}$

(4) $t \sim t(N - 1 = 17df)$

(5) $t < -1.740$

(6) $t = \dfrac{10 - 15}{\sqrt{\dfrac{3^2}{18} + \dfrac{8^2}{18} - \dfrac{2(.4)(3)(8)}{18}}} = -2.89$

(7) H_0는 기각된다. 평균적인 태도변화에는 유의한 차가 있었으나 영화관람 후 개인차는 더 심화되었다.

11.1 ① t검정통계값

$$Sp^2 = \frac{(N_1-1)^2 + (N_2-1)S_2^2}{N_1+N_2-2} = \frac{4(1.3)+4(4.7)}{5+5-2} = \frac{24}{8} = 3$$

$$S_1^2 = 1.3 \quad S_2^2 = 4.7 \quad F_1 = 3.6 \quad F_2 = 7.8$$

$$t = \frac{3.6-7.8}{\sqrt{\dfrac{3}{5}+\dfrac{3}{5}}} = \frac{-4.2}{1.1} = -3.82$$

② F값

$$F = \frac{MS_B}{MS_W} = \frac{SS_B/J-1}{SS_W/J(N-1)} = \frac{44.1/1}{24/8} = \frac{44.1}{3} = 14.7$$

$$SS_B = \frac{18^2}{5} + \frac{39^2}{5} - \frac{57^2}{10} = 369 - 324.9 = 44.1$$

$$SS_W = (2^2+4^2+4^2+3^2+5^2 - \frac{18^2}{5}) + (6^2+11^2+6^2+7^2+9^2 - \frac{39^2}{5})$$

$$= (70-64.8) + (323-304.2) = 24$$

$$t^2 = (-3.82)^2 = 14.59 \fallingdotseq F = 14.7$$

11.3 전체합$=800$

$$\sum Y_1 = 180 \qquad \sum Y_2 = 160 \qquad \sum Y_3 = 160 \qquad \sum Y_4 = 164 \qquad \sum Y_5 = 136$$

$$SS_B = \frac{180^2}{4} + \frac{160^2}{4} + \frac{160^2}{4} + \frac{164^2}{4} + \frac{136^2}{4} - \frac{800^2}{20}$$

$$= 8100 + 6400 + 6400 + 6724 + 4624 - 32000 = 248$$

$$SS_W = (40^2+45^2+46^2+49^2 - \frac{180^2}{4}) + (38^2+40^2+38^2+44^2 - \frac{160^2}{4})$$

$$+ (44^2+42^2+40^2+34^2 - \frac{160^2}{4}) + (41^2+43^2+40^2+40^2 - \frac{164^2}{4})$$

$$+ (34^2+35^2+34^2+33^2 - \frac{136^2}{4})$$

$$= (8142-8100) + (6424-6400) + (6456-6400) + (6730-6724)$$

$$+ (4626-4624) = 130$$

SV	df	SS	MS	F
집단간	4	248	62	7.15
집단내	15	130	8.67	
전 체	19			

11.5 (1) $H_0 : \mu_1 = \mu_2 = \mu_3 = \mu_4$

  $H_1 : H_0$는 참이 아니다.

(2) $\alpha = .05$

(3) $F = \dfrac{MS_B}{MS_W}$

(4) $F \sim F[J - 1 = 3, \ J(N - 1) = 20]$

(5) H_0의 기각영역

  $F > F_{.05}(3, \ 20) = 3.10$

(6) 분산분석표의 작성

$$SSB = \frac{18^2}{6} + \frac{6^2}{6} + \frac{30^2}{6} + \frac{18^2}{6} - \frac{72^2}{24} = 54 + 6 + 150 + 54 - 216 = 48$$

$$SS_W = (4^2 + 2^2 + 5^2 + 1^2 + 3^2 + 3^2 - \frac{18^2}{6}) + (1^2 + 0^2 + 2^2 + 0^2 + 3^2 + 0^2 - \frac{6^2}{6})$$

$$+ (5^2 + 5^2 + 5^2 + 5^2 + 5^2 + 5^2 - \frac{30^2}{6}) + (2^2 + 5^2 + 4^{2+2^2} + 5^2 + 0^2 - \frac{18^2}{6})$$

$$= (64 - 54) + (14 - 6) + (150 - 150) + (74 - 54) = 38$$

SV	df	SS	MS	F
집단간	3	48	16	8.42
집단내	20	38	1.9	
전 체	23	86		

(7) 계산된 $F = 8.42 > F_{.05}(3, \ 20) = 3.10$이므로 H_0를 기각한다. 네 가지 상이한 지도방법간에는 유의한 차이가 있다.

12.1

ψ	C_1	C_2	C_3	C_4	C_5	C_6	C_7
ψ_4	1	-1	0	0	0	0	0
ψ_5	0	0	0	1	1	-2	0
ψ_6	0	0	0	1	-1	0	0

12.3 (1) $q = \dfrac{\overline{Y}_{largest} - \overline{Y}_{smallest}}{\sqrt{\dfrac{MS_W}{N}}}$

$q = \dfrac{104 - 80}{\sqrt{\dfrac{40}{10}}} = \dfrac{24}{2} = 12.0$

$q_{.05}(5,\ 45) \fallingdotseq q_{.05}(5,\ 40) \fallingdotseq 4.04$

계산된 $q = 12 > q_{.05}(5,\ 45) \fallingdotseq 4.04$이므로 전체적 F검정의 귀무가설

$(H_0 : \mu_{largest} = \mu_{smallest})$은 기각된다.

(2)

	$\overline{Y}_{.4}$	$\overline{Y}_{.1}$	$\overline{Y}_{.3}$	$\overline{Y}_{.2}$	$\overline{Y}_{.5}$
	80	86	92	95	104
$\overline{Y}_{.4}$	−	6	12*	15*	24*
$\overline{Y}_{.1}$		−	6	9	18*
$\overline{Y}_{.3}$			−	3	12*
$\overline{Y}_{.2}$				−	9

$$MSD = \sqrt{(5-1)F_{.05}(4,\ 45)}\ \sqrt{MS_W \Sigma \frac{C_j^2}{N_j}} \quad F_{.05}(4,\ 45) \fallingdotseq F_{.05}(4,\ 40) = 2.61$$

$$= \sqrt{4(2.61)}\ \sqrt{40\frac{2}{10}}$$

$$= \sqrt{32(2.61)} = 9.14$$

위의 평균차에서 9.14 이상인 것에 *를 하였다.

12.5

		집단 1	집단 2	집단 3	집단 4	
		10	11	13	18	
		9	16	8	23	
		5	9	9	25	
$\overline{Y}$		8	12	10	22	C_j^2
	ψ_1	1	−1	−1	1	4
C_j	ψ_2	1	1	−1	−1	4
	ψ_3	0	1	−1	0	2

$$SS_W = (10^2 + 9^2 + 5^2 - \frac{24^2}{3}) + (11^2 + 16^2 + 9^2 - \frac{36^2}{3}) + (13^2 + 8^2 + 9^2 - \frac{30^2}{3})$$

$$+ (18^2 + 23^2 + 25^2 - \frac{66^2}{3})$$

$$= (206 - 192) + (458 - 432) + (314 - 300) + (1478 - 1452) = 80$$

$$MS_W = \frac{80}{8} = 10$$

$$\hat{\psi}_1 = 8 - 12 - 10 + 22 = 8$$

$$\hat{\psi}_2 = 8 + 12 - 10 - 22 = -12$$

$$\hat{\psi}_3 = 12 - 10 = 2$$

$$t_1 = \frac{\hat{\psi}_1}{\sqrt{\dfrac{\sum C_j^2}{N}}} = \frac{8}{\sqrt{10\left(\dfrac{4}{3}\right)}} = 2.19$$

$$t_2 = \frac{\hat{\psi}_2}{\sqrt{MS_W\left(\dfrac{\sum C_j^2}{N}\right)}} = \frac{-12}{\sqrt{10\left(\dfrac{4}{3}\right)}} = \frac{-12}{3.65} = -3.29$$

$$t_3 = \frac{2}{\sqrt{10\left(\dfrac{2}{3}\right)}} = \frac{2}{2.58} = .78$$

$$t_{.05}(3,\ 8) = 3.02$$

$t_2 = -3.29$로 임계값 (3.02)보다 절대값이 크므로

$H_{02} : \mu_1 + \mu_2 = \mu_3 + \mu_4$는 기각된다.

나머지 가설 H_{01}과 H_{03}는 기각되지 않는다.

13.1

SV	df	SS	MS	F
A	2	30.333	15.167	6.31**
B	1	51.041	51.041	21.24
AB	2	.334	1.167	.07
S(AB)	18	43.25	2.403	
T	23			

$**p < .01$

13.3

SV	df	SS	MS	F
A	2	162.17	81.085	.229
B	1	434.03	434.03	1.225
AB	2	222.73	111.365	.314
S(AB)	30	10625.83	354.194	
T	35	11444.75		

13.5

SV	df	SS	MS	F
A	2	34.43	16.22	9.32*
B	1	3.59	3.59	2.06
AB	2	13.95	6.975	4.01*
S(AB)	17	29.59	1.74	
T	22			

$*p < .05$

SV	E(MS)	AET	F	P
A	$\sigma_e^2 + KN\sigma_A^2$	$MS_{S(AB)}$	.2289	$P > .25$
B	$\sigma_e^2 + N\sigma_{AB}^2 + JN\sigma_B^2$	MS_{AB}	3.8975	$.10 < p < .25$
AB	$\sigma_e^2 + N\sigma_{AB}^2$	$MS_{S(AB)}$	.3144	$p > .25$
S(AB)	σ_e^2			
T				

14.1 ① H_0: 대학의 전공과 성별과는 관계가 있다. $H_1 : H_0$는 참이 아니다.

② $\chi^2 = \dfrac{\sum (O-E)^2}{E}$ ③ $\chi^2 \sim \chi^2(2)$

④ $\chi^2 = 19.857$ ⑤ $sig(p값) = .000$

14.3 ① $H_0 : \pi_1 = \pi_2,\ H_1 : \pi_1 \neq \pi_2$ ② $\chi^2 = \sum \dfrac{(O-E)^2}{E} = \dfrac{N(ab-bc)^2}{(a+b)(c+d)(a+c)(b+d)}$

③ $\chi^2 \sim \chi^2(1)$ ④ $\chi^2 = 5.172$ ⑤ $sig(p값) = .023$

14.5 ① H_0: 성과 전공분야 사이에는 관계가 없다.

  H_1: 성과 전공분야 사이에는 관계가 있다.

② $\alpha = .05$ ③ $\chi^2 = \sum \dfrac{(O-E)^2}{E}$ ④ $\chi^2 \sim \chi^2(3df)$ ⑤ $\chi^2 > 7.815$

⑥ $\chi^2 = \dfrac{(43-44.024)^2}{44.024} + \cdots\cdots + \dfrac{(87-90.942)^2}{90.942} = 2.954$

⑦ H_0는 기각되지 않는다. 전공분야는 남녀별로 차이가 있다는 결론은 보류하게 된다.

14.7 0.16

14.9 $\varnothing' = \sqrt{\dfrac{\chi^2}{N(L-1)}} = \sqrt{\dfrac{.3642}{4-1}} = .210$

$\varnothing' = \sqrt{\dfrac{\chi^2}{N(L-1)}} = \sqrt{\dfrac{14.849}{112(4-1)}} = .210$

$C = \sqrt{\dfrac{\chi^2}{N+\chi^2}} = \sqrt{\dfrac{14.849}{112+14.849}} = .342$

15.1 (1) $r_{AB} = .831$, $r_{AC} = .588$, $r_{BC} = .568$

(2) $\hat{A} = .568 + .793B$, $\hat{C} = 2.073 + .645A$, $\hat{B} = 4.848 + .543C$

(3) $s_{A \cdot B} = s_A\sqrt{1-r_{AB}^2} = 1.33$

$s_{C \cdot A} = s_C\sqrt{1-r_{CA}^2} = 2.11$

$s_{B \cdot C} = s_B\sqrt{1-r_{AB}^2} = 1.33$

(4) $\hat{z}_A = .831z_B$, $s_{zA \cdot zB} = \sqrt{1-r_{AB}^2} = .556$

$\hat{z}_C = .588z_A$, $s_{zC \cdot zA} = \sqrt{1-r_{AC}^2} = .809$

$\hat{z}_B = .568z_C$, $s_{zB \cdot zC} = \sqrt{1-r_{BC}^2} = .823$

15.3 (1) 5단계 검정

① $H_0 : \rho = 0$, $H_1 : \rho \neq 0$

② $t = \dfrac{rRN-2}{1-r^2}$

③ $t \sim t(N-2=23)$

④ $t = 1.644$

⑤ 유의수준 .114, $\alpha = .05$ 수준에서 귀무가설은 기각되지 않음, $\rho \neq 0$라는 근거를 발견하지 못함.

(2) $\hat{Y} = -6.775 + 1.273X$

(3) $(-3.28, 2.874)$

(4) $\hat{Y} = -6.775 + 1.273(75)$, $t_{.975}(23) = 2.069$, $s_{Y \cdot X} = \sqrt{26.375}$, $\overline{X} = 75$,

$s_X^2 = 1.352^2$, $N = 25$

Descriptive Statistics

	Mean	Std. Deviation	N
Y	88.6800	5.3129	25
X	75.0000	1.3540	25

Correlations

		Y	X
Pearson Correlation	Y	1.000	324
	X	.324	1.000
Sig. (1−tailed)	Y	.	.057
	X	.057	.
N	Y	25	25
	X	25	25

Model Summary

Model	R	R Square	Adjusted R Square	Std. Error of the Estimate
1	.324	.105	.066	5.1337

a. Predictors: (Constant), X

ANOVA

Model		Sum of Squares	df	Mean Square	F	Sig.
1	Regression	71.273	1	71.273	2.704	.114
	Residual	606.167	23	26.355		
	Total	677.440	24			

a. Predictors: (Constant), X
b. Dependent Variable: Y

Coefficients

Model		Unstandardized Coefficients		Standardized Coefficients	t	Sig.	95% Confidence Interval for B	
		B	Std. Error	Beta			Lower Bound	Upper Bound
1	(Constant)	−6.775	58.054		−.117	.908	−126.869	113.320
	X	1.273	.774	.324	1.644	.114	−.328	2.874

a. Dependent Variable: Y

15.5 (1)

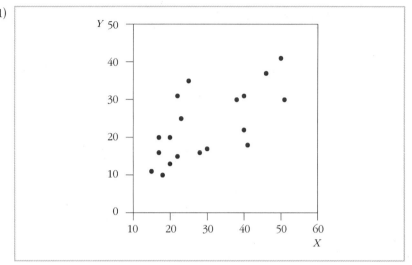

$$\overline{X}= 22.9, \ \ \overline{Y}= 30.15, \ \ SS_X = \sum X^2 - \frac{(\sum X)^2}{N} = 12006 - \frac{458^2}{20} = 1577.8$$

$$SS_Y = \sum Y^2 - \frac{(\sum Y)^2}{N} = 20851 - \frac{603^2}{20} = 2670.6$$

$$SS_{XY} = \sum XY - \frac{(\sum Y \sum X)}{N} = 15140 - \frac{(458)(603)^2}{20} = 1331.3$$

(2) $r = .6486$

(3) $\hat{Y}_i = 10.83 + .884X_i$

(4) ① $H_0 : \beta = 0, \ H_1 : \beta \neq 0$

　② $\alpha = .05$

　③ $t = \dfrac{b - \beta}{s_b}$ or $t = \dfrac{r\sqrt{N-2}}{1 - r^2}$

　④ $t \sim t(N - 2 = 18)$

　⑤ $|t| \geq 2.101$

　⑥ $t = \dfrac{.6486}{\dfrac{\sqrt{1 - (.6486)^2}}{\sqrt{18}}} = 3.615$

　⑦ H_0는 기각된다. $\beta \neq 0$이다.

(5) 대상 6번 $Y = 22$, 대상 10번 $Y = 40$

　$\hat{Y}= 10.83 + (.844)(31) \fallingdotseq 37$

대상 6번 $Y-\hat{Y}=22-37=-15$(과대 예측)

대상 10번 $Y-\hat{Y}=40-37=3$(과소 예측)

(6)

SV	df	SS	MS	F	sig
Regression	1	11123.311	1123.311	13.068	.002
Residual	18	11547.239	1185.958		
Total	19	2607.550			

$t=.3615,\ t^2=13.068=F$

(7) $s^2_{Y\cdot X}=MS_{RES}=85.96,\ s_{Y\cdot X}=9.27$

(8) $b-t_{.975}(N-2)s_b<\beta<b+t_{.975}(N-2)s_b$

$.8438-(2.101)(.233)<\beta<.8438+(2.101)(.233)$

$.3588<\beta<1.3433$

$$s_b=\frac{s_{Y\cdot X}}{s_X\sqrt{N-1}}=\frac{9.27}{9.11\sqrt{19}}=2.33$$

(9) $\hat{Y}-t_{.975}(N-2)s'_{Y\cdot X}\le Y\le\hat{Y}+t_{.975}(N-2)s'_{Y\cdot X}$

$37-(2.101)(9.6868)<Y_0<37+(2.101)(9.6868)$

$16.65<Y_0<57.35$

$$s'_{Y\cdot X}=s_{Y\cdot X}\sqrt{1+\frac{1}{N}+\frac{(X_i-\overline{X})^2}{(N-1)s_X^2}}=9.27\sqrt{1+\frac{1}{20}+\frac{(31-22.9)^2}{1577.8}}=9.6868$$

(10)

Descriptive Statistics

	Mean	Std. Deviation	N
Y	22.9000	9.1127	20
X	30.1500	11.8556	20

Correlations

		Y	X
Pearson Correlation	Y	1.000	.649
	X	.649	1.000
Sig. (1-tailed)	Y	.	.001
	X	.001	.
N	Y	20	20
	X	20	20

Model Summary

Model	R	R Square	Adjusted R	Std. Error of

		Square	the Estimate
1	.649	.421	.388	7.1264

a. Predictors: (Constant), X

ANOVA

Model		Sum of Squares	df	Mean Square	F	Sig.
1	Regression	663.668	1	663.668	13.068	.002
	Residual	914.132	18	50.785		
	Total	1577.800	19			

a. Predictors: (Constant), X
b. Dependent Variable: Y

Coefficients

Model		Unstandardized Coefficients		Standardized Coefficients	t	Sig.	95% Confidence Interval for B	
		B	Std. Error	Beta			Lower Bound	Upper Bound
1	(Constant)	7.870	4.453		1.767	.094	−1.485	17.224
	X	.499	.138	.649	3.615	.002	.209	.788

a. Dependent Variable: Y

16.1 $\hat{Y}_i = 9.931 + .114X_1 + .098X_2$

16.3 $R^2_{Y \cdot 12} = .155$, $s^2_{Y \cdot 12} = 6.941$, $R^2_{adj} = .078$

16.5 ① $H_0 : \rho^2_{Y \cdot 123} = 0$, $H_1 : \rho^2_{Y \cdot 123} \neq 0$

② $F = \dfrac{R^2/K}{(1-R^2)/(N-K-1)}$

③ $F \sim F(K=2, \ N-K-1=22)$

④ 분산분석표

SV	df	SS	MS	F	sig
reg	2	27.945	13.973	2.013	.157
res	22	153.695	6.941		

⑤ 유의수준은 15.7%이다. $\hat{Y} = a + b_1X_1 + b_2X_2 + b_3X_3$ 형식의 회귀방정식이 적합하다는 결론을 보류하게 된다.

16.7 $-.281 \le \beta_1 \le .509, \ -.030 \le \beta_2 \le .226$

16.9   ① $H_0 : \rho^2_{Y \cdot 123} = 0, \ H_1 : \rho^2_{Y \cdot 123} \ne 0$

② $F = \dfrac{R^2 / K}{(1 - R^2) / (N - K - 1)}$

③ $F \sim F(K = 3, \ N - K - 1 = 21)$

④ 분산분석표

SV	df	SS	MS	F	sig
reg	3	168.205	56.068	15.502	.000
res	21	75.955	3.617		

⑤ 유의수준은 .00%이다. $\hat{Y} = a + b_1 X_1 + b_2 X_2 + b_3 X_3$ 형식의 회귀방정식이 적합하다는 결론을 기각하게 된다.

16.11 X_3

16.13   ① $H_0 : \rho^2_{Y \cdot 21} = 0, \ H_1 : \rho^2_{Y \cdot 21} \ne 0$

② $F = \dfrac{R^2 / K}{(1 - R^2) / (N - K - 1)}$

③ $F \sim F(K = 2, \ N - K - 1 = 22)$

④ 분산분석표

SV	df	SS	MS	F	sig
reg	2	168.088	84.044	24.306	.000
res	22	76.072	3.458		

⑤ 유의수준은 .00%이다. $\hat{Y} = a + b_2 X_2 + b_1 X_1$ 형식의 회귀방정식이 적합하다고 결론을 내린다.

16.15 $R^2_{Y \cdot 123} = r^2_{Y(1 \cdot 23)} + r^2_{Y(2 \cdot 13)} + r^2_{Y(3 \cdot 12)} + 잔차$

$R^2_{Y \cdot 123} = .689, \ r^2_{Y(1 \cdot 23)} = .280^2, \ r^2_{Y(2 \cdot 13)} = .592^2, \ r^2_{Y(3 \cdot 12)} = .022^2$

$R^2_{Y \cdot 123} = r^2_{Y2} + r^2_{Y(1 \cdot 2)} + r^2_{Y(3 \cdot 12)}$

$R^2_{Y \cdot 123} = .689, \ r^2_{Y2} = .607, \ r^2_{Y(1 \cdot 2)} = .081, \ r^2_{Y(3 \cdot 12)} = .000$

$.607 + .081 + .008 = .688$

참고문헌

한국교육평가학회 편 (1995). 「교육측정·평가·연구·통계 용어사전」, 한국교육학회 교육평가 연구회, 서울: 중앙교육진흥연구소.

한국교육평가학회 편 (2004). 「교육평가용어사전」, 서울: 학지사.

이종성 (1995). 「교육·심리·사회 통계방법」, 서울: 박영사.

이종성, 강계남, 김양분, 강상진 (2007). 「사회과학 연구를 위한 통계방법(제4판)」, 서울: 박영사

Achenbach, T. M. (1991). *Manual for the Youth Self-Report and 1991 profile*. Burlington, VT: University of Vermont Department of Psychiatry.

Boneau, C. A. (1960). The effects of violations of assumptions underlying the t test. *Psychological Bulletin, 57,* 49-64.

Box, G. E. P. (1953). Non-normality and tests on variance. *Biometrika, 40,* 318-335.

Box, G. E. P. (1954). Some theorems on quadratic forms applied in the study of analysis of variance problems: I. Effect of inequality of variance in the one-way classification. *Annals of Mathematical Statistics, 25,* 290-302.

Cohen, J. (1988). *Statistical power analysis for behavioral sciences (2nd ed.)*. New York: Academic Press.

Cohen, J., & Cohen, P. (1975). *Applied multiple regression correlation analysis for the behavioral sciences*. Hillsdale, NJ: Erlbaum.

Cramer, H. (1946). *Mathematical methods of statistic*. Princeton, NJ: Princeton University Press.

Darlington, R. B. (1990). *Regression and linear models*. New York: McGraw-Hill.

Delucchi, K. L. (1983). The use and misuse of chi-square: Lewis and Burke revisited. *Psychological Bulletin, 94,* 166-176.

Draper, N. R., & Smith, H. (1981). *Applied regression analysis (2nd ed.)*. New York: Wiley.

Dunn, O. J. (1961). Multiple comparisons among means. *Journal of the American Statistical Association, 56,* 52-64.

Games, D. A., Keselman, H. J., & Rogan, J. C. (1981). Simultaneous pairwise multiple comparison procedures for means when sample sizes are unequal. *Psychological*

Bulletin, 90, 594−598.

Henderson, D. A., & Denison, D. R. (1989). Stepwise regression in social and psychological research. *Psychological Reports, 64,* 251−257.

Hindley, C. B., Filliozat, A. M., Klackenberg, G., Nicolet−Meister, D., & Sand, E. A. (1966). Differences in age of walking for five European longitudinal samples. *Human Biology, 38,* 364−379.

Hochberg, Y., & Tamhane, A. C. (1987). *Multiple comparison procedures.* New York: Wiley.

Howell, D. C. (1987). *Statistical methods for psychology (2nd ed.).* Boston, MA: Duxbury Press.

Huberty, C. J. (1989). *Problems with stepwise methods better alternatives. In B. Thompson (Ed.) Advances in Social Science Methodology (Vol. 1) (43−70).* Greenwich, CT: JAI Press.

IBM. SPSS Statistics Base 24.

Koele, P. (1982). Calculating power in analysis of variance. *Psychological Bulletin, 92,* 513−516.

Lewis, D., & Burke, C. J. (1949). The use and misuse of the chi−square test. *Psychological Bulletin, 46,* 433−489.

McIntyre, S. H., Montgomery, D. B., Srinwason, V., & Weitz, B. A. (1983). Evaluating the statistical significance of models developed by stepwise regression. *Journal of Marketing Research, 10,* 1−11.

McNemar, Q. (1969). *Psychological statistics (4th ed.).* New York: Wiley.

Miller, R. G., Jr. (1981). *Stimultaneous statistical inference (2nd ed.).* New York: McGraw−Hill.

Minium, E. W., King, B. M., & Bear, G. (1993). *Statistical reasoning in psychology and education (3rd. ed.).* New York: John Wiley & Sons, INC.

Pearson, K. (1900). On a criterion that a given system of deviations from the probable in the case of a correlated system of variables is such that it can reasonably be supposed to have arisen in random sampling. *Philosophical Magazine, 50,* 157−175.

Scheffe, H. A. (1953). A method for judging all possible contrasts in the analysis of variance. *Biometrika, 40,* 87−104.

Stevens, S. S. (1951). *Mathematics, measurement, and psychophysics. In S. S. Stevens (Ed.), Handbook of Experimental psychology(pp. 1−49).* New york: Wiley.

Toothaker, L. (1991). *Multiple comparisons for researchers.* Newbury Park, CA: Sage.

Tufte, E. R. (1983). *The visual display of quantitative information.* Cheshire, CT: Graphics

Press.

Tukey, J. W. (1977). *Exploratory data analysis.* Reading, MA: Addison—Wesley.

Welch, B. L. (1951). On the comparison of several mean values: An alternative approach. *Biometrika, 38,* 330—336.

Yates, F. (1934). Contingency tables involving small numbers and the χ^2 test. *Supplement. Journal of the Royal Statistical Society (Series B), I,* 217—235.

찾아보기

이종성

연세대학교 이과대학 물리학과 학사
미국 미네소타대학교 교육학과 석사, 박사
미국 미네소타대학교 교육개발원 연구원
연세대학교 교육학과 교수
연세대학교 교육대학원장, 교육과학대학장
서경대학교 석좌교수

강상진

연세대학교 문과대학 교육학과 학사
연세대학교 대학원 교육학과 석사
미국 미시간주립대학교 교육심리학과 박사(통계, 연구방법, 측정 전공)
미국 캘리포니아대학교(UC Santa Barbara) 교육학과 교수
미국 캘리포니아대학교(UC Berkeley) 교육학과 객원전임 교수
연세대학교 교육대학원장, 교육과학대학장
현 연세대학교 교육과학대학 교육학과 교수

김양분

연세대학교 문과대학 교육학과 학사
연세대학교 대학원 교육학과 석사, 박사(측정, 통계, 연구방법 전공)
한국교육개발원 선임연구위원
한국교육개발원 통계정보센터소장
한국교육개발원 조사분석실장
현 한국교육개발원 석좌연구위원

이규민

연세대학교 교육과학대학 교육학과 학사
연세대학교 대학원 교육학과 석사
미국 아이오와대학교 교육학과 박사(측정, 통계, 연구방법 전공)
미국 CTB/McGraw-Hill 선임연구위원
현 연세대학교 교육과학대학 교육학과 교수

사회과학 통계방법

초판발행	2018년 3월 15일
지은이	이종성·강상진·김양분·이규민
펴낸이	안종만
편 집	우석진
기획/마케팅	박세기
표지디자인	조아라
제 작	우인도·고철민
펴낸곳	(주) **박영사**
	서울특별시 종로구 새문안로3길 36, 1601
	등록 1959. 3. 11. 제300-1959-1호(倫)
전 화	02)733-6771
f a x	02)736-4818
e-mail	pys@pybook.co.kr
homepage	www.pybook.co.kr
ISBN	979-11-303-0552-3 93310

copyright©이종성·강상진·김양분·이규민, 2018, Printed in Korea

* 잘못된 책은 바꿔드립니다. 본서의 무단복제행위를 금합니다.

정 가	32,000원